大学編入試験対策

編入数学過去問特訓

入試問題による徹底演習

桜井基晴 著

金子書房

『編入数学過去問特訓』の復刊によせて

本書『編入数学過去問特訓』（以下『過去問特訓』）は聖文新社（旧・聖文社）より2012年3月に出版されました。『編入数学徹底研究』（以下『徹底研究』）に続く本書もご好評をいただき，2019年の4月には第4刷が印刷されました。しかし，諸般の事情により2020年7月末日をもって聖文新社が業務終了となり，『過去問特訓』も終了しました。ところが，聖文新社と金子書房のご厚意により，編入対策シリーズがごくわずかの空白期間をおいて金子書房に引き継いでいただけることになりました。これはひとえに聖文新社と金子書房のみなさま，および本書を応援してくださいました多くの読者の方々のおかげであり，心より感謝申し上げます。

さて，『過去問特訓』執筆の背景は「はじめに」の中で述べた通りですが，この機会を利用してもう少し補足させていただきたいと思います。

『過去問特訓』は，『徹底研究』を一通り学習して，しっかりとした基礎ができた人が，その実力にさらに磨きをかけるための演習書として執筆したものです。基礎がしっかりしていない状態でむやみやたらと問題をこなすことは決して実力の向上につながりません。まずは基礎を固め，強固な軸をつくることが何よりも大切です。その上で力試しとして『過去問特訓』に取り組むことをお勧めします。

『過去問特訓』は膨大な編入試験の過去問から良問を厳選して作成した問題集で，私が本書の準備作業として実際に解いた問題の数は本書に収録した問題の2倍を優に超えるものです。凝縮に凝縮を重ねて完成させた問題集ですので，基礎を固めてさらに過去問の演習を積みたいと思う方には自信をもってお勧めできる内容だと確信しています。また，本書の様々な利用の仕方が可能となるように，問題を概ね難易度順にA（基本問題）・B（標準問題）・C（発展問題）と分類しました（応用数学の章は分野別）ので，選択的に演習する際の参考にしていただければと思います。

『過去問特訓』も『徹底研究』同様，すべての問題に詳しい解答をつけています。しかしそれは，頑張っても自力で問題が解けないときに行き詰まって終わらないようにするためであり，また，間違った解答を自分では解けていると勘違いしないようにするためです。少し考えて分からないとすぐに解答を見る人が多いですが，すぐに答えを見ることはあまり勧めることのできないやり方です。できるだけ解答を見ずに，頑張って自分で解くように心がけてください。

すぐに解答を見るようなスタイルは勉強が調子よく進んでいるように感じる

かもしれませんが，実力を引き上げる効果は十分には期待できません。確かに，問題をとにかくたくさん解いて何とか入試を乗り切るというやり方も一つの方法ではあります。進路によっては，数学の実力をつけることが目的ではなく，とにかく入試で数学を乗り切ることが目的だという場合もあるので，解答をすぐに見るというやり方を否定するものではありません。しかし，もし数学の高い実力をつけたいと思う場合は，解けるまで考え続けることが何よりも大切であり，それが真の実力をつけるための一番の近道です。

『過去問特訓』は真の実力を身につけようと考えている受験生もかなり念頭に置いているので，この点について少し強調しておきたいと思います。

自分が高校生，大学生だったころを思い出しながら書いてみます。机の前に座っていろいろと計算したり図を描いたりして考えみたが解けない，机から離れて寝転がりながら考え続けても解けない，夜になって布団の中で目を閉じて頭の中でいろいろと計算しながら考え続けても解けない，……。ある時，突然，頭の中に一瞬のうちに解答が出来上がっていき，机の前に座って頭の中に突如として舞い降りてきた解答を書き下していくと答案が完成した。真の実力をつけようとすれば，そのようなことを何度も体験する必要があります。大学受験の参考書などには問題を解くための一般的な解き方・考え方をひけらかしているものもありますが，そのような参考書に魅力を感じる学生ほど自分の頭で考え抜くということを避けているのではないでしょうか。自分の頭で考え抜くということに執着しないから難問を前にすると立ちすくんでしまうのです。難問が解けるような真の実力をつけたいと思う人はぜひこのような点に注意して問題演習に取り組んでもらえればと思います。

最後に，編入対策シリーズを途絶えることなく聖文新社から引き継いでくださいました金子書房のみなさまには心より感謝申し上げます。また，金子書房の永野和也氏には引き継ぎのための準備作業だけでなく，私の希望や本書および敬愛する聖文新社に対する気持ちを丁寧に聞いていただくなど，たいへんお世話になりました。ここに深く感謝の意を表します。

2020 年 9 月

桜井　基晴

はじめに

本書は，前著「編入数学徹底研究」（以下，「徹底研究」）の学習を一通り終えた後に取り組むための過去問演習書として書いたものです。すなわち，編入数学の一応の基礎ができた後に取り組むための演習書です。

「徹底研究」は幸いにも多くの読者の方から好評をいただき，たいへん嬉しく思っています。また，インターネット等で好意的に評価・宣伝をしてくださいました多くの方にこの場を借りて心より感謝申し上げます。

さて，「徹底研究」の第一の目的は編入数学の基礎固めでした。著者は編入試験を目指す受験生を直接指導する立場にあったため，大部分の受験生が基礎学力の不足を抱えていることを痛感していました。たとえば，「数学／徹底演習」（森北出版）のような優れた演習書があってもそれを十分に活用できない受験生を数多く見てきました。そこで，「数学／徹底演習」および各自の志望校の過去問に自由に取り組める基礎学力の養成を目的として，「徹底研究」を書き上げました。インターネットの書き込み等を見る限り，著者のこの意図は読者の方々に十分に伝わり，しっかりと実践されているようです。

ところで，「徹底研究」で取り上げた問題のほとんどは編入試験の過去問あるいはそれを少し改題したものですから，相当数の過去問演習をしていることになります。とはいえ，過去問をもっと練習したい，自分の志望校の過去問の詳しい解答が欲しい，という要望も強くあります。また一方で，解答がないために間違った答案を自分では正しいと思って書いている学生も珍しくありません。このような事情から，できるだけ多くの過去問を詳しい解答とともに紹介する必要を感じ，本書を執筆することになりました。

本書の使い方として１つだけお願いがあります。それは，すぐに解答を見ないように，ということです。少し考えて分からないとすぐに答を見る，あるいは解答を読むだけといった学生をよく見かけます。自分の頭で粘り強く考えること，あれこれと自分なりに考え工夫してみること，これこそが実力をつける最良で最短の方法だということをぜひ心にとめておいて下さい。

今回もまた，小松彰氏ならびに聖文新社の方々にたいへんお世話になりました。ここに深く感謝の意を表します。

2012年１月

桜井　基晴

目　　次

<ワンポイント解説>

<集中ゼミ>

<コラム>

編入数学過去問特訓

例題解説と過去問実践演習

第1章

1変数の微分積分

例 題 1 (関数のグラフ，数列)

x を非負の実数，r を $0<r<1$ を満たす実数とし，関数 $f(x)$ を $f(x)=xr^x$ と定義する。このとき，以下の問いに答えよ。

(1) $f(x)$ の導関数 $\dfrac{df}{dx}$ および第2次導関数 $\dfrac{d^2f}{dx^2}$ を求めよ。

(2) $f(x)$ の増減表を書き，関数 $y=f(x)$ のグラフの概形を描け。

(3) n を正の整数とし，数列 $\{a_n\}$ の一般項を $a_n=f(n-1)$ により定義する。このとき，初項から第 n 項までの和を求めよ。

〈東北大学－工学部〉

解 答 (1) $f(x)=xr^x$ より

$$f'(x)=1\cdot r^x+x\cdot r^x\log r=(x\log r+1)r^x \quad \cdots\cdots〔答〕$$

また

$$f''(x)=\log r\cdot r^x+(x\log r+1)\cdot r^x\log r$$
$$=\log r(x\log r+2)r^x \quad \cdots\cdots〔答〕$$

(2) $f'(x)=(x\log r+1)r^x=0$ とすると

$$x=-\frac{1}{\log r} \quad (>0)$$

$f''(x)=\log r(x\log r+2)r^x=0$ とすると

$$x=-\frac{2}{\log r}\left(>-\frac{1}{\log r}\right)$$

よって，増減および凹凸は次のようになる。

x	0	$\cdots$	$-\dfrac{1}{\log r}$	$\cdots$	$-\dfrac{2}{\log r}$	$\cdots$	$(+\infty)$
$f'(x)$		$+$	0	$-$	$-$	$-$	
$f''(x)$		$-$	$-$	$-$	0	$+$	
$f(x)$	0	↗	$-\dfrac{r^{-\frac{1}{\log r}}}{\log r}$	↘	$-\dfrac{2r^{-\frac{2}{\log r}}}{\log r}$	↘	(0)

❖アドバイス❖

⬅ 公式：
$(a^x)'=a^x\log a$
証明は簡単！
$y=a^x$ とおくと
$\log y=\log a^x$
$=x\log a$
両辺を微分すると
$\dfrac{1}{y}y'=\log a$
$\therefore\quad y'=a^x\log a$

⬅ $f''(x)$ と凹凸：
$f''(x)$ …$f'(x)$ の変化
‖
接線の傾き
$f''(x)>0$
⇨接線の傾きが増加
⇨グラフは下に凸

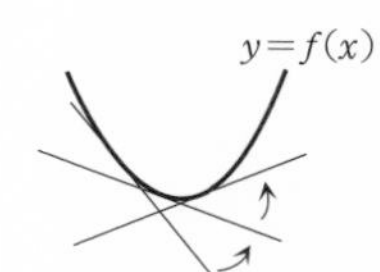

したがって，グラフの概形は次のようになる。

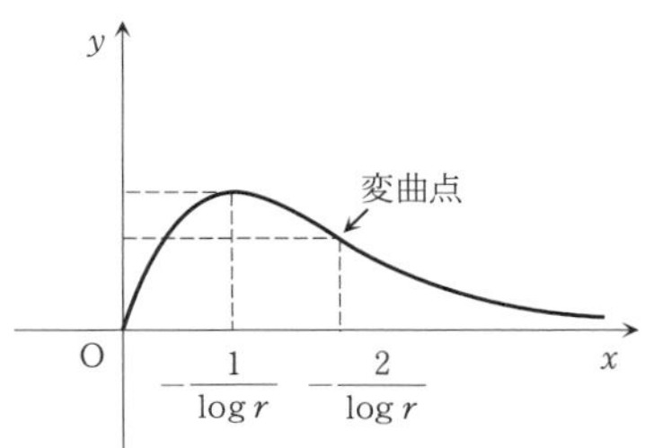

$f''(x)<0$
⇨接線の傾きが減少
⇨グラフは上に凸

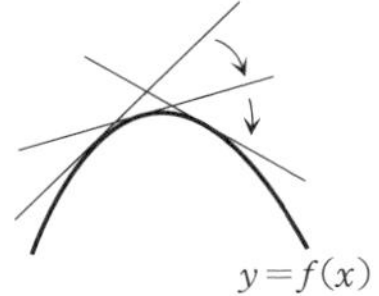

⬅ $0<r<1$ より
$\lim_{x\to+\infty} xr^x=0$
$\lim_{x\to-\infty} xr^x=-\infty$

(3)　$a_n=f(n-1)=(n-1)r^{n-1}$ であるから

$$\sum_{k=1}^{n} a_k=\sum_{k=1}^{n}(k-1)r^{k-1}=\sum_{k=2}^{n}(k-1)r^{k-1}$$

この和を S とおくと

$$S=r+2r^2+3r^3+\cdots\cdots+(n-1)r^{n-1} \quad \cdots\cdots①$$

$$rS=\qquad r^2+2r^3+\cdots\cdots+(n-2)r^{n-1}+(n-1)r^n \quad \cdots\cdots②$$

⬅ $S-rS$ 法
（ワンポイント解説参照）

①－② より

$$(1-r)S=r+r^2+r^3+\cdots\cdots+r^{n-1}-(n-1)r^n$$

$$=\frac{r(1-r^{n-1})}{1-r}-(n-1)r^n$$

$$=\frac{r(1-r^{n-1})-(n-1)r^n(1-r)}{1-r}$$

$$=\frac{r\{1-r^{n-1}-(n-1)r^{n-1}+(n-1)r^n\}}{1-r}$$

$$=\frac{r\{1-nr^{n-1}+(n-1)r^n\}}{1-r}$$

⬅ 等比数列の和の公式
$r\fallingdotseq 1$ のとき
$\sum_{k=1}^{n} ar^{k-1}=\dfrac{a(1-r^n)}{1-r}$
$r=1$ のとき
$\sum_{k=1}^{n} ar^{k-1}=\sum_{k=1}^{n} a=na$

よって

$$\sum_{k=1}^{n} a_k=S=\frac{r\{1-nr^{n-1}+(n-1)r^n\}}{(1-r)^2} \quad \cdots\cdots〔答〕$$

◉入試での答案作成上のポイント◉

答案の書き方でまず大切なことは**きれいな文字で丁寧に書くこと**です。汚い答案を平気で書く学生が実に多いので一言注意しておきます。大学の先生にとって答案の採点というものは苦痛な仕事です。汚い文字で乱雑に書いた答案など読む気がなくなります。記述式の得点は採点者の気分に大きく左右されます。答案は読み易い字で丁寧に書くことを心がけましょう。

例題 2 （広義積分の収束・発散）

次の広義積分は収束するかどうか調べ，収束するときはその値を求めよ。

(1) $\displaystyle\int_{-\infty}^{\infty}\frac{1}{x^2+x+1}dx$　　(2) $\alpha>0$ のとき，$\displaystyle\int_0^1\frac{1}{x^\alpha}dx$

〈大阪府立大学〉

解答

(1) $\displaystyle\int_{-\infty}^{\infty}\frac{1}{x^2+x+1}dx$

$$=\lim_{\substack{\alpha\to-\infty\\ \beta\to\infty}}\int_\alpha^\beta\frac{1}{x^2+x+1}dx$$

$$=\lim_{\substack{\alpha\to-\infty\\ \beta\to\infty}}\int_\alpha^\beta\frac{1}{\left(x+\frac{1}{2}\right)^2+\frac{3}{4}}dx$$

$$=\lim_{\substack{\alpha\to-\infty\\ \beta\to\infty}}\frac{1}{\frac{3}{4}}\int_\alpha^\beta\frac{1}{1+\frac{4}{3}\left(x+\frac{1}{2}\right)^2}dx$$

$$=\lim_{\substack{\alpha\to-\infty\\ \beta\to\infty}}\frac{4}{3}\int_\alpha^\beta\frac{1}{1+\left(\frac{2x+1}{\sqrt{3}}\right)^2}dx$$

$$=\lim_{\substack{\alpha\to-\infty\\ \beta\to\infty}}\frac{4}{3}\left[\frac{\sqrt{3}}{2}\tan^{-1}\frac{2x+1}{\sqrt{3}}\right]_\alpha^\beta$$

$$=\lim_{\substack{\alpha\to-\infty\\ \beta\to\infty}}\frac{2\sqrt{3}}{3}\left(\tan^{-1}\frac{2\beta+1}{\sqrt{3}}-\tan^{-1}\frac{2\alpha+1}{\sqrt{3}}\right)$$

$$=\frac{2\sqrt{3}}{3}\left\{\frac{\pi}{2}-\left(-\frac{\pi}{2}\right)\right\}$$

$$=\frac{2\sqrt{3}}{3}\pi$$ ……〔答〕

(2) $I=\displaystyle\int_0^1\frac{1}{x^\alpha}dx$ とおく。

（i） $\alpha\neq1$ のとき；

$$I=\int_0^1\frac{1}{x^\alpha}dx=\lim_{\varepsilon\to+0}\int_\varepsilon^1\frac{1}{x^\alpha}dx$$

$$=\lim_{\varepsilon\to+0}\int_\varepsilon^1 x^{-\alpha}dx$$

❖アドバイス❖

← 広義積分

← 公式：
$$\int\frac{1}{1+x^2}dx=\tan^{-1}x+C$$

← $x\to\infty$ のとき $\tan^{-1}x\to\dfrac{\pi}{2}$

$x\to-\infty$ のとき $\tan^{-1}x\to-\dfrac{\pi}{2}$

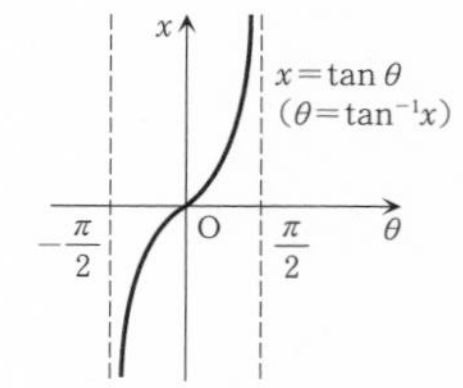

$$=\lim_{\varepsilon\to+0}\left[\frac{x^{1-\alpha}}{1-\alpha}\right]_{\varepsilon}^{1}$$

$$=\lim_{\varepsilon\to+0}\frac{1}{1-\alpha}(1-\varepsilon^{1-\alpha})\quad\cdots\cdots(*)$$

よって

（ア）　$0<\alpha<1$ のとき

$1-\alpha>0$ だから（＊）は収束して

$$(*)=\frac{1}{1-\alpha}$$

（イ）　$\alpha>1$ のとき

$1-\alpha<0$ だから（＊）は発散する。

（ii）　$\alpha=1$ のとき；

$$I=\int_0^1\frac{1}{x^\alpha}dx=\int_0^1\frac{1}{x}dx$$

$$=\lim_{\varepsilon\to+0}\int_\varepsilon^1\frac{1}{x}dx$$

$$=\lim_{\varepsilon\to+0}\Big[\log x\Big]_\varepsilon^1$$

$$=\lim_{\varepsilon\to+0}(-\log\varepsilon)=+\infty\ \text{（発散）}$$

以上より

$\displaystyle\int_0^1\frac{1}{x^\alpha}dx$ は $0<\alpha<1$ のときに収束して

$$\int_0^1\frac{1}{x^\alpha}dx=\frac{1}{1-\alpha}$$

$$\int x^p dx=\begin{cases}\dfrac{1}{p+1}x^{p+1}+C & (p\neq-1)\\ \log|x|+C & (p=-1)\end{cases}$$

（C は積分定数）

◉広義積分の答案の書き方◉

広義積分は極限の話だから原則として答案はきちんと極限の計算を書くようにしましょう。もちろん場合によっては極限の式で書かず略式に

$$\int_{-\infty}^{\infty}\frac{1}{x^2+x+1}dx=\cdots\cdots=\frac{4}{3}\left[\frac{\sqrt{3}}{2}\tan^{-1}\frac{2x+1}{\sqrt{3}}\right]_{-\infty}^{\infty}$$

$$=\frac{2\sqrt{3}}{3}\left\{\frac{\pi}{2}-\left(-\frac{\pi}{2}\right)\right\}=\frac{2\sqrt{3}}{3}\pi$$

とあたかも普通の定積分のように書くこともありますが。

例題 3　（積分と級数）

以下の積分を計算せよ。

(1)　$\int e^{-x}\sin x\,dx$　　　(2)　$\int_0^{\infty} e^{-x}|\sin x|\,dx$

〈神戸大学－工学部〉

解答

(1)　$(e^{-x}\sin x)' = -e^{-x}\sin x + e^{-x}\cos x$　……①

$(e^{-x}\cos x)' = -e^{-x}\cos x - e^{-x}\sin x$　……②

①＋②　より

$$(e^{-x}\sin x + e^{-x}\cos x)' = -2e^{-x}\sin x$$

$$\therefore\quad \int e^{-x}\sin x\,dx = -\frac{1}{2}e^{-x}(\sin x + \cos x) + C$$

（C は積分定数）　……〔答〕

(2)　$n=0,\ 1,\ 2,\ \cdots$ として

$$\int_{\pi n}^{\pi(n+1)} e^{-x}|\sin x|\,dx$$
$$= (-1)^n \int_{\pi n}^{\pi(n+1)} e^{-x}\sin x\,dx$$
$$= (-1)^n \left[-\frac{1}{2}e^{-x}(\sin x + \cos x)\right]_{\pi n}^{\pi(n+1)}$$
$$= (-1)^n \left\{-\frac{1}{2}e^{-\pi(n+1)}\cos \pi(n+1) + \frac{1}{2}e^{-\pi n}\cos \pi n\right\}$$
$$= (-1)^{n+1}\frac{1}{2}\{e^{-\pi(n+1)}\cos \pi(n+1) - e^{-\pi n}\cos \pi n\}$$
$$= (-1)^{n+1}\frac{1}{2}\{e^{-\pi(n+1)}(-1)^{n+1} - e^{-\pi n}(-1)^n\}$$
$$= \frac{1}{2}(e^{-\pi(n+1)} + e^{-\pi n}) = \frac{1}{2}(e^{-\pi}+1)e^{-\pi n}$$

よって

$$\int_0^{\infty} e^{-x}|\sin x|\,dx$$
$$= \sum_{n=0}^{\infty}\int_{\pi n}^{\pi(n+1)} e^{-x}|\sin x|\,dx$$
$$= \sum_{n=0}^{\infty}\frac{1}{2}(e^{-\pi}+1)e^{-\pi n}$$
$$= \sum_{n=0}^{\infty}\frac{1}{2}(e^{-\pi}+1)(e^{-\pi})^n$$

❖アドバイス❖

⬅ 部分積分法を2回使って計算することもできる。

⬅ $\pi n \leqq x \leqq \pi(n+1)$ において $|\sin x| = (-1)^n \sin x$

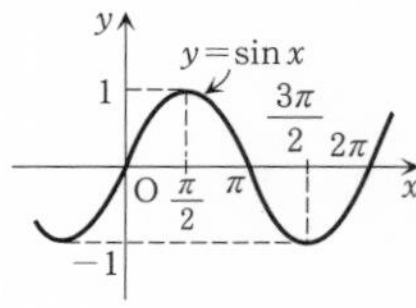

⬅ $\cos n\pi = (-1)^n$

⬅ 公比 $e^{-\pi}$ の無限等比級数

$$=\frac{\frac{1}{2}(e^{-\pi}+1)}{1-e^{-\pi}}=\frac{1}{2}\cdot\frac{1+e^{-\pi}}{1-e^{-\pi}}\quad\cdots\cdots〔答〕$$

(注) ⑵の積分は，曲線 $y=e^{-x}\sin x$ の $x\geqq 0$ の部分と x 軸が囲む領域の面積を表す。

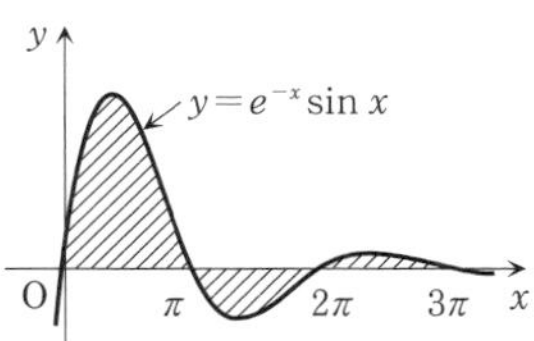

◉ワンポイント解説（数列と無限級数）◉

数列と無限級数の内容から少しだけ復習しておきましょう。

⑴　$S-rS$ 法

［例］ $\displaystyle\sum_{k=1}^{n}k3^{k-1}$ を求めよ。

（解） 求める和を S とおく。

$$S=1+2\cdot3+3\cdot3^2+\cdots+n\cdot3^{n-1}\quad\cdots\cdots①$$

$$3S=\quad 1\cdot3+2\cdot3^2+\cdots+(n-1)\cdot3^{n-1}+n\cdot3^n\quad\cdots\cdots②$$

①－② より

$$-2S=\underbrace{1+3+3^2+\cdots+3^{n-1}}_{\text{等比数列}}-n\cdot3^n$$

$$=\frac{1-3^n}{1-3}-n\cdot3^n=\frac{1-3^n+2n\cdot3^n}{-2}$$

よって，求める和は

$$S=\frac{1-3^n+2n\cdot3^n}{4}\quad\cdots\cdots〔答〕$$

⑵　無限等比級数の和の公式：

初項が $a(\neq0)$，公比が r の無限等比級数 $\displaystyle\sum_{n=1}^{\infty}ar^{n-1}$ は

$-1<r<1$ のときに収束して，その和は $\dfrac{a}{1-r}$ で与えられる。

［例］ $\displaystyle\sum_{n=1}^{\infty}\left(\frac{2}{3}\right)^n$ は収束して

$$\sum_{n=1}^{\infty}\left(\frac{2}{3}\right)^n=\frac{\frac{2}{3}}{1-\frac{2}{3}}=2$$

例題 4（マクローリン展開）

関数 $f(x)=e^{\sin x}$ のマクローリン展開を次の指示に従って計算せよ。

(1) $f'(x)$ と $f(x)$ との関係を導け。その関係式に対してライプニッツの公式を適用し，$f^{(n+1)}(x)$ を $f^{(k)}(x)$（$0\leqq k\leqq n$）を用いて表せ。ただし n は任意の自然数とし，等式 $(\cos x)^{(n)}=\cos\left(x+\dfrac{n\pi}{2}\right)$ を用いてもよい。

(2) $f(x)$ のマクローリン展開を x^5 の項まで求めよ。ただし剰余項を求める必要はない。

〈名古屋工業大学〉

解答 (1) $f(x)=e^{\sin x}$ より

$$f'(x)=e^{\sin x}\cos x=f(x)\cos x$$

よって，$f'(x)=f(x)\cos x$ ……〔答〕

次に

$$f^{(n+1)}(x)=\{f'(x)\}^{(n)}$$
$$=(f(x)\cos x)^{(n)}$$
$$=\sum_{k=0}^{n}{}_n\mathrm{C}_k f^{(k)}(x)(\cos x)^{(n-k)}$$
$$=\sum_{k=0}^{n}{}_n\mathrm{C}_k f^{(k)}(x)\cos\left(x+\frac{n-k}{2}\pi\right)$$ ……〔答〕

(2) (1)より

$$f^{(n+1)}(0)=\sum_{k=0}^{n}{}_n\mathrm{C}_k f^{(k)}(0)\cos\left(\frac{n-k}{2}\pi\right)$$

$$f(0)=e^{\sin 0}=e^0=1$$

$$f'(0)=f(0)\cos 0=1$$

$$f''(0)=\sum_{k=0}^{1}{}_1\mathrm{C}_k f^{(k)}(0)\cos\left(\frac{1-k}{2}\pi\right)$$
$$=f(0)\cos\frac{\pi}{2}+f'(0)\cos 0$$
$$=1\cdot 0+1\cdot 1=1$$

$$f'''(0)=\sum_{k=0}^{2}{}_2\mathrm{C}_k f^{(k)}(0)\cos\left(\frac{2-k}{2}\pi\right)$$
$$=f(0)\cos\pi+{}_2\mathrm{C}_1 f'(0)\cos\frac{\pi}{2}+f''(0)\cos 0$$
$$=1\cdot(-1)+2\cdot 1\cdot 0+1\cdot 1=0$$

❖アドバイス❖

← ライプニッツの公式：

$$(f\cdot g)^{(n)}=\sum_{k=0}^{n}{}_n\mathrm{C}_k f^{(n-k)}g^{(k)}$$
$$=f^{(n)}g+{}_n\mathrm{C}_1 f^{(n-1)}g'+\cdots+fg^{(n)}$$

$$f^{(4)}(0)=\sum_{k=0}^{3}{}_3C_k f^{(k)}(0)\cos\left(\frac{3-k}{2}\pi\right)$$

$$=f(0)\cos\frac{3\pi}{2}+{}_3C_1 f'(0)\cos\pi+{}_3C_2 f''(0)\cos\frac{\pi}{2}$$

$$+f'''(0)\cos 0$$

$$=1\cdot0+3\cdot1\cdot(-1)+3\cdot1\cdot0+0\cdot1=-3$$

$$f^{(5)}(0)=\sum_{k=0}^{4}{}_4C_k f^{(k)}(0)\cos\left(\frac{4-k}{2}\pi\right)$$

$$=f(0)\cos 2\pi+{}_4C_1 f'(0)\cos\frac{3\pi}{2}+{}_4C_2 f''(0)\cos\pi$$

$$+{}_4C_3 f'''(0)\cos\frac{\pi}{2}+f^{(4)}(0)\cos 0$$

$$=1\cdot1+4\cdot1\cdot0+6\cdot1\cdot(-1)+4\cdot0\cdot0+(-3)\cdot1$$

$$=-8$$

以上より

$f(x)$ のマクローリン展開を x^5 の項まで求めると

$$f(x)=f(0)+\frac{f'(0)}{1!}x+\frac{f''(0)}{2!}x^2+\frac{f'''(0)}{3!}x^3$$

$$+\frac{f^{(4)}(0)}{4!}x^4+\frac{f^{(5)}(0)}{5!}x^5$$

$$=1+\frac{1}{1!}x+\frac{1}{2!}x^2+\frac{0}{3!}x^3+\frac{-3}{4!}x^4+\frac{-8}{5!}x^5$$

$$=1+x+\frac{1}{2}x^2-\frac{1}{8}x^4-\frac{1}{15}x^5$$ ……〔答〕

◉ワンポイント解説（マクローリンの定理）◉

$f(x)$ が微分可能性について適当な条件を満たすとき，次が成り立つ。

$$f(x)=f(0)+\frac{f'(0)}{1!}x+\frac{f''(0)}{2!}x^2+\cdots+\frac{f^{(n-1)}(0)}{(n-1)!}x^{n-1}+\frac{f^{(n)}(\theta x)}{n!}x^n$$

を満たす θ $(0<\theta<1)$ が存在する。最後の項 $\dfrac{f^{(n)}(\theta x)}{n!}x^n$ を**剰余項**という。

一方，整級数（べき級数）展開，すなわち無限級数展開

$$f(x)=f(0)+\frac{f'(0)}{1!}x+\frac{f''(0)}{2!}x^2+\cdots$$

を使用するためには原則として収束半径さらに収束域を確認する必要がある。

例題 5（n 次導関数，微分と積分の関係）

$F(x)$ の n 次導関数を $F^{(n)}$ とするとき，

$$F^{(n-1)}(x)=\int_a^{g(x)} f(t)\,dt$$

について，次の問いに答えよ。

(1) $F(x)$ は $F(x)=x^{n-1}\log x$ と与えられている。このとき，$F^{(n)}(x)$ を求めよ。

(2) $g(x)$ の2次導関数 $g''(x)$ は，$g''(x)=\log(\log x)+\dfrac{1}{\log x}$ と与えられている。このとき，1次導関数 $g'(x)$ を求めよ。ただし，積分定数を C とする。

(3) 以上の結果を用いて，$f(g(x))$ を求めよ。　〈大阪大学－工学部〉

解答 (1) $F(x)=x^{n-1}\log x$ より

$$F^{(n)}(x)=(x^{n-1}\log x)^{(n)}$$
$$=\sum_{k=0}^{n} {}_n\mathrm{C}_k (x^{n-1})^{(k)}(\log x)^{(n-k)} \quad \cdots\cdots(*)$$

ここで

$$(x^{n-1})'=(n-1)x^{n-2},$$
$$(x^{n-1})''=(n-1)(n-2)x^{n-3},\ \cdots$$
$$\therefore\quad (x^{n-1})^{(l)}=(n-1)(n-2)\cdots(n-l)x^{n-l-1}$$
$$=\frac{(n-1)!}{(n-l-1)!}x^{n-l-1}\quad (l=1,\ 2,\ \cdots,\ n-1)$$
$$(x^{n-1})^{(n)}=0$$

また

$$(\log x)'=x^{-1},\ (\log x)''=(-1)x^{-2},$$
$$(\log x)'''=(-1)(-2)x^{-3},\ \cdots$$
$$\therefore\quad (\log x)^{(l)}=(-1)(-2)\cdots(-(l-1))x^{-l}$$
$$=(-1)^{l-1}(l-1)!\frac{1}{x^l}\quad (l=1,\ 2,\ \cdots,\ n)$$

よって

$$(*)$$
$$=\sum_{k=0}^{n} {}_n\mathrm{C}_k (x^{n-1})^{(k)}(\log x)^{(n-k)}$$
$$=\sum_{k=0}^{n-1} {}_n\mathrm{C}_k (x^{n-1})^{(k)}(\log x)^{(n-k)}\quad (\because\ (x^{n-1})^{(n)}=0)$$

❖アドバイス❖

← ライプニッツの公式

$$=\sum_{k=0}^{n-1}{}_n\mathrm{C}_k\frac{(n-1)!}{(n-k-1)!}x^{n-k-1}(-1)^{n-k-1}(n-k-1)!\frac{1}{x^{n-k}}$$

$$=-\frac{(n-1)!}{x}\sum_{k=0}^{n-1}{}_n\mathrm{C}_k(-1)^{n-k}$$

$$=-\frac{(n-1)!}{x}\left\{\sum_{k=0}^{n}{}_n\mathrm{C}_k(-1)^{n-k}-1\right\}$$

← 二項定理

$$=-\frac{(n-1)!}{x}\{(1+(-1))^n-1\}=\frac{(n-1)!}{x}$$ ……〔答〕

(2) $$\{x\cdot\log(\log x)\}'=1\cdot\log(\log x)+x\cdot\frac{1}{\log x}\frac{1}{x}$$

$$=\log(\log x)+\frac{1}{\log x}$$

∴ $g'(x)=x\cdot\log(\log x)+C$ ……〔答〕

(3) $F^{(n-1)}(x)=\int_a^{g(x)}f(t)dt$ の両辺を x で微分すると

← 微分と積分の関係
$\frac{d}{dx}\int_a^x f(t)dt=f(x)$

$$F^{(n)}(x)=f(g(x))\times g'(x)$$

よって，(1)，(2)の結果より

$$\frac{(n-1)!}{x}=f(g(x))\times\{x\log(\log x)+C\}$$

したがって，$f(g(x))=\dfrac{(n-1)!}{x^2\log(\log x)+Cx}$ ……〔答〕

◉ワンポイント解説（二項定理）◉

二項定理は以下のような重要な展開公式ですが，十分使えない人が多いのでここで少しだけ練習しておきましょう。

二項定理：

$$(a+b)^n=\sum_{k=0}^{n}{}_n\mathrm{C}_k a^{n-k}b^k$$

$$=a^n+{}_n\mathrm{C}_1a^{n-1}b+{}_n\mathrm{C}_2a^{n-2}b^2+\cdots+b^n$$ （注） ${}_n\mathrm{C}_0={}_n\mathrm{C}_n=1$

さて，この公式において $a=1$，$b=x$ とすると

$$(1+x)^n={}_n\mathrm{C}_0+{}_n\mathrm{C}_1x+{}_n\mathrm{C}_2x^2+\cdots+{}_n\mathrm{C}_nx^n$$

$x=1$ を代入すると

$$2^n={}_n\mathrm{C}_0+{}_n\mathrm{C}_1+{}_n\mathrm{C}_2+\cdots+{}_n\mathrm{C}_n \qquad \therefore\ \sum_{k=0}^{n}{}_n\mathrm{C}_k=2^n$$

$x=-1$ を代入すると

$$0={}_n\mathrm{C}_0+{}_n\mathrm{C}_1(-1)+{}_n\mathrm{C}_2(-1)^2+\cdots+{}_n\mathrm{C}_n(-1)^n \qquad \therefore\ \sum_{k=0}^{n}{}_n\mathrm{C}_k(-1)^k=0$$

同様にしていろいろな関係式を導けるので，自分で調べてみましょう。

第１章の過去問実践演習 ▶解答は p. 136

(A) 基本問題

[1A－01] (1) 極限値 $\displaystyle\lim_{x\to 0}\frac{\sin x+\cos x-e^x}{x\sin x}$ を求めよ。

(2) 定積分 $\displaystyle\int_1^3\frac{x^3-3x+1}{\sqrt{x-1}}dx$ の値を求めよ。

〈京都工芸繊維大学〉

[1A－02] 以下の設問に答えよ。

(1) 関数 $f(x)=xe^{ax}$ (a は定数) の第 n 次導関数 $f^{(n)}(x)$ を求めよ。

(2) 関数 $f(x)=\dfrac{3x^2-5x+4}{(x-1)(x^2+1)}$ の不定積分を求めよ。

〈筑波大学〉

[1A－03] 次の問いに答えよ。

(1) $\displaystyle\lim_{n\to\infty}\left(1+\frac{1}{n}\right)^{2n}$ を求めよ。　　(2) 不定積分 $\displaystyle\int\cos\sqrt{x}\,dx$ を求めよ。

〈山梨大学－工学部〉

[1A－04] 以下の定積分の値を求めよ。

(1) $\displaystyle\int_{-\pi}^{\pi}\sin mx\sin nx\,dx$ (m, n は自然数)

(2) $\displaystyle\int_1^e x(\log x)^2dx$　　(3) $\displaystyle\int_0^1\sin^{-1}x\,dx$

〈神戸大学－海事科学部〉

[1A－05] 次の極限値を求めよ。

(1) $\displaystyle\lim_{x\to 0}\frac{\sin x}{x}$　　(2) $\displaystyle\lim_{x\to 0}\left(\frac{\sin x}{x}\right)^{\frac{1}{x^2}}$

〈千葉大学－工学部〉

[1A－06] 次の不定積分 I を求めよ。

$$I=\int\frac{3x^2-x+1}{(x+1)(x^2-2x+2)}dx$$

〈名古屋工業大学〉

[1A−07] $\displaystyle\int_0^{\infty}\frac{dx}{(1+x^2)^4}$ を求めよ。

〈神戸大学−工学部〉

[1A−08] $x>-1$ のとき，次の不等式が成り立つことを証明せよ。

$$\frac{x}{x+1}\leqq\log(1+x)\leqq x$$

〈岡山大学〉

[1A−09] $x=t-\sin t,\ y=1-\cos t\ (0<t<2\pi)$ により定められる関数 $y=y(x)$ について，$\dfrac{dy}{dx}$ および $\dfrac{d^2y}{dx^2}$ を t を用いて表せ。

〈東京農工大学〉

[1A−10] $f(x)$ が連続関数のとき，$g(x)$ を

$$g(x)=\int_0^x(x-t)f(t)\,dt$$

と定義する。このとき，$g(x)$ の 1 次導関数 $g'(x)$ と 2 次導関数 $g''(x)$ を求めよ。

〈大阪府立大学〉

(B) 標準問題

[1B−01] 次の極限値を求めよ。

(1) $\displaystyle\lim_{x\to\infty}\frac{\log(x+1)}{x}$　　(2) $\displaystyle\lim_{a\to\infty}\frac{1}{a^2}\int_1^{a+1}\log x\,dx$　　(3) $\displaystyle\lim_{n\to\infty}(n\,!)^{\frac{1}{n^2}}$

〈金沢大学−数学科〉

[1B−02] (1) 実解析関数 $f(x)$ のマクローリン級数の一般形を書け。

(2) 指数関数 e^x をマクローリン級数で表せ。ただし，$-\infty<x<\infty$ とする。

(3) 次の展開式を証明せよ。

$$\sinh x=x+\frac{x^3}{3\,!}+\frac{x^5}{5\,!}+\cdots+\frac{x^{2n-1}}{(2n-1)!}+\cdots$$

〈大阪府立大学〉

[1B−03]　(1)　逆三角関数 $y=\arcsin x$ $\left(\text{ただし，} -\dfrac{\pi}{2} \leqq y \leqq \dfrac{\pi}{2}\right)$ の導関数は

$$\frac{dy}{dx}=\frac{1}{\sqrt{1-x^2}}$$

であることを示せ。

(2)　次の定積分の値を部分積分法を用いて求めよ。

$$\int_0^1 (\arcsin x)^2 dx$$

〈名古屋工業大学〉

[1B−04]　関数 $f(x)=e^{-x}\cos x$ について，以下の問いに答えよ。ただし，x は実数，e は自然対数の底とする。

(1)　不定積分 $\displaystyle\int f(x)\,dx$ を求めよ。

(2)　(1)の結果を用いて，$\displaystyle\int_{n\pi}^{(n+1)\pi} |f(x)|\,dx$ を求めよ。ただし，n は0または正の偶数とする。

〈大阪大学－工学部〉

[1B−05]　x を実数として，関数 $f(x)$ を $f(x)=x^2e^{ax}$ と定義する。ただし，a は負の定数である。

(1)　$f(x)$ の導関数 $f'(x)$，第2次導関数 $f''(x)$ を求めよ。

(2)　$x \to +\infty$ のとき，$f(x)$ の極限 $\displaystyle\lim_{x\to+\infty} f(x)$ を求めよ。

(3)　$f(x)$ の増減，極値，グラフの凹凸，変曲点を調べ，増減表を書き，$y=f(x)$ の概形を描け。

〈東北大学－工学部〉

[1B−06]　$\boldsymbol{R}$ 上の関数列 $\{f_n\}_{n=0,\,1,\,\cdots}$ を次式によって帰納的に定義する：

$$f_0(x)=1,\ f_{n+1}(x)=1+\int_0^x tf_n(t)\,dt,\ n=0,\ 1,\ \cdots$$

このとき，$f_n(x)=1+\displaystyle\sum_{k=1}^{n}\frac{x^{2k}}{2^k k!}$ $(n=1,\ 2,\ \cdots)$ となることを数学的帰納法によって示せ。

〈神戸大学－数学科〉

[1B−07] a を正の定数，e を自然対数の底とし，$f(x)=e^{ax}$ とおく。次の問いに答えよ。

(1) 自然数 n に対して，$f(x)$ の n 次（n 階）導関数 $f^{(n)}(x)$ を求めよ。

(2) $f(x)$ のマクローリン展開（x の巾（べき）級数の形での展開）を求めよ。

(3) N を自然数とするとき，次の級数の和を求めよ。

$$\sum_{n=N}^{\infty}\frac{x^n}{(n-N)!}$$

〈九州大学－芸術工学部〉

[1B−08] 任意の関数 $f(x)$ がある区間 I で微分可能であるとき，I の各点に対して次式で定義される y' を y の導関数と呼び，導関数を求めることを関数 y を微分するという。

$$y'=\lim_{h\to 0}\frac{f(x+h)-f(x)}{h}$$

(1) 上の定義式を用いて，次の関数の導関数を求めよ。

$$y=\log x \quad (x>0)$$

(2) 今，関数 $f(x)$ と $g(x)$ は微分可能であるとする。このとき，上の導関数の定義式を用いて，次のことを示せ。ただし，$g(x)\neq 0$ とする。

$$\left(\frac{f(x)}{g(x)}\right)'=\frac{f'(x)g(x)-f(x)g'(x)}{g^2(x)}$$

〈京都大学－工学部〉

[1B−09] (1) $f(x)=\dfrac{1}{1+x}$ の第 n 次導関数を求めよ。ただし，n は正の整数とする。

(2) $f(x)=\dfrac{1}{1+x}$ のマクローリン級数とその収束半径を求めよ。

(3) (2)の結果を用いて，$g(x)=\log(1+x)$ のマクローリン級数とその収束半径を求めよ。

〈三重大学〉

[1B−10] (1) xy 平面上において曲線 $2x^2-2xy+y^2=2$ により囲まれる領域の面積を求めよ。

(2) x，y が $2x^2-2xy+y^2=2$ を満たすとき，$x+y$ の最大値，最小値を求めよ。

〈大阪大学－工学部〉

[1B－11]　関数 $y=e^{\sqrt{3}x}(\sin x+1)$ の第 n 次導関数が

$$y^{(n)}=e^{\sqrt{3}x}\left\{2^n\sin\left(x+\frac{\pi}{6}n\right)+(\sqrt{3})^n\right\}$$

となることを証明せよ。

〈名古屋大学－工学部〉

[1B－12]　$f(x)$，$g(x)$ を以下の関数とするとき，各問いに答えよ。

$$f(x)=\frac{1}{2}(e^x+e^{-x}),\qquad g(x)=1-x^2$$

(1)　曲線 $f(x)$，$g(x)$ および直線 $x=1$ で囲まれる領域の面積 S を求めよ。

(2)　(1)の領域の周囲の長さ L を求めよ。

〈九州大学－芸術工学部〉

[1B－13]　$f(x)=\sin x+\dfrac{1}{2\pi}\displaystyle\int_0^{2\pi}f(y)\cos(x-y)\,dy$ を満たす関数 $f(x)$ を求めよ。

〈名古屋大学－情報文化学部〉

[1B－14]　次の問いに答えよ。

(1)　$\tan^{-1}(2-\sqrt{3})+\tan^{-1}1$ の値を求めよ。

(2)　極限値 $\displaystyle\lim_{x\to\infty}\frac{\log(1+e^{2x})}{x}$ を求めよ。

(3)　べき級数 $\displaystyle\sum_{n=1}^{\infty}\frac{(-1)^n3^n}{n}x^n$ の収束半径を求めよ。

(4)　$e^{\tan^{-1}(3x+2)}$ の導関数を求めよ。

〈関西大学－工学部〉

[1B－15]　関数 $\dfrac{1}{1-x^2}$ を級数展開せよ。ただし，$-1<x<1$ とする。

〈首都大学東京〉

[1B－16]　半径が a の無限に長い2つの直円柱がある。互いの中心軸が直交して交わっている場合，その共通部分を図示し，体積を求めよ。

〈千葉大学－工学部〉

[1B－17] xyz 空間において $S: x^2+y^2 \leqq z \leqq 2$ を満たす部分の体積を求めよ。

〈長岡技術科学大学〉

(C) 発展問題

[1C－01] 次を示せ。

(1) $\boldsymbol{R}$ 上の実数値連続関数 f が周期 p をもつ周期関数ならば次式が成り立つ。

$$\int_x^{x+p} f(t)\,dt = \int_0^p f(t)\,dt \quad (x \in \boldsymbol{R})$$

(2) $\displaystyle\lim_{n\to\infty}\int_a^b |\sin nx|\,dx = \frac{2(b-a)}{\pi} \quad (b>a)$

〈東京工業大学〉

[1C－02] 実変数 x の関数 $f_n(x)=x^n \log x$（n は自然数）について，以下の問いに答えよ。

(1) $\displaystyle\lim_{x\to+0} f_n(x)$（$f_n(x)$ の $x=0$ における右側極限値）を求めよ。

(2) $\displaystyle\int_0^1 f_n(x)\,dx$ を求めよ。

(3) $f_n(x)$ の第 $n+1$ 階導関数を求めよ。

〈筑波大学〉

[1C－03] 正の整数 n，および実数 x に対し

$$e^x = 1 + x + \cdots + \frac{x^n}{n\,!} + \frac{x^{n+1}}{(n+1)!} e^{\theta_{x,n} x}$$

と表し，数列 $\{\theta_{x,n}\}$ を定義する。ここで，$0<\theta_{x,n}<1$（$n=1, 2, \cdots$）である。このとき，次の各問いに答えよ。

(1) 次の式が成り立つことを示せ。

$$e^{\theta_{x,n} x} = 1 + \frac{x}{n+2} e^{\theta_{x,n+1} x}$$

(2) 極限値 $\displaystyle\lim_{x\to 0} \theta_{x,n}$ を求めよ。

〈神戸大学－工学部〉

[1C－04]　n，k が自然数のとき，広義積分 $I_{n,\,k}$ を次のように定義する。

$$I_{n,\,k}=\int_0^\infty \frac{x^{2n-1}}{(1+x^2)^{k+1}}dx$$

以下の設問に答えよ。

(1)　$I_{1,\,k}$ を求めよ。

(2)　$n-1-k<0$ のとき，次の関係が成り立つことを示せ。

$$I_{n,\,k}=\frac{n-1}{k}I_{n-1,\,k-1}$$

(3)　$n-1-k<0$ のとき，$I_{n,\,k}$ を求めよ。

(4)　$x\geqq 1$ のとき，自然数 k に依存するある実数 C_k が存在して，

$$\frac{x^{2n-1}}{(x^2+1)^{k+1}}\geqq\frac{C_k}{x^{2k-2n+3}}$$

となることを示せ。

(5)　上記(4)の不等式を使って $n-1-k\geqq 0$ のとき，

$$I_{n,\,k}=\lim_{L\to\infty}\int_0^L \frac{x^{2n-1}}{(1+x^2)^{k+1}}dx=\infty$$

を示せ。

〈大阪大学－基礎工学部〉

[1C－05]　$f(x)$ を $x\geqq 0$ で定義された連続な単調増加関数とする。以下の設問に答えよ。

(1)　任意の正整数 n に対して次の不等式が成り立つことを示せ。

$$\int_0^n f(x)\,dx\leqq\sum_{i=1}^n f(i)\leqq\int_0^n f(x+1)\,dx$$

(2)　実数 s に対して，数列 $\{a_n\}$ を

$$a_n=\frac{1}{n^s}\sum_{i=1}^n f(i),\quad n=1,\ 2,\ \cdots$$

と定義する。$f(x)=x^\alpha$（$\alpha>0$ は定数）のとき，数列 $\{a_n\}$ が収束する s の範囲を求めよ。

〈筑波大学〉

[1C−06]　関数 $y(x)$ は，$x=1$ を含むある区間で定義された連続関数で，$x=1$ で極値をとり，$y^3+3xy^2+x^3y=1$ を満たすとする。このとき以下の問いに答えよ。

(1)　$y(1)$ を求めよ。

(2)　$y(x)$ の $x=1$ のまわりでのテイラー展開を2次の項まで求めよ。

(3)　$x=1$ における極値が，極大，極小のいずれかを答えよ。

〈東京大学－工学部〉

[1C−07]　実数全体で定義された連続関数 $f(x)$ に対して $g(x)$ を

$$g(x)=\int_0^x tf(x-t)\,dt$$

で定めるとき，次の(1)，(2)，(3)に答えよ。

(1)　$f(x)$ が奇関数ならば $g(x)$ も奇関数であり，$f(x)$ が偶関数ならば $g(x)$ も偶関数であることを示せ。

(2)　$f(x)=\cos x$ のとき $g(x)$，$g'(x)$，$g''(x)$ を求めよ。

(3)　$f(0)>0$ のとき，$g(x)$ は $x=0$ で極小値をとることを示せ。

〈大阪大学－基礎工学部〉

[1C−08]　xy 平面上で，曲線 C は媒介変数 θ を用いて，

$$x=2a\cos\theta+a\cos 2\theta,\quad y=2a\sin\theta-a\sin 2\theta$$

で表される。ただし，$a>0$ とする。

この曲線 C によって表される図形について，次の問いに答えよ。

(1)　曲線 C の概略図を示せ。

(2)　曲線 C に囲まれる図形の面積を求めよ。

〈大阪大学－工学部〉

[1C−09]　t，x，y を実数，A を実数の定数とし，以下の問いに答えよ。

(1)　置換 $t=x+\sqrt{x^2+A}$ を用い，不定積分 $\displaystyle\int\frac{1}{\sqrt{x^2+A}}dx$ を求めよ。

(2)　不定積分 $\displaystyle\int\sqrt{x^2+A}\,dx$ を求めよ。

(3)　$x\geqq 0$，$y\geqq 0$ とする。曲線 $\sqrt{x}+\sqrt{y}=1$ の長さを求めよ。

〈東北大学－工学部〉

[1C−10]　n を整数として以下の設問に答えよ。

(1)　$\int_0^{\pi} \sin x \cos nx\, dx$ を計算せよ。

(2)　$f(x)$ を $[0,\ a]$ 上の連続関数とする。$f(x)$ が微分可能で導関数 $f'(x)$ が連続であれば

$$\lim_{n\to\infty}\int_0^a f(x)\cos nx\, dx = 0$$

が成り立つことを示せ。（ここに a は任意の実定数とする。）

〈東京工業大学〉

[1C−11]　実数 x と正の整数 n に対して，$R_n(x)$ を

$$\arctan x = x - \frac{1}{3}x^3 + \frac{1}{5}x^5 - \cdots + \frac{(-1)^{n-1}}{2n-1}x^{2n-1} + R_n(x)$$

によって定める。ただし，$\arctan x$ は $y=\tan x\ \left(-\frac{\pi}{2}<x<\frac{\pi}{2}\right)$ の逆関数である。このとき次の問いに答えよ。

(1)　$1-t^2+t^4-\cdots+(-t^2)^{n-1}=\frac{1-(-t^2)^n}{1+t^2}$ を用いて，$R_n(x)=\int_0^x \frac{(-t^2)^n}{1+t^2}dt$ となることを示せ。

(2)　$|x|\leqq 1$ のとき $R_n(x)\to 0$ $(n\to\infty)$ となることを示せ。

〈金沢大学－数学科〉

[1C−12]　無限級数 $\sum_{n=1}^{\infty}(-1)^{n+1}\frac{n+2}{3^n}$ について，次の各問いに答えよ。

(1)　無限級数の第 N 部分和 $S_N=\sum_{n=1}^{N}(-1)^{n+1}\frac{n+2}{3^n}$ を求めよ。

(2)　(1)で求めた第 N 部分和を用いて，S_N が収束するかどうかを判定せよ。収束する場合は，収束値を求めよ。

必要であれば，$(1+a)^N=\sum_{j=0}^{N}{}_N\mathrm{C}_j a^j \geqq 1+Na+\frac{N(N-1)}{2}a^2$ の関係を用いよ。ただし，N は自然数，a は正の実数であるとする。

〈大阪大学－工学部〉

[1C－13]　xy 平面上の点Pの座標が実数 t の関数として次の式で与えられている。

$$x(t)=-\frac{t}{\pi}\cos t,\quad y(t)=\sin t$$

ここで，$0\leqq t\leqq\frac{3}{2}\pi$ の範囲で点Pの描く曲線を C とする。

このとき，以下の問いに答えよ。

(1)　$t=\frac{m}{2}\pi$（ただし，$m=0,\ 1,\ 2,\ 3$）における点Pの座標，およびそれらの点における曲線 C の接線の傾きを求めよ。さらに，曲線 C の概形を描け。

(2)　不定積分 $\int t\sin^2 t\,dt$ を求めよ。

(3)　曲線 C と x 軸（$x\geqq0$）および y 軸（$y\geqq0$）によって囲まれる領域の面積を求めよ。

〈東北大学－工学部〉

[1C－14]　以下の問いに答えよ。

(1)　関数 $f(x)$ が閉区間 $[a,\ b]$ で連続であるとする。このとき，

$$\frac{1}{b-a}\int_a^b f(x)\,dx=f(c)$$

が成立する点 $x=c$ が区間 $(a,\ b)$ に少なくとも1つは存在することを証明せよ。

(2)　関数 $f(x)$，$g(x)$ が閉区間 $[a,\ b]$ で連続であるとする。このとき，閉区間 $[a,\ b]$ で $g(x)>0$ であるならば，

$$\frac{1}{\int_a^b g(x)\,dx}\int_a^b f(x)g(x)\,dx=f(c)$$

が成立する点 $x=c$ が区間 $(a,\ b)$ に少なくとも1つは存在することを証明せよ。

〈筑波大学〉

第2章

多変数の微分積分

例題 1 （偏微分）

関数 $f(x,\ y)=\log(x^2+y^2)$ について，曲面 $z=f(x,\ y)$ 上の点 $(x,\ y,\ z)=(1,\ 1,\ \log 2)$ を通る接平面の方程式，およびその点における曲面の法線の方程式をそれぞれ求めよ。〈京都府立大学〉

解答 $f(x,\ y)=\log(x^2+y^2)$ より

$$f_x(x,\ y)=\frac{2x}{x^2+y^2},\quad f_y(x,\ y)=\frac{2y}{x^2+y^2}$$

であるから

$$f_x(1,\ 1)=\frac{2}{1+1}=1,\quad f_y(1,\ 1)=\frac{2}{1+1}=1$$

よって，$(1,\ 1,\ \log 2)$ における接平面の方程式は

$$z-\log 2=1\cdot(x-1)+1\cdot(y-1)$$

$$\therefore\quad x+y-z+\log 2-2=0$$ ……〔答〕

接平面の方程式より，接平面の法線ベクトルは $(1,\ 1,\ -1)$ であるから，$(1,\ 1,\ \log 2)$ における法線は $(1,\ 1,\ \log 2)$ を通り，$(1,\ 1,\ -1)$ を方向ベクトルとする直線で

$$\frac{x-1}{1}=\frac{y-1}{1}=\frac{z-\log 2}{-1}$$ ……〔答〕

❖アドバイス❖

← 接平面の方程式①

◉ワンポイント解説（接平面の方程式）◉

接平面の方程式は暗記する必要は全くありません。丸暗記しようとする人が多いので，少し解説しておきましょう。

[接平面の方程式①]

曲面 $z=f(x,\ y)$ の $(x,\ y)=(a,\ b)$ における接平面の方程式は

$$z-f(a,\ b)=f_x(a,\ b)(x-a)+f_y(a,\ b)(y-b)$$

(解説) この接平面の方程式は全く自然な式です。この式が当たり前のように見えるかどうかは１変数の場合の接線の方程式が理解できているかどうかによります（覚えているかどうかではありません）。

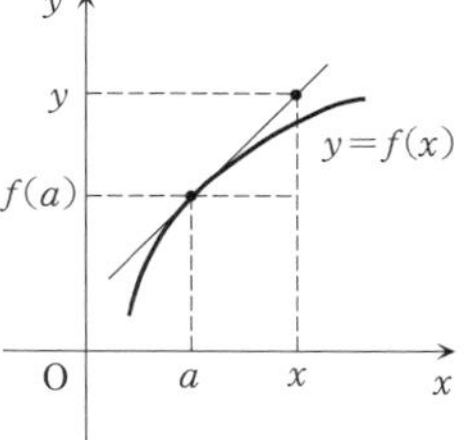

1 変数関数 $y=f(x)$ の接線の方程式は

$$y-f(a)=f'(a)(x-a)$$

ですが，この方程式が何を意味しているかは

「$f'(a)$ は $x=a$ における接線の傾きを表している」

ことを理解していれば明らかでしょう（図参照）。

2 変数になると z 座標の差 $z-f(a,\ b)$ が単に次の 2 つの和になるというだけのことです。

x 座標の違いによって生じる z 座標の差 $f_x(a,\ b)(x-a)$

y 座標の違いによって生じる z 座標の差 $f_y(a,\ b)(y-b)$

したがって

$$z-f(a,\ b)=f_x(a,\ b)(x-a)+f_y(a,\ b)(y-b)$$

[接平面の方程式②]

曲面 $f(x,\ y,\ z)=0$ 上の点 $(x,\ y,\ z)=(a,\ b,\ c)$ における接平面の方程式は

$$f_x(a,\ b,\ c)(x-a)+f_y(a,\ b,\ c)(y-b)+f_z(a,\ b,\ c)(z-c)=0$$

（解説） この方程式もまた全く当たり前のようなことを書いているだけです。次の 2 点を理解しておくことがポイントです。

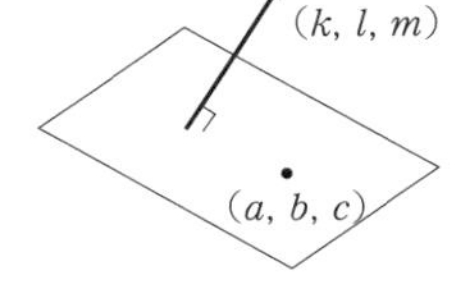

<ポイント 1>

点 $(a,\ b,\ c)$ を通り，法線ベクトルが $(k,\ l,\ m)$ である平面の方程式は

$$k(x-a)+l(y-b)+m(z-c)=0$$

<ポイント 2>

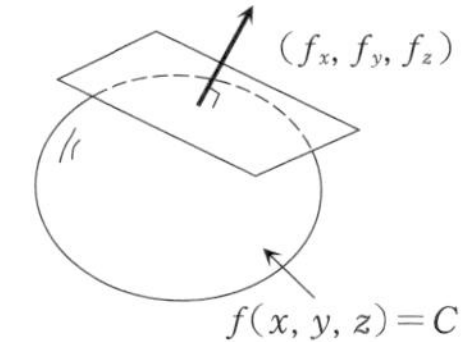

$f(x,\ y,\ z)$ の勾配 $\mathrm{grad}(f)=(f_x,\ f_y,\ f_z)$ は各点において曲面 $f(x,\ y,\ z)=C$ の接平面の法線ベクトルである。

すなわち，曲面 $f(x,\ y,\ z)=0$ 上の点 $(x,\ y,\ z)=(a,\ b,\ c)$ における接平面は点 $(a,\ b,\ c)$ を通り，法線ベクトルが

$$(f_x(a,\ b,\ c),\ f_y(a,\ b,\ c),\ f_z(a,\ b,\ c))$$

である平面のことです。

したがって

$$f_x(a,\ b,\ c)(x-a)+f_y(a,\ b,\ c)(y-b)+f_z(a,\ b,\ c)(z-c)=0$$

数学の学習において公式を丸暗記しようとする姑息な考えは禁物です。

例題 2 （2変数関数の極値）

関数 $f(x,\ y)=x^2-2xy+y^3-y$ の極値を求めよ。

〈名古屋大学－情報文化学部〉

解答 まずは停留点を求める。

$f(x,\ y)=x^2-2xy+y^3-y$ より

$f_x(x,\ y)=2x-2y,\quad f_y(x,\ y)=-2x+3y^2-1$

よって

$f_x(x,\ y)=0,\ f_y(x,\ y)=0$

とすると

$2x-2y=0$ ……①　　$-2x+3y^2-1=0$ ……②

①より，$y=x$　これを②に代入すると

$-2x+3x^2-1=0 \quad \therefore \quad 3x^2-2x-1=0$

$(3x+1)(x-1)=0 \qquad x=1,\ -\dfrac{1}{3}$

よって，極値をとる点の候補は次の2点である。

$(x,\ y)=(1,\ 1),\ \left(-\dfrac{1}{3},\ -\dfrac{1}{3}\right)$

次にこの2点において極値をとるかどうかを調べる。

$f_{xx}(x,\ y)=2,\ f_{yy}(x,\ y)=6y,$

$f_{xy}(x,\ y)=f_{yx}(x,\ y)=-2$

であるから，ヘッシアンは

$H(x,\ y)=f_{xx}\cdot f_{yy}-(f_{xy})^2=12y-4=4(3y-1)$

(i)　$(x,\ y)=(1,\ 1)$ について

$H(1,\ 1)=4(3\cdot1-1)=8>0$

$f_{xx}(1,\ 1)=2>0$

であるから，$(x,\ y)=(1,\ 1)$ において極小値をとる。

極小値は $f(1,\ 1)=-1$

(ii)　$(x,\ y)=\left(-\dfrac{1}{3},\ -\dfrac{1}{3}\right)$ について

$$H\left(-\frac{1}{3},\ -\frac{1}{3}\right)=4\left\{3\cdot\left(-\frac{1}{3}\right)-1\right\}=-8<0$$

であるから，$(x,\ y)=\left(-\dfrac{1}{3},\ -\dfrac{1}{3}\right)$ において極値をとらない。

以上より，$(x,\ y)=(1,\ 1)$ において極小値 -1 をとる。

❖アドバイス❖

← 停留点＝水平な所

← f_x は曲面上を x 軸方向に動いたときの接線の傾き。
f_y は曲面上を y 軸方向に動いたときの接線の傾き。

← ヘッシアン：
$H(x,\ y)=\begin{vmatrix} f_{xx} & f_{xy} \\ f_{yx} & f_{yy} \end{vmatrix}=f_{xx}\cdot f_{yy}-(f_{xy})^2$

◉ワンポイント解説（ヘッシアン）◉

2変数関数の極値を求める問題では，まず停留点（曲面上の水平な所）を求め，次に各停留点に対してヘッシアンを調べて極値の判定を行います。

すなわち

(i) $H(a, b)>0$ のとき

① $f_{xx}(a, b)>0$ ならば，$f(a, b)$ は極小値

② $f_{xx}(a, b)<0$ ならば，$f(a, b)$ は極大値

(ii) $H(a, b)<0$ のとき

$f(a, b)$ は極値でない。

(iii) $H(a, b)=0$ のとき

ヘッシアンでは判定できない。

このとき，第1次偏導関数の図形的意味を理解していることはもちろんですが，第2次偏導関数からつくられたヘッシアンの図形的意味もある程度理解しておくことは大切です。

2変数関数 $f(x, y)$ のヘッシアンは次で定義されます。

$$H(x, y)=\begin{vmatrix} f_{xx} & f_{xy} \\ f_{yx} & f_{yy} \end{vmatrix}=f_{xx}\cdot f_{yy}-(f_{xy})^2$$

1変数関数 $f(x)$ において，$f'(x)$ は接線の傾きを表し，したがって $f''(x)$ は接線の傾きの変化すなわち“曲がり具合”を表しますが，それは多変数になっても基本的に同じです。だから，ヘッシアンによる極値の判定に関する公式が覚えにくいというのはそもそもおかしなことなのです。

極値でない例として鞍点を考えましょう。

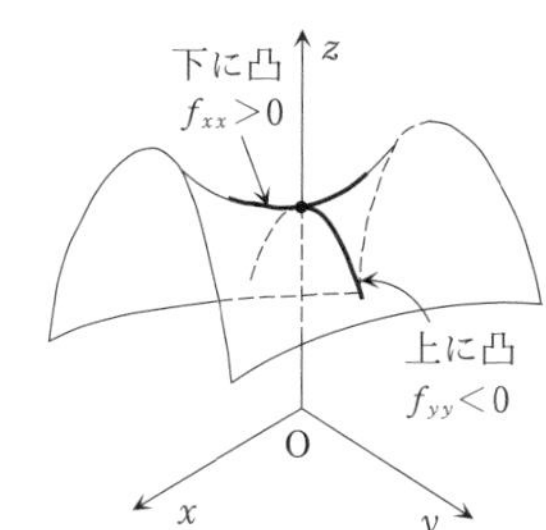

簡単のため，座標軸を図のように定めると，

x 軸方向では曲面は下に凸だから

$f''>0$　すなわち　$f_{xx}>0$

y 軸方向では曲面は上に凸だから

$f''<0$　すなわち　$f_{yy}<0$

したがって，この場合

$H(x, y)=f_{xx}\cdot f_{yy}-(f_{xy})^2<0$

ということで，$H(x, y)<0$ のときが極値をもたない方だったなと自然に思い出せるわけです。

例題 3（チェイン・ルール）

$f(x,\ y)$ を $\boldsymbol{R}^2-\{0\}$ 上の C^2-級関数，$x=r\cos\theta,\quad y=r\sin\theta$ を $(x,\ y)\in\boldsymbol{R}^2-\{0\}$ の極座標とする。このとき，以下の問いに答えよ。

(1) 次の等式を示せ。

$$\frac{\partial^2 f}{\partial x^2}+\frac{\partial^2 f}{\partial y^2}=\frac{\partial^2 f}{\partial r^2}+\frac{1}{r}\frac{\partial f}{\partial r}+\frac{1}{r^2}\frac{\partial^2 f}{\partial \theta^2}$$

(2) $f(x,\ y)$ は $r=\sqrt{x^2+y^2}$ のみの関数で，θ にはよらないとする。さらに f は

条件：$\dfrac{\partial^2 f}{\partial x^2}+\dfrac{\partial^2 f}{\partial y^2}=0$ および $r=1$ のとき $f=0$，$r=2$ のとき $f=1$

を満たすとする。このような f を求めよ。

〈東京工業大学〉

解答 (1) チェイン・ルールにより

$f_r=f_x\cos\theta+f_y\sin\theta$

$f_\theta=f_x\cdot(-r\sin\theta)+f_y\cdot r\cos\theta=r(-f_x\sin\theta+f_y\cos\theta)$

さらに

$f_{rr}=(f_x\cos\theta+f_y\sin\theta)_r=(f_x)_r\cos\theta+(f_y)_r\sin\theta$

$=(f_{xx}\cos\theta+f_{xy}\sin\theta)\cos\theta+(f_{yx}\cos\theta+f_{yy}\sin\theta)\sin\theta$

$=f_{xx}\cos^2\theta+f_{yy}\sin^2\theta+2f_{xy}\sin\theta\cos\theta$　……①

また

$\dfrac{1}{r}f_{\theta\theta}=(-f_x\sin\theta+f_y\cos\theta)_\theta$

$=-\{(f_x)_\theta\sin\theta+f_x\cos\theta\}+(f_y)_\theta\cos\theta+f_y(-\sin\theta)$

$=-(f_x)_\theta\sin\theta-f_x\cos\theta+(f_y)_\theta\cos\theta-f_y\sin\theta$

$=-(f_x)_\theta\sin\theta+(f_y)_\theta\cos\theta-(f_x\cos\theta+f_y\sin\theta)$

$=-\{(f_x)_x\cdot x_\theta+(f_x)_y\cdot y_\theta\}\sin\theta$

$\quad+\{(f_y)_x\cdot x_\theta+(f_y)_y\cdot y_\theta\}\cos\theta-f_r$

$=-(-f_{xx}r\sin\theta+f_{xy}r\cos\theta)\sin\theta$

$\quad+(-f_{yx}r\sin\theta+f_{yy}r\cos\theta)\cos\theta-f_r$

$=r(f_{xx}\sin^2\theta+f_{yy}\cos^2\theta-2f_{xy}\sin\theta\cos\theta)-f_r$

よって

$\dfrac{1}{r^2}f_{\theta\theta}=f_{xx}\sin^2\theta+f_{yy}\cos^2\theta-2f_{xy}\sin\theta\cos\theta-\dfrac{1}{r}f_r$

……②

❖アドバイス❖

← チェイン・ルール：
$z=f(x,\ y)$ において
$x=x(u,\ v)$,
$y=y(u,\ v)$
のとき

$$\begin{cases} z_u=z_x\cdot x_u+z_y\cdot y_u \\ z_v=z_x\cdot x_v+z_y\cdot y_v \end{cases}$$

①+② より　$f_{rr}+\frac{1}{r^2}f_{\theta\theta}=f_{xx}+f_{yy}-\frac{1}{r}f_r$

∴　$f_{xx}+f_{yy}=f_{rr}+\frac{1}{r}f_r+\frac{1}{r^2}f_{\theta\theta}$

すなわち

$$\frac{\partial^2 f}{\partial x^2}+\frac{\partial^2 f}{\partial y^2}=\frac{\partial^2 f}{\partial r^2}+\frac{1}{r}\frac{\partial f}{\partial r}+\frac{1}{r^2}\frac{\partial^2 f}{\partial \theta^2}$$ （証明終わり）

(2)　$f(x,\ y)$ は $r=\sqrt{x^2+y^2}$ のみの関数で，θ にはよらないことから

$$\frac{\partial^2 f}{\partial x^2}+\frac{\partial^2 f}{\partial y^2}=\frac{d^2 f}{dr^2}+\frac{1}{r}\frac{df}{dr}$$

← $\frac{\partial f}{\partial \theta}=0,\ \frac{\partial^2 f}{\partial \theta^2}=0$

さらに条件 $\frac{\partial^2 f}{\partial x^2}+\frac{\partial^2 f}{\partial y^2}=0$ より，$\frac{d^2 f}{dr^2}+\frac{1}{r}\frac{df}{dr}=0$

そこで，$z=z(r)=\frac{df}{dr}$ とおくと　$\frac{dz}{dr}+\frac{1}{r}z=0$

∴　$\frac{1}{z}\frac{dz}{dr}=-\frac{1}{r}$

∴　$\int\frac{1}{z}dz=-\int\frac{1}{r}dr$

$\log|z|=-\log r+C=\log\left(e^C\frac{1}{r}\right)$

∴　$z=A\frac{1}{r}$　（A は任意定数）

よって，$f=\int A\frac{1}{r}dr=A\log r+B$　（$A,\ B$ は任意定数）

ここで，条件

「$r=1$ のとき $f=0$，$r=2$ のとき $f=1$」

より　$B=0$　かつ　$A\log 2+B=1$

よって，$A=\frac{1}{\log 2}$，$B=0$

以上より

$$f(x,\ y)=\frac{1}{\log 2}\log r$$
$$=\frac{1}{\log 2}\log\sqrt{x^2+y^2}$$
$$=\frac{1}{2\log 2}\log(x^2+y^2)$$ ……〔答〕

例題 4（重積分）

3次元空間 O-xyz 座標系で，曲面 $z=x^2+y^2$ と平面 $z=2ax$ で囲まれた図形の体積を求めよ。ただし，a は定数（$a>0$）である。

〈千葉大学－工学部〉

解答 $x^2+y^2=2ax$ とすると，$(x-a)^2+y^2=a^2$

そこで

$$D:(x-a)^2+y^2 \leqq a^2$$

とおくと，求める体積は

$$V=\iint_D \{2ax-(x^2+y^2)\}\,dx\,dy$$

ここで

$$x=r\cos\theta,\quad y=r\sin\theta$$

とおくと，領域 D は次の領域 E に移る。

$$E:-\frac{\pi}{2} \leqq \theta \leqq \frac{\pi}{2},\quad 0 \leqq r \leqq 2a\cos\theta$$

よって

$$V=\iint_E (2a\cdot r\cos\theta-r^2)\,r\,dr\,d\theta$$

$$=\int_{-\frac{\pi}{2}}^{\frac{\pi}{2}}\left(\int_0^{2a\cos\theta}(2ar^2\cos\theta-r^3)\,dr\right)d\theta$$

$$=\int_{-\frac{\pi}{2}}^{\frac{\pi}{2}}\left[\frac{2}{3}ar^3\cos\theta-\frac{r^4}{4}\right]_{r=0}^{r=2a\cos\theta}d\theta$$

$$=\int_{-\frac{\pi}{2}}^{\frac{\pi}{2}}\left(\frac{16}{3}a^4\cos^4\theta-\frac{16}{4}a^4\cos^4\theta\right)d\theta$$

$$=\frac{4}{3}a^4\int_{-\frac{\pi}{2}}^{\frac{\pi}{2}}\cos^4\theta\,d\theta=\frac{8}{3}a^4\int_0^{\frac{\pi}{2}}\cos^4\theta\,d\theta$$

$$=\frac{8}{3}a^4\int_0^{\frac{\pi}{2}}\left(\frac{1+\cos 2\theta}{2}\right)^2 d\theta$$

$$=\frac{2}{3}a^4\int_0^{\frac{\pi}{2}}(1+2\cos 2\theta+\cos^2 2\theta)\,d\theta$$

$$=\frac{2}{3}a^4\int_0^{\frac{\pi}{2}}\left(1+2\cos 2\theta+\frac{1+\cos 4\theta}{2}\right)d\theta$$

$$=\frac{2}{3}a^4\left[\frac{3}{2}\theta+\sin 2\theta+\frac{1}{8}\sin 4\theta\right]_0^{\frac{\pi}{2}}$$

$$=\frac{2}{3}a^4\cdot\frac{3}{4}\pi=\frac{\pi}{2}a^4 \quad \cdots\cdots〔答〕$$

❖アドバイス❖

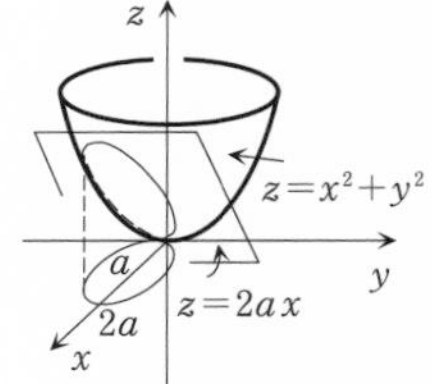

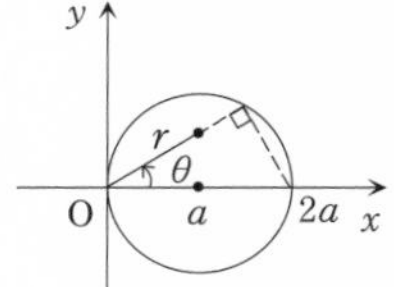

← ヤコビアンの絶対値

$$\left|\frac{\partial(x,\ y)}{\partial(r,\ \theta)}\right|=r$$

［別解 1］（途中から）

$x=a+r\cos\theta,\ y=r\sin\theta$

とおくと，領域 D は

$F: 0\leqq\theta\leqq 2\pi,\ 0\leqq r\leqq a$

に移る。

← 点 $(a,\ 0)$ を極とする極座標変換

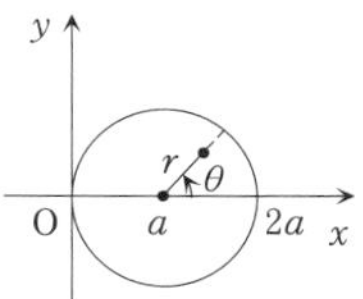

2 つの極座標変換はどちらも大切。
このときも
$\left|\dfrac{\partial(x,\ y)}{\partial(r,\ \theta)}\right|=r$

よって

$$V=\iint_D\{2ax-(x^2+y^2)\}\,dx\,dy$$
$$=\iint_D[a^2-\{(x-a)^2+y^2\}]\,dx\,dy$$
$$=\iint_F(a^2-r^2)r\,dr\,d\theta$$
$$=\int_0^{2\pi}\left(\int_0^a(a^2r-r^3)\,dr\right)d\theta$$
$$=2\pi\int_0^a(a^2r-r^3)\,dr$$
$$=2\pi\left[\frac{a^2}{2}r^2-\frac{1}{4}r^4\right]_0^a$$
$$=2\pi\left(\frac{a^4}{2}-\frac{a^4}{4}\right)=\frac{\pi}{2}a^4 \quad \cdots\cdots〔答〕$$

［別解 2］ 平面 $y=t$ による切り口の面積を $S(t)$ とする。

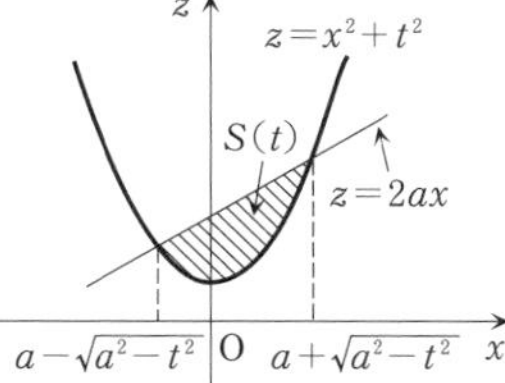

← 図は参考図。正確な図ではない。

$z=x^2+t^2=2ax$ とすると，

$$x^2-2ax+t^2=0$$

$\therefore\quad x=a\pm\sqrt{a^2-t^2}$

よって

$$S(t)=\int_{a-\sqrt{a^2-t^2}}^{a+\sqrt{a^2-t^2}}\{2ax-(x^2+t^2)\}\,dt$$
$$=\frac{1}{6}\{(a+\sqrt{a^2-t^2})-(a-\sqrt{a^2-t^2})\}^3$$
$$=\frac{4}{3}(a^2-t^2)^{\frac{3}{2}}$$

← 公式：
$$\int_\alpha^\beta(x-\alpha)(x-\beta)\,dx=-\frac{1}{6}(\beta-\alpha)^3$$

したがって

$$V=\int_{-a}^a S(t)\,dt=\int_{-a}^a\frac{4}{3}(a^2-t^2)^{\frac{3}{2}}dt$$
$$=\frac{8}{3}\int_0^a(a^2-t^2)^{\frac{3}{2}}dt=\cdots$$
$$=\frac{\pi}{2}a^4 \quad \cdots\cdots〔答〕$$

例題 5 （広義積分）

$D=\{(x,\ y)\mid 0\leqq y<x\leqq 1\}$ とする。$0<\alpha<1$ のとき，広義積分

$$\iint_D \frac{xy}{(x^2-y^2)^\alpha}dx\,dy$$

の値を求めよ。　〈金沢大学－数学科〉

解答　$D=\{(x,\ y)\mid 0\leqq x\leqq 1,\ 0\leqq y<x\}$

であり，被積分関数の特異点に注意して

$D(\varepsilon)=\{(x,\ y)\mid \varepsilon\leqq x\leqq 1,\ 0\leqq y\leqq x-\varepsilon\}$

とおくと

$$\iint_D \frac{xy}{(x^2-y^2)^\alpha}dx\,dy=\lim_{\varepsilon\to+0}\iint_{D(\varepsilon)}\frac{xy}{(x^2-y^2)^\alpha}dx\,dy$$

であり

$$\iint_{D(\varepsilon)}\frac{xy}{(x^2-y^2)^\alpha}dx\,dy$$

$$=\int_\varepsilon^1\left(\int_0^{x-\varepsilon}\frac{xy}{(x^2-y^2)^\alpha}dy\right)dx$$

$$=\int_\varepsilon^1\left(\int_0^{x-\varepsilon}xy(x^2-y^2)^{-\alpha}dy\right)dx$$

$$=\int_\varepsilon^1\left[-\frac{1}{2(-\alpha+1)}x(x^2-y^2)^{-\alpha+1}\right]_{y=0}^{y=x-\varepsilon}dx$$

$$=-\frac{1}{2(-\alpha+1)}\int_\varepsilon^1 x\{(x^2-(x-\varepsilon)^2)^{-\alpha+1}-(x^2)^{-\alpha+1}\}\,dx$$

$$=-\frac{1}{2(-\alpha+1)}\int_\varepsilon^1\{x(2\varepsilon x-\varepsilon^2)^{-\alpha+1}-x(x^2)^{-\alpha+1}\}\,dx$$

$$=-\frac{1}{2(-\alpha+1)}\int_\varepsilon^1\{\varepsilon^{-\alpha+1}x(2x-\varepsilon)^{-\alpha+1}-x^{-2\alpha+3}\}\,dx$$

ここで

$$\int_\varepsilon^1 x(2x-\varepsilon)^{-\alpha+1}dx$$

において，$2x-\varepsilon=t$ とおくと

$x=\dfrac{t+\varepsilon}{2}$，$dx=\dfrac{1}{2}dt$

$x:\varepsilon\to 1$ のとき $t:\varepsilon\to 2-\varepsilon$

であるから

$$\int_\varepsilon^1 x(2x-\varepsilon)^{-\alpha+1}dx=\int_\varepsilon^{2-\varepsilon}\frac{t+\varepsilon}{2}t^{-\alpha+1}\frac{1}{2}dt$$

$$=\frac{1}{4}\int_\varepsilon^{2-\varepsilon}(t^{-\alpha+2}+\varepsilon t^{-\alpha+1})\,dt=\frac{1}{4}\left[\frac{t^{-\alpha+3}}{-\alpha+3}+\frac{\varepsilon t^{-\alpha+2}}{-\alpha+2}\right]_\varepsilon^{2-\varepsilon}$$

❖アドバイス❖

← 広義積分
直線 $y=x$ 上の点は特異点

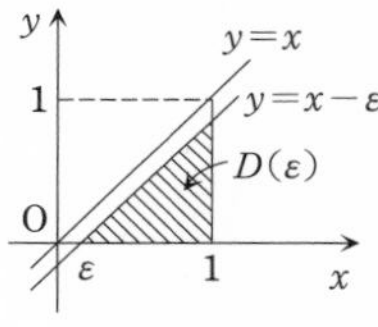

← $0<\alpha<1$

$$=\frac{1}{4}\left(\frac{(2-\varepsilon)^{-\alpha+3}-\varepsilon^{-\alpha+3}}{-\alpha+3}+\frac{\varepsilon\{(2-\varepsilon)^{-\alpha+2}-\varepsilon^{-\alpha+2}\}}{-\alpha+2}\right)$$

$$\to \frac{1}{4}\cdot\frac{2^{-\alpha+3}}{-\alpha+3} \quad (\varepsilon \to +0 \text{ のとき})$$

また

$$\int_{\varepsilon}^{1} x^{-2\alpha+3}dx=\left[\frac{x^{-2\alpha+4}}{-2\alpha+4}\right]_{\varepsilon}^{1}$$

$$=\frac{1-\varepsilon^{-2\alpha+4}}{-2\alpha+4} \to \frac{1}{-2\alpha+4} \quad (\varepsilon \to +0 \text{ のとき})$$

以上より

$$\iint_D \frac{xy}{(x^2-y^2)^{\alpha}}dx\,dy$$

$$=\lim_{\varepsilon\to+0}\iint_{D(\varepsilon)}\frac{xy}{(x^2-y^2)^{\alpha}}dx\,dy$$

$$=\lim_{\varepsilon\to+0}\left[-\frac{1}{2(-\alpha+1)}\int_{\varepsilon}^{1}\{\varepsilon^{-\alpha+1}x(2x-\varepsilon)^{-\alpha+1}-x^{-2\alpha+3}\}\,dx\right]$$

$$=\lim_{\varepsilon\to+0}\left[-\frac{1}{2(-\alpha+1)}\left\{\varepsilon^{-\alpha+1}\cdot\frac{1}{4}\frac{2^{-\alpha+3}}{-\alpha+3}-\frac{1}{-2\alpha+4}\right\}\right]$$

$$=-\frac{1}{2(-\alpha+1)}\left(0-\frac{1}{-2\alpha+4}\right) \quad \text{（注）}\ 0<\alpha<1$$

$$=\frac{1}{2(-\alpha+1)}\cdot\frac{1}{-2\alpha+4}$$

$$=\frac{1}{4(1-\alpha)(2-\alpha)}$$ ……〔答〕

← $0<\alpha<1$ だから $\lim_{\varepsilon\to+0}\varepsilon^{-\alpha+1}=0$

（注） 本問では次のような形式的な計算によっても同じ結果を得る。

← 場合によっては，このような略式計算も許される。

$$\iint_D \frac{xy}{(x^2-y^2)^{\alpha}}dx\,dy$$

$$=\int_0^1\left(\int_0^x \frac{xy}{(x^2-y^2)^{\alpha}}dy\right)dx$$

$$=\int_0^1\left[-\frac{1}{2(-\alpha+1)}x(x^2-y^2)^{-\alpha+1}\right]_{y=0}^{y=x}dx$$

$$=-\frac{1}{2(-\alpha+1)}\int_0^1(0-x^{-2\alpha+3})\,dx$$

$$=\frac{1}{2(-\alpha+1)}\left[\frac{x^{-2\alpha+4}}{-2\alpha+4}\right]_0^1$$

$$=\frac{1}{2(-\alpha+1)}\,\frac{1}{-2\alpha+4}=\frac{1}{4(1-\alpha)(2-\alpha)}$$

第2章の過去問実践演習 ▶解答は p. 156

(A) 基本問題

[2A－01]　関数 $z=x^3-3xy+y^3$ の表す曲面を S とする。S 上の点 $\mathrm{P}(-2,\ 1,\ -1)$ における S の接平面の方程式を求めよ。

〈東京農工大学〉

[2A－02]　関数 $f(x,\ y)=x^y$ $(x>0,\ y>0)$ について次の問いに答えよ。

(1)　$f(x,\ y)$ の1階および2階の偏導関数をすべて求めよ。

(2)　曲面 $z=f(x,\ y)$ の点 $(e,\ 1,\ f(e,\ 1))$ における接平面の方程式と法線の方程式を求めよ。

〈京都工芸繊維大学〉

[2A－03]　$\dfrac{x^2}{2^2}+\dfrac{y^2}{3^2}+\dfrac{z^2}{5^2}=3$ で表される曲面の，点 $(2,\ 3,\ 5)$ における法線の方程式を求めよ。

〈和歌山大学〉

[2A－04]　次の関数の極値を求めよ。

$$f(x,\ y)=x^2-2xy+y^2-x^4-y^4$$

〈大阪府立大学〉

[2A－05]　次の2変数関数 $f(x,\ y)$ の極値を求めよ。

$$f(x,\ y)=x^4+6x^2y^2+y^4-6y^2$$

〈名古屋工業大学〉

[2A－06]　関数 $f(x,\ y)=x^2-2xy+y^3-y$ の極値を求めよ。

〈名古屋大学－情報文化学部〉

[2A－07]　xy 平面の領域 $D=\left\{(x,\ y)\,\middle|\,\dfrac{\pi}{2}\leqq x\leqq\pi,\ 0\leqq y\leqq x^2\right\}$ に対して，重積分 $\displaystyle\iint_D \sin\frac{y}{x}\,dx\,dy$ の値を求めよ。

〈京都工芸繊維大学〉

[2A－08]　重積分 $\displaystyle\iint_D \frac{xy^2}{1+x^2+y^2}dx\,dy$ の値を求めよ。

ただし，$D=\{(x,\ y)\,|\,x\geqq 0,\ y\geqq 0,\ x^2+y^2\leqq 1\}$

〈京都工芸繊維大学〉

[2A－09]　領域 $D=\{(x,\ y):0\leqq x\leqq 1,\ 0\leqq y\leqq\sqrt{x}\}$ 上で重積分

$$\iint_D \sqrt{x}\,(x+y)\,dx\,dy$$

の値を求めよ。

〈京都工芸繊維大学〉

[2A－10]　次の 2 重積分を求めよ。ただし，$a>0$，$b>0$ とする。

$$\iint_D \frac{a}{(a^2+x^2+y^2)^{\frac{3}{2}}}dx\,dy$$

ただし，　$D=\{(x,\ y)\,|\,x^2+y^2\leqq b^2\}$

〈千葉大学－工学部〉

（B）標準問題

[2B－01]　$x^4+2x^2+y^3-y=0$ で定められる陰関数 $y=f(x)$ の極値を求めよ。

〈神戸大学－工学部〉

[2B－02]　球 $x^2+y^2+z^2\leqq 1$ と円柱 $x^2+y^2\leqq x$ の共通部分の体積を求めよ。

〈神戸大学－工学部〉

[2B－03]　次の積分値を求めよ。

(1)　$\displaystyle I_1=\int_0^1(\sin^{-1}x)^2dx$

(2)　$\displaystyle I_2=\iint_D \frac{1}{x^2+y^2+2}dx\,dy,\qquad D=\{(x,\ y)\,|\,x^2+y^2\leqq 1,\ x+y\geqq 0\}$

〈名古屋工業大学〉

[2B－04]　次の2重積分の値を求めよ。

$$\iint_D \cos\frac{\pi(x-y)}{4(x+y)}\,dx\,dy, \qquad D=\{(x,\ y)\mid x>0,\ y>0,\ x+y<1\}$$

〈大阪府立大学〉

[2B－05]　$\{(x,\ y)\mid x^2+y^2-ax=0,\ y>0\}\ (a>0)$ 上の1点をPとし，原点をOとする。

(1)　直線OPと x 軸のなす角を θ としたとき，OPの長さを求めよ。

(2)　領域 $D=\{(x,\ y)\mid x^2+y^2-ax\leqq 0,\ y\geqq 0\}$ を極座標で表せ。

(3)　D を(2)の領域としたとき，次の定積分を求めよ。

$$I=\iint_D \sqrt{x^2+y^2}\,dx\,dy$$

〈名古屋工業大学〉

[2B－06]　以下の問いに答えよ。

(1)　関数 $z=\dfrac{1}{\sqrt{y}}\exp\left(-\dfrac{x^2}{4y}\right)\ (y>0)$ が，関係式 $\dfrac{\partial z}{\partial y}=\dfrac{\partial^2 z}{\partial x^2}$ を満たすことを示せ。

(2)　f，g を C^2 級の関数，$c>0$ を定数とするとき，

関数 $z=f(x+cy)+g(x-cy)$ が，関係式 $\dfrac{\partial^2 z}{\partial y^2}=c^2\dfrac{\partial^2 z}{\partial x^2}$ を満たすことを示せ。

〈神戸大学－海事科学部〉

[2B－07]　累次積分 $\displaystyle\int_0^1 dx\int_{\sqrt{x}}^1 e^{y^3}dy$ の値を，積分の順序を変更して求めよ。

〈東京農工大学〉

[2B－08]　関数 $f(x,\ y)=3x^2+2y^3-6xy-3$ について次の問いに答えよ。

(1)　$f(x,\ y)$ の極値を求めよ。

(2)　$f(x,\ y)=0$ の表す曲線 C 上の点 $(1,\ \sqrt{3})$ における C の接線の方程式を求めよ。

〈東京農工大学〉

[2B−09] 領域 $D(\varepsilon)=\{(x,\ y)\,|\,x^2+y^2\leqq 1-\varepsilon,\ |y|\leqq x\}$ $(0<\varepsilon<1)$ に対して

$$I(\varepsilon)=\frac{2}{\pi}\iint_{D(\varepsilon)}\frac{dx\,dy}{\sqrt{1-x^2-y^2}}$$

とおく。このとき，次の問いに答えよ。

(1) 領域 $D(\varepsilon)$ を図示せよ。

(2) $I(\varepsilon)$ を計算せよ。

(3) $\displaystyle\lim_{\varepsilon\to+0}\frac{\log I(\varepsilon)}{\sqrt{\varepsilon}}$ の値を求めよ。

〈金沢大学－工学部〉

[2B−10] 原点を中心とする半径 $a>0$ の閉円板を $D(a)=\{(x,\ y)\in \boldsymbol{R}^2\,|\,x^2+y^2\leqq a^2\}$ とする。

(1) 2 重積分 $\displaystyle I(a)=\iint_{D(a)}\frac{dx\,dy}{(1+x^2+y^2)^4}$ を求めよ。

(2) 平面の全体における広義積分 $\displaystyle I=\iint_{\boldsymbol{R}^2}\frac{dx\,dy}{(1+x^2+y^2)^4}$ を求めよ。

〈徳島大学－工学部〉

[2B−11] 2 変数 x, y の関数 z が $z=x^{\alpha}f\left(\dfrac{y}{x}\right)$ で与えられている。ただし，α は定数で，f は微分可能な 1 変数関数である。

(1) 偏導関数 $\dfrac{\partial z}{\partial x}$ を f および f の導関数 f' を用いて表せ。

(2) $x\dfrac{\partial z}{\partial x}+y\dfrac{\partial z}{\partial y}=\alpha z$ が成り立つことを示せ。

〈京都工芸繊維大学〉

[2B−12] 2 変数関数 $z=f(x,\ y)$ は，2 階までのすべての偏導関数が存在して，それらがすべて連続であるとする。x, y が別の 2 変数 u, v の関数として，$x=u-v$, $y=u+v$ と表されているとき，次の各問に答えよ。

(1) $\dfrac{\partial z}{\partial u}$, $\dfrac{\partial z}{\partial v}$ を $\dfrac{\partial z}{\partial x}$, $\dfrac{\partial z}{\partial y}$ を用いて表せ。

(2) $\dfrac{\partial^2 z}{\partial u\partial v}$ を $\dfrac{\partial^2 z}{\partial x^2}$, $\dfrac{\partial^2 z}{\partial x\partial y}$, $\dfrac{\partial^2 z}{\partial y^2}$ を用いて表せ。

〈京都工芸繊維大学〉

[2B－13]　$\beta,\ \gamma<0$ とする。次の広義積分の値を求めよ。ただし，広義積分が ∞ に発散する場合には，その値を ∞ とする。

(1)　$\displaystyle\iint_{0<x^2+y^2\leqq 1}(x^2+y^2)^{\beta}dx\,dy$　　(2)　$\displaystyle\iint_{x^2+y^2\geqq 1}(x^2+y^2)^{\gamma}dx\,dy$

〈東京工業大学〉

[2B－14]　(1)　累次積分 $\displaystyle\int_0^a\left\{\int_{\frac{x^2}{a}}^{2a-x}f(x,\ y)dy\right\}dx$ の積分の順序を変更せよ。ただし，$a>0$ とする。

(2)　不等式 $x\geqq 0,\ y\geqq\dfrac{x^2}{a},\ x+y\leqq 2a$ を満たす xy 平面の領域を D とする。このとき，$\displaystyle\iint_D(2x+4y)dxdy$ を求めよ。ただし，$a>0$ とする。

〈広島大学〉

(C) 発展問題

[2C－01]　(1)　$f(x,\ y,\ z)$ は C^2 級の関数で，$r=\sqrt{x^2+y^2+z^2}$ とおくとき，$f(x,\ y,\ z)=g(r)$ であるとする。このとき，

$$\frac{\partial^2 f}{\partial x^2}+\frac{\partial^2 f}{\partial y^2}+\frac{\partial^2 f}{\partial z^2}=g''(r)+\frac{2}{r}g'(r)$$

であることを示せ。

(2)　$f(x,\ y,\ z)=\log(x^2+y^2+z^2)$ について，$\dfrac{\partial^2 f}{\partial x^2}+\dfrac{\partial^2 f}{\partial y^2}+\dfrac{\partial^2 f}{\partial z^2}$ を求めよ。

〈大阪府立大学〉

[2C－02]　累次積分 $\displaystyle I=\int_0^1\left(\int_y^1 y^2e^{x^4}dx\right)dy$ の計算を実行しよう。このとき，次の問いに答えよ。

(1)　I を 2 重積分とみたとき，積分する領域（ただし，境界を含む）を xy 平面上に図示せよ。

(2)　積分順序を交換することにより，I の値を求めよ。

〈大阪府立大学〉

[2C－03]　x，y を実数とし，$0<x<2\pi$，$0<y<2\pi$ の表す領域において，関数 $f(x,\ y)$ を $f(x,\ y)=\sin x+\sin y-\sin(x+y)$ と定義する。このとき，以下の問いに答えよ。

(1)　関数 $f(x,\ y)$ の偏導関数 $\dfrac{\partial f}{\partial x}$，$\dfrac{\partial f}{\partial y}$，$\dfrac{\partial^2 f}{\partial x^2}$，$\dfrac{\partial^2 f}{\partial y^2}$，$\dfrac{\partial^2 f}{\partial x \partial y}$ を求めよ。

(2)　$\dfrac{\partial f}{\partial x}=\dfrac{\partial f}{\partial y}=0$ を満足するすべての点（x，y）を求めよ。

(3)　$f(x,\ y)$ の極大値，極小値を求めよ。

(4)　曲面 $z=f(x,\ y)$ 上の $x=\dfrac{\pi}{2}$，$y=\dfrac{\pi}{2}$ に対応する点における接平面の方程式を求めよ。

〈東北大学－工学部〉

[2C－04]　次の 2 重積分の値を求めよ。

$$\int_{-\infty}^{\infty}\int_{-\infty}^{\infty}\frac{e^{-x^2-y^2+2xy}}{1+(x+y)^2}dx\,dy$$

〈東京工業大学〉

[2C－05]　n を 0 以上の整数とし，

$$J_n=\int_{-\infty}^{\infty}\int_{-\infty}^{\infty}(x^2+y^2)^{\frac{n}{2}}e^{-(x^2+y^2)}dx\,dy$$

とおく。このとき，次の問いに答えよ。ただし，任意の自然数 l に対して，$\lim_{t\to\infty} t^l e^{-t^2}=0$ となることは証明なしに用いてもよい。

(1)　極座標への変換 $x=r\cos\theta$，$y=r\sin\theta$ を用いて，J_n を r に関する積分のみで表示せよ。

(2)　J_0 の値を求めよ。

(3)　n を 2 以上の自然数とするとき，J_n と J_{n-2} の関係式を求め，さらに J_{10} の値を求めよ。

〈大阪府立大学〉

[2C－06]　2 変数関数 $f(x,\ y)$ を次で定める。

$$f(x,\ y)=x^3-3x(1+y^2)$$

(1)　$f(x,\ y)$ は極値をもたないことを示せ。

(2)　閉円板 $D=\{(x,\ y)\in \boldsymbol{R}^2 \mid x^2+y^2\leqq 1\}$ の上で $f(x,\ y)$ の最大値を求めよ。

〈東京工業大学〉

[2C−07]　変数 x，y の関数 z が，方程式

$$z^2+(x+2y)z-\left(4+2x^2+y+\frac{y^2}{2}\right)=0$$

によって定まっており，値域は $z\geqq 0$ とする。以下の設問に答えよ。

(1)　関数 z を x と y それぞれについて偏微分せよ。答は z を含んでいてよい。

(2)　関数 z は xy 平面上のある点で極値をとることがわかっている。その点 $(x,\ y)$ と，そこでの z の値を求めよ。

(3)　条件 $x+y-1=0$ のもとで，関数 z はある点で極値をとることがわかっている。その点 $(x,\ y)$ と，そこでの z の値を求めよ。

〈大阪大学－基礎工学部〉

[2C−08]　xy 平面上で定義された関数

$$f(x,\ y)=\begin{cases} x^2\tan^{-1}\dfrac{y}{x} & (x\neq 0) \\ 0 & (x=0) \end{cases}$$

がある。ここで，$\tan^{-1}x$ は逆正接関数の主値を表す。

(1)　$x\neq 0$ のとき，偏導関数 $\dfrac{\partial f}{\partial x}(x,\ y)$ および $\dfrac{\partial f}{\partial y}(x,\ y)$ を求めよ。

(2)　$\dfrac{\partial f}{\partial x}(0,\ y)$ および $\dfrac{\partial f}{\partial y}(0,\ y)$ を定義に基づいて求めよ。

(3)　$\dfrac{\partial^2 f}{\partial y\partial x}(0,\ 0)$ および $\dfrac{\partial^2 f}{\partial x\partial y}(0,\ 0)$ の値を求めよ。

〈京都工芸繊維大学〉

[2C−09]　(1)　次の不等式の表す立体の体積を求めよ。ただし，$a>0$，$b>0$，$c>1$ とする。

$$\frac{x^2}{a^2}+\frac{y^2}{b^2}-z^2+1\leqq 0,\qquad 1\leqq z\leqq c$$

(2)　次の不等式の表す立体の体積を求めよ。ただし，$a>0$，$b>0$ とする。

$$0\leqq z\leqq x^2+y^2,\qquad \frac{x^2}{a^2}+\frac{y^2}{b^2}\leqq 1$$

〈東京大学－工学部〉

[2C－10] (1) 次の累次積分 I を計算せよ。

$$I=\int_0^2\left\{\int_0^{\sqrt{3(x^2+5)}}\frac{1}{x^2+y^2+5}dy\right\}dx$$

(2) 次の 2 重積分 J を指示に従って計算せよ。

$$J=\iint_D e^{-(x^2-2xy+4y^2)}dx\,dy,\qquad D=\{(x,\ y)\,|\,x\geqq 0,\ y\geqq 0\}$$

（i） 変数変換 $s=x-y$, $t=\sqrt{3}y$ により D が st 平面内の集合 K に移されるとき，J を $(s,\ t)$ 変数の 2 重積分として表せ。

（ii） （i）の集合 K を求めよ。

（iii） さらに st 平面における極座標変換を行って J の値を計算せよ。

〈名古屋工業大学〉

[2C－11] a を正定数とする。3 辺の和が $2a$ という条件を保ちながら変化する三角形 ABC を考える。BC$=x$, CA$=y$, AB$=z$ とする。頂点 A から辺 BC に下ろした垂線の長さを h とする。次の問いに答えよ。

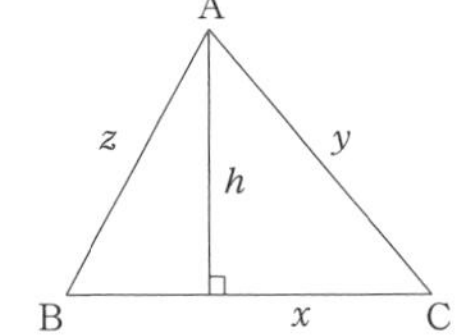

(1) 辺 BC を軸として三角形 ABC を回転してできる立体の体積 V を，x および h を用いて表せ。

(2) 体積 V を x, y の関数として表せ。同時に，変数 x, y の動きうる領域 D を図示せよ。必要があれば，三角形 ABC の面積は $\sqrt{a(a-x)(a-y)(a-z)}$ で与えられるというヘロンの公式を用いてもよい。

(3) x, y が領域 D 内において変動するとき，V の値が最大となるときの x, y の値およびそのときの V の値を求めよ。

〈大阪大学－工学部〉

第3章

微分方程式

例題 1 （1階線形微分方程式）

次の設問に答えなさい。

(1) 微分方程式 $\dfrac{dy}{dx}=-xy$ の一般解を求めよ。

(2) 初期値問題

$$\begin{cases} \dfrac{dy}{dx}=-xy+xe^{-\frac{x^2}{2}} \\ y(0)=1 \end{cases}$$

の解を求めよ。　〈千葉大学－工学部〉

解答 (1) $\dfrac{dy}{dx}=-xy$ より，$\dfrac{1}{y}\cdot\dfrac{dy}{dx}=-x$

$\therefore\ \displaystyle\int\frac{1}{y}dy=\int(-x)dx$　　$\log|y|=-\dfrac{x^2}{2}+C$

よって，$y=Ae^{-\frac{x^2}{2}}$ （A は任意定数）……〔答〕

(2) まず，定数変化法により一般解を求める。

$y=A(x)e^{-\frac{x^2}{2}}$ とすると

$$\frac{dy}{dx}=A'(x)e^{-\frac{x^2}{2}}+A(x)\cdot(-xe^{-\frac{x^2}{2}})=A'(x)e^{-\frac{x^2}{2}}-xy$$

よって，$y=A(x)e^{-\frac{x^2}{2}}$ が与式の一般解とすると

$$A'(x)e^{-\frac{x^2}{2}}=xe^{-\frac{x^2}{2}}\qquad\therefore\ A'(x)=x$$

よって，$A(x)=\displaystyle\int x\,dx=\frac{x^2}{2}+C$ であり，一般解は

$$y=\left(\frac{x^2}{2}+C\right)e^{-\frac{x^2}{2}}\quad(C \text{ は任意定数})$$

初期条件 $y(0)=1$ より，$C=1$

したがって，$y=\left(\dfrac{x^2}{2}+1\right)e^{-\frac{x^2}{2}}$ ……〔答〕

❖アドバイス❖

← 変数分離形。

← (1)の結果に着目。

［(2)の**別解**］

$\dfrac{dy}{dx}=-xy+xe^{-\frac{x^2}{2}}$ より，$\dfrac{dy}{dx}+xy=xe^{-\frac{x^2}{2}}$

← この解法は便利！

両辺に $e^{\frac{x^2}{2}}$ をかけると，$\dfrac{dy}{dx}e^{\frac{x^2}{2}}+xye^{\frac{x^2}{2}}=x$

$\therefore\quad y'e^{\frac{x^2}{2}}+y(e^{\frac{x^2}{2}})'=x \qquad \therefore\quad (ye^{\frac{x^2}{2}})'=x$

← 積の微分 $(f\cdot g)'=f'\cdot g+f\cdot g'$ に注意！

$\therefore\quad ye^{\frac{x^2}{2}}=\displaystyle\int x\,dx=\frac{x^2}{2}+C$ （C は任意定数）

よって，$y=\left(\dfrac{x^2}{2}+C\right)e^{-\frac{x^2}{2}}$ （以下同じ）

◉ワンポイント解説（1階線形微分方程式の解法）◉

1階線形微分方程式の解法は微分方程式の学習においてきわめて大切です。一般的な形で整理してしっかりと理解しておきましょう。

（i） $y'+p(x)y=0$（同次）の場合：

変数分離形 $\dfrac{1}{y}\dfrac{dy}{dx}=-p(x)$ に変形できて，$y=Ae^{-\int p(x)dx}$ （A は任意定数）

（ii） $y'+p(x)y=f(x)$（非同次）の場合：

（解法 1） 求める一般解を $y=A(x)e^{-\int p(x)dx}$ とおいて（定数変化法），これが与式の解となるように $A(x)$ を求める。

（解法 2） 与式の両辺に $e^{\int p(x)dx}$ をかけると

$$y'e^{\int p(x)dx}+p(x)ye^{\int p(x)dx}=f(x)e^{\int p(x)dx}$$

$\therefore\quad (ye^{\int p(x)dx})'=f(x)e^{\int p(x)dx} \qquad \therefore\quad ye^{\int p(x)dx}=\displaystyle\int f(x)e^{\int p(x)dx}dx+C$

よって，$y=\left(\displaystyle\int f(x)e^{\int p(x)dx}dx+C\right)e^{-\int p(x)dx}$ （C は任意定数）

なお

$$y=\left(\int f(x)e^{\int p(x)dx}dx+C\right)e^{-\int p(x)dx}$$

は一般解の公式ですが，上で見たようにすぐに導けるものなので覚える必要はありません。上の例題の(2)の一般解を公式で求めると次のようになります。

$$y=\left(\int xe^{-\frac{x^2}{2}}e^{\int x\,dx}dx+C\right)e^{-\int x\,dx}$$

$$=\left(\int xe^{-\frac{x^2}{2}}e^{\frac{x^2}{2}}dx+C\right)e^{-\frac{x^2}{2}}$$

$$=\left(\int x\,dx+C\right)e^{-\frac{x^2}{2}}=\left(\frac{x^2}{2}+C\right)e^{-\frac{x^2}{2}}$$

例題 2　(2階線形微分方程式)

微分方程式

$$x^2y''-xy'+y=f(x)\quad\cdots\cdots\cdots(\mathrm{A})$$

について，以下の問いに答えよ。ただし，$x>0$ とする。

(1)　$f(x)=0$ のとき，$y_1=x$ は微分方程式(A)の特殊解であることを示せ。

(2)　u を $y=uy_1$ を満足する関数，w を $w=u'$ を満足する関数とするとき，微分方程式(A)を w の x に関する1階の微分方程式に変形せよ。

(3)　$f(x)=0$ のとき，微分方程式(A)を解け。

(4)　$f(x)=x^2\sqrt{x}$ のとき，微分方程式(A)を解け。

〈大阪大学－工学部〉

解答　(1)　$f(x)=0$ のとき

微分方程式(A)は，$x^2y''-xy'+y=0$

$y_1=x$ とすると

$$x^2y_1''-xy_1'+y_1=x^2\cdot 0-x\cdot 1+x=0$$

よって，$y_1=x$ は微分方程式(A)の特殊解である。

(証明終わり)

(2)　$y=uy_1=ux$ より

$$y'=u'x+u,\quad y''=(u''x+u')+u'=u''x+2u'$$

これらを $x^2y''-xy'+y=f(x)$ に代入すると

$$x^2(u''x+2u')-x(u'x+u)+ux=f(x)$$

$$\therefore\quad x^3u''+x^2u'=f(x)$$

$w=u'$ より，$x^3w'+x^2w=f(x)$　……〔答〕

(3)　$f(x)=0$ のとき，$x^3w'+x^2w=0$

$$\therefore\quad xw'+w=0\qquad\therefore\quad \frac{1}{w}\frac{dw}{dx}=-\frac{1}{x}$$

よって，$\displaystyle\int\frac{1}{w}dw=-\int\frac{1}{x}dx$

$$\therefore\quad \log|w|=-\log x+C=\log\frac{e^C}{x}$$

$$\therefore\quad w=\frac{A}{x}\quad (A\text{ は任意定数})$$

❖アドバイス❖

← $y_1=x$ が(A)を満たすことをチェックするだけ。

← 1階微分方程式に帰着。

← 変数分離形

よって，$u'=w=\dfrac{A}{x}$

$$\therefore\quad u=\int\frac{A}{x}dx=A\log x+B\quad (A,\ B\ \text{は任意定数})$$

よって

$$\begin{aligned}y&=ux=(A\log x+B)x\\&=Ax\log x+Bx\quad (A,\ B\ \text{は任意定数})\end{aligned}$$
……〔答〕

(4)　$f(x)=x^2\sqrt{x}$ のとき，$x^3w'+x^2w=x^2\sqrt{x}$

$$\therefore\quad xw'+w=\sqrt{x}\quad \cdots\cdots(\mathrm{B})$$

$w=C\sqrt{x}$ とすると，$w'=\dfrac{C}{2\sqrt{x}}$

← （B）の特殊解を求める。

$$\therefore\quad xw'+w=\frac{C}{2}\sqrt{x}+C\sqrt{x}=\frac{3C}{2}\sqrt{x}$$

$\dfrac{3C}{2}=1$ として，$C=\dfrac{2}{3}$

よって，$w=\dfrac{2}{3}\sqrt{x}$ は（B）の特殊解であるから，

（B）の一般解は $w=\dfrac{A}{x}+\dfrac{2}{3}\sqrt{x}$ であり

$$u'=w=\frac{A}{x}+\frac{2}{3}\sqrt{x}$$

$$\begin{aligned}\therefore\quad u&=\int\left(\frac{A}{x}+\frac{2}{3}\sqrt{x}\right)dx\\&=A\log x+\frac{4}{9}x\sqrt{x}+B\quad (A,\ B\ \text{は任意定数})\end{aligned}$$

よって

$$\begin{aligned}y&=ux=\left(A\log x+\frac{4}{9}x\sqrt{x}+B\right)x\\&=Ax\log x+\frac{4}{9}x^2\sqrt{x}+Bx\\&=Ax\log x+Bx+\frac{4}{9}x^2\sqrt{x}\quad (A,\ B\ \text{は任意定数})\end{aligned}$$

……〔答〕

例題 3　(いろいろな微分方程式)

2階微分方程式 $2y\dfrac{d^2y}{dx^2}=\left(\dfrac{dy}{dx}\right)^2-1$ について，以下の問いに答えよ。

(1)　$p=\dfrac{dy}{dx}$ とおくことにより，p と y についての1階微分方程式に変形せよ。

(2)　(1)で得られた1階微分方程式を利用して，一般解を求めよ。

〈北海道大学－工学部〉

解答　(1)　$p=\dfrac{dy}{dx}$ および $\dfrac{dp}{dx}=\dfrac{dp}{dy}\cdot\dfrac{dy}{dx}$ より

$$\frac{d^2y}{dx^2}=\frac{dp}{dx}=\frac{dp}{dy}\cdot p=p\frac{dp}{dy}$$

よって，与式は次のようになる。

$$2yp\frac{dp}{dy}=p^2-1 \quad \cdots\cdots〔答〕$$

(2)　$2yp\dfrac{dp}{dy}=p^2-1$ より

$$\frac{2p}{p^2-1}\frac{dp}{dy}=\frac{1}{y}$$

$$\therefore\quad \int\frac{2p}{p^2-1}dp=\int\frac{1}{y}dy$$

$$\log|p^2-1|=\log|y|+C=\log e^C|y|$$

$$\therefore\quad p^2-1=Ay$$

すなわち，$\left(\dfrac{dy}{dx}\right)^2-1=Ay$

これを与式に代入すると

$$2y\frac{d^2y}{dx^2}=Ay \qquad \therefore\quad \left(2\frac{d^2y}{dx^2}-A\right)y=0$$

与式より明らかに $y=0$ ではないから

$$2\frac{d^2y}{dx^2}-A=0 \qquad \therefore\quad \frac{d^2y}{dx^2}=\frac{A}{2}$$

よって，$\dfrac{dy}{dx}=\dfrac{A}{2}x+B$，$y=\dfrac{A}{4}x^2+Bx+C$

これらを $\left(\dfrac{dy}{dx}\right)^2-1=Ay$ に代入すると

$$\left(\frac{A}{2}x+B\right)^2-1=A\left(\frac{A}{4}x^2+Bx+C\right)$$

❖アドバイス❖

← $\dfrac{d^2y}{dx^2}=p\dfrac{dp}{dy}$

← p は y の関数と考えているから C は x にもよらない定数。

$$\frac{A^2}{4}x^2+ABx+B^2-1=\frac{A^2}{4}x^2+ABx+AC$$

$\therefore\quad B^2-1=AC$

したがって

$$y=\frac{A}{4}x^2+Bx+C$$

（A，B は任意定数，C は $AC=B^2-1$ を満たす定数）

……〔答〕

（注） ⑵の後半は次のように計算してもよい。

$p^2-1=Ay$ より，$\dfrac{dy}{dx}=\pm\sqrt{1+Ay}$

$$\therefore\quad \int\frac{1}{\sqrt{1+Ay}}dy=\pm\int dx$$

これを解いても同じ結果を得る。

◉ワンポイント解説（$F(y,\ y',\ y'')=0$ の形の微分方程式）◉

［例］ $yy''-2(y')^2-yy'=0$

（解） $p=y'=\dfrac{dy}{dx}$ とおく。

このとき，$y''=\dfrac{d^2y}{dx^2}=\dfrac{dp}{dx}=\dfrac{dp}{dy}\cdot\dfrac{dy}{dx}=\dfrac{dp}{dy}\cdot p=p\dfrac{dp}{dy}$

$$\therefore\quad y''=p\frac{dp}{dy}$$

よって，与式は次のような1階微分方程式になる。

$$y\cdot p\frac{dp}{dy}-2p^2-y\cdot p=0$$

$$\therefore\quad \frac{dp}{dy}-\frac{2}{y}p=1$$

この1階線形微分方程式の一般解は容易に求めることができて

$p=y(Cy-1)$ （C は任意定数）

となる。したがって

$$\frac{dy}{dx}=y(Cy-1)$$

となるが，この微分方程式の一般解も容易に求めることができて

$y=\dfrac{1}{Ae^x+B}$ （A，B は任意定数） ……〔答〕

（注） 計算の途中，$p=y'$ は y のみの関数と考えてよいから，任意定数 C は x にもよらない定数である。

集中ゼミ　完全微分形の解法

[定義]　1階微分方程式

$$\frac{dy}{dx}=-\frac{f(x,\ y)}{g(x,\ y)}\quad \text{あるいは}\quad f(x,\ y)dx+g(x,\ y)dy=0$$

で，次の条件を満たすものを**完全微分形**という。

$$f_y=g_x$$

さて，完全微分方程式の一般解の公式は覚えにくいので，ここでは自然な流れで解ける実践的な方法を学習しよう。基本となるのは次の定理である。

[定理]　完全微分方程式

$$f(x,\ y)dx+g(x,\ y)dy=0 \quad \cdots\cdots(*)$$

において

$$F_x=f \quad \text{かつ} \quad F_y=g$$

を満たす関数 $F(x,\ y)$ に対して，（＊）の一般解は次で与えられる。

$$F(x,\ y)=C \quad (C\text{ は任意定数})$$

例題 1

$(6x+3y+5)dx+(3x-4y+3)dy=0$ の一般解を求めよ。

（解）　$f(x,\ y)=6x+3y+5$，$g(x,\ y)=3x-4y+3$ とおくと

$$\frac{\partial f}{\partial y}=3,\ \frac{\partial g}{\partial x}=3 \text{ であるから，} \frac{\partial f}{\partial y}=\frac{\partial g}{\partial x}$$

よって，与式は完全微分形である。

そこで

$$F_x=f \quad \text{かつ} \quad F_y=g$$

を満たす関数 $F(x,\ y)$ を求めればよい。

$F_x=f$ より

$$F(x,\ y)=\int f(x,\ y)dx=\int(6x+3y+5)dx$$
$$=3x^2+3xy+5x+c(y) \quad (c(y)\text{ は } y \text{ のみの関数})$$

よって，$F_y=3x+c'(y)$

一方，$F_y=g=3x-4y+3$ であるから

$$c'(y)=-4y+3$$

$$\therefore\ c(y)=\int(-4y+3)dy=-2y^2+3y$$

よって

$$F(x,\ y)=3x^2+3xy+5x-2y^2+3y$$

したがって，求める一般解は

$$3x^2+3xy+5x-2y^2+3y=C \quad (C\text{は任意定数}) \quad \cdots\cdots〔答〕$$

例題 2

$y^3dx+(2xy^2+3y)dy=0$ の一般解を求めよ。

(解) $(y^3)_y=3y^2$，$(2xy^2+3y)_x=2y^2$ であり，$(y^3)_y \neq (2xy^2+3y)_x$ であるから，与式は完全微分形ではない。

そこで，与式の両辺に $\dfrac{1}{y}$ をかけると

$$y^2dx+(2xy+3)dy=0 \quad \cdots\cdots(*)$$

となり，$(y^2)_y=2y$，$(2xy+3)_x=2y$ すなわち $(y^2)_y=(2xy+3)_x$ であるからこれは完全微分形である。

〔**(注)** 上で完全微分形にするために両辺にかけたものを**積分因子**というが，これについては入試ではヒントが与えられる。〕

(＊) を解く。

$$F_x(x,\ y)=y^2 \quad \text{かつ} \quad F_y(x,\ y)=2xy+3$$

を満たす関数 $F(x,\ y)$ を求める。

$F_x(x,\ y)=y^2$ より，$F(x,\ y)=xy^2+c(y)$ （$c(y)$ は y のみの関数）

よって，$F_y(x,\ y)=2xy+c'(y)=2xy+3$ より，$c'(y)=3$ 　$\therefore$ 　$c(y)=3y$

したがって，$F(x,\ y)=xy^2+3y$ であり，求める一般解は

$$xy^2+3y=C \quad (C\text{は任意定数}) \quad \cdots\cdots〔答〕$$

(参考) F を f と g を用いて表すと次のようになる。

$F_x(x,\ y)=f(x,\ y)$ より

$$F(x,\ y)=\int f(x,\ y)dx+c(y) \quad (c(y)\text{は}\ y\ \text{のみの関数})$$

$$\therefore \quad g(x,\ y)=F_y(x,\ y)=\frac{\partial}{\partial y}\int f(x,\ y)dx+c'(y)$$

$$\therefore \quad c(y)=\int\left(g(x,\ y)-\frac{\partial}{\partial y}\int f(x,\ y)dx\right)dy$$

よって

$$F(x,\ y)=\int f(x,\ y)dx+\int\left(g(x,\ y)-\frac{\partial}{\partial y}\int f(x,\ y)dx\right)dy$$

第 3 章の過去問実践演習 ▶解答は p. 171

(A) 基本問題

[3A－01] 次の微分方程式を解け。

(1) $y'=1+\dfrac{1}{x}-\dfrac{1}{y^2+3}-\dfrac{1}{x(y^2+3)}$

(2) $y''-6y'+5y=e^x\cos x$

〈京都府立大学〉

[3A－02] 次の微分方程式を解け。

$$(x^2-y^2)\frac{dy}{dx}=2xy$$

〈大阪府立大学〉

[3A－03] 次の微分方程式の一般解を求めよ。

(1) $\dfrac{dy}{dx}+y=x$　　(2) $\dfrac{d^2y}{dx^2}-3\dfrac{dy}{dx}+2y=x$

〈大阪府立大学〉

[3A－04] 次の 1 階連立微分方程式の一般解を求めよ。

$$\begin{cases} \dfrac{dx}{dt}=2x+2y \\ \dfrac{dy}{dt}=x+3y \end{cases}$$

〈筑波大学〉

[3A－05] 微分方程式 $\dfrac{dy}{dx}-xy=x$ の一般解を求めよ。

〈京都大学－工学部〉

[3A－06] (1) 微分方程式 $x^3y'+y^2=0$ を解け。

(2) 線形非同次方程式 $y''+2y'-3y=e^{2x}$ の一般解を求めよ。

〈北海道大学－工学部〉

(B) 標準問題

[3B－01]　微分方程式

$$\frac{d^2y}{dx^2}+2\frac{dy}{dx}+ay=0 \quad (a \text{ は } a>1 \text{ なる定数})$$

について，以下の問いに答えよ。

(1)　一般解を求めよ。

(2)　初期条件 $y(0)=1$, $y'(0)=-1$ を満たす解を求めよ。

(3)　前問で求めた解が $y(\pi)=0$ を満たすような定数 a の値を求めよ。

〈長岡技術科学大学〉

[3B－02]　x の関数 y について次の問いに答えよ。

(1)　微分方程式 $y'+y=1$ を解け。

(2)　微分方程式 $2y'-y=-y^3$ $\left(\text{初期条件 } x=0,\ y=\frac{1}{\sqrt{2}}\right)$ を，$z=\frac{1}{y^2}$ とおいて，z の微分方程式に書き換えて解け。

〈東京農工大学〉

[3B－03]　$u(x)$ が次の微分方程式の初期値問題を満たす。

$$\begin{cases} u''+(u')^2-3u'+2=0 \\ u(0)=0,\ u'(0)=\dfrac{3}{2} \end{cases}$$

(1)　定数係数の 2 階線形同次微分方程式 $v''-3v'+2v=0$ の一般解 $v(x)$ を求めよ。

(2)　$u(x)=\log y(x)$ とおいて初期値問題の微分方程式に代入し，(1)を用いることにより，初期値問題を満たす解 $u(x)$ を求めよ。

〈徳島大学－工学部〉

[3B－04]　次の微分方程式を考える。

$$(*) \quad \frac{dy}{dx}=\frac{y^2}{x^2}-2$$

(1)　$\frac{y}{x}=u$ とおいて，(＊)を u に関する微分方程式に書き換えよ。

(2)　初期条件 $y(1)=3$ を満たす(＊)の解を求めよ。

〈京都工芸繊維大学〉

[3B－05]　次の連立常微分方程式の一般解を求めよ。

$$\begin{cases} \dfrac{dx}{dt}=3x-y+1 \\ \dfrac{dy}{dt}=-x+3y-1 \end{cases}$$

〈千葉大学－工学部〉

[3B－06]　次の微分方程式の初期条件を満たす解を求め，$x \geqq 0$ の範囲で解曲線を図示せよ。

$$\frac{d^2y}{dx^2}+2\frac{dy}{dx}+y=2\cos x \qquad \text{初期条件：} y(0)=1,\ y'(0)=0$$

〈千葉大学－工学部〉

[3B－07]　(1)　次の微分方程式を $y=\dfrac{1}{N}$ とおいて変数変換せよ。ただし，α，β は正の定数，$N=N(t)$ とする。

$$\frac{dN}{dt}=\alpha N-\beta N^2$$

(2)　定数変化法により(1)で得られた式を解き，$N(t)$ を求めよ。ただし，$N(0)=N_0$ とする。

〈筑波大学〉

[3B－08]　(1)　次の微分方程式を解け。

(a)　$(2xy+x^2)y'=2(xy+y^2)$　　　　(b)　$y'+2y\cos x=\sin(2x)$

(2)　次の微分方程式を示された条件のもとで解け。

$$y''+y'-2y=3e^x,\ y(0)=1,\ y'(0)=1$$

〈東京大学－工学部〉

[3B－09]　時刻 $t=0$ で静止していた質量 m の球体が自由落下するとき，落下速度 v に比例した空気抵抗 rv を受けるものとする。重力加速度を g とすれば，この球体の運動方程式は

$$mg-rv=m\frac{dv}{dt}$$

と表される。この球体の任意の時刻 t での落下速度 v および落下距離 z を求めよ。

〈首都大学東京〉

(C) 発展問題

[3C−01] 微分方程式 $x^2\dfrac{d^2y}{dx^2}-x\dfrac{dy}{dx}+y=4x$ を考える。

(1) 変数変換 $x=e^t$ により，$x\dfrac{dy}{dx}=\dfrac{dy}{dt}$，$x^2\dfrac{d^2y}{dx^2}=\dfrac{d^2y}{dt^2}-\dfrac{dy}{dt}$ となることを示せ。

(2) 変数変換 $x=e^t$ により，$y=y(t)$ の方程式に直せ。

(3) 上の変換で得られた方程式の一般解 $y=y(t)$ を求めよ。

(4) もとの微分方程式の一般解 $y=y(x)$ を求めよ。

〈徳島大学－工学部〉

[3C−02] 次の微分方程式について以下の問いに答えよ。

$$\frac{d^2y}{dx^2}-\frac{4+x}{x}\frac{dy}{dx}+\frac{6+2x}{x^2}y=0$$

(1) $y=x^2$ がこの微分方程式の解となっていることを示せ。

(2) $y=ux^2$（u は x の関数）がこの微分方程式の解となるために，u の満たすべき微分方程式を求めよ。

(3) (2)で求めた微分方程式を u について解き，最初の微分方程式の解を求めよ。

〈千葉大学－工学部〉

[3C−03] 以下の問いに答えよ。

(1) $P(x)$ と $Q(x)$ は独立変数 x だけを含む関数とする。このとき，次のような1階線形微分方程式

$$\frac{dy}{dx}+P(x)y=Q(x)$$

の一般解は

$$y=e^{-\int Pdx}\left(\int Qe^{\int Pdx}dx+c\right)$$

になることを示せ。

(2) 上記の関係式を使って，次の2つの微分方程式の一般解を求めよ。

(i) $2x\dfrac{dy}{dx}+y=2x^2$　　　(ii) $(1+x^2)\dfrac{dy}{dx}=xy+1$

〈京都大学－工学部〉

[3C−04]　x および y は t の関数で，次の連立微分方程式を満たしている。ただし，λ は正定数である。以下の問いに答えよ。

$$\frac{dx}{dt}=-\lambda y, \qquad \frac{dy}{dt}=\lambda x$$

(1)　$t=0$ で $(x,\ y)=(1,\ 2)$ のとき，x，y をそれぞれ t の式で表せ。

(2)　このとき，グラフ $\{(x(t),\ y(t))\,|\,0\leqq t\leqq 2\pi\}$ の方程式を求め，xy 平面上に描け。

〈千葉大学－工学部〉

[3C−05]　曲線 C 上の点を $\mathrm{P}(x,\ y)$ で表す。また，P での曲線 C の接線の傾きを y' で表す。P での曲線 C の法線が x 軸と交わる点を Q とする。曲線 C 上のすべての点で，線分 PQ の長さが点 Q の x 座標に等しいとき，この曲線が満たす微分方程式を求めよ。この微分方程式を解いて曲線 C の方程式を求めよ。

〈大阪大学－工学部〉

[3C−06]　$y=y(x)$ $(y\neq 0)$，$z=z(x)$ とする。このとき，以下の問いに答えよ。

(1)　$z=y^{-4}$ のとき，$\dfrac{dz}{dx}$ を y および $\dfrac{dy}{dx}$ を用いて表せ。

(2)　変数変換 $z=y^{-4}$ を用いて，微分方程式 $\dfrac{dy}{dx}+yP(x)=y^5Q(x)$ を z に関する微分方程式に書き直せ。

(3)　微分方程式 $\dfrac{dy}{dx}+xy=\dfrac{1}{2}xy^5$ の一般解を求めよ。

〈東北大学－工学部〉

[3C−07]　実数値関数 $f(x)$ は $-\infty<x<\infty$ で連続であり，次の関数方程式を満たすとする。

$$f(x)=1+\int_0^x (t-x)f(t)\,dt$$

次の問いに答えよ。

(1)　$f(0)$，$f'(0)$ を求めよ。また，$f(x)$ の満たす微分方程式を求めよ。

(2)　$f(x)$ の満たす微分方程式を解け。　〈千葉大学－工学部〉

[3C－08]　次の x に関する微分方程式

$$x^2\frac{d^2y}{dx^2}-x\frac{dy}{dx}-3y=0 \quad \cdots\cdots\cdots(\mathrm{i})$$

について，以下の設問に答えよ。

(1)　$x=e^z$ とおくことで $\dfrac{dy}{dx}$ を $\dfrac{dy}{dz}$ と x を用いて表せ。また，$\dfrac{d^2y}{dx^2}$ を $\dfrac{d^2y}{dz^2}$，$\dfrac{dy}{dz}$，x を用いて表せ。

(2)　$x=e^z$ とおくことで x に関する微分方程式(ｉ)を z に関する微分方程式に変換せよ。

(3)　x に関する微分方程式(ｉ)の一般解を求めよ。

〈九州大学－工学部〉

[3C－09]　実軸上で定義された関数 $y(x)$ についての微分方程式

$$xy''-(x+1)y'+y=2x^2e^{2x} \quad \cdots\cdots\cdots(\mathrm{A})$$

の一般解を求めたい。

(1)　(A)に対応する斉次方程式

$$xy''-(x+1)y'+y=0$$

は $y=e^{px}$（p は定数）の形の解をもつ。この解を求めよ。

(2)　$y=e^{px}u$（p は(1)で得られた値，u は x の関数）とおいて(A)に代入し，u が満たすべき微分方程式を求めよ。

(3)　(2)で得られた微分方程式を解くことにより，(A)の一般解を求めよ。

〈大阪大学－基礎工学部〉

[3C－10]　以下の問いに答えよ。

(1)　1階微分方程式 $\dfrac{dy}{dx}=f\left(\dfrac{y}{x}\right)$ の一般解が $x=C\exp\left(\displaystyle\int^{\frac{y}{x}}\frac{du}{f(u)-u}\right)$ であることを示せ。ただし，C は任意定数，$u=\dfrac{y}{x}$ である。

(2)　次の微分方程式の一般解を求めよ。

$$x\frac{dy}{dx}-y=xe^{\frac{y}{x}}$$

〈北海道大学－工学部〉

[3C－11]　曲線上の各点Pにおける接線の接点Pと y 軸の間にある部分の長さ（線分 NP の長さ）が，この接線の y 軸切片（線分 ON の長さ）に等しい曲線を考えてみよう。

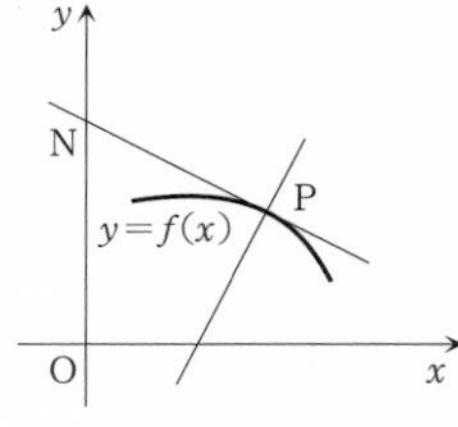

(1)　求める曲線を $y=f(x)$ とする。この曲線上の点 $\mathrm{P}(x,\ y)$ における接線の方程式を求めよ。

(2)　点 N の座標を求めよ。

(3)　線分 NP の長さと線分 ON の長さが等しいことから，求める曲線が満足する微分方程式を求めよ。

(4)　(3)で求めた微分方程式は同次形である。変数の変換 $y=xz$ によって，x と z について変数分離形にせよ。

(5)　(4)で求めた変数分離形微分方程式の解を求めよ。

(6)　(5)で求めた解に $z=\dfrac{y}{x}$ を代入して題意を満足する曲線を求めよ。

〈九州大学－工学部〉

[3C－12]　関数 $x(t)$ と $v(t)$ は微分方程式

$$\frac{dx(t)}{dt}=v(t) \quad と \quad \frac{dv(t)}{dt}=-g-kv(t)$$

を満たすとする。ただし，g，k は $g>0$，$k\geqq 0$ なる定数で，初期値は $x(0)=x_0$，$v(0)=v_0$ とする。このとき，次の各問いに答えよ。

(1)　$k=0$ のとき $x(t)$（$t\geqq 0$）を求めよ。

(2)　$k>0$ のとき $x(t)$（$t\geqq 0$）を求めよ。

(3)　$\displaystyle\lim_{t\to\infty} v(t)$ を求めよ。

〈岡山大学－数学科〉

[3C－13]　次の各問いに答えよ。

(1)　$\displaystyle\int\frac{dy}{y\sqrt{1-y^2}}$ を計算せよ。

(2)　$\displaystyle p\frac{dp}{dy}=y-2y^3$ $(0\leqq y<1)$，$p(0)=0$ の解 $p\in C^1([0,\ 1])$ をすべて求めよ。

(3)　(1)と(2)を利用して

$$\begin{cases} y''-y+2y^3=0,\ 0<y\leqq 1,\ x\in\boldsymbol{R}, \\ \displaystyle\lim_{x\to 0} y(x)=1 \end{cases}$$

の解を求めよ。

〈岡山大学－数学科〉

[3C－14]　次の微分方程式を解け。

(1)　$y'+y=xy^3$

(2)　$(\cos y-y\cos x)dx-(\sin x+x\sin y)dy=0$

〈大阪府立大学〉

[3C－15]　変数分離法を用いて，偏微分方程式 $\displaystyle\frac{\partial u}{\partial t}+u\frac{\partial u}{dx}=0$ の $u(x,\ t)$ の特解を求めよ。

〈名古屋大学－工学部〉

[3C－16]　微分方程式

$$2yy''-3(y')^2=y^2 \qquad y(0)=1,\ y'(0)=1 \quad \cdots\cdots\cdots(*)$$

を考える。ただし $y>\dfrac{1}{2}$，$y'>0$ とする。

(1)　$p=y'$ とおいて，式 $(*)$ を p と y の 1 階微分方程式

$$f(y,\ p)\frac{dp}{dy}-3p^2=y^2 \quad \cdots\cdots\cdots(**)$$

の形に変形する。このとき $f(y,\ p)$ を求めよ。

(2)　式 $(**)$ を解いて，p を y の式で表せ。

(3)　式 $(*)$ を解いて，y を x の式で表せ。

〈東京大学－工学部〉

[3C－17]　微分方程式

$$(x^2y-2y+4x^3y^3)dx+(8x^4y^2-x^3)dy=0$$

について，次の問いに答えよ。

(1)　この式が完全形でないことを示せ。

(2)　x^my^n をかけることによって完全形となる m と n の値を求めよ。

(3)　上で求めた x^my^n をかけて得られる完全微分方程式の一般解を求めよ。

〈岡山大学－工学部〉

[3C－18]　次の時間 t と位置 x に関する波動方程式①と境界条件②を満足する関数 $y(x,\ t)$ を以下の手順に従って求めよ。

$$\frac{\partial^2 y}{\partial t^2}=c^2\frac{\partial^2 y}{\partial x^2}\quad (c>0)\quad \cdots\cdots\cdots ①$$

ただし境界条件は　$y(0,\ t)=y(L,\ t)=0$　………②

(1)　関数 $y(x,\ t)$ を位置の関数 $A(x)$ と時間の関数 $B(t)$ の積として $y(x,\ t)=A(x)\cdot B(t)$ と表すと次式が成立することを証明せよ。

$$\frac{1}{A(x)}\frac{d^2A(x)}{dx^2}=\frac{1}{c^2B(t)}\frac{d^2B(t)}{dt^2}\quad \cdots\cdots\cdots ③$$

(2)　式③の左辺は位置 x，右辺は時間 t だけの関数であるので式③の両辺はある定数に等しい。これを $-\lambda$ とおくと $A(x)$ と $B(t)$ に関する次の 2 通りの常微分方程式が成立する。

$$\frac{d^2A(x)}{dx^2}+\lambda A(x)=0\quad \cdots\cdots\cdots ④$$

$$\frac{d^2B(t)}{dt^2}+\lambda c^2B(t)=0\quad \cdots\cdots\cdots ⑤$$

$\lambda>0$ の場合の $A(x)$ と $B(t)$ の一般解を求めよ。

(3)　$\lambda>0$ の場合，式②の境界条件より

$$\lambda=\left(\frac{n\pi}{L}\right)^2\quad n=1,\ 2,\ 3,\ \cdots\quad \cdots\cdots\cdots ⑥$$

が成立することを証明せよ。

〈九州大学－工学部〉

◇◇◇◇◇◇◇◇◇「旧帝大」工学部の傾向と対策◇◇◇◇◇◇◇◇◇

高専生の志望大学として人気の高いいわゆる旧帝大工学部の傾向と対策について簡単に述べておきます(執筆時)。

編入数学の多くは微分積分と線形代数からの出題ですが，旧帝大工学部の多くでは微分積分と線形代数以外の分野からも出題されるので注意しておきましょう。

◎北海道大学－工学部

複素解析，フーリエ解析，ベクトル解析を含む広範囲からの出題 !!

微分積分と線形代数に加えて，複素解析，フーリエ解析，ベクトル解析の分野からも出題されます。出題範囲が広いので早い時期から受験準備を進めることが大切です。

◎東北大学－工学部

微分積分・線形代数からの標準的な編入試験問題 !!

微分積分と線形代数からの出題で，編入数学の標準的なスタイルです。数学の土台となる最も大切な微分積分と線形代数をしっかりと勉強してきてくださいよ，ということです。

◎東京大学－工学部

複素解析，確率を含む柔軟な応用力を試す問題 !!

東大ということを考えれば出題範囲は広いとは言えません。出題される問題は柔軟な応用力を要求するもので妥当なレベルです。

◎名古屋大学－工学部

確率を含むオーソドックスな出題 !!

微分積分・線形代数・確率の分野から標準問題が出題されます。確率は主に高校数学の範囲です。入試に向けた対策はしやすいと言えるでしょう。

◎京都大学－工学部

確率を含むオーソドックスな出題 !!

微分積分・線形代数・確率の分野から標準問題が出題されます。確率は主に確率分布の問題が出題されます。京大ということを考えると，数学は比較的易しいと言えます。

◎大阪大学－工学部

複素平面，確率さらに高校数学を含む独特の出題 !!

複素平面，確率，さらに高校数学を含む出題ですが，これらは旧課程まで含めると高校数学の内容です。また，微分積分と線形代数も高校数学の内容からの出題も結構ある独特の傾向です。大学入試の参考書も有効です。

◎大阪大学－基礎工学部

確率を含む難問からなる出題 !!

出題範囲は微分積分・線形代数・確率ですが，問題が編入試験の中で突出して難しいです。強靭な思考力を試そうとするような問題で，そもそもの実力を試すというような傾向です。やはり大学入試の参考書も有効です。

◎九州大学－工学部

確率，複素解析，フーリエ解析，ベクトル解析，ラプラス変換を含む超広範囲からのハイレベルな出題 !!

実に広範囲からの出題で楽しい限りです。ただし，自分が受験した年にどの分野から出題されるのか分からないのがちょっといやかもしれません。また，九大工学部は範囲が広いだけでなく，１つ１つの問題のレベルも高いです。超広範囲からのハイレベルな出題です。九大を考えている人は早いうちからじっくりと準備を進めていく必要があります。

第 4 章

行列と行列式

例 題 1 （行列の階数）

4×4 実行列 A を

$$A=\begin{pmatrix}1 & a & 1 & 0\\ a & 1 & a & 0\\ 1 & a & 1 & a\\ 0 & 0 & a & 1\end{pmatrix}$$

とする。以下の問い に答えよ。

(1) A の行列式が 0 となる a の値を求めよ。

(2) 行列 A の階数を求めよ。 〈九州大学－芸術工学部〉

解 答

❖アドバイス❖

(1)
$$|A|=\begin{vmatrix}1 & a & 1 & 0\\ a & 1 & a & 0\\ 1 & a & 1 & a\\ 0 & 0 & a & 1\end{vmatrix}=\begin{vmatrix}1 & a & 0 & 0\\ a & 1 & 0 & 0\\ 1 & a & 0 & a\\ 0 & 0 & a & 1\end{vmatrix}$$

← 第 3 列－第 1 列

$$=a\cdot(-1)^{4+3}\begin{vmatrix}1 & a & 0\\ a & 1 & 0\\ 1 & a & a\end{vmatrix}$$

← 第 3 列で余因子展開

$$=a\cdot(-1)\cdot(a+0+0-0-a^3-0)$$
$$=a(a^3-a)$$
$$=a^2(a^2-1)$$
$$=a^2(a+1)(a-1)$$

よって，A の行列式が 0 となる a の値は

$a=-1,\ 0,\ 1$ ……〔答〕

(2) 各場合に分けて調べる。

（i） $a\neq-1,\ 0,\ 1$ のとき；

$|A|\neq0$ となるから，階数は 4

← まず $|A|\neq0$ のときは簡単！

（ii） $a \fallingdotseq 1$ のとき；

$$A=\begin{pmatrix}1&1&1&0\\1&1&1&0\\1&1&1&1\\0&0&1&1\end{pmatrix}\to\cdots\to\begin{pmatrix}1&1&0&0\\0&0&1&0\\0&0&0&1\\0&0&0&0\end{pmatrix}$$

← 階段行列に変形して階数を求める。

よって，階数は 3

（iii） $a=-1$ のとき；

$$A=\begin{pmatrix}1&-1&1&0\\-1&1&-1&0\\1&-1&1&-1\\0&0&-1&1\end{pmatrix}\to\cdots$$

$$\to\begin{pmatrix}1&-1&0&0\\0&0&1&0\\0&0&0&1\\0&0&0&0\end{pmatrix}$$

よって，階数は 3

（iv） $a=0$ のとき；

$$A=\begin{pmatrix}1&0&1&0\\0&1&0&0\\1&0&1&0\\0&0&0&1\end{pmatrix}\to\cdots\to\begin{pmatrix}1&0&1&0\\0&1&0&0\\0&0&0&1\\0&0&0&0\end{pmatrix}$$

よって，階数は 3

以上より，行列 A の階数は

$$\begin{cases}a\neq -1,\ 0,\ 1 \text{ のときは } 4\\ a=-1,\ 0,\ 1 \text{ のときは } 3\end{cases}\quad\cdots\cdots〔答〕$$

◉ワンポイント解説（線形代数のカギは行基本変形）◉

線形代数の学習で最も大切なことは，行基本変形をしっかりと理解することです。特に編入試験対策としての線形代数の学習は，行基本変形に始まり行基本変形に終わると言っても過言ではありません。行基本変形を深く理解することが最終目標であると言っていいです。

行基本変形と階数，行基本変形と連立１次方程式，行基本変形と逆行列，行基本変形と固有ベクトル，行基本変形とベクトルの１次関係，などなど。

線形代数を勉強するときは，つねにこの行基本変形というものを意識しながら学習を進めていくことを心がけましょう。

例 題 2　（連立 1 次方程式）

(1)　次の連立方程式が解をもつように定数 a を定めよ。

$$\begin{cases} 2x-y+z-3u=-4 \\ 4x+y-7z+3u=a \\ x+y-4z+3u=1 \\ x+y+2z-u=-3 \end{cases}$$

(2)　(1)の条件が満たされているとき，解をすべて求めよ。

〈名古屋大学－情報文化学部〉

解 答　(1)　与式を行列を用いて表すと

$$\begin{pmatrix} 2 & -1 & 1 & -3 \\ 4 & 1 & -7 & 3 \\ 1 & 1 & -4 & 3 \\ 1 & 1 & 2 & -1 \end{pmatrix}\begin{pmatrix} x \\ y \\ z \\ u \end{pmatrix}=\begin{pmatrix} -4 \\ a \\ 1 \\ -3 \end{pmatrix}$$

拡大係数行列を行基本変形する。

$$\begin{pmatrix} 2 & -1 & 1 & -3 & -4 \\ 4 & 1 & -7 & 3 & a \\ 1 & 1 & -4 & 3 & 1 \\ 1 & 1 & 2 & -1 & -3 \end{pmatrix} \to \cdots$$

$$\to \begin{pmatrix} 1 & 0 & 0 & -\frac{2}{3} & -\frac{5}{3} \\ 0 & 1 & 0 & 1 & 0 \\ 0 & 0 & 1 & -\frac{2}{3} & -\frac{2}{3} \\ 0 & 0 & 0 & 0 & a+2 \end{pmatrix}$$

よって，与式は次のようになる。

$$\begin{cases} x-\frac{2}{3}u=-\frac{5}{3} \\ y+u=0 \\ z-\frac{2}{3}u=-\frac{2}{3} \\ 0\cdot x+0\cdot y+0\cdot z+0\cdot u=a+2 \end{cases}$$

よって，与式が解をもつための条件は，第 4 式が恒等式になればよいから

$a+2=0$　　∴　$a=-2$　……〔答〕

❖アドバイス❖

← 拡大係数行列の変形と元の連立方程式の変形が対応していることをきちんと理解しておくこと !!

(2) $a=-2$ のとき，与式は

$$\begin{cases} x-\dfrac{2}{3}u=-\dfrac{5}{3} \\ y+u=0 \\ z-\dfrac{2}{3}u=-\dfrac{2}{3} \end{cases}$$

であるから，解は次のようになる。

$$\begin{pmatrix} x \\ y \\ z \\ u \end{pmatrix}=\begin{pmatrix} \dfrac{2}{3}t-\dfrac{5}{3} \\ -t \\ \dfrac{2}{3}t-\dfrac{2}{3} \\ t \end{pmatrix}$$

（t は任意）　……〔答〕

⬅ $a=-2$ のとき第4式は恒等式となるから削除。

◉ワンポイント解説（余因子展開）◉

余因子展開は行列式の次数下げの公式で，行列式の計算において非常に重要な公式です。特に一般の n 次の行列式の計算でしばしば威力を発揮します。

［定理］　n 次正方行列

$$A=\begin{pmatrix} a_{11} & a_{12} & \cdots & a_{1n} \\ a_{21} & a_{22} & \cdots & a_{2n} \\ \vdots & \vdots & \ddots & \vdots \\ a_{n1} & a_{n2} & \cdots & a_{nn} \end{pmatrix}$$

に対し，$(i,\ j)$ 成分 a_{ij} の余因子を A_{ij} とするとき，次が成り立つ。

$$|A|=a_{11}A_{11}+a_{12}A_{12}+\cdots+a_{1n}A_{1n}$$

（注1）　各余因子は $n-1$ 次行列式であるから，これは次数下げの公式である。

（注2）　上の定理は1行目で展開した形で書いているが，どの行，どの列で展開してもよい。より一般に次のように書くことができる。

$$|A|=a_{i1}A_{i1}+a_{i2}A_{i2}+\cdots+a_{in}A_{in}$$　（i 行目で展開）

または

$$|A|=a_{1j}A_{1j}+a_{2j}A_{2j}+\cdots+a_{nj}A_{nj}$$　（j 列目で展開）

例 題 3　（いろいろな行列式）

次の行列 A の行列式 $|A|$ は，x に関する高々 4 次の多項式で表される。このとき，x^2 の係数を A の成分を用いて表せ。ただし，A の（1，1），（2，2），（3，3）成分以外の成分は x に無関係な定数とする。

$$A=\begin{pmatrix} x & a_{12} & a_{13} & a_{14} \\ a_{21} & x & a_{23} & a_{24} \\ a_{31} & a_{32} & x^2 & a_{34} \\ a_{41} & a_{42} & a_{43} & a_{44} \end{pmatrix}$$

〈神戸大学－工学部〉

解 答

$$|A|=\begin{vmatrix} x & a_{12} & a_{13} & a_{14} \\ a_{21} & x & a_{23} & a_{24} \\ a_{31} & a_{32} & x^2 & a_{34} \\ a_{41} & a_{42} & a_{43} & a_{44} \end{vmatrix}$$

$$=-a_{41}\begin{vmatrix} a_{12} & a_{13} & a_{14} \\ x & a_{23} & a_{24} \\ a_{32} & x^2 & a_{34} \end{vmatrix}+a_{42}\begin{vmatrix} x & a_{13} & a_{14} \\ a_{21} & a_{23} & a_{24} \\ a_{31} & x^2 & a_{34} \end{vmatrix}$$

$$-a_{43}\begin{vmatrix} x & a_{12} & a_{14} \\ a_{21} & x & a_{24} \\ a_{31} & a_{32} & a_{34} \end{vmatrix}+a_{44}\begin{vmatrix} x & a_{12} & a_{13} \\ a_{21} & x & a_{23} \\ a_{31} & a_{32} & x^2 \end{vmatrix}$$

サラスの方法に注意して x^2 の項だけを取り出すと

$$-a_{41}(-a_{12}a_{24}x^2)+a_{42}a_{14}a_{21}x^2-a_{43}a_{34}x^2$$
$$+a_{44}(-a_{12}a_{21}x^2)$$
$$=a_{41}a_{12}a_{24}x^2+a_{42}a_{14}a_{21}x^2-a_{43}a_{34}x^2-a_{44}a_{12}a_{21}x^2$$
$$=(a_{41}a_{12}a_{24}+a_{42}a_{14}a_{21}-a_{43}a_{34}-a_{44}a_{12}a_{21})x^2$$

よって，求める係数は

$a_{41}a_{12}a_{24}+a_{42}a_{14}a_{21}-a_{43}a_{34}-a_{44}a_{12}a_{21}$　……〔答〕

（注）　4 次以上の行列式では，サラスの方法のような単純な計算規則は存在しない。

❖アドバイス❖

← 4 行目で余因子展開

集中ゼミ 行列式の多重線形性とクラーメルの公式

クラーメルの公式は次のような内容であり，重要公式である。この公式は行列式の基本性質である多重線形性よりただちに得られる。

[定理] A が n 次正則行列ならば，連立１次方程式 $A\boldsymbol{x}=\boldsymbol{b}$ の解は次のように与えられる。

$$x_1=\frac{|\boldsymbol{b}\quad \boldsymbol{a}_2\quad \cdots\quad \boldsymbol{a}_n|}{|A|},\quad x_2=\frac{|\boldsymbol{a}_1\quad \boldsymbol{b}\quad \cdots\quad \boldsymbol{a}_n|}{|A|},\quad \cdots$$

$$x_n=\frac{|\boldsymbol{a}_1\quad \boldsymbol{a}_2\quad \cdots\quad \boldsymbol{b}|}{|A|}$$

ただし，$A=(\boldsymbol{a}_1\quad \boldsymbol{a}_2\quad \cdots\quad \boldsymbol{a}_n)$，$\boldsymbol{x}={}^t(x_1\quad x_2\quad \cdots\quad x_n)$

(証明)　まず次の重要な変形に注意する。

$$A\boldsymbol{x}=(\boldsymbol{a}_1\quad \boldsymbol{a}_2\quad \cdots\quad \boldsymbol{a}_n)\begin{pmatrix} x_1 \\ x_2 \\ \vdots \\ x_n \end{pmatrix}=x_1\boldsymbol{a}_1+x_2\boldsymbol{a}_2+\cdots+x_n\boldsymbol{a}_n$$

よって，連立１次方程式 $A\boldsymbol{x}=\boldsymbol{b}$ は次のようになる。

$$x_1\boldsymbol{a}_1+x_2\boldsymbol{a}_2+\cdots+x_n\boldsymbol{a}_n=\boldsymbol{b}$$

これより

$$\begin{aligned} &|\boldsymbol{b}\quad \boldsymbol{a}_2\quad \cdots\quad \boldsymbol{a}_n| \\ &=|x_1\boldsymbol{a}_1+x_2\boldsymbol{a}_2+\cdots+x_n\boldsymbol{a}_n\quad \boldsymbol{a}_2\quad \cdots\quad \boldsymbol{a}_n| \\ &=x_1|\boldsymbol{a}_1\quad \boldsymbol{a}_2\quad \cdots\quad \boldsymbol{a}_n|+x_2|\boldsymbol{a}_2\quad \boldsymbol{a}_2\quad \cdots\quad \boldsymbol{a}_n|+\cdots+x_n|\boldsymbol{a}_n\quad \boldsymbol{a}_2\quad \cdots\quad \boldsymbol{a}_n| \\ &=x_1|\boldsymbol{a}_1\quad \boldsymbol{a}_2\quad \cdots\quad \boldsymbol{a}_n|+0+\cdots+0 \\ &=x_1|A| \end{aligned}$$

$|A|\neq 0$ であるから

$$x_1=\frac{|\boldsymbol{b}\quad \boldsymbol{a}_2\quad \cdots\quad \boldsymbol{a}_n|}{|A|}$$

全く同様にして

$$x_2=\frac{|\boldsymbol{a}_1\quad \boldsymbol{b}\quad \cdots\quad \boldsymbol{a}_n|}{|A|},\quad \cdots,\quad x_n=\frac{|\boldsymbol{a}_1\quad \boldsymbol{a}_2\quad \cdots\quad \boldsymbol{b}|}{|A|}$$

も示される。　　　　　　　　　　　　　　　　　　　（証明終わり）

第 4 章の過去問実践演習 ▶解答は p. 187

(A) 基本問題

[4A－01]　次の行列式を因数分解せよ。

$$\begin{vmatrix} a & a & a & a \\ x & b & b & b \\ x & y & c & c \\ x & y & z & d \end{vmatrix}$$

〈名古屋大学－情報文化学部〉

[4A－02]　連立方程式 $\begin{cases} 2x+3y+2z=0 \\ 2x+2y+3z=0 \\ 3x+2y+az=0 \end{cases}$

が $x=y=z=0$ 以外の解をもつような a を求めよ。

〈東京農工大学〉

[4A－03]　$A=\begin{pmatrix} 1 & 2 & -1 \\ 3 & 8 & -3 \\ 2 & 1 & -2 \end{pmatrix}$, $\boldsymbol{x}=\begin{pmatrix} x_1 \\ x_2 \\ x_3 \end{pmatrix}$, $\boldsymbol{d}=\begin{pmatrix} 2 \\ 2a \\ 10 \end{pmatrix}$ とおく。ただし a は実数とする。

(1)　連立 1 次方程式 $A\boldsymbol{x}=\boldsymbol{d}$ が解をもつように a の値を定めよ。

(2)　a が(1)で定めた値であるとき，連立 1 次方程式 $A\boldsymbol{x}=\boldsymbol{d}$ を解け。

〈東京農工大学〉

[4A－04]　行列 $A=\begin{pmatrix} 1 & 1 & a \\ -1 & 0 & 4 \\ 1 & -1 & 0 \end{pmatrix}$ の行列式の値が 1 となるように a の値を定めよ。また，そのように a の値を定めたとき，A の逆行列 A^{-1} を求めよ。

〈京都工芸繊維大学〉

［4A－05］ 次の連立１次方程式について，各問いに答えよ。

$$\begin{pmatrix} 2 & 1 & 1 \\ 1 & 0 & 1 \\ 1 & 1 & 2 \end{pmatrix}\begin{pmatrix} x \\ y \\ z \end{pmatrix}=\begin{pmatrix} 2 \\ 1 \\ -1 \end{pmatrix}$$

(1) 係数行列の逆行列を求めよ。

(2) 上で求めた逆行列を用いて方程式の解を求めよ。

〈九州大学－芸術工学部〉

［4A－06］ 次の４次正方行列 A の逆行列を求めよ。

$$A=\begin{pmatrix} 4 & 4 & 4 & 4 \\ 0 & 0 & 4 & 4 \\ 0 & 2 & 0 & 2 \\ 1 & 0 & 0 & 1 \end{pmatrix}$$

〈九州大学－芸術工学部〉

［4A－07］ 次の各問いに答えよ。

(1) ３次正方行列 $\begin{pmatrix} 1 & -1 & -1 \\ -1 & 1 & -1 \\ -1 & -1 & 1 \end{pmatrix}$ の逆行列を求めよ。

(2) a を実数とする。このとき，３次正方行列 $\begin{pmatrix} 1 & a & a \\ a & 1 & a \\ a & a & 1 \end{pmatrix}$ が逆行列をもつための条件を求めよ。

〈九州大学－芸術工学部〉

(B) 標準問題

[4B－01]　a, b を実数，n を自然数とし，$a \neq 1$, $n \geqq 2$ とする。n 次正方行列 A を

$$A=\begin{pmatrix} b & 1 & 1 & \cdots & 1 \\ 1 & a & 1 & \cdots & 1 \\ 1 & 1 & a & \cdots & 1 \\ \vdots & \vdots & \vdots & \ddots & \vdots \\ 1 & 1 & 1 & \cdots & a \end{pmatrix}$$

とするとき，以下の各問に答えよ。

(1)　$n=3$ のときの A の行列式 $|A|$ を求めよ。

(2)　n が一般のときの A の行列式 $|A|$ を求めよ。

(3)　A の階数 $\mathrm{rank}\,A$ を求めよ。

〈神戸大学－工学部〉

[4B－02]　連立1次方程式
$$\begin{cases} x + z = 1 \\ 2x+y+2z-2w=3 \\ x-y+z+2w=k-3 \end{cases}$$
が解をもつように定数 k の値を定め，これを解け。また，係数行列 A を示し，その階数 $\mathrm{rank}\,A$ を求めよ。

〈京都工芸繊維大学〉

[4B－03]　a, b, c を実数とし，3×3 行列 A を

$$A=\begin{pmatrix} a+b+c & -a-c & a+b-c \\ -a-c & a+c & -a+c \\ a+b-c & -a+c & a+b+c \end{pmatrix}$$

と定めるとき，以下の問いに答えよ。

(1)　$abc \neq 0$ のとき $|A| \neq 0$ となることを示せ。ただし，$|A|$ は行列 A の行列式を表すものとする。

(2)　$a=b=c=1$ のとき，行列 A の逆行列を求めよ。

〈九州大学－芸術工学部〉

[4B－04]　E を3次単位行列とし，A, X, Y を3次正方行列で

$$AX=E,\quad YA=E$$

を満たすものとする。このとき，$X=Y$ となることを証明せよ。

〈九州大学－芸術工学部〉

[4B－05]　次の3元連立一次方程式の解を求めよ。

$$\begin{cases} ax+y+z=3a \\ x+ay+z=2a+1 \\ x+y+az=a+2 \end{cases}$$

〈神戸大学－工学部〉

[4B－06]　次の行列 A の余因子行列 $\widetilde{A}$ を求めよ。また，A が正則であれば，その逆行列 A^{-1} を求めよ。

$$A=\begin{pmatrix} 2 & 0 & -1 & 0 \\ 0 & 3 & 0 & 2 \\ 0 & 0 & 2 & 0 \\ 0 & 0 & 0 & 1 \end{pmatrix}$$

〈神戸大学－工学部〉

[4B－07]　次の行列式 D を因数分解せよ。

$$D=\begin{vmatrix} a^2+b^2 & 0 & 2ab & 0 \\ 0 & c^2+d^2 & 0 & 2cd \\ 2ab & 0 & a^2+b^2 & 0 \\ 0 & 2cd & 0 & c^2+d^2 \end{vmatrix}$$

〈名古屋工業大学〉

[4B－08]　$A=\begin{pmatrix} 1 & 2 & 3 & 4 \\ 2 & 3 & 4 & 1 \\ 3 & 5 & 7 & 5 \end{pmatrix}$, $\boldsymbol{b}=\begin{pmatrix} 1 \\ 1 \\ 2 \end{pmatrix}$ とするとき，次の問いに答えよ。

(1)　$A\boldsymbol{x}=\boldsymbol{b}$ となる $\boldsymbol{x}\in\boldsymbol{R}^4$ をすべて求めよ。

(2)　$A\boldsymbol{x}$ と $\boldsymbol{b}$ が直交するような $\boldsymbol{x}\in\boldsymbol{R}^4$ をすべて求めよ。ただし，$\boldsymbol{R}^3$ には通常のユークリッド内積が入っているとする。

〈電気通信大学〉

[4B－09]　a を定数とする。

連立一次方程式 $\begin{cases} x+y+z-w=1 \\ -x-2y-2z+2w=-2 \\ 2x-2y-z+aw=-1 \\ 3x-3y+az-w=-2 \end{cases}$ について，

(1)　この方程式の係数行列の行列式の値を求めよ。

(2)　この方程式を解け。（a の値による場合分けになる。）

〈東京工業大学〉

[4B－10]　$C=\begin{pmatrix} 3 & 2 & 1 & -1 \\ -2 & 1 & p & 3 \\ 1 & -1 & -1 & -4 \\ -3 & -2 & 1 & -1 \end{pmatrix}$, $D=\begin{pmatrix} 3 & 4 & q \\ -1 & 1 & -3 \\ -2 & -5 & 1 \\ 2 & 3 & 1 \end{pmatrix}$

とおく。ただし，p, q は定数である。

(1)　C の行列式を求めよ。

(2)　D および CD の階数を求めよ。必要に応じて p, q の値で場合分けして答えよ。

〈東京工業大学〉

[4B－11]　次の行列の階数を求めよ。

$$\begin{pmatrix} 1 & y & 1 & x \\ y & 1 & x & 1 \\ 1 & x & 1 & y \\ x & 1 & y & 1 \end{pmatrix}$$

〈東京工業大学〉

[4B－12]　定数 a, b, c に対し，行列 B を

$$B=\begin{pmatrix} 2 & -1 & b \\ a & 2 & -2 \\ 4 & -2 & c \end{pmatrix}$$

と定める。B の階数を求めよ。

〈東京工業大学〉

[4B－13] 定数 a に対し，方程式

$$\begin{pmatrix} 1 & 0 & 1 \\ 1 & 1 & a \\ 1 & 0 & 1+a \\ 1 & -a & 1 \end{pmatrix}\begin{pmatrix} x \\ y \\ z \end{pmatrix}=\begin{pmatrix} 1 \\ a+1 \\ 1 \\ a+1 \end{pmatrix}$$

が解をもつ a と一般解を求めよ。

〈東京工業大学〉

(C) 発展問題

[4C－01] n 次正方行列

$$A=\begin{pmatrix} a+b & a & a & \cdots & a \\ a & a+b & a & \cdots & a \\ a & a & a+b & \cdots & a \\ \vdots & \vdots & \vdots & \ddots & \vdots \\ a & a & a & \cdots & a+b \end{pmatrix}$$

に対して，A の行列式 $\det(A)$ を求めよ。

〈神戸大学－工学部〉

[4C－02] 実数 x が $0<x<\dfrac{\pi}{2}$ を満たすとする。行列式

$$\begin{vmatrix} 0 & \sin x & \cos x & \tan x \\ -\sin x & 0 & 0 & \cos x \\ -\cos x & 0 & 0 & \sin x \\ -\tan x & -\cos x & -\sin x & 0 \end{vmatrix}$$

の値が $\dfrac{1}{4}$ となるような x をすべて求めよ。

〈京都工芸繊維大学〉

[4C－03] 次の 4 次正方行列 A，B に対して A，B，$A^{-1}B$ の行列式を求めよ。

$$A=\begin{pmatrix} 2 & 1 & 0 & 1 \\ 1 & 1 & -1 & 1 \\ -1 & -1 & 3 & 1 \\ -2 & 1 & 1 & 1 \end{pmatrix},\quad B=\begin{pmatrix} 2a+b & 2c+d & 0 & b \\ a+b & c+d & -a & b \\ -a-b & -c-d & 3a & b \\ -2a+b & -2c+d & a & b \end{pmatrix}$$

〈電気通信大学〉

[4C－04]　以下の問いに答えよ。

(1)　3次元空間内の点を $(x,\ y,\ z)$ とする。ベクトル $\boldsymbol{a}=(1,\ 2,\ 3)$ とベクトル $\boldsymbol{b}=(3,\ 2,\ 1)$ で張られる平面を $x,\ y,\ z$ を用いた式で示せ。

(2)　2次元平面内の2つのベクトル $\boldsymbol{a}=(a_1,\ a_2)$ と $\boldsymbol{b}=(b_1,\ b_2)$ を考えよう。ベクトル $\boldsymbol{a}$ とベクトル $\boldsymbol{b}$ の長さの和が一定値 d であるという条件で，$\boldsymbol{a}$ と $\boldsymbol{b}$ の内積が最大となるのは，$a_1,\ a_2,\ b_1,\ b_2$ がどのような条件を満たすときか説明せよ。また，そのときの内積の最大値を示せ。

(3)　n 次の正方行列 A の $(i,\ j)$ 成分 a_{ij} が i と j の和で与えられているとする。すなわち，$a_{ij}=i+j$ とする。このとき，正方行列 A の行列式の値を求めよ。なお，$n>2$ とする。

〈大阪府立大学〉

[4C－05]　行列 A に対して，その行列式を $|A|$，その絶対値を $abs|A|$ と表記する。このとき，以下の問いに答えよ。

(1)　次の行列式の値を求めよ。

$$\begin{vmatrix} 2 & 4 & 3 \\ 3 & 8 & 2 \\ 2 & 8 & 6 \end{vmatrix}$$

(2)　点 $\mathrm{P}(x_1,\ y_1)$ と原点を通る直線の方程式を行列式を用いて表現せよ。

(3)　平面上の3点 $(x_1,\ y_1)$，$(x_2,\ y_2)$，$(x_3,\ y_3)$ を頂点とする三角形の面積 S は以下のように表現できることを示せ。

$$S=\frac{1}{2}abs\begin{vmatrix} 1 & 1 & 1 \\ x_1 & x_2 & x_3 \\ y_1 & y_2 & y_3 \end{vmatrix}$$

〈京都大学－工学部〉

[4C－06] x_1, x_2, x_3 を未知変数とする連立方程式

$$\text{(A)}\quad \sum_{j=1}^{3} a_{ij}x_j + a_{i4} = 0,\ i=1,\ 2,\ 3,\ 4$$

を考える。ここで，$a_{ij} \in \boldsymbol{R}$

(1) $a_{ij}=(-1)^{i+j}$ のとき，この連立方程式（A）の解をすべて求めよ。

(2) $a_{i1}=1$, $a_{i2}=(-1)^i$, $a_{i3}=u^{i-1}$ $(1 \leqq i \leqq 4)$ および $a_{14}=a_{24}=a_{34}=1$, , $a_{44}=u$ のとき，この連立方程式（A）が解をもつような実数 u の値をすべて決定せよ。

(3) $\begin{vmatrix} a_{11} & a_{12} & a_{13} \\ a_{21} & a_{22} & a_{23} \\ a_{31} & a_{32} & a_{33} \end{vmatrix} \neq 0$ のとき，連立方程式（A）が解をもつ必要十分条件を a_{ij} を用いて表せ。

〈神戸大学－数学科〉

[4C－07] A, B は n 次正方行列で，A は正則であるとする。また，O を n 次零行列，つまり成分がすべて 0 の行列とする。このとき，$2n$ 次正方行列

$$\begin{pmatrix} O & A \\ -A & B \end{pmatrix}$$

の逆行列を求めよ。

〈名古屋大学－情報文化学部〉

第5章

ベクトル空間と線形写像

例題 1 (ベクトル空間)

4次元ユークリッド空間 $\boldsymbol{R}^4$ の部分ベクトル空間 V を

$$V=\{(x,\ y,\ z,\ w)\in\boldsymbol{R}^4\,|\,x+y+z+w=0,\ x+2y+2z+3w=0\}$$

で定義する。

(1) V の基底を1つ求めよ。

(2) V の正規直交基底を1つ求めよ。 〈金沢大学－数学科〉

解答 (1) V は次の同次連立1次方程式の解空間である。

$$\begin{cases} x+y+z+w=0 \\ x+2y+2z+3w=0 \end{cases}$$

これを行列を用いて表すと次のようになる。

$$\begin{pmatrix} 1 & 1 & 1 & 1 \\ 1 & 2 & 2 & 3 \end{pmatrix}\begin{pmatrix} x \\ y \\ z \\ w \end{pmatrix}=\begin{pmatrix} 0 \\ 0 \end{pmatrix}$$

係数行列を行基本変形すると

$$\begin{pmatrix} 1 & 1 & 1 & 1 \\ 1 & 2 & 2 & 3 \end{pmatrix}\to\begin{pmatrix} 1 & 1 & 1 & 1 \\ 0 & 1 & 1 & 2 \end{pmatrix}\to\begin{pmatrix} 1 & 0 & 0 & -1 \\ 0 & 1 & 1 & 2 \end{pmatrix}$$

であるから，同次連立1次方程式は

$$\begin{cases} x-w=0 \\ y+z+2w=0 \end{cases}$$

であり，その解は

$$\begin{pmatrix} x \\ y \\ z \\ w \end{pmatrix}=\begin{pmatrix} b \\ -a-2b \\ a \\ b \end{pmatrix}=a\begin{pmatrix} 0 \\ -1 \\ 1 \\ 0 \end{pmatrix}+b\begin{pmatrix} 1 \\ -2 \\ 0 \\ 1 \end{pmatrix}$$

(a, b は任意)

したがって，V の基底として次のものがとれる。

❖アドバイス❖

← 階段行列になるまでしっかり行基本変形すること！

$$\left\{\begin{pmatrix} 0 \\ -1 \\ 1 \\ 0 \end{pmatrix}, \begin{pmatrix} 1 \\ -2 \\ 0 \\ 1 \end{pmatrix}\right\}$$ ……〔答〕

(2) 次の 2 つのベクトルをグラム・シュミットの方法により正規直交化する。

$$\boldsymbol{a}_1 = \begin{pmatrix} 0 \\ -1 \\ 1 \\ 0 \end{pmatrix}, \quad \boldsymbol{a}_2 = \begin{pmatrix} 1 \\ -2 \\ 0 \\ 1 \end{pmatrix}$$

$$\boldsymbol{b}_1 = \frac{\boldsymbol{a}_1}{|\boldsymbol{a}_1|} = \frac{1}{\sqrt{2}}\begin{pmatrix} 0 \\ -1 \\ 1 \\ 0 \end{pmatrix}$$

$\boldsymbol{b}_2 = \dfrac{\boldsymbol{a}_2 - (\boldsymbol{a}_2, \boldsymbol{b}_1)\boldsymbol{b}_1}{|\boldsymbol{a}_2 - (\boldsymbol{a}_2, \boldsymbol{b}_1)\boldsymbol{b}_1|}$ を計算する。

← この式は忘れても自分ですぐに導けるようにしておこう。
$\boldsymbol{a}_2 + k\boldsymbol{b}_1 \perp \boldsymbol{b}_1$
とすると
$(\boldsymbol{a}_2 + k\boldsymbol{b}_1, \boldsymbol{b}_1) = 0$
これより
$k = -(\boldsymbol{a}_2, \boldsymbol{b}_1)$
つまり，
$\boldsymbol{a}_2 - (\boldsymbol{a}_2, \boldsymbol{b}_1)\boldsymbol{b}_1$ が $\boldsymbol{b}_1$ と直交するベクトルである。

$$\boldsymbol{a}_2 - (\boldsymbol{a}_2, \boldsymbol{b}_1)\boldsymbol{b}_1 = \begin{pmatrix} 1 \\ -2 \\ 0 \\ 1 \end{pmatrix} - \frac{2}{\sqrt{2}} \cdot \frac{1}{\sqrt{2}}\begin{pmatrix} 0 \\ -1 \\ 1 \\ 0 \end{pmatrix}$$

$$= \begin{pmatrix} 1 \\ -2 \\ 0 \\ 1 \end{pmatrix} - \begin{pmatrix} 0 \\ -1 \\ 1 \\ 0 \end{pmatrix} = \begin{pmatrix} 1 \\ -1 \\ -1 \\ 1 \end{pmatrix}$$

よって

$$\boldsymbol{b}_2 = \frac{\boldsymbol{a}_2 - (\boldsymbol{a}_2, \boldsymbol{b}_1)\boldsymbol{b}_1}{|\boldsymbol{a}_2 - (\boldsymbol{a}_2, \boldsymbol{b}_1)\boldsymbol{b}_1|} = \frac{1}{2}\begin{pmatrix} 1 \\ -1 \\ -1 \\ 1 \end{pmatrix}$$

以上より，次の正規直交基底を得る。

$$\{\boldsymbol{b}_1, \boldsymbol{b}_2\} = \left\{\frac{1}{\sqrt{2}}\begin{pmatrix} 0 \\ -1 \\ 1 \\ 0 \end{pmatrix}, \frac{1}{2}\begin{pmatrix} 1 \\ -1 \\ -1 \\ 1 \end{pmatrix}\right\}$$ ……〔答〕

例題 2　（線形写像）

線形空間 V の基底を $\{\boldsymbol{a}_1, \boldsymbol{a}_2, \boldsymbol{a}_3, \boldsymbol{a}_4\}$，線形空間 W の基底を $\{\boldsymbol{b}_1, \boldsymbol{b}_2, \boldsymbol{b}_3\}$ とする。V から W への線形写像 F が下記の関係を満たすとき，これらの基底に関する F の表現行列 M を求めよ。また，F による V の像 $F(V)$ の次元を求めよ。なお，$\boldsymbol{0}$ は零ベクトルを表す。

$F(\boldsymbol{a}_1)=-\boldsymbol{b}_1+2\boldsymbol{b}_2$，$F(\boldsymbol{a}_2)=\boldsymbol{b}_2-\boldsymbol{b}_3$，$F(\boldsymbol{a}_1+\boldsymbol{a}_2+\boldsymbol{a}_3)=F(\boldsymbol{0})$，

$F(\boldsymbol{a}_3+2\boldsymbol{a}_4)=-\boldsymbol{b}_1-\boldsymbol{b}_2+3\boldsymbol{b}_3$　〈筑波大学〉

解答　条件より

$F(\boldsymbol{a}_1)=-\boldsymbol{b}_1+2\boldsymbol{b}_2$　……①

$F(\boldsymbol{a}_2)=\boldsymbol{b}_2-\boldsymbol{b}_3$　……②

$F(\boldsymbol{a}_1+\boldsymbol{a}_2+\boldsymbol{a}_3)=F(\boldsymbol{0})=\boldsymbol{0}$　……③

$F(\boldsymbol{a}_3+2\boldsymbol{a}_4)=-\boldsymbol{b}_1-\boldsymbol{b}_2+3\boldsymbol{b}_3$　……④

③より，$F(\boldsymbol{a}_1)+F(\boldsymbol{a}_2)+F(\boldsymbol{a}_3)=\boldsymbol{0}$

$\therefore\ (-\boldsymbol{b}_1+2\boldsymbol{b}_2)+(\boldsymbol{b}_2-\boldsymbol{b}_3)+F(\boldsymbol{a}_3)=\boldsymbol{0}$

$\therefore\ F(\boldsymbol{a}_3)=\boldsymbol{b}_1-3\boldsymbol{b}_2+\boldsymbol{b}_3$

④より，$F(\boldsymbol{a}_3)+2F(\boldsymbol{a}_4)=-\boldsymbol{b}_1-\boldsymbol{b}_2+3\boldsymbol{b}_3$

$\therefore\ (\boldsymbol{b}_1-3\boldsymbol{b}_2+\boldsymbol{b}_3)+2F(\boldsymbol{a}_4)=-\boldsymbol{b}_1-\boldsymbol{b}_2+3\boldsymbol{b}_3$

$2F(\boldsymbol{a}_4)=-2\boldsymbol{b}_1+2\boldsymbol{b}_2+2\boldsymbol{b}_3$

$\therefore\ F(\boldsymbol{a}_4)=-\boldsymbol{b}_1+\boldsymbol{b}_2+\boldsymbol{b}_3$

以上より

$F(\boldsymbol{a}_1)=-\boldsymbol{b}_1+2\boldsymbol{b}_2$

$F(\boldsymbol{a}_2)=\boldsymbol{b}_2-\boldsymbol{b}_3$

$F(\boldsymbol{a}_3)=\boldsymbol{b}_1-3\boldsymbol{b}_2+\boldsymbol{b}_3$

$F(\boldsymbol{a}_4)=-\boldsymbol{b}_1+\boldsymbol{b}_2+\boldsymbol{b}_3$

したがって

$$(F(\boldsymbol{a}_1)\ \ F(\boldsymbol{a}_2)\ \ F(\boldsymbol{a}_3)\ \ F(\boldsymbol{a}_4))$$

$$=(\boldsymbol{b}_1\ \ \boldsymbol{b}_2\ \ \boldsymbol{b}_3)\begin{pmatrix}-1 & 0 & 1 & -1\\ 2 & 1 & -3 & 1\\ 0 & -1 & 1 & 1\end{pmatrix}$$

よって，求める表現行列 M は

$$M=\begin{pmatrix}-1 & 0 & 1 & -1\\ 2 & 1 & -3 & 1\\ 0 & -1 & 1 & 1\end{pmatrix}\quad\cdots\cdots〔答〕$$

❖アドバイス❖

← まず $F(\boldsymbol{a}_1)$，$F(\boldsymbol{a}_2)$，$F(\boldsymbol{a}_3)$，$F(\boldsymbol{a}_4)$ を求める。

← 表現行列の定義

次に F による $\boldsymbol{V}$ の像 $F(\boldsymbol{V})$ を調べる。

$\boldsymbol{x}\in\boldsymbol{V}$ を任意にとると

$$\boldsymbol{x}=x\boldsymbol{a}_1+y\boldsymbol{a}_2+z\boldsymbol{a}_3+w\boldsymbol{a}_4$$

と表せる。このとき

$$\begin{aligned}F(\boldsymbol{x})&=F(x\boldsymbol{a}_1+y\boldsymbol{a}_2+z\boldsymbol{a}_3+w\boldsymbol{a}_4)\\&=xF(\boldsymbol{a}_1)+yF(\boldsymbol{a}_2)+zF(\boldsymbol{a}_3)+wF(\boldsymbol{a}_4)\end{aligned}$$

← 線形性

よって

$$F(\boldsymbol{a}_1),\ F(\boldsymbol{a}_2),\ F(\boldsymbol{a}_3),\ F(\boldsymbol{a}_4)$$

の1次関係を調べればよい。

← $F(\boldsymbol{V})$ は $F(\boldsymbol{a}_1)$, $F(\boldsymbol{a}_2)$, $F(\boldsymbol{a}_3)$, $F(\boldsymbol{a}_4)$ でつくられるベクトル空間。

ところで

$$(F(\boldsymbol{a}_1)\quad F(\boldsymbol{a}_2)\quad F(\boldsymbol{a}_3)\quad F(\boldsymbol{a}_4))=(\boldsymbol{b}_1\quad \boldsymbol{b}_2\quad \boldsymbol{b}_3)M$$

であることから

$$F(\boldsymbol{a}_1),\ F(\boldsymbol{a}_2),\ F(\boldsymbol{a}_3),\ F(\boldsymbol{a}_4)$$

の1次関係は表現行列 M の各列の1次関係に等しい。

$$M=\begin{pmatrix}-1&0&1&-1\\2&1&-3&1\\0&-1&1&1\end{pmatrix}\to\cdots$$

$$\to\begin{pmatrix}1&0&-1&1\\0&1&-1&-1\\0&0&0&0\end{pmatrix}$$

より

$F(\boldsymbol{a}_1)$, $F(\boldsymbol{a}_2)$ は1次独立,

$F(\boldsymbol{a}_3)=-F(\boldsymbol{a}_1)-F(\boldsymbol{a}_2)$,

$F(\boldsymbol{a}_4)=F(\boldsymbol{a}_1)-F(\boldsymbol{a}_2)$

である。

よって，像 $F(\boldsymbol{V})$ の基底は $\{F(\boldsymbol{a}_1),\ F(\boldsymbol{a}_2)\}$ であり，$F(\boldsymbol{V})$ の次元は2である。 ……〔答〕

(参考) 余裕がある人は次を証明してみよう。

$M=(\boldsymbol{c}_1\quad \boldsymbol{c}_2\quad \boldsymbol{c}_3\quad \boldsymbol{c}_4)$ とおくとき

$$\begin{aligned}&k_1F(\boldsymbol{a}_1)+k_2F(\boldsymbol{a}_2)+k_3F(\boldsymbol{a}_3)+k_4F(\boldsymbol{a}_4)=\boldsymbol{0}\\\Longleftrightarrow\ &k_1\boldsymbol{c}_1+k_2\boldsymbol{c}_2+k_3\boldsymbol{c}_3+k_4\boldsymbol{c}_4=\boldsymbol{0}\end{aligned}$$

集中ゼミ　線形写像の表現行列

[定義]　f を V から W への線形写像とし，V の基底を $\{\boldsymbol{v}_1, \cdots, \boldsymbol{v}_m\}$，$W$ の基底を $\{\boldsymbol{w}_1, \cdots, \boldsymbol{w}_n\}$ とするとき

$$(f(\boldsymbol{v}_1) \quad \cdots \quad f(\boldsymbol{v}_m)) = (\boldsymbol{w}_1 \quad \cdots \quad \boldsymbol{w}_n)A$$

を満たす行列 A を与えられた基底に関する f の**表現行列**という。

この抽象的な定義は最初分かりにくいが，次の定理が成り立つ。

> **[定理]**　$f(\boldsymbol{x}) = \boldsymbol{y}$ とし，$\boldsymbol{x}$ の基底 $\{\boldsymbol{v}_1, \cdots, \boldsymbol{v}_m\}$ に関する成分を ${}^t(x_1, \cdots, x_m)$，$\boldsymbol{y}$ の基底 $\{\boldsymbol{w}_1, \cdots, \boldsymbol{w}_n\}$ に関する成分を ${}^t(y_1, \cdots, y_n)$ とするとき，次が成り立つ。
>
> $$\begin{pmatrix} y_1 \\ \vdots \\ y_n \end{pmatrix} = A \begin{pmatrix} x_1 \\ \vdots \\ x_m \end{pmatrix}$$

（証明）　$$\boldsymbol{y} = y_1\boldsymbol{w}_1 + \cdots + y_n\boldsymbol{w}_n = (\boldsymbol{w}_1 \quad \cdots \quad \boldsymbol{w}_n)\begin{pmatrix} y_1 \\ \vdots \\ y_n \end{pmatrix} \quad \cdots\cdots ①$$

一方

$$\begin{aligned} f(\boldsymbol{x}) &= f(x_1\boldsymbol{v}_1 + \cdots + x_m\boldsymbol{v}_m) = x_1 f(\boldsymbol{v}_1) + \cdots + x_m f(\boldsymbol{v}_m) \\ &= (f(\boldsymbol{v}_1) \quad \cdots \quad f(\boldsymbol{v}_m))\begin{pmatrix} x_1 \\ \vdots \\ x_m \end{pmatrix} \\ &= (\boldsymbol{w}_1 \quad \cdots \quad \boldsymbol{w}_n)A\begin{pmatrix} x_1 \\ \vdots \\ x_m \end{pmatrix} \quad \cdots\cdots ② \end{aligned}$$

①，②より，$$(\boldsymbol{w}_1 \quad \cdots \quad \boldsymbol{w}_n)\begin{pmatrix} y_1 \\ \vdots \\ y_n \end{pmatrix} = (\boldsymbol{w}_1 \quad \cdots \quad \boldsymbol{w}_n)A\begin{pmatrix} x_1 \\ \vdots \\ x_m \end{pmatrix}$$

ここで，$\boldsymbol{w}_1, \cdots, \boldsymbol{w}_n$ は1次独立であるから

$$\begin{pmatrix} y_1 \\ \vdots \\ y_n \end{pmatrix} = A\begin{pmatrix} x_1 \\ \vdots \\ x_m \end{pmatrix}$$

（証明終わり）

集中ゼミ 像 Im(f) と核 Ker(f)

線形写像 $f: \boldsymbol{R}^m \to \boldsymbol{R}^n$ に対して，像 Im(f) および核 Ker(f) は次のように定義される。

$$\mathrm{Im}(f) = \{f(\boldsymbol{x}) \mid \boldsymbol{x} \in \boldsymbol{R}^m\}$$

$$\mathrm{Ker}(f) = \{\boldsymbol{x} \in \boldsymbol{R}^m \mid f(\boldsymbol{x}) = \boldsymbol{0}\}$$

さて，線形写像 f は $f(\boldsymbol{x}) = A\boldsymbol{x}$ で与えられているとする。

(1) 核 Ker(f) について：

まず核 Ker(f) は易しい。なぜならば，同次連立1次方程式 $A\boldsymbol{x} = \boldsymbol{0}$ を解けと言われているだけである。係数行列 A を階段行列に変形して終わり。

(2) 像 Im(f) について：

像 Im(f) はやや難しい。$f(\boldsymbol{x})$ がつくるベクトル空間を求めなければならない。

$\boldsymbol{R}^m$ の標準基底を $\{\boldsymbol{e}_1, \cdots, \boldsymbol{e}_m\}$ とする。

$$\boldsymbol{e}_1 = \begin{pmatrix} 1 \\ \vdots \\ 0 \end{pmatrix}, \ \cdots, \ \boldsymbol{e}_m = \begin{pmatrix} 0 \\ \vdots \\ 1 \end{pmatrix}$$

$\boldsymbol{x} = x_1\boldsymbol{e}_1 + \cdots + x_m\boldsymbol{e}_m$ とすると

$$f(\boldsymbol{x}) = f(x_1\boldsymbol{e}_1 + \cdots + x_m\boldsymbol{e}_m) = x_1 f(\boldsymbol{e}_1) + \cdots + x_m f(\boldsymbol{e}_m)$$

であるから，$\{f(\boldsymbol{e}_1), \cdots, f(\boldsymbol{e}_m)\}$ の1次関係を求めればよい。

ところで

$f(\boldsymbol{e}_1)$ は行列 A の1列目，$\cdots$，$f(\boldsymbol{e}_m)$ は行列 A の m 列目

であるから，$(f(\boldsymbol{e}_1), \cdots, f(\boldsymbol{e}_m)) = A$ であることが分かる。

したがって，$\{f(\boldsymbol{e}_1), \cdots, f(\boldsymbol{e}_m)\}$ の1次関係は行列 A を行基本変形してその階段行列を見ればただちに分かる。

こうして，$\{f(\boldsymbol{e}_1), \cdots, f(\boldsymbol{e}_m)\}$ によってつくられるベクトル空間，すなわち線形写像 f の像 Im(f) の基底が求まる。

一般の線形写像 $f: V \to W$ の場合も本質的に同じである。

第5章の過去問実践演習 ▶解答は p. 200

(B) 標準問題

[5B－01]　3次元数ベクトル空間を $\boldsymbol{R}^3$ とする。次の $\boldsymbol{R}^3$ のベクトル $\{\boldsymbol{a}_1,\ \boldsymbol{a}_2,\ \boldsymbol{a}_3\}$ から，グラム・シュミットの正規直交化法（シュミットの正規直交化法ともいう）により $\boldsymbol{R}^3$ の正規直交系 $\{\boldsymbol{u}_1,\ \boldsymbol{u}_2,\ \boldsymbol{u}_3\}$ を構成せよ。

$$\boldsymbol{a}_1=\begin{pmatrix}1\\1\\1\end{pmatrix},\ \boldsymbol{a}_2=\begin{pmatrix}1\\2\\3\end{pmatrix},\ \boldsymbol{a}_3=\begin{pmatrix}-2\\-1\\2\end{pmatrix}$$

〈名古屋工業大学〉

[5B－02]　$\boldsymbol{R}^4$ の部分集合

$$U=\left\{\begin{pmatrix}x_1\\x_2\\x_3\\x_4\end{pmatrix}\in\boldsymbol{R}^4\ \middle|\ x_1+x_2-x_4=0,\ x_3+2x_4=0\right\}$$

は $\boldsymbol{R}^4$ の部分ベクトル空間である。

(1)　部分ベクトル空間 U の次元を求めよ。

(2)　部分ベクトル空間 U の1組の基底を求め，それらが基底となっていることを示せ。

〈大阪府立大学〉

[5B－03]　$\boldsymbol{R}^4$ から $\boldsymbol{R}^3$ への線形写像（1次写像）

$$f\left(\begin{pmatrix}x_1\\x_2\\x_3\\x_4\end{pmatrix}\right)=\begin{pmatrix}x_1+x_2+x_4\\x_1+2x_2+x_3+x_4\\x_1-x_3+x_4\end{pmatrix}$$

について以下の問いに答えよ。

(1)　f の像空間 $\mathrm{Im}\,f=\{f(\boldsymbol{x})\in\boldsymbol{R}^3\,|\,\boldsymbol{x}\in\boldsymbol{R}^4\}$ の1組の基底を求めよ。

(2)　f の核空間 $\mathrm{Ker}\,f=\left\{\boldsymbol{x}\in\boldsymbol{R}^4\ \middle|\ f(\boldsymbol{x})=\begin{pmatrix}0\\0\\0\end{pmatrix}\right\}$ の1組の基底を求めよ。

〈大阪府立大学〉

[5B－04]　$\boldsymbol{R}^3$ のベクトル $\boldsymbol{e}_1$, $\boldsymbol{e}_2$, $\boldsymbol{e}_3$ を

$$\boldsymbol{e}_1=\begin{pmatrix}1\\0\\0\end{pmatrix},\quad \boldsymbol{e}_2=\begin{pmatrix}0\\1\\0\end{pmatrix},\quad \boldsymbol{e}_3=\begin{pmatrix}0\\0\\1\end{pmatrix}$$

とおく。T を $\boldsymbol{R}^3$ から $\boldsymbol{R}^3$ への線形写像とし,

$$T(\boldsymbol{e}_1)=\boldsymbol{e}_1+\boldsymbol{e}_2,\quad T(\boldsymbol{e}_2)=-2\boldsymbol{e}_2+\boldsymbol{e}_3,\quad T(\boldsymbol{e}_3)=\boldsymbol{e}_1+3\boldsymbol{e}_2-\boldsymbol{e}_3$$

を満たすとする。このとき，以下の問いに答えよ。

(1)　T を表す行列を求めよ。

(2)　$\mathrm{Ker}(T)$, $\mathrm{Im}(T)$ の基底と次元を求めよ。

〈神戸大学－海事科学部〉

[5B－05]　3次元実数空間 $\boldsymbol{R}^3$ の部分集合 U が，実数 a, b を用いて以下のように与えられているとする。このとき，実数 a, b がどのような条件を満たせば，U は $\boldsymbol{R}^3$ の部分空間になるか。

$$U=\left\{\boldsymbol{x}=\begin{pmatrix}x_1\\x_2\\x_3\end{pmatrix}\middle|\, ax_1+x_2+x_3=b\right\}$$

〈大阪府立大学〉

[5B－06]　$\{\boldsymbol{a},\ \boldsymbol{b},\ \boldsymbol{c}\}$ を3次元ベクトル空間 V の基底とし，f を次のような V の線形変換とする。このとき，以下の各問に答えよ。

$$f(\boldsymbol{a})=-\boldsymbol{a}-\boldsymbol{c},\quad f(\boldsymbol{b})=\boldsymbol{a},\quad f(\boldsymbol{c})=\boldsymbol{a}+\boldsymbol{b}+2\boldsymbol{c}$$

(1)　$\{\boldsymbol{a}+\boldsymbol{b}+\boldsymbol{c},\ \boldsymbol{a}+\boldsymbol{b},\ \boldsymbol{a}\}$ は V の基底であることを示せ。

(2)　V の基底 $\{\boldsymbol{a}+\boldsymbol{b}+\boldsymbol{c},\ \boldsymbol{a}+\boldsymbol{b},\ \boldsymbol{a}\}$ に関する f の表現行列 A を求めよ。

〈神戸大学－工学部〉

[5B−07]　$\boldsymbol{R}^3$ の基底 $\{\boldsymbol{e}_1,\ \boldsymbol{e}_2,\ \boldsymbol{e}_3\}$，行列 B を次のように定める。

$$\boldsymbol{e}_1=\begin{pmatrix}1\\0\\0\end{pmatrix},\ \boldsymbol{e}_2=\begin{pmatrix}0\\1\\0\end{pmatrix},\ \boldsymbol{e}_3=\begin{pmatrix}0\\0\\1\end{pmatrix},\ B=\begin{pmatrix}a&0&b\\0&2&0\\0&0&c\end{pmatrix}$$

φ を基底 $\{\boldsymbol{e}_1,\ \boldsymbol{e}_2,\ \boldsymbol{e}_3\}$ に関して B で表現される $\boldsymbol{R}^3$ 上の線形変換とするとき，以下の問に答えよ。

(1)　基底 $\{\boldsymbol{e}_1+\boldsymbol{e}_2,\ \boldsymbol{e}_2,\ \boldsymbol{e}_3\}$ に関する φ の表現行列を求めよ。

(2)　どの基底に関しても φ が B で表現されるときの $a,\ b,\ c$ の値を求めよ。

〈神戸大学−工学部〉

[5B−08]　x を実数とするとき，次の行列 A について以下の問いに答えよ。

$$A=\begin{pmatrix}x&1&1&1\\1&x&1&1\\1&1&x&1\\1&1&1&x\end{pmatrix}$$

(1)　A の行列式の値を求めよ。

(2)　$\vec{a}=\begin{pmatrix}x\\1\\1\\1\end{pmatrix},\ \vec{b}=\begin{pmatrix}1\\x\\1\\1\end{pmatrix},\ \vec{c}=\begin{pmatrix}1\\1\\x\\1\end{pmatrix},\ \vec{d}=\begin{pmatrix}1\\1\\1\\x\end{pmatrix}$

が線形独立であるかどうかを判定せよ。線形独立でない場合は，$\vec{a},\ \vec{b},\ \vec{c},\ \vec{d}$ の生成する $\boldsymbol{R}^4$ の部分空間の次元を求めよ。

〈名古屋大学−情報文化学部〉

(C) 発展問題

[5C－01] 集合

$$P=\left\{p(x)\ \middle|\ p(x)=\begin{vmatrix} x & -1 & 0 & 0 \\ 0 & x & -1 & 0 \\ 0 & 0 & x & -1 \\ a & b & c & d \end{vmatrix},\ a,\ b,\ c,\ d \text{ は実数}\right\}$$

および

$f(p(x))=p(x-1)$ で定義される写像 $f:P\to P$

について以下の問いに答えよ。

(1) P は3次以下の実係数多項式の集合を表す。上記の $p(x)$ を，行列式を展開して x の多項式の形に表せ。

(2) f が線形写像であることを示せ。

(3) 基底 $\{x^3,\ x^2,\ x,\ 1\}$ に関する f の表現行列を求めよ。

〈筑波大学〉

[5C－02] $A=\begin{pmatrix} 3 & 5 & 4 \\ 5 & 9 & 7 \\ -8 & -14 & -11 \end{pmatrix}$ とする。以下の問いに答えよ。

(1) A の行列式 $\det(A)$ と階数 $\mathrm{rank}(A)$ を求めよ。

(2) A^2 の行列式 $\det(A^2)$ と階数 $\mathrm{rank}(A^2)$ を求めよ。

(3) $T_A(\boldsymbol{x})=A(\boldsymbol{x})$ で定まる写像 $T_A:\boldsymbol{R}^3\to\boldsymbol{R}^3$ の像 $\mathrm{Im}\,T_A$ の次元を求めよ。

(4) $\mathrm{Im}\,T_A$ の基底で，次の条件を満たすものを構成せよ。

(条件) 1つめのベクトルだけが T_A の核 $\mathrm{Ker}\,T_A$ に属する。

〈電気通信大学〉

[5C－03] (1) a，b を実数とする。$\boldsymbol{R}^3$ から $\boldsymbol{R}^3$ への写像

$$f\begin{pmatrix} x \\ y \\ z \end{pmatrix}=\begin{pmatrix} 2x+y+z \\ x+y-3z \\ 3x+ay+bz \end{pmatrix}$$

は線形写像であることを示せ。

(2) f の像が2次元となるとき，a，b はどのような条件を満たすか答えよ。

〈東京工業大学〉

[5C－04]　次の3次正方行列 A, E に対して下記の問いに答えよ。

$$A=\begin{pmatrix}-1 & 1 & 1\\ 1 & 0 & -1\\ -2 & 1 & 2\end{pmatrix},\quad E=\begin{pmatrix}1 & 0 & 0\\ 0 & 1 & 0\\ 0 & 0 & 1\end{pmatrix}$$

(1)　$\det(xE-A)=(x-\lambda_1)^2(x-\lambda_2)$ と因数分解される。λ_1, λ_2 を求めよ。

(2)　$V_1=\{\boldsymbol{x}\in\boldsymbol{R}^3 \mid (A-\lambda_1E)\boldsymbol{x}=\boldsymbol{0}\}$, $V_2=\{\boldsymbol{x}\in\boldsymbol{R}^3 \mid (A-\lambda_2E)\boldsymbol{x}=\boldsymbol{0}\}$ とおく。V_1 の基底 $\boldsymbol{v}_1$ と V_2 の基底 $\boldsymbol{v}_2$ とを求めよ。

(3)　$(A-\lambda_1E)\boldsymbol{v}_3=\boldsymbol{v}_1$ となる $\boldsymbol{v}_3$ を1つ求めよ。

(4)　$\boldsymbol{v}_1$, $\boldsymbol{v}_2$, $\boldsymbol{v}_3$ は $\boldsymbol{R}^3$ の基底となる。線形写像 $T:\boldsymbol{R}^3\to\boldsymbol{R}^3$ を $T(\boldsymbol{x})=A\boldsymbol{x}$ で定めるとき，$\boldsymbol{v}_1$, $\boldsymbol{v}_2$, $\boldsymbol{v}_3$ に関する T の表現行列を求めよ。

〈電気通信大学〉

[5C－05]　ベクトル $\boldsymbol{a}=\begin{pmatrix}1\\1\\2\end{pmatrix}$, $\boldsymbol{b}=\begin{pmatrix}t+1\\1\\0\end{pmatrix}$, $\boldsymbol{c}=\begin{pmatrix}0\\t+1\\2\end{pmatrix}$ と，$\boldsymbol{a}$, $\boldsymbol{b}$, $\boldsymbol{c}$ をそれぞれ位置ベクトルとする3点A, B, Cを考える。ただし，t は実数である。以下の設問に答えよ。

(1)　$\boldsymbol{a}$, $\boldsymbol{b}$, $\boldsymbol{c}$ は，t の値によらず常に1次独立であることを示せ。

(2)　外積 $(\boldsymbol{b}-\boldsymbol{a})\times(\boldsymbol{c}-\boldsymbol{a})$ を計算せよ。

(3)　3点A, B, Cを通る平面 π の方程式を求めよ。

(4)　実数 t が変化するとき，平面 π が通らない点の集合を求めよ。

〈筑波大学〉

[5C－06]　次の問いに答えよ。

(1)　空間 $\boldsymbol{R}^3=\{(x,\ y,\ z) \mid x,\ y,\ z\in\boldsymbol{R}\}$ 内の平面 $H=\{x+y+z=0\}$ の正規直交基底を一組求めよ。

(2)　写像 $f:\boldsymbol{R}^3\to\boldsymbol{R}^3$ を，
「ベクトル $v\in\boldsymbol{R}^3$ に対して，(1)の平面 H への v の正射影を対応させる」線形写像とする。f を与える行列 A を求めよ。

(3)　A の固有値をすべて求めよ。

〈東京工業大学〉

[5C－07]　次の問いに答えよ。

(1)　A および B を n 次実対称行列とする。n 次元ベクトル $\boldsymbol{x}$ についての方程式 $\lambda A\boldsymbol{x}=B\boldsymbol{x}$ が実数 $\lambda=\lambda_1, \lambda_2, \cdots, \lambda_n$ のときに $\boldsymbol{x}\neq\boldsymbol{0}$ である解をもつとする。λ_i ($i=1, 2, 3, \cdots, n$) に対応する解を $\boldsymbol{x}_i$ とする。$\lambda_i\neq\lambda_j$ のとき，${}^t\boldsymbol{x}_i A\boldsymbol{x}_j=0$ となることを示せ。ただし，${}^t\boldsymbol{x}$ は $\boldsymbol{x}$ の転置を表す。

(2)　$A=\begin{pmatrix} 2 & 1 \\ 1 & 1 \end{pmatrix}$, $B=\begin{pmatrix} 2 & 0 \\ 0 & 1 \end{pmatrix}$ であるとき，上の方程式が $\boldsymbol{x}\neq\boldsymbol{0}$ であるような解をもつ λ_1, λ_2 と，それに対応する解 $\boldsymbol{x}_1$, $\boldsymbol{x}_2$ を1つずつ求めよ。

〈大阪大学－工学部〉

[5C－08]　3次元実ベクトル空間 $\boldsymbol{R}^3$ において，平面 $P: x-y+z+1=0$ と直線 $L: 2(x-1)=-y=-z$ を考える。

(1)　平面を張る2つの線形独立（一次独立）なベクトル $\boldsymbol{a}_1$, $\boldsymbol{a}_2$, 直線を張るベクトル $\boldsymbol{a}_3$ を求めよ。

(2)　任意の点を直線 L と平行に平面 P 上へ射影する線形変換を表す行列 A を求めよ。

(3)　任意の点を平面 P と平行に直線 L 上へ射影する線形変換を表す行列 B を求めよ。

〈筑波大学〉

[5C－09]　直交座標系 (x, y, z) において，点O, A, B, C, Dの座標がそれぞれ O(0, 0, 0), A(2, 2, －4), B(3, 5, －2), C(5, 1, －3), D(0, 0, －6) で与えられているものとする。このとき，以下の問いに答えよ。

(1)　線分 OA, OB, OC を隣り合う3辺とする平行六面体の体積 V を求めよ。

(2)　3点A, B, Cを通る平面 P の方程式を求めよ。

(3)　(2)で求めた平面 P を接平面とし，2点O, Dを通る球の方程式を求めよ。

(4)　点Aを x 軸の回りに回転した後，平面 $Q: \sqrt{2}x+y+3z=2$ に直交する方向へ移動することにより，点Oに移すことを考える。この場合の x 軸回りの回転角 θ $(0\leqq\theta<2\pi)$ と平面 Q に直交する方向の移動量 L を求めよ。

〈東北大学－工学部〉

[5C－10]　有限次元の実ベクトル空間について，次の問いに答えよ。

(1)　ベクトル空間の次元の定義を述べよ。

(2)　V をベクトル空間，W を V の部分空間とする。V と W の次元が等しいならば，$W=V$ であることを証明せよ。

〈大阪府立大学〉

[5C－11]　行列 $B=\begin{pmatrix} 1 & -4 \\ 4 & 1 \end{pmatrix}$ で表される線形変換がある。

(1)　この変換で，円 $x^2+y^2=1$ がどのような図形に写されるか，を示せ。

(2)　変換により円の面積は何倍になるか，その値を求めよ。

〈名古屋大学－工学部〉

[5C－12]　3次元空間において，下図に示す平面 S とベクトル $\boldsymbol{x}$ を考える。平面 S は原点Oを通り，その法線ベクトルは $\boldsymbol{a}(\neq\boldsymbol{0})$ である。また $\boldsymbol{x}$ は原点Oを始点とする任意のベクトルである。以下の問いに答えよ。ベクトル $\boldsymbol{x}$, $\boldsymbol{y}$ の内積を $\boldsymbol{x}\cdot\boldsymbol{y}$ と表すこと。

(1)　$\boldsymbol{x}$ の $\boldsymbol{a}$ への正射影を $\boldsymbol{x}'$ とする。$\boldsymbol{x}'$ を $\boldsymbol{a}$, $\boldsymbol{x}$ を用いて表せ。

(2)　$\boldsymbol{x}$ の平面 S に関する折り返しを表すベクトルを $\boldsymbol{x}''$ とする。$\boldsymbol{x}''$ を $\boldsymbol{a}$, $\boldsymbol{x}$ を用いて表せ。

(3)　(2)において，$\boldsymbol{x}$ に $\boldsymbol{x}''$ を対応させる写像は線形写像である。いま，

$$\boldsymbol{a}=\begin{pmatrix} 1 \\ 1 \\ 1 \end{pmatrix},\ \boldsymbol{x}=\begin{pmatrix} x \\ y \\ z \end{pmatrix},\ \boldsymbol{x}''=\begin{pmatrix} x'' \\ y'' \\ z'' \end{pmatrix}$$

とおいた場合に，この線形写像を表す行列を求めよ。

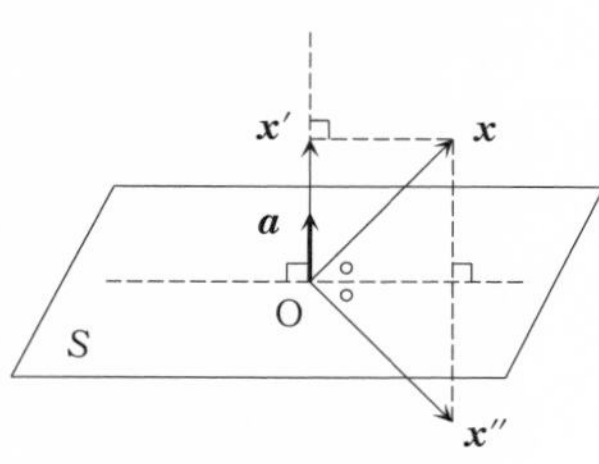

〈筑波大学〉

[5C－13]　行列 $\begin{pmatrix} 1-t & t \\ -t & 1+t \end{pmatrix}$ が表す平面上の１次変換を f とする。点 P，Q，R，S をそれぞれ（1，0），（0，1），（−1，0），（0，−1），さらに円 $C:x^2+y^2=\dfrac{1}{2}$ とし，円 C が f によって移される図形を C' とおく。次の問いに答えよ。

(1)　$t=\dfrac{1}{2}$ のとき f によって四角形 PQRS はどのような図形に移されるか。

(2)　(1)で求めた図形との位置関係に注意して，$t=\dfrac{1}{2}$ のときの図形 C' の概形を描け。

(3)　t がすべての実数を動くとき C' が通過し得る点（x，y）の集合を求めよ。

〈大阪大学－基礎工学部〉

[5C－14]　次の連立１次方程式について，以下の各問に答えよ。

$$\begin{cases} 3x+2y+z-w=0 \\ x+y-2z+w=0 \end{cases} \quad \cdots\cdots(*)$$

(1)　連立１次方程式（＊）の解を求め，その解ベクトルが張る空間（解空間）W の基底と次元を求めよ。

(2)　(1)で求めた解空間 W に属するすべてのベクトルに直交するベクトル全体を，W の（$\boldsymbol{R}^4$ における）直交補空間といい，$W^{\perp}$ で表す。$\boldsymbol{R}^4$ の部分空間

$$U=\left\{ \begin{pmatrix} x \\ y \\ z \\ w \end{pmatrix} \middle| \, x+y+z+w=0 \right\}$$

と $W^{\perp}$ の共通部分空間 $U\cap W^{\perp}$ の基底を求めよ。

〈神戸大学－発達科学部〉

[5C－15]　$\boldsymbol{a}_1$，$\boldsymbol{a}_2$，$\boldsymbol{a}_3$，$\boldsymbol{a}_4$ は $\boldsymbol{R}^3$ のベクトルとする。ただし，$\boldsymbol{a}_1$，$\boldsymbol{a}_2$，$\boldsymbol{a}_3$ は１次独立とする。さらに，$\boldsymbol{a}_j$，$j=1$，…，4 はすべて，原点を通るある平面で $\boldsymbol{R}^3$ を２つの半空間（境界面を含む）に分割するとき，片方の半空間にだけあると仮定する。

F を $\boldsymbol{R}^3$ の１次変換（線形変換）で

$$F(\boldsymbol{a}_k)=\boldsymbol{a}_{k+1}\ (k=1,\ 2,\ 3),\ F(\boldsymbol{a}_4)=\boldsymbol{a}_1$$

を満たすとする。このとき，F の $\boldsymbol{a}_k$，$k=1$，2，3 に関する行列表示を求めよ。

〈京都大学－工学部〉

第6章

固有値とその応用

例題 1 （固有値・固有ベクトル）

行列 $A=\begin{pmatrix} 2 & a & -1 \\ a & 2 & b \\ -1 & b & 2 \end{pmatrix}$ が固有ベクトル $\begin{pmatrix} 1 \\ 2 \\ 1 \end{pmatrix}$ をもつとする。

次の各問に答えよ。

(1) 成分 a，b の値を求めよ。

(2) A の固有値をすべて求めよ。 〈京都工芸繊維大学〉

解答 (1) 行列 $A=\begin{pmatrix} 2 & a & -1 \\ a & 2 & b \\ -1 & b & 2 \end{pmatrix}$

が固有ベクトル $\begin{pmatrix} 1 \\ 2 \\ 1 \end{pmatrix}$ をもつことより

$$\begin{pmatrix} 2 & a & -1 \\ a & 2 & b \\ -1 & b & 2 \end{pmatrix}\begin{pmatrix} 1 \\ 2 \\ 1 \end{pmatrix}=\lambda\begin{pmatrix} 1 \\ 2 \\ 1 \end{pmatrix}$$

$$\therefore \quad \begin{pmatrix} 2a+1 \\ a+b+4 \\ 2b+1 \end{pmatrix}=\begin{pmatrix} \lambda \\ 2\lambda \\ \lambda \end{pmatrix}$$

$$\therefore \quad \begin{cases} 2a+1=\lambda \\ a+b+4=2\lambda \\ 2b+1=\lambda \end{cases}$$

これを解くと

$a=b=1$，$\lambda=3$

よって，$a=1$，$b=1$ ……〔答〕

❖アドバイス❖

⬅ 固有値・固有ベクトルの定義 → ワンポイント解説参照

(2) $|A-tE|=\begin{vmatrix} 2-t & 1 & -1 \\ 1 & 2-t & 1 \\ -1 & 1 & 2-t \end{vmatrix}$

$=(2-t)^3+(-1)+(-1)-(2-t)-(2-t)-(2-t)$

$=(2-t)^3+3t-8$

$=-t^3+6t^2-9t=-t(t-3)^2$

よって，求める固有値は

3（重解），0 ……〔答〕

◉ワンポイント解説（固有値・固有ベクトル）◉

正方行列 A に対して

$$A\boldsymbol{x}=\lambda\boldsymbol{x}\ (\boldsymbol{x}\fallingdotseq\boldsymbol{0})$$

が成り立つとき，λ を A の固有値，$\boldsymbol{x}$（$\fallingdotseq\boldsymbol{0}$）を固有値 λ に対する固有ベクトルという。

それでは固有値，固有ベクトルの図形的な意味は何だろうか？

線形変換 $f(\boldsymbol{x})=A\boldsymbol{x}$ を考えよう。λ を A の固有値，$\boldsymbol{x}$ を固有値 λ に対する固有ベクトルとする。特に，λ は 0 でない実数の固有値とし，$\boldsymbol{x}$ を実ベクトルの固有ベクトルとする。このとき，$f(\boldsymbol{x})=A\boldsymbol{x}=\lambda\boldsymbol{x}$ は次のことを意味している。

「固有ベクトル $\boldsymbol{x}$ は線形変換 f によってその方向を変えない。」

たとえば，$\boldsymbol{x}$ を方向ベクトルとする原点を通る直線はこの線形変換で全く動かないことが分かる。

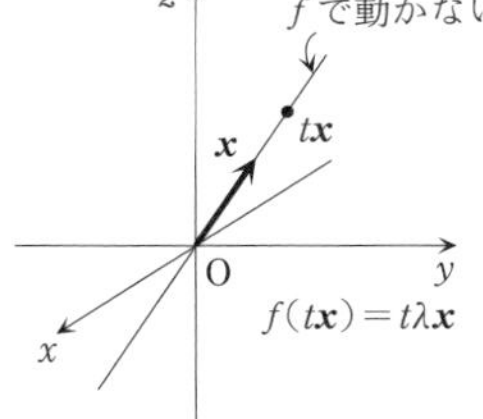

虚数の固有値とその固有ベクトルはさてどう解釈すればよいのやら。

最後に，固有値・固有ベクトルの求め方を簡単に復習しておきましょう。

(1) 固有値の求め方：

$A\boldsymbol{x}=\lambda\boldsymbol{x}$（$\boldsymbol{x}\fallingdotseq 0$）より，$(A-\lambda E)\boldsymbol{x}=\boldsymbol{0}$ であり，この同次連立 1 次方程式が非自明な解をもつための必要十分条件は $|A-\lambda E|=0$ である。すなわち，固有値 λ は固有方程式 $|A-tE|=0$ を解けば求まる。

(2) 固有ベクトルの求め方：

固有値 λ に対する固有ベクトルは同次連立 1 次方程式 $(A-\lambda E)\boldsymbol{x}=\boldsymbol{0}$ の非自明な解のことであるから，係数行列 $A-\lambda E$ を行基本変形すれば求められる。

例題 2 （行列の対角化）

a を実数とする。行列 A を

$$A=\begin{pmatrix} 2 & 2a-6 & -a+3 \\ 0 & 5 & -3 \\ 0 & 6 & -4 \end{pmatrix}$$

とするとき，以下の各問に答えよ。

(1) A の固有値を求めよ。

(2) A の各固有値に対する固有空間の基底をそれぞれ求めよ。

(3) A が対角化可能であるための a の条件を求めよ。〈神戸大学－工学部〉

❖アドバイス❖

解答 (1) $|A-tE|=\begin{vmatrix} 2-t & 2a-6 & -a+3 \\ 0 & 5-t & -3 \\ 0 & 6 & -4-t \end{vmatrix}$

$=\cdots=-(t-2)^2(t+1)$

よって，固有値は，2 (重解)，-1 ……〔答〕

(2) (i) 固有値 2 (重解) の固有空間

$A-2E$

$$=\begin{pmatrix} 0 & 2a-6 & -a+3 \\ 0 & 3 & -3 \\ 0 & 6 & -6 \end{pmatrix} \to \cdots \to \begin{pmatrix} 0 & 1 & -1 \\ 0 & 0 & a-3 \\ 0 & 0 & 0 \end{pmatrix}$$

……(＊)

← 固有値 λ に対する固有空間とは，固有値 λ に対する固有ベクトルの全体に零ベクトルを加えてできるベクトル空間のことである。

(ア) $a=3$ のとき

$$(*)=\begin{pmatrix} 0 & 1 & -1 \\ 0 & 0 & 0 \\ 0 & 0 & 0 \end{pmatrix}$$

$\therefore\ \ y-z=0$

$$\therefore\ \ \begin{pmatrix} x \\ y \\ z \end{pmatrix}=\begin{pmatrix} s \\ t \\ t \end{pmatrix}=s\begin{pmatrix} 1 \\ 0 \\ 0 \end{pmatrix}+t\begin{pmatrix} 0 \\ 1 \\ 1 \end{pmatrix}$$

したがって，求める固有空間の基底は

$$\left\{\begin{pmatrix} 1 \\ 0 \\ 0 \end{pmatrix}, \begin{pmatrix} 0 \\ 1 \\ 1 \end{pmatrix}\right\}$$ ……〔答〕

(イ) $a \neq 3$ のとき

$$(*)=\begin{pmatrix}0&1&-1\\0&0&a-3\\0&0&0\end{pmatrix}\to\begin{pmatrix}0&1&-1\\0&0&1\\0&0&0\end{pmatrix}$$

$$\to\begin{pmatrix}0&1&0\\0&0&1\\0&0&0\end{pmatrix}$$

$$\therefore\ \begin{cases}y=0\\z=0\end{cases}$$

$$\therefore\ \begin{pmatrix}x\\y\\z\end{pmatrix}=\begin{pmatrix}s\\0\\0\end{pmatrix}=s\begin{pmatrix}1\\0\\0\end{pmatrix}$$

したがって，求める固有空間の基底は

$$\left\{\begin{pmatrix}1\\0\\0\end{pmatrix}\right\}$$ ……〔答〕

（ii） 固有値 -1 の固有空間

$$A-(-1)E=\begin{pmatrix}3&2a-6&-a+3\\0&6&-3\\0&6&-3\end{pmatrix}\to\cdots$$

$$\to\begin{pmatrix}1&0&0\\0&1&-\frac{1}{2}\\0&0&0\end{pmatrix}\quad\therefore\ \begin{cases}x=0\\y-\frac{1}{2}z=0\end{cases}$$

$$\therefore\ \begin{pmatrix}x\\y\\z\end{pmatrix}=\begin{pmatrix}0\\u\\2u\end{pmatrix}=u\begin{pmatrix}0\\1\\2\end{pmatrix}$$

したがって，求める固有空間の基底は

$$\left\{\begin{pmatrix}0\\1\\2\end{pmatrix}\right\}$$ ……〔答〕

(3) A が対角化可能であるための条件は，1次独立な3つの固有ベクトルが存在することである。

したがって，(2)の結果より，求める a の条件は

$a=3$ ……〔答〕

例題 3　**（行列の n 乗）**

2次の正方行列 A を

$$A=\begin{pmatrix} p & 1-p \\ 1-q & q \end{pmatrix} \quad (0<p<1,\ 0<q<1)$$

とする。このとき，以下の問いに答えよ。

(1)　A の固有値をすべて求め，それぞれの固有値に対する固有ベクトルを求めよ。

(2)　A を対角化せよ。

(3)　A^n を求めよ。　〈北海道大学－工学部〉

❖アドバイス❖

解答　(1)　$|A-tE|=\begin{vmatrix} p-t & 1-p \\ 1-q & q-t \end{vmatrix}$

$=(p-t)(q-t)-(1-p)(1-q)$

$=t^2-(p+q)t+pq-(pq-p-q+1)$

$=t^2-(p+q)t+p+q-1$

$=(t-1)\{t-(p+q-1)\}$

求める固有値は，1，$p+q-1$　……〔答〕

ここで，$0<p<1$，$0<q<1$ より，$p+q-1<1$

次に固有ベクトルを求める。

（i）　固有値1に対する固有ベクトル

$0<p<1$，$0<q<1$ に注意して

$$A-E=\begin{pmatrix} p-1 & 1-p \\ 1-q & q-1 \end{pmatrix} \to \begin{pmatrix} 1 & -1 \\ 0 & 0 \end{pmatrix}$$

$\therefore \quad x-y=0$

よって，求める固有ベクトルは

$$\begin{pmatrix} x \\ y \end{pmatrix}=\begin{pmatrix} a \\ a \end{pmatrix}=a\begin{pmatrix} 1 \\ 1 \end{pmatrix} \quad (a\neq 0)$$　……〔答〕

（ii）　固有値 $p+q-1$ に対する固有ベクトル

$A-(p+q-1)E$

$$=\begin{pmatrix} p-(p+q-1) & 1-p \\ 1-q & q-(p+q-1) \end{pmatrix}$$

$$\to \begin{pmatrix} 1-q & 1-p \\ 0 & 0 \end{pmatrix}$$

$\therefore \quad (1-q)x+(1-p)y=0$

よって，求める固有ベクトルは

$$\begin{pmatrix} x \\ y \end{pmatrix} = \begin{pmatrix} -(1-p)b \\ (1-q)b \end{pmatrix}$$

$$= b\begin{pmatrix} -(1-p) \\ 1-q \end{pmatrix} \quad (b \neq 0) \quad \cdots\cdots〔答〕$$

(2) (1)より

$$P = \begin{pmatrix} 1 & -(1-p) \\ 1 & 1-q \end{pmatrix}$$

とおくと，P は正則行列で

$$P^{-1}AP = \begin{pmatrix} 1 & 0 \\ 0 & p+q-1 \end{pmatrix} \quad \cdots\cdots〔答〕$$

(3) (2)より

$$(P^{-1}AP)^n = \begin{pmatrix} 1 & 0 \\ 0 & p+q-1 \end{pmatrix}^n$$

$$P^{-1}A^nP = \begin{pmatrix} 1 & 0 \\ 0 & (p+q-1)^n \end{pmatrix}$$

$$\therefore \quad A^n = P\begin{pmatrix} 1 & 0 \\ 0 & (p+q-1)^n \end{pmatrix}P^{-1}$$

ここで

$$P^{-1} = \frac{1}{2-p-q}\begin{pmatrix} 1-q & 1-p \\ -1 & 1 \end{pmatrix}$$

であるから，$\alpha = p+q-1$ として

$$A^n = P\begin{pmatrix} 1 & 0 \\ 0 & \alpha^n \end{pmatrix}P^{-1}$$

$$= \begin{pmatrix} 1 & -(1-p) \\ 1 & 1-q \end{pmatrix}\begin{pmatrix} 1 & 0 \\ 0 & \alpha^n \end{pmatrix}\frac{1}{2-p-q}\begin{pmatrix} 1-q & 1-p \\ -1 & 1 \end{pmatrix}$$

$$= \frac{1}{2-p-q}\begin{pmatrix} 1 & -(1-p) \\ 1 & 1-q \end{pmatrix}\begin{pmatrix} 1 & 0 \\ 0 & \alpha^n \end{pmatrix}\begin{pmatrix} 1-q & 1-p \\ -1 & 1 \end{pmatrix}$$

$$= \frac{1}{2-p-q}\begin{pmatrix} 1 & -(1-p)\alpha^n \\ 1 & (1-q)\alpha^n \end{pmatrix}\begin{pmatrix} 1-q & 1-p \\ -1 & 1 \end{pmatrix}$$

$$= \frac{1}{2-p-q}\begin{pmatrix} 1-q+(1-p)\alpha^n & 1-p-(1-p)\alpha^n \\ 1-q-(1-q)\alpha^n & 1-p+(1-q)\alpha^n \end{pmatrix}$$

$\cdots\cdots$〔答〕

← $\begin{pmatrix} \alpha & 0 \\ 0 & \beta \end{pmatrix}^n = \begin{pmatrix} \alpha^n & 0 \\ 0 & \beta^n \end{pmatrix}$

また

$(P^{-1}AP)^n$

$= \underbrace{P^{-1}AP}_{①}\ \underbrace{P^{-1}AP}_{②} \cdots \underbrace{P^{-1}AP}_{ⓝ}$

$= P^{-1}\underbrace{AA\cdots A}_{n\text{個}}P$

$= P^{-1}A^nP$

集中ゼミ　対称行列の固有値・固有ベクトル

実対称行列の場合，固有値・固有ベクトルはいくつかの特別の性質を満たす。これについて調べてみよう。

［定理］　実対称行列の固有値はすべて実数値である。

（証明）　実対称行列 A の固有値を λ，固有値 λ に対する固有ベクトルを $\boldsymbol{x}$ とする。すなわち

$$A\boldsymbol{x}=\lambda\boldsymbol{x}\quad(\boldsymbol{x}\neq\boldsymbol{0})$$

この両辺の共役複素数を考えると

$$A\overline{\boldsymbol{x}}=\overline{\lambda}\overline{\boldsymbol{x}}\quad（\because\ A\text{ は実行列だから }\overline{A}=A）$$

さて

$$\overline{\lambda}\,{}^t\overline{\boldsymbol{x}}\boldsymbol{x}={}^t(\overline{\lambda}\overline{\boldsymbol{x}})\boldsymbol{x}={}^t(A\overline{\boldsymbol{x}})\boldsymbol{x}={}^t\overline{\boldsymbol{x}}\,{}^tA\boldsymbol{x}={}^t\overline{\boldsymbol{x}}A\boldsymbol{x}={}^t\overline{\boldsymbol{x}}(\lambda\boldsymbol{x})=\lambda\,{}^t\overline{\boldsymbol{x}}\boldsymbol{x}$$

であるから

$$\overline{\lambda}\,{}^t\overline{\boldsymbol{x}}\boldsymbol{x}=\lambda\,{}^t\overline{\boldsymbol{x}}\boldsymbol{x}\quad\cdots\cdots①$$

ここで

$$\boldsymbol{x}=\begin{pmatrix}x_1\\ \vdots\\ x_n\end{pmatrix}$$

とおくと，$\boldsymbol{x}\neq\boldsymbol{0}$ より

$${}^t\overline{\boldsymbol{x}}\boldsymbol{x}=(\overline{x}_1\quad\cdots\quad\overline{x}_n)\begin{pmatrix}x_1\\ \vdots\\ x_n\end{pmatrix}=\overline{x}_1x_1+\cdots+\overline{x}_nx_n=|x_1|^2+\cdots+|x_n|^2\neq0$$

よって，①の両辺を ${}^t\overline{\boldsymbol{x}}\boldsymbol{x}$ で割ることができて，$\overline{\lambda}=\lambda$
すなわち λ は実数である。　　　　　　　　　　　　　　　　（証明終わり）

（注）　λ に対する固有ベクトル $\boldsymbol{x}$ は

$$A\boldsymbol{x}=\lambda\boldsymbol{x}\quad\text{すなわち，同次連立 1 次方程式：}(A-\lambda E)\boldsymbol{x}=\boldsymbol{0}$$

の非自明な解であり，λ が実数であることから固有ベクトルも実ベクトルの範囲で考えることができる。

［定理］ 実対称行列の異なる固有値に対する固有ベクトルは，互いに直交する。

（証明） 実対称行列 A の異なる固有値を λ，μ とし，固有値 λ，μ に対する固有ベクトルをそれぞれ $\boldsymbol{x}$，$\boldsymbol{y}$ とする。
$\boldsymbol{x}$，$\boldsymbol{y}$ の内積を $(\boldsymbol{x}, \boldsymbol{y})$ で表す。すなわち，$(\boldsymbol{x}, \boldsymbol{y})={}^t\boldsymbol{x}\boldsymbol{y}$
さて

$$\begin{aligned}\lambda(\boldsymbol{x}, \boldsymbol{y})&=(\lambda\boldsymbol{x}, \boldsymbol{y})=(A\boldsymbol{x}, \boldsymbol{y})={}^t(A\boldsymbol{x})\boldsymbol{y}={}^t\boldsymbol{x}\,{}^tA\boldsymbol{y}={}^t\boldsymbol{x}(A\boldsymbol{y})\\&=(\boldsymbol{x}, A\boldsymbol{y})=(\boldsymbol{x}, \mu\boldsymbol{y})=\mu(\boldsymbol{x}, \boldsymbol{y})\end{aligned}$$

であるから，$(\lambda-\mu)(\boldsymbol{x}, \boldsymbol{y})=0$
ここで，$\lambda-\mu\fallingdotseq 0$ であるから，$(\boldsymbol{x}, \boldsymbol{y})=0$
すなわち，$\boldsymbol{x}$ と $\boldsymbol{y}$ は互いに直交する。（証明終わり）

実対称行列についてはさらに次が成り立つ。

［定理］ 実対称行列はつねに適当な直交行列で対角化可能である。

（証明） ここでは次の命題を認めて証明することにする。
命題：実正方行列 A の固有値がすべて実数ならば，A は適当な直交行列 P で次のように三角化できる。

$$P^{-1}AP={}^tPAP=\begin{pmatrix}\lambda_1 & & * \\ & \ddots & \\ O & & \lambda_n\end{pmatrix}\quad(\lambda_1,\ \cdots,\ \lambda_n \text{ は } A \text{ の固有値})$$

よって，実対称行列 A は固有値がすべて実数であるから

$$P^{-1}AP={}^tPAP=\begin{pmatrix}\lambda_1 & & * \\ & \ddots & \\ O & & \lambda_n\end{pmatrix}$$

と三角化され

$${}^t(P^{-1}AP)={}^t({}^tPAP)={}^tP\,{}^tA\,{}^t({}^tP)={}^tPAP=P^{-1}AP$$

より，これは対称行列であることが分かる。したがって

$$P^{-1}AP={}^tPAP=\begin{pmatrix}\lambda_1 & & O \\ & \ddots & \\ O & & \lambda_n\end{pmatrix}$$

と対角化される。（証明終わり）

第 6 章の過去問実践演習 ▶解答は p. 216

(A) 基本問題

[6A－01]　行列 A を以下のように定める。

$$A=\begin{pmatrix} 2 & 0 & 2 \\ 0 & 1 & 0 \\ 2 & 0 & 2 \end{pmatrix}$$

(1)　A の固有値を求めよ。

(2)　各固有値に属する A の固有ベクトルを 1 つずつ求めよ。

〈神戸大学－工学部〉

[6A－02]　行列 $A=\begin{pmatrix} 1 & 2 \\ 2 & -2 \end{pmatrix}$ について答えよ。

(1)　固有値を求めよ。

(2)　各固有値に対応する長さ 1 の固有ベクトルを求めよ。

(3)　直交行列 P を求めて ${}^tPAP$ を対角行列にせよ。ここで，${}^tP$ は P の転置行列を表す。

〈徳島大学－工学部〉

[6A－03]　行列 A を次のように定義する。

$$A=\begin{pmatrix} 1 & 0 & -1 \\ 0 & -1 & 0 \\ -1 & 0 & 1 \end{pmatrix}$$

このとき，次の問いに答えよ。

(1)　行列 A の固有値を求めよ。

(2)　問い(1)で求めた固有値に対応する行列 A の長さ 1 の固有ベクトルを，それぞれ求めよ。

(3)　問い(1)と問い(2)の結果を使って，行列 A を対角化せよ。

(4)　行列 A の n 乗，A^n を求めよ。ただし，n は自然数とする。

〈大阪府立大学〉

[6A－04] 行列 $A=\begin{pmatrix} -1 & 2 & 0 \\ 0 & -1 & 1 \\ a & 0 & 2 \end{pmatrix}$ について次の各問に答えよ。ただし，a は定数である。

(1) A の行列式の値が -2 となるように定数 a を定めよ。

(2) (1)で得られた定数 a の値に対して，A の固有値とその固有ベクトルをすべて求めよ。

〈京都工芸繊維大学〉

[6A－05] 次の行列 A について答えよ。

$$A=\begin{pmatrix} 1 & -2 & 0 \\ -2 & 1 & 0 \\ 0 & 0 & 4 \end{pmatrix}$$

(1) A の固有値と固有ベクトルを求めよ。

(2) 固有ベクトルを用いて A を対角化せよ。

〈千葉大学－工学部〉

[6A－06] $A=\begin{pmatrix} -1 & -5 & -1 \\ 2 & 4 & 0 \\ -4 & -8 & 0 \end{pmatrix}$ とおく。

(1) A の固有値と固有ベクトルを求め，A を対角化せよ。

(2) A^n を求めよ。

〈東京工業大学〉

[6A－07] 次の3次実正方行列 A について，以下の問いに答えよ。

$$A=\begin{pmatrix} 1 & 0 & 1 \\ 0 & 1 & 2 \\ 2 & 2 & 0 \end{pmatrix}$$

(1) A の固有値を求めよ。

(2) A のそれぞれの固有値に対する固有ベクトルを求めよ。

(3) A を対角化する行列 P を求め，A の対角化 $P^{-1}AP$ を求めよ。

〈北海道大学－工学部〉

[6A－08]　行列 C を $C=\begin{pmatrix} 3 & 1 & 1 \\ 1 & 2 & 0 \\ 1 & 0 & 2 \end{pmatrix}$ とするとき，以下の問いに答えよ。

(1)　C の固有値および固有ベクトルを求めよ。

(2)　行列 $D=P^{-1}CP$ が対角行列となるような行列 P を求めよ。

(3)　行列 C^n を求めよ。

〈首都大学東京〉

[6A－09]　対称行列 A を $A=\begin{pmatrix} 2 & 1 & 1 \\ 1 & 2 & 1 \\ 1 & 1 & 2 \end{pmatrix}$ と定義する。以下の問いに答えよ。

(1)　A の固有値と固有ベクトルを求めよ。

(2)　適当な直交行列 P を求めて，行列 A を対角化せよ。

〈広島大学〉

(B) 標準問題

[6B－01]　以下の問いに答えよ。

(1)　$A^2=\begin{pmatrix} 1 & 0 \\ 0 & 1 \end{pmatrix}$ を満たす実行列 $A=\begin{pmatrix} a & 0 \\ c & d \end{pmatrix}$ をすべて求めよ。

(2)　実行列 $B=\begin{pmatrix} 4 & 2 \\ -3 & -1 \end{pmatrix}$，$E=\begin{pmatrix} 1 & 0 \\ 0 & 1 \end{pmatrix}$ に対し，

$$C=2B^4-5B^3-B^2+9B-2E$$

とする。C の固有値を求めよ。

〈名古屋大学－工学部〉

[6B－02]　行列 $A=\begin{pmatrix} -1 & -1 & a \\ 2 & 1 & -1 \\ a^2 & 2 & 1 \end{pmatrix}$ が固有ベクトル $\begin{pmatrix} 1 \\ 0 \\ 2 \end{pmatrix}$ をもつような a の値を求めよ。また，このとき行列 A のすべての固有値および A の行列式の値を求めよ。

〈京都工芸繊維大学〉

[6B－03] 行列 $A=\begin{pmatrix} 3 & 3 & 3 \\ 3 & 3 & 3 \\ 3 & 3 & 3 \end{pmatrix}$ とするとき，次の各問いに答えよ。

(1) A の固有値を求めよ。

(2) A が対角化可能か否か，理由を述べて答えよ。また対角化可能ならば，対角化せよ。

〈神戸大学－工学部〉

[6B－04] 行列 $A=\begin{pmatrix} 1 & 2 & 3 \\ 0 & 2 & 3 \\ 0 & 0 & 3 \end{pmatrix}$ について次の問いに答えよ。

(1) A の逆行列を求めよ。

(2) A の固有値と対応する固有ベクトルを求めよ。ただし，固有ベクトルは正規化したもの（大きさが 1 のもの）を示せ。

(3) A を対称行列と交代行列の和で表せ。なお，行列 X の転置行列を X^t としたとき，$X^t=X$ を満たすものを対称行列，$X^t=-X$ を満たすものを交代行列という。

〈名古屋大学－工学部〉

[6B－05] 次の 2 次形式について，以下の問いに答えよ。

$$f(x,\ y)=2x^2-2xy+2y^2$$

(1) $f(x,\ y)$ は 2 次の実対称行列 A とベクトル $\boldsymbol{x}=\begin{pmatrix} x \\ y \end{pmatrix}$ を用いて，次のように書き直すことができる。

$$f(x,\ y)=F(\boldsymbol{x})=\boldsymbol{x}^T A\boldsymbol{x}$$

A を求めよ。ここで，$\boldsymbol{x}^T$ は $\boldsymbol{x}$ の転置を表す。

(2) A の固有値と固有ベクトルを求めよ。次に，2 次曲線 $f(x,\ y)=1$ を，固有ベクトルの方向を新しい座標軸とする座標系 O–X，Y で表し，その概形を示せ。

〈千葉大学－工学部〉

[6B－06] $a+b\neq 2$ のとき，$A=\begin{pmatrix} a & 1-a \\ 1-b & b \end{pmatrix}$ を対角化し，A^n を求めよ。

〈名古屋大学－情報文化学部〉

[6B－07]　次の行列 A と，その列ベクトルについて，以下の各問に答えよ。

$$A=\begin{pmatrix} -2a+3 & a-3 & 6 \\ 2 & -2a-2 & a+4 \\ -1 & a+1 & 2a-2 \end{pmatrix},$$

$$\boldsymbol{a}_1=\begin{pmatrix} -2a+3 \\ 2 \\ -1 \end{pmatrix},\ \boldsymbol{a}_2=\begin{pmatrix} a-3 \\ -2a-2 \\ a+1 \end{pmatrix},\ \boldsymbol{a}_3=\begin{pmatrix} 6 \\ a+4 \\ 2a-2 \end{pmatrix}$$

(1)　2つのベクトル $\boldsymbol{a}_1$，$\boldsymbol{a}_2$ が1次従属になる a の条件を求めよ。

(2)　行列 A の階数（ランク）を求めよ。

(3)　$a=1$ のとき，行列 A の最小固有値とそれに対する固有ベクトルを求めよ。

〈神戸大学－発達科学部〉

[6B－08]　(1)　次の行列 A は対角化できないことを示せ。

$$A=\begin{pmatrix} 2 & 1 & -1 \\ 0 & 1 & 1 \\ 0 & 0 & 1 \end{pmatrix}$$

(2)　行列 B を $B=\begin{pmatrix} 1 & -1 & 0 \\ 0 & 1 & 0 \\ 0 & 0 & 1 \end{pmatrix}$ とおく。$B^{-1}AB$ を求めよ。

(3)　自然数 n に対して A^n を求めよ。

〈名古屋工業大学〉

[6B－09]　行列 $A=\begin{pmatrix} 1 & a & 3 & 2 \\ -a & 1 & -2 & -1 \\ -3 & 2 & 1 & 1 \\ -2 & 1 & -1 & 1 \end{pmatrix}$ について次の問いに答えよ。

(1)　行列 A が固有値1をもつとき a の値を求めよ。

(2)　(1)で求めた a について，行列 A の固有値1に対する固有ベクトルを求めよ。

〈金沢大学－工学部〉

[6B－10]　行列 $A=\begin{pmatrix}1 & 0 & 0 & 1\\ 0 & 1 & -1 & 0\\ 0 & 1 & -1 & 0\\ 1 & 0 & 0 & 1\end{pmatrix}$ について，次の問いに答えよ。

(1)　行列 $xE-A$ の行列式を求めよ。ただし，x はスカラー，E は4次の単位行列を表す。

(2)　A の固有値とその固有ベクトルをすべて求めよ。

〈京都工芸繊維大学〉

[6B－11]　行列 $A=\begin{pmatrix}-1 & -3 & 0\\ 1 & 3 & -1\\ -2 & -2 & 1\end{pmatrix}$ の固有値とその固有ベクトルをすべて求めよ。さらに，A^n（n は自然数）の行列式の値を求めよ。

〈京都工芸繊維大学〉

[6B－12]　行列 A を $A=\begin{pmatrix}2 & 1 & 1\\ 1 & 2 & -1\\ 1 & -1 & 2\end{pmatrix}$ とするとき，次の各問に答えよ。

(1)　A の特性方程式（固有方程式）を $\phi_A(t)$ とする。$\phi_A(t)$ を求めよ。

(2)　$\phi_A(t)$ には重根が存在するが，それを λ_0 とする。λ_0 の固有空間の基底を求めよ。

〈神戸大学－工学部〉

(C) 発展問題

[6C－01]　$A=\begin{pmatrix}0 & 2 & 2\\ 2 & 3 & 4\\ 2 & 4 & 3\end{pmatrix}$ とおく。

(1)　A の固有値を求めよ。また，各固有値に対する固有空間を求めよ。

(2)　次の条件を満たす実直交行列 T を用いて A を対角化せよ。T も具体的に求めよ。条件：T の $(i,\ j)$ 成分を t_{ij} とすると，$t_{12}=2t_{22}>0$ かつ t_{11}，t_{13} はともに正の数である。

〈東京工業大学〉

[6C－02]　行列 $A=\begin{pmatrix} 7 & 4 & -16 \\ -6 & 1 & 12 \\ 2 & 2 & -5 \end{pmatrix}$ について，以下の問いに答えよ。

(1)　行列 A の固有値，単位固有ベクトルをすべて求めよ。

(2)　行列 A の表す1次変換によって，直線 $x=3y=3z$ が写される直線を示せ。

(3)　行列 A の表す1次変換によって自分自身に写される直線の中で，どの2組も平行でないものを3つ求めよ。

〈大阪大学－工学部〉

[6C－03]　$A=\begin{pmatrix} 4 & 2 \\ 3 & -1 \end{pmatrix}$ のとき，ある実数 λ，ε $(\lambda>0,\ \varepsilon<0)$ に対して，

$A\begin{pmatrix} x \\ 1 \end{pmatrix}=\lambda\begin{pmatrix} x \\ 1 \end{pmatrix}$，および $A\begin{pmatrix} 1 \\ y \end{pmatrix}=\varepsilon\begin{pmatrix} 1 \\ y \end{pmatrix}$ が満たされている。このとき，次の問いに答えよ。

(1)　λ，ε，x，y を求めよ。

(2)　$A^n\begin{pmatrix} x \\ 1 \end{pmatrix}$ を求めよ。

(3)　$\begin{pmatrix} 1 \\ 0 \end{pmatrix}=c\begin{pmatrix} x \\ 1 \end{pmatrix}+d\begin{pmatrix} 1 \\ y \end{pmatrix}$ および $\begin{pmatrix} 0 \\ 1 \end{pmatrix}=e\begin{pmatrix} x \\ 1 \end{pmatrix}+f\begin{pmatrix} 1 \\ y \end{pmatrix}$ を満足するとき，c，d，e，f を求めよ。

(4)　A^n を求めよ。

〈京都府立大学〉

[6C－04]　点 A$(1,\ 0)$ を点 A$'(a,\ 0)$ に，点 B$(1,\ 1)$ を点 B$'(a+b,\ 1-a)$ に移す1次変換を f とする。ただし，a，b は実数とする。また，f を表す行列を F とする。

(1)　行列 F を a，b を用いて表せ。

(2)　行列 F が対角化できるための a，b に関する必要十分条件を求めよ。また，対角化できる場合は対角化せよ。

(3)　1次変換 f の n 回の積を f^n とする。点 $(x_0,\ y_0)$ が1次変換 f^n によって移される点 $(x_n,\ y_n)$ を a，b，x_0，y_0 を用いて表せ。

〈大阪大学－基礎工学部〉

[6C－05]　対称行列 $A=\begin{pmatrix} a & b \\ b & c \end{pmatrix}$ について以下の問いに答えよ。ただし，a，b および c は実数であり，また，$b \neq 0$ である。

(1)　実数の固有値が 2 個存在することを示せ。

(2)　相異なる固有値に属する固有ベクトルが互いに直交することを示せ。

(3)　行列 A は対称行列であるので，適当な直交行列 U によって対角化される。この直交行列 U を使った $\begin{pmatrix} x \\ y \end{pmatrix}=U\begin{pmatrix} v \\ w \end{pmatrix}$ という一次変換によって，$(x \quad y)\begin{pmatrix} a & b \\ b & c \end{pmatrix}\begin{pmatrix} x \\ y \end{pmatrix}$ が $\lambda_1 v^2+\lambda_2 w^2$ となることを示せ。ただし，λ_1 および λ_2 は行列 A の相異なる固有値である。

(4)　(3)の関係を利用して $2x^2-2xy+2y^2$ を $\lambda_1 v^2+\lambda_2 w^2$ の形にしたい。このときの λ_1 および λ_2 を求めよ。

〈大阪大学－工学部〉

[6C－06]　行列 $A=\begin{pmatrix} a & b & 0 \\ b & a & 0 \\ 0 & 0 & c \end{pmatrix}$ の指数関数 $\exp(A)$ を求める。以下の問いに答えよ。ただし，a，b および c は実数である。また，E を単位行列として，行列 A の指数関数 $\exp(A)$ を

$$\exp(A)=E+\sum_{n=1}^{\infty}\frac{1}{n!}A^n$$

のように定義する。

(1)　行列 A の固有値をすべて求めよ。

(2)　行列 A は対称行列であるので，適当な直交行列によって対角化される。行列 A を対角化する直交行列の中で対称行列となる直交行列 P を 1 つ求めよ。

(3)　行列 A の指数関数 $\exp(A)$ を求めよ。

(4)　$\exp(A)$ の行列式 $|\exp(A)|$ を求めよ。

〈大阪大学－工学部〉

[6C－07]　A を正則行列とする。A の固有値の 1 つが λ のとき，$\dfrac{1}{\lambda}$ が A の逆行列 A^{-1} の固有値になることを示せ。

〈大阪大学－基礎工学部〉

[6C－08]　行列 A を $A=\begin{pmatrix} 2 & -1 \\ 1 & 4 \end{pmatrix}$ で定義する。

(1)　行列 A の逆行列 A^{-1} を求めよ。

(2)　行列 A によって表される xy 平面上の線形変換を f とする。直線 $y=ax$ 上の任意の点の f による像が同じ直線 $y=ax$ 上にあるような a の値を求めよ。

(3)　行列 U を $U=\begin{pmatrix} \alpha & 1 \\ 0 & \alpha \end{pmatrix}$ で定義する。このとき，$U^n=\begin{pmatrix} \alpha^n & n\alpha^{n-1} \\ 0 & \alpha^n \end{pmatrix}$ が成り立つことを証明せよ。ただし，n は自然数，α は0でない実数とする。

(4)　行列 P を $P=\begin{pmatrix} -1 & 2 \\ 1 & -1 \end{pmatrix}$ で定義する。このとき，$P^{-1}AP$ を求めよ。また，その結果と問(3)で証明した式を用いて A^n を求めよ。ただし，n は自然数とする。

〈東北大学－工学部〉

[6C－09]　3次正則行列 $A=\begin{pmatrix} 1 & 1 & -1 \\ -4 & 6 & -7 \\ -3 & 3 & -4 \end{pmatrix}$，$X=\begin{pmatrix} x_1 & y_1 & z_1 \\ x_2 & y_2 & z_2 \\ x_3 & y_3 & z_3 \end{pmatrix}$ に対し，

$$AX=X\begin{pmatrix} 2 & 0 & 0 \\ 1 & 2 & 0 \\ 0 & 0 & -1 \end{pmatrix}$$

が成立している。次の問いに答えよ。

(1)　行列 A の固有値を求めよ。

(2)　$\begin{pmatrix} y_1 \\ y_2 \\ y_3 \end{pmatrix}$，$\begin{pmatrix} z_1 \\ z_2 \\ z_3 \end{pmatrix}$ は，ともに，行列 A の固有ベクトルであることを示せ。

〈九州大学－芸術工学部〉

[6C－10]　次の２階微分方程式：

$$\frac{d^2y}{dx^2}-3\frac{dy}{dx}+2y=0$$

は，$y_1=y$，$y_2=\frac{dy}{dx}$ の変数変換により，

$$\frac{d}{dx}\begin{pmatrix} y_1 \\ y_2 \end{pmatrix}=\begin{pmatrix} 0 & 1 \\ -2 & 3 \end{pmatrix}\begin{pmatrix} y_1 \\ y_2 \end{pmatrix}$$

と表せる。行列：

$$\begin{pmatrix} 0 & 1 \\ -2 & 3 \end{pmatrix}$$

の固有値・固有ベクトルを計算することにより，y_1，y_2 の一般解を求めよ。

〈北海道大学－工学部〉

[6C－11]　A は n 次正方行列で，その対角成分はすべて２，それ以外の成分はすべて１であるとする。α は実数で，次の条件（C）を満たす n 次の列ベクトル（縦ベクトル）$\boldsymbol{x}$ が存在するとする。

条件（C）：$\boldsymbol{x}$ の成分はすべて正で，$A\boldsymbol{x}=\alpha\boldsymbol{x}$

このとき，次の問いに答えよ。

(1)　$n=2$ の場合に，α を求めよ。

(2)　n が３以上の自然数の場合に，α を求めよ。

〈九州大学－芸術工学部〉

[6C－12]　空間において，xz 平面上の単位ベクトル（u, 0, w）を考える。

(1)　y 軸まわりの回転を表す行列のうち，ベクトル（0, 0, 1）をベクトル（u, 0, w）に変換するものを求めよ。

(2)　(1)で求めた行列を利用して，ベクトル（u, 0, w）を軸とする角度 θ の回転を表す行列を求めよ。

(3)　(2)で求めた行列の実数の固有値とその固有ベクトルを求めよ。

〈東京大学－工学部〉

第７章

確　　率

例題 1 （場合の数と確率①）

袋 A には赤球 3 個，白球 7 個，袋 B には赤球 8 個，白球 2 個が入っている。はじめに 1 度だけサイコロを振って，1 か 2 の目が出たら袋 A を，3，4，5，6 のいずれかの目が出たら袋 B を選ぶ。

以降，この選んだ袋を用いて，以下の試行を繰り返す。

試行：「無作為に球を 1 球取り出して元に戻す。」

以下の問いに答えよ。

(1)　1 回の試行を行ったとき，それが赤球である確率を求めよ。

(2)　2 回の試行を行ったとき，そのうち 1 球が白球，もう 1 球が赤球である確率を求めよ。

(3)　3 回の試行を行って，3 球とも赤球であった。袋 A が選ばれた確率を求めよ。

(4)　n 回の試行を行って，そのうち k 球が赤球，$n-k$ 球が白球であった。袋 B が選ばれた確率を n と k の式で表せ。ただし，$1 \leqq n$ であり，$0 \leqq k \leqq n$ とする。

〈名古屋大学－工学部〉

解答 (1)　$\dfrac{1}{3}\times\dfrac{3}{10}+\dfrac{2}{3}\times\dfrac{8}{10}=\dfrac{19}{30}$　……〔答〕

(2)　$\dfrac{1}{3}\times{}_2\mathrm{C}_1\cdot\dfrac{3}{10}\cdot\dfrac{7}{10}+\dfrac{2}{3}\times{}_2\mathrm{C}_1\cdot\dfrac{8}{10}\cdot\dfrac{2}{10}$

$=\dfrac{21+32}{150}=\dfrac{53}{150}$　……〔答〕

(3)　2 つの事象 E，F を次のように定める。

E：3 回の試行を行って，3 球とも赤球

F：袋 A が選ばれる

求めるべきものは，条件付確率：$P_E(F)$

$P(E\cap F)=P(E)\cdot P_E(F)$　より

❖アドバイス❖

← 袋 A を選んで赤球を取り出すかまたは袋 B を選んで赤球を取り出す。

← 条件付確率の計算では 2 つの事象 E，F をきちんと確認すること！

$$P_E(F)=\frac{P(E\cap F)}{P(E)}$$

ここで

$$P(E)=\frac{1}{3}\times\left(\frac{3}{10}\right)^3+\frac{2}{3}\times\left(\frac{8}{10}\right)^3=\frac{1051}{3000}$$

また

$$P(E\cap F)=P(F)\cdot P_F(E)=\frac{1}{3}\times\left(\frac{3}{10}\right)^3=\frac{9}{1000}$$

よって，求める確率は

$$P_E(F)=\frac{P(E\cap F)}{P(E)}=\frac{\frac{9}{1000}}{\frac{1051}{3000}}=\frac{27}{1051}\quad\cdots\cdots〔答〕$$

(4)　2つの事象 G，H を次のように定める。

G：k 球が赤球，$n-k$ 球が白球である

H：袋Bが選ばれる

← 2つの事象 G，H をきちんと確認して，条件付確率 $P_G(H)$ を求める。

求めるべきものは，条件付確率：$P_G(H)=\dfrac{P(G\cap H)}{P(G)}$

ここで

$$P(G)=\frac{1}{3}\times{}_n\mathrm{C}_k\left(\frac{3}{10}\right)^k\left(\frac{7}{10}\right)^{n-k}+\frac{2}{3}\times{}_n\mathrm{C}_k\left(\frac{8}{10}\right)^k\left(\frac{2}{10}\right)^{n-k}$$

また

$$P(G\cap H)=P(H\cap G)=P(H)\cdot P_H(G)=\frac{2}{3}\times{}_n\mathrm{C}_k\left(\frac{8}{10}\right)^k\left(\frac{2}{10}\right)^{n-k}$$

よって，求める確率は

$$P_G(H)=\frac{P(G\cap H)}{P(G)}$$

$$=\frac{\frac{2}{3}\times{}_n\mathrm{C}_k\left(\frac{8}{10}\right)^k\left(\frac{2}{10}\right)^{n-k}}{\frac{1}{3}\times{}_n\mathrm{C}_k\left(\frac{3}{10}\right)^k\left(\frac{7}{10}\right)^{n-k}+\frac{2}{3}\times{}_n\mathrm{C}_k\left(\frac{8}{10}\right)^k\left(\frac{2}{10}\right)^{n-k}}$$

$$=\frac{2\times 8^k\cdot 2^{n-k}}{3^k\cdot 7^{n-k}+2\times 8^k\cdot 2^{n-k}}$$

$$=\frac{2^{n+2k+1}}{3^k\cdot 7^{n-k}+2^{n+2k+1}}\quad\cdots\cdots〔答〕$$

例題 2 (場合の数と確率②)

赤い玉3個が一列に並んでいるとする。この列に対して次のような操作を繰り返し行う。

列の先頭，2番目，3番目の3つの玉のうちから1つを等確率で選ぶ。選んだ玉が赤い玉なら，それをそのまま置いておき，列の先頭に白い玉を1つ付加する。選んだ玉が白い玉なら，それを取り去り，玉が抜けたために隙間が出来れば，玉の順序が変わらないように玉を移動して隙間をなくす。

例として1回目の操作と2回目の操作について述べる。1回目の操作では当然赤い玉を選ぶことになり，操作の結果として白い玉が1つ，列の先頭に付加され，3つの赤い玉と合わせて4つの玉が並ぶことになる。2回目の操作では，それらの4つの玉のうちの先頭，2番目，3番目の3つの玉のうちから1つを等確率で選ぶ。このとき，確率 $\dfrac{2}{3}$ で赤い玉が選ばれ，確率 $\dfrac{1}{3}$ で白い玉が選ばれる。赤い玉が選ばれた場合には，白い玉が1つ先頭に付加され，結果として白い玉が2つ並び，その後に赤い玉が3つ続いた列ができる。また，白い玉が選ばれた場合には，白い玉は取り去られ，結果として列には赤い玉が3つ残ることになる。

n 回目の操作の終了時に列にある白い玉の個数を $w(n)$ と書くことにする。明らかに $w(n)$ は0，1，2，3のいずれかの値を（それぞれある確率をもって）とる。特に $n=0$ の場合には確率1で $w(0)=0$ であると定義しておく。

$i=0$，1，2，3 について，$w(n)$ が i である確率を $p_i(n)$ で表す。上で述べたことより，$p_1(0)=p_2(0)=p_3(0)=0$，$p_0(0)=1$ である。

次の(1)〜(4)に答えよ。

(1) $p_0(1)$，$p_1(1)$，$p_2(1)$，$p_3(1)$ の値をそれぞれ求めよ。

(2) $p_1(2m)=p_3(2m)=0$ であることを示せ。ただし，m は非負整数とする。

(3) m を1以上の整数とするとき，$p_0(2m)$ と $p_2(2m)$ を $p_0(2m-2)$ と $p_2(2m-2)$ を用いて表せ。

(4) 非負整数 m について，$p_0(2m)$ を求めよ。　〈大阪大学－基礎工学部〉

解 答 (1) $p_0(1)=0$, $p_1(1)=1$, $p_2(1)=0$, $p_3(1)=0$

……〔答〕

(2) 1回の操作で白い玉が1個増えるか，1個減るかのいずれかであることに注意する。

$$p_1(2m)=p_1(2m-2)\times\left(\frac{1}{3}+\frac{2}{3}\cdot\frac{2}{3}\right)+p_3(2m-2)\times\frac{2}{3}$$

$$\therefore\quad p_1(2m)=\frac{7}{9}p_1(2m-2)+\frac{2}{3}p_3(2m-2)\quad\cdots\cdots①$$

$$p_3(2m)=p_1(2m-2)\times\frac{2}{3}\cdot\frac{1}{3}+p_3(2m-2)\times\frac{1}{3}$$

$$\therefore\quad p_3(2m)=\frac{2}{9}p_1(2m-2)+\frac{1}{3}p_3(2m-2)\quad\cdots\cdots②$$

①＋② より

$$p_1(2m)+p_3(2m)=p_1(2m-2)+p_3(2m-2)$$
$$=\cdots=p_1(0)+p_3(0)=0$$

よって， $p_1(2m)=p_3(2m)=0$

(3) (2)と同様に考えて

$$p_0(2m)=\frac{1}{3}p_0(2m-2)+\frac{2}{9}p_2(2m-2)\quad\cdots\cdots③$$

……〔答〕

および

$$p_2(2m)=\frac{2}{3}p_0(2m-2)+\frac{7}{9}p_2(2m-2)\quad\cdots\cdots④$$

……〔答〕

(4) ③＋④ より

$$p_0(2m)+p_2(2m)=p_0(2m-2)+p_2(2m-2)$$
$$=\cdots=p_0(0)+p_2(0)=1$$

よって， $p_0(2m)=\dfrac{1}{3}p_0(2m-2)+\dfrac{2}{9}\{1-p_0(2m-2)\}$

$$\therefore\quad p_0(2m)=\frac{1}{9}p_0(2m-2)+\frac{2}{9}$$

$$\therefore\quad p_0(2m)-\frac{1}{4}=\frac{1}{9}\left\{p_0(2m-2)-\frac{1}{4}\right\}$$

$$\therefore\quad p_0(2m)-\frac{1}{4}=\left\{p_0(0)-\frac{1}{4}\right\}\left(\frac{1}{9}\right)^m=\frac{3}{4}\left(\frac{1}{9}\right)^m$$

よって，$p_0(2m)=\dfrac{1}{4}+\dfrac{3}{4}\left(\dfrac{1}{9}\right)^m$ ……〔答〕

❖アドバイス❖

⬅ 漸化式を求める。
白い玉の増減：

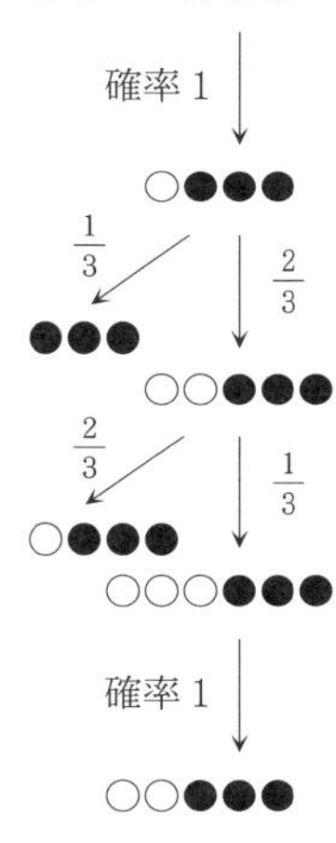

⬅ 2項間漸化式である！
$a_m=p_0(2m)$
とおくと
$a_m=\dfrac{1}{9}a_{m-1}+\dfrac{2}{9}$

例 題 3（確率分布）

確率変数 X は次の確率密度関数をもつ。

$$f(x)=\begin{cases}1-|x-1| & (0\leqq x\leqq 2)\\ 0 & (\text{その他})\end{cases}$$

このとき，以下の問いに答えよ。

(1) 期待値 $E(X)$ を求めよ。

(2) 分散 $V(X)$ を求めよ。

(3) 分布関数 $F(x)=P(X\leqq x)$ を求めよ。　〈大阪府立大学〉

解 答 (1) $E(X)=\int_0^2 xf(x)\,dx=\int_0^2 x(1-|x-1|)\,dx$

$$=\int_0^1 x(1-|x-1|)\,dx+\int_1^2 x(1-|x-1|)\,dx$$

$$=\int_0^1 x(1+(x-1))\,dx+\int_1^2 x(1-(x-1))\,dx$$

$$=\int_0^1 x^2dx+\int_1^2 (2x-x^2)\,dx$$

$$=\left[\frac{x^3}{3}\right]_0^1+\left[x^2-\frac{x^3}{3}\right]_1^2=\frac{1}{3}+\frac{4}{3}-\frac{2}{3}=1$$ ……〔答〕

(2) $V(X)=E(X^2)-\{E(X)\}^2$

ここで

$$E(X^2)=\int_0^2 x^2f(x)\,dx=\int_0^2 x^2(1-|x-1|)\,dx$$

$$=\int_0^1 x^2(1-|x-1|)\,dx+\int_1^2 x^2(1-|x-1|)\,dx$$

$$=\int_0^1 x^2(1+(x-1))\,dx+\int_1^2 x^2(1-(x-1))\,dx$$

$$=\int_0^1 x^3dx+\int_1^2 (2x^2-x^3)\,dx$$

$$=\left[\frac{x^4}{4}\right]_0^1+\left[\frac{2}{3}x^3-\frac{x^4}{4}\right]_1^2=\frac{1}{4}+\frac{4}{3}-\frac{5}{12}=\frac{7}{6}$$

よって

$$V(X)=E(X^2)-\{E(X)\}^2=\frac{7}{6}-1=\frac{1}{6}$$ ……〔答〕

(3) $F(x)=P(X\leqq x)=\int_{-\infty}^x f(t)\,dt$

（i） $x\leqq 0$ のとき；

$$F(x)=\int_{-\infty}^x 0\,dt=0$$

（ii） $0\leqq x\leqq 1$ のとき；

❖アドバイス❖

← $E(X)=\int_{-\infty}^{\infty} xf(x)\,dx$

← x の範囲で場合分け

$$F(x)=\int_{-\infty}^{x}f(t)\,dt=\int_{0}^{x}(1-|t-1|)\,dt$$

$$=\int_{0}^{x}(1+(t-1))\,dt=\int_{0}^{x}t\,dt=\frac{x^2}{2}$$

（iii） $1\leqq x\leqq 2$ のとき；

$$F(x)=\int_{-\infty}^{x}f(t)\,dt$$

$$=\int_{0}^{1}(1-|t-1|)\,dt+\int_{1}^{x}(1-|t-1|)\,dt$$

$$=\int_{0}^{1}(1+(t-1))\,dt+\int_{1}^{x}(1-(t-1))\,dt$$

$$=\int_{0}^{1}t\,dt+\int_{1}^{x}(2-t)\,dt$$

$$=\frac{1}{2}+2(x-1)-\frac{x^2-1}{2}$$

$$=-\frac{1}{2}x^2+2x-1$$

（iv） $x\geqq 2$ のとき；

$F(x)=F(2)=1$

以上をまとめると

$$F(x)=\begin{cases}0 & (x\leqq 0)\\ \dfrac{1}{2}x^2 & (0\leqq x\leqq 1)\\ -\dfrac{1}{2}x^2+2x-1 & (1\leqq x\leqq 2)\\ 1 & (x\geqq 2)\end{cases}$$ ……〔答〕

（参考） $V(X)=E(X^2)-\{E(X)\}^2$

なぜならば，$E(X)=m$ とおくと

$$V(X)=\int_{-\infty}^{\infty}(x-m)^2f(x)\,dx$$

$$=\int_{-\infty}^{\infty}x^2f(x)\,dx-2m\int_{-\infty}^{\infty}xf(x)\,dx+m^2\int_{-\infty}^{\infty}f(x)\,dx$$

$$=E(X^2)-2m\cdot m+m^2\cdot 1$$

$$=E(X^2)-m^2$$

$$=E(X^2)-\{E(X)\}^2$$

第7章の過去問実践演習 ▶解答は p. 242

《場合の数と確率》

(B) 標準問題

[7B－01]　赤玉2個と白玉5個をでたらめに1列に並べる。以下の問いに答えよ。

(1)　5個の白玉が連続する確率を求めよ。

(2)　2個の赤玉が隣り合わない確率を求めよ。

〈長岡技術科学大学〉

[7B－02]　フィンランド人，スウェーデン人，ノルウェー人それぞれ1人ずつが次のゲームをする。白いボールが a 個と赤いボールが b 個，合計 $a+b$ 個入っている箱から，フィンランド人，スウェーデン人，ノルウェー人，フィンランド人，スウェーデン人，ノルウェー人，… の順序で，誰かが最初に白いボールを取り出すまで，ボールを1つずつ取り出して戻す。白いボールを取り出した人が勝者である。各人が勝つ確率を求めよ。

〈東京大学－工学部〉

[7B－03]　事象 A，B および積事象 $A \cap B$ の確率について，$P(A) \cdot P(B) = P(A \cap B)$ となるとき，A と B は独立であるという。男子21人，女子15人のクラスから，でたらめに1人の生徒を選ぶとする。選ばれた生徒が男子であるという事象を A，眼鏡をかけているという事象を B として，以下の問いに答えよ。

(1)　眼鏡をかけた男子が10人，眼鏡をかけた女子が8人であるとき，A と B は独立か？

(2)　眼鏡をかけた男子が14人，眼鏡をかけた女子が10人であるとき，A と B は独立か？

(3)　眼鏡をかけた男子が m 人，眼鏡をかけた女子が n 人であるとき，A と B が独立となるような整数の組 $(m,\ n)$ をすべて求めよ。

〈長岡技術科学大学〉

[7B－04]　○×式の問題が $2N$ 問ある。そのうち，N 問は○が正解であり，残り N 問は×が正解であるとする。解答者が無作為に N 問に○を，残り N 問に×を解答する。このとき，正解数が k 問（$0 \leqq k \leqq 2N$）となる確率を p_k とする。

(1)　$N=3$ の場合の p_k（$k=0, 1, 2, 3, 4, 5, 6$）を求めよ。

(2)　○が正解の問題に○を記し正解となった問題数を x 問，×が正解の問題に×を記し正解となった問題数を y 問とする。このときの x と y の関係を記せ。

(3)　p_k を求めよ。

〈名古屋大学－工学部〉

[7B－05]　1つのサイコロを続けて投げる試行を考える。偶数の目が k 回出た時点（k は自然数とする）で，この試行を終了するとする（必ずしも連続して k 回出る必要はない)。このとき，n 回目で試行が終了する確率を，$p_n(k)$，$n \geqq k$ とする。次の問いに答えよ。

(1)　$k=5$ とした，$p_n(5)$ を求めよ（nを用いて $p_n(5)$ を表現せよ)。

(2)　一般的な k の場合において，$p_n(k)$ を求めよ（n と k を用いて $p_n(k)$ を表現せよ)。

(3)　一般的な k の場合において，確率 $p_n(k)$ を最大にする n をすべて求めよ（k を用いて n を表現せよ)。

〈九州大学－工学部〉

[7B－06]　表と裏の出る確率が等しいコインが n 枚ある。ただし n は3以上とする。このとき以下の問いに答えよ。

(1)　これらのコインを同時に投げたときに，ちょうど1枚だけが他の（$n-1$）枚と異なる結果（表か裏か）となる確率 p を求めよ。

(2)　これらのコインを同時に投げることを繰り返し，ちょうど1枚だけが他の（$n-1$）枚と異なる結果になった時点で終了とする。ちょうど k 回目で終了する確率を求めよ。

(3)　(2)において，k 回以内に終了する確率を求めよ。

(4)　(2)において，終了するまでにかかる回数の期待値と分散を求めよ。

〈東京大学－工学部〉

(C) 発展問題

[7C－01]　3つの箱 A, B, C がある。箱の中に入っている玉は，次の規則に従うものとする。ただし，n は0以上の整数とする。

a．時刻 n に箱Aの中にある玉は，それぞれ独立に，時刻 $n+1$ に確率 $\dfrac{1}{2}$ で箱Aにとどまり確率 $\dfrac{1}{2}$ で箱Bに移る。

b．時刻 n に箱Bの中にある玉は，それぞれ独立に，時刻 $n+1$ に確率 $\dfrac{1}{3}$ で箱Bにとどまり確率 $\dfrac{2}{3}$ で箱Cに移る。

c．箱Cにある玉は，そのまま箱Cにとどまり続ける。

時刻0に箱Aの中に2個の玉があり，箱 B, C の中に玉はないとする。以下の問いに答えよ。

(1)　時刻1に箱Bの中に2個の玉がある確率 P_1 を求めよ。

(2)　時刻2に箱Cの中に2個の玉がある確率 P_2 を求めよ。

(3)　時刻2に箱Cの中に1個の玉がある確率 P_3 を求めよ。

(4)　時刻2に箱Bの中に1個の玉がある確率 P_4 を求めよ。

〈長岡技術科学大学〉

[7C－02]　図1のように，各頂点に A～H の名前がつけられた，一辺の長さ a の立方体を考える。最初に，黒いピンと白いピンが，それぞれ頂点A，頂点Eに設置してある。サイコロを4回振り，1回目と2回目のサイコロの出た目の合計分だけ，黒いピンを A→B→C→D→A… と移動させ，3回目と4回目のサイコロの出た目の合計分だけ，白いピンを E→F→G→H→E… と移動させることにする。次の問いに答えよ。

(1)　黒いピンが頂点Cに止まる確率を求めよ。

(2)　黒いピンと白いピンの距離が $\sqrt{2}a$ となる確率を求めよ。

(3)　黒いピンと白いピンの距離の期待値を求めよ。

なお，無理数は無理数のままで解答してよい。

〈名古屋大学－工学部〉

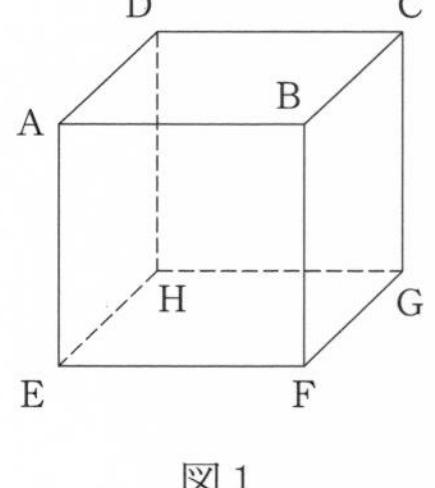

図1

[7C－03]　011001011… のような，0と1からなる数字列がある。数字列の先頭から $i+1$ 番目の数字は，確率 x $(0<x<1)$ で i 番目と同じ数字が現れる。なお数字は，数字列の先頭を1番目とする。

(1)　数字列のある位置から数えた場合，同じ数字がちょうど n 個連続して現れる確率 $P(n)$ を求めよ。

(2)　(1)の場合，同じ数字が連続する個数の期待値 L を求めよ。
ただし，$\lim_{n\to\infty} nx^n=0$ $(0<x<1)$ を用いてよい。

(3)　数字列の先頭から j 番目の数字が0である確率を Q_j とするとき，Q_{j+1} を Q_j を用いて表せ。

(4)　数字列の先頭が0であるとき，Q_j を x, j を用いて表せ。

〈東京大学－工学部〉

[7C－04]　(1)　以下の設問に答えよ。

(a)　X を値が自然数1, 2, …, a のみをとる確率変数とする。X の平均 $E(X)$ は，

$$E(X)=\sum_{k=1}^{a} kP(X=k)$$

で定義される。ここで，$P(X=k)$ は，$X=k$ となる確率である。このとき，次の等式が成り立つことを証明せよ。ただし，$P(X\geqq k)$ は，$X\geqq k$ となる確率である。

$$E(X)=\sum_{k=1}^{a} P(X\geqq k) \quad \cdots\cdots①$$

(b)　X の2乗の平均は，

$$E(X^2)=\sum_{k=1}^{a} k^2P(X=k)$$

で定義される。このとき，次の等式が成り立つことを証明せよ。

$$E(X^2)=\sum_{k=1}^{a} (2k-1)P(X\geqq k) \quad \cdots\cdots②$$

(2)　袋の中に白い玉が1個，赤い玉が $a-1$ 個入っている。袋から，玉を1つずつ無作為に取り出し，袋の中に返さないものとする。このとき，以下の設問に答えよ。

(a)　白い玉が出るのが k 回目以降である確率を求めよ。ただし，この確率は，「最初の $k-1$ 回は，常に赤い玉が出てくる確率」と等しいことを利用してよい。

(b)　(a)の解答と式①を用いて，白い玉が出るのに要する平均の回数を求めよ。

(c)　(a)の解答と式②を用いて，白い玉が出るのに要する回数の分散を求めよ。ただし，確率変数 X の分散 $V(X)$ は，$E(X^2)-(E(X))^2$ で与えられる。

〈東京大学－工学部〉

[7C－05]　10枚の赤いカードにそれぞれ0から9までの異なる数字（整数）が書かれているとする。また，それらとは別の10枚の青いカードにそれぞれ0から9までの異なる数字（整数）が書かれているとする。このとき，以下の設問に答えよ。

(1)　赤いカードと青いカードを1枚ずつ引き，赤いカードの数字 a が10の位を，青いカードの数字 b が1の位を表すものとし，2枚のカードで表される数を N とする。例えば，$a=5$，$b=3$ なら $N=53$ を表すものとする。ただし，$a=0$ なら N は1桁の整数を表すものとする。例えば，$a=0$，$b=6$ なら $N=6$ を表し，$a=0$，$b=0$ なら $N=0$ を表すものとする。このように，a，b の組で $0\leqq N\leqq 99$ の数字を表すものとする。このとき，$N=(a+b)^2$ となるような a，b の組（a，b）をすべて求めよ。

(2)　いま，コインを k 枚所持しているものとする。赤いカードと青いカードから1枚ずつカードを引いて，もし赤いカードの数字 a が青いカードの数字 b より大きければコインが1枚増え，a が b より小さければコインが1枚減るものとする。引いた赤いカードと青いカードは毎回元に戻すものとする。この操作をコインの枚数が10枚になるか0枚になるまで繰り返すゲームを考える。コインが10枚になればゲームに勝利したものとし，0枚になればゲームに敗北したものと考える。コインを k 所持している時にゲームに勝利する確率を P_k（$0\leqq k\leqq 9$）とする。

(2-1)　P_{k-1}，P_k，P_{k+1}（$1\leqq k\leqq 9$）の間に成り立つ関係式を求めよ。

(2-2)　P_k を k の関数で表せ（$0\leqq k\leqq 10$）。

(2-3)　このゲームでは，最初コインを k 枚（$1\leqq k\leqq 9$）所持して勝利した場合に（$10-k)^2$ の得点が得られるとする。このとき，コインを何枚所持している状態からゲームを始めると，ゲームを終了した際の得点の期待値が最も大きくなるか，そのときの k の値を求めよ。

〈大阪大学－基礎工学部〉

[7C－06]　あるセルフサービスのカフェテリアでは，昼に3種類のランチメニューがある。客は順番に並んでメニュー1，メニュー2，メニュー3のどれか1つのメニューを選ぶとする。N 番目の客がメニュー j を選んだとき $N+1$ 番目の客がメニュー i を選ぶ確率は a_{ij} であるとする。（i，$j=1$，2，3，a_{ij} は N に依存しない。）一方，N 番目の客がメニュー j を選ぶ確率を $p_j(N)$ と書く。

(1)　N 番目の客がメニュー j を選んだとき，$N+2$ 番目の客がメニュー i を選ぶ確率を a_{ij} を使って表せ。

(2)　$i\neq j$ であるとき，$a_{ij}=q$（q は i，j によらない正の数），$a_{ii}=p$（p は i によらない正の数）とする。このとき，q と p が満たすべき関係式を述べよ。

(3)　(2)の仮定をする。行列 A を（i，j）成分が a_{ij} となる3行3列の行列とする。

A^2 を単位行列と F で表せ。ただし，F は次で定まる行列とする。

$$F=\frac{1}{3}\begin{pmatrix}1 & 1 & 1\\ 1 & 1 & 1\\ 1 & 1 & 1\end{pmatrix}$$

(4) (2)の仮定のもとで行列 A のベキ乗 A^N を求めよ。これを使い，N 番目の客がメニュー 1 を選ぶ確率 $p_1(N)$ を $p_i(1)(i=1,\ 2,\ 3)$ と q で表す公式を求めよ。

(5) (2)の仮定のもとで $\lim_{N\to\infty} p_j(N)$ を求めよ。

〈九州大学－工学部〉

《確率分布》

[7D－01] 連続型の確率変数を X とする。X が a 以下の値をとる確率を $P_X(a)$ とし，$P_X(a)$ が以下で与えられているものとする。以下の設問に答えよ。

$$P_X(a)=\begin{cases}0 & (-\infty \leqq a < -T)\\ \dfrac{1}{2}+\dfrac{1}{2}\sin\left(\dfrac{\pi a}{2T}\right) & (-T \leqq a < T)\\ 1 & (T \leqq a \leqq \infty)\end{cases}$$

(1) X が値 $X_0 \sim X_1$（ただし，$X_0 < X_1$ とする）のいずれかをとる確率を求めよ。

(2) X が任意の定数 B となる確率を求めよ。

(3) X の確率密度関数 $p(X)$ を求めよ。

(4) X の平均を求めよ。

(5) X の標準偏差を求めよ。

〈九州大学－工学部〉

[7D－02] 確率変数 X が値 x_i（$i=1,\ 2,\ \cdots,\ n$）をとり，$X=x_i$ となる確率を $P(X=x_i)=p_i$ と表記するとき，以下の問いに答えよ。ただし，$P(X \geqq a)$ は X が a 以上の値である確率を表すとする。

(1) $\sum_{i=1}^{n} p_i$ の値を示せ。

(2) X の期待値 $E(X)$ と分散 $V(X)$ を x_i と p_i を用いて表せ。

(3) X の期待値を $E(X)=\mu$，分散を $V(X)=\sigma^2$ とする。任意の正数 k に対して次の式が成り立つことを示せ。

$$\sigma^2 \geqq k^2 P(|X-\mu| \geqq k)$$

(4) 確率変数 X の平均と分散がそれぞれ50と 9 であるとき，$P(40 < X < 60)$ に関して分かることを述べよ。

〈名古屋大学－工学部〉

[7D－03]　ある銀行には，1分間あたり平均で0.2人の来客がある。来客の到着がランダムであると考えると，単位時間あたりの来客数は，ポアソン分布に従うことが知られている。この銀行の場合，1分間あたりの来客数は $\lambda=0.2$ のポアソン分布に従う。ポアソン分布の式は，次式で与えられる。

$$P(X=k)=e^{-\lambda}\frac{\lambda^k}{k!},\ (k=0,\ 1,\ 2,\ \cdots)$$

(1)　1分間の来客数が4である確率はいくらか。

(2)　1分間に来客が1人も来ない確率はいくらか。

(3)　5分間に来客が1人も来ない確率はいくらか。

(4)　3分間に来客が1人だけ来る確率はいくらか。

〈九州大学－工学部〉

[7D－04]　N を0または正の整数をとる確率変数とする。ポアソン分布では $N=n$ となる確率が次の分布関数で与えられる。

$$P(N=n)=\frac{e^{-a}}{n!}a^n$$

(1)　ポアソン分布の平均値 $<N>=\sum_{n=0}^{\infty}nP(N=n)$ が a となることを示せ。

(2)　面積 S の運動場に全部で M 粒の雨滴が落ちたとする。運動場の微小な部分（面積 A）に落ちた雨滴の数を L とするとき，その確率分布 $P(L=l)$ は，$p=\dfrac{A}{S}$ として次の二項分布で与えられる。

$$P(L=l)=\frac{M!}{l!\cdot(M-l)!}p^l(1-p)^{M-l}$$

$a=(M/S)A$ を導入し，適切な極限を考えることにより二項分布からポアソン分布を導け。

〈京都大学－工学部〉

[7D－05]　確率変数 $X_1,\ X_2,\ \cdots,\ X_n$ は互いに独立で，それぞれ，平均 μ（実数），分散28の正規分布 $N(\mu,\ 28)$ に従うとする。$\overline{X}=\dfrac{X_1+X_2+\cdots+X_n}{n}$ とおくとき，$P(|\overline{X}-\mu|\leqq 2)\geqq 0.95$ を満たす最小の正整数 n を求めよ。ただし，確率変数 Z が標準正規分布 $N(0,\ 1)$ に従うとき，$P(Z>1.96)=0.025$ とする。また，必要なら $1.96^2=3.8416$ であることを用いてもよい。

〈大阪府立大学〉

[7D－06]　方程式 $ax^2+4bx+c=0$ が相異なる2つの実根をもつ確率を，(1)，(2) それぞれの場合に対して求めよ。

(1)　a，b，c がそれぞれ無作為に0，1，2のいずれかの値をとるとき。

(2)　a，c がそれぞれ無作為に1，2のいずれかの値をとり，a，c と関係なく b は平均0，標準偏差1の正規分布に従うとき。ただし，$\sqrt{2}=1.4$ とし，次の表を利用してよい。

k	0.3	0.5	0.7	0.9	1.0	1.2
$S(k)$	0.117	0.191	0.258	0.316	0.341	0.385

ここに，$S(k)=\dfrac{1}{\sqrt{2\pi}}\displaystyle\int_0^k e^{-\frac{x^2}{2}}dx$ とする。たとえば，平均0，標準偏差1の正規分布に従う変数 x が0.7から1.0をとる確率は，

$$P(0.7<x<1.0)=S(1.0)-S(0.7)=0.083$$

である。

〈東京大学－工学部〉

[7D－07]　X，Y を同一の確率空間上で定義された確率変数とする。X，Y の結合分布関数 $F(x,\ y)$ は

$$F(x,\ y)=P(X\leqq x,\ Y\leqq y)$$

で定義される。ただし，P は確率を表す。また

$$F(x,\ y)=\int_{-\infty}^{x}\int_{-\infty}^{y}f(u,\ v)\,du\,dv$$

を満たす非負関数 $f(u,\ v)$ が存在するとき，f は結合分布関数 F の結合密度関数という。ここで，$Z=X+Y$ とおくと，Z の分布関数 $F_Z(z)$ は

$$F_Z(z)=\iint_{A_z}f(x,\ y)\,dx\,dy,\qquad A_z=\{(x,\ y)\in\boldsymbol{R}^2\,|\,x+y\leqq z\}$$

で与えられ，$F_Z(z)$ の密度関数 $f_Z(z)$ は

$$F_Z(z)=\int_{-\infty}^{z}f_Z(\zeta)\,d\zeta$$

により定義される。

(1)　$f_Z(z)$ を積分の形で表せ。

(2)　X，Y が独立で，ともに $(0,\ 1)$ 上の一様分布に従うとき，$f_Z(z)$ を求めよ。

〈京都大学－工学部〉

第 8 章

応 用 数 学

例 題 1 （複素数）

(1)　$-1+\sqrt{3}\,i$ の 3 乗根を求めよ。

(2)　一次変換 $w=\dfrac{z+4}{z-1}$ による円 $|z|=2$ の像を求めよ。

〈大阪府立大学〉

解 答　(1)　$z^3=-1+\sqrt{3}\,i$ を解けばよい。

$z=r(\cos\theta+i\sin\theta)$ とおく。ただし，$r>0$，$0\leqq\theta<2\pi$ とする。

ド・モアブルの定理より

$$z^3=r^3(\cos\theta+i\sin\theta)^3=r^3(\cos 3\theta+i\sin 3\theta)$$

一方　$-1+\sqrt{3}\,i=2\left(\cos\dfrac{2\pi}{3}+i\sin\dfrac{2\pi}{3}\right)$

$z^3=-1+\sqrt{3}\,i$ より

$r^3=2$　……①

$3\theta=\dfrac{2\pi}{3}+2n\pi$　（n は整数）　……②

①より，$r=\sqrt[3]{2}$

②より，$\theta=\dfrac{2\pi}{9}+\dfrac{2n\pi}{3}=\dfrac{2\pi}{9},\ \dfrac{8\pi}{9},\ \dfrac{14\pi}{9}$

よって

$z=\sqrt[3]{2}\left(\cos\dfrac{2\pi}{9}+i\sin\dfrac{2\pi}{9}\right),\ \sqrt[3]{2}\left(\cos\dfrac{8\pi}{9}+i\sin\dfrac{8\pi}{9}\right),$

$\sqrt[3]{2}\left(\cos\dfrac{14\pi}{9}+i\sin\dfrac{14\pi}{9}\right)$　……〔答〕

(2)　$w=\dfrac{z+4}{z-1}$ より，$z=\dfrac{w+4}{w-1}$

これを $|z|=2$ に代入すると

❖アドバイス❖

⬅ z を極形式で表す。θ の範囲は決めておくこと！

ド・モアブルの定理：
整数 n に対して
$(\cos\theta+i\sin\theta)^n$
$=\cos n\theta+i\sin n\theta$

$$\left|\frac{w+4}{w-1}\right|=2 \qquad \therefore \quad |w+4|=2|w-1|$$

あとはこの方程式を整理すればよいのであるが，その方法がいくつかある。

（解１）　$|w+4|=2|w-1|$ より

$$|w+4|^2=4|w-1|^2$$

$$\therefore \quad (w+4)(\overline{w}+4)=4(w-1)(\overline{w}-1)$$

← $|\alpha|^2=\alpha\overline{\alpha}$

$$3w\overline{w}-8w-8\overline{w}-12=0$$

$$w\overline{w}-\frac{8}{3}w-\frac{8}{3}\overline{w}-4=0$$

$$\left(w-\frac{8}{3}\right)\left(\overline{w}-\frac{8}{3}\right)-\frac{64}{9}-4=0$$

$$\left|w-\frac{8}{3}\right|^2=\frac{100}{9} \qquad \therefore \quad \left|w-\frac{8}{3}\right|=\frac{10}{3}$$

よって，求める像は

点 $\dfrac{8}{3}$ を中心とする半径 $\dfrac{10}{3}$ の円。　……〔答〕

（解２）　$w=x+yi$ と表すと

← この方法は確実。

$|w+4|^2=4|w-1|^2$ より

$$(x+4)^2+y^2=4\{(x-1)^2+y^2\}$$

$$3x^2+3y^2-16x-12=0$$

$$x^2+y^2-\frac{16}{3}x-4=0$$

$$\therefore \quad \left(x-\frac{8}{3}\right)^2+y^2=\frac{100}{9}$$

よって，求める像は

点 $\dfrac{8}{3}$ を中心とする半径 $\dfrac{10}{3}$ の円。　……〔答〕

（解３）　$|w+4|=2|w-1|$ より

← 点 w は２点 -4，1 からの距離の比が $2:1$ の点である。

$$|w+4|:|w-1|=2:1$$

２点 -4，1 を $2:1$ に内分，外分する点はそれぞれ

$$\frac{1\cdot(-4)+2\cdot1}{2+1}=-\frac{2}{3}, \quad \frac{-1\cdot(-4)+2\cdot1}{2-1}=6$$

よって，求める像は

２点 $-\dfrac{2}{3}$，6 を直径の両端とする円。　……〔答〕

例題 2　（複素解析）

複素変数の関数 $f(z)=\dfrac{1}{2z^2-5z+2}$ について次の問に答えよ。ただし，積分路 C は，単位円周 $|z|=1$ を反時計回りに一周する閉曲線とする。

(1)　$f(z)$ の各極における留数を求めよ。

(2)　積分 $I=\int_C f(z)dz$ の値を求めよ。

(3)　$z=e^{i\theta}$（θ：実数，i：虚数単位）のとき，$\cos\theta=\alpha z+\beta z^{-1}$ をみたす実数 α，β を求めよ。

(4)　積分路 C のパラメータ表示 $C: z=e^{i\theta}$，$0\leqq\theta\leqq 2\pi$ を用いることにより，(2)の積分 I は，次のように変換できる。

$$I=\int_0^{2\pi}\frac{a}{b\cos\theta+c}d\theta\quad(a,\ b,\ c：定数)$$

a，b，c を求めよ。　〈九州大学－工学部〉

解答　(1)　$f(z)=\dfrac{1}{2z^2-5z+2}=\dfrac{1}{(z-2)(2z-1)}$

よって，極は，$z=2$，$z=\dfrac{1}{2}$ で，ともに1位の極。

$$\mathrm{Res}(2)=\lim_{z\to 2}(z-2)\frac{1}{(z-2)(2z-1)}$$

$$=\lim_{z\to 2}\frac{1}{2z-1}=\frac{1}{3}\quad\cdots\cdots〔答〕$$

$$\mathrm{Res}\left(\frac{1}{2}\right)=\lim_{z\to\frac{1}{2}}\left(z-\frac{1}{2}\right)\frac{1}{(z-2)(2z-1)}$$

$$=\lim_{z\to\frac{1}{2}}\frac{1}{2(z-2)}=-\frac{1}{3}\quad\cdots\cdots〔答〕$$

(2)　積分路 C の内部に存在する特異点は $z=\dfrac{1}{2}$ のみである。

よって，留数定理により

$$I=\int_C f(z)\,dz=2\pi i\cdot\mathrm{Res}\left(\frac{1}{2}\right)$$

$$=2\pi i\cdot\left(-\frac{1}{3}\right)=-\frac{2}{3}\pi i\quad\cdots\cdots〔答〕$$

❖アドバイス❖

← a が1位の極であるとき

$\mathrm{Res}(a)$
$=\lim_{z\to a}(z-a)f(z)$

(3) オイラーの公式より

$$z=e^{i\theta}=\cos\theta+i\sin\theta \quad \cdots\cdots ①$$

$$z^{-1}=e^{i(-\theta)}=\cos\theta-i\sin\theta \quad \cdots\cdots ②$$

①＋② より，$z+z^{-1}=2\cos\theta$

$$\therefore \quad \cos\theta=\frac{z+z^{-1}}{2}=\frac{1}{2}z+\frac{1}{2}z^{-1}$$

すなわち，$\alpha=\dfrac{1}{2}$，$\beta=\dfrac{1}{2}$ ……〔答〕

(4) $I=\displaystyle\int_C f(z)\,dz=\int_0^{2\pi} f(e^{i\theta})\,ie^{i\theta}d\theta$

$$=\int_0^{2\pi}\frac{1}{2(e^{i\theta})^2-5e^{i\theta}+2}ie^{i\theta}d\theta$$

$$=\int_0^{2\pi}\frac{i}{2e^{i\theta}-5+2(e^{i\theta})^{-1}}d\theta$$

$$=\int_0^{2\pi}\frac{i}{2z-5+2z^{-1}}d\theta$$

$$=\int_0^{2\pi}\frac{i}{2(z+z^{-1})-5}d\theta$$

$$=\int_0^{2\pi}\frac{i}{4\cos\theta-5}d\theta$$

よって，$a=i$，$b=4$，$c=-5$ ……〔答〕

← 複素積分：
$C:z=z(t)$，
$\alpha\leqq t\leqq\beta$ のとき

$$\int_C f(z)\,dz=\int_\alpha^\beta f(z(t))\frac{dz}{dt}dt$$

（参考）（実積分への応用）

(2)，(4)より

$$I=\int_0^{2\pi}\frac{i}{4\cos\theta-5}d\theta=-\frac{2}{3}\pi i$$

$$\therefore \quad i\int_0^{2\pi}\frac{1}{4\cos\theta-5}d\theta=-\frac{2}{3}\pi i$$

よって

$$\int_0^{2\pi}\frac{1}{4\cos\theta-5}d\theta=-\frac{2}{3}\pi$$

このように，実積分

$$\int_0^{2\pi}\frac{1}{4\cos\theta-5}d\theta$$

が複素積分を応用して計算された。

例題 3 （ベクトル解析）

線積分

$$\int_{(0,\ 0)}^{(1,\ 1)} \{(x^2-y)\,dx+(2x-y^2)\,dy\}$$

の値を次の 2 つの経路で求めよ。

(1) $y=x$ (2) $y^3=x^2$ 〈京都府立大学〉

解答 (1) 積分路は $C_1 : x=t,\ y=t \quad (0 \leqq t \leqq 1)$

であるから

$$\int_{(0,\ 0)}^{(1,\ 1)} \{(x^2-y)\,dx+(2x-y^2)\,dy\}$$

$$=\int_{C_1} \{(x^2-y)\,dx+(2x-y^2)\,dy\}$$

$$=\int_0^1 \{(t^2-t)\,dt+(2t-t^2)\,dt\}$$

$$=\int_0^1 t\,dt=\frac{1}{2} \quad \cdots\cdots\text{〔答〕}$$

(2) 積分路は $C_2 : x=t^3,\ y=t^2 \quad (0 \leqq t \leqq 1)$

であるから

$$\int_{(0,\ 0)}^{(1,\ 1)} \{(x^2-y)\,dx+(2x-y^2)\,dy\}$$

$$=\int_{C_2} \{(x^2-y)\,dx+(2x-y^2)\,dy\}$$

$$=\int_0^1 \{(t^6-t^2)\cdot 3t^2dt+(2t^3-t^4)\cdot 2t\,dt\}$$

$$=\int_0^1 (3t^8-2t^5+t^4)\,dt$$

$$=\left[\frac{1}{3}t^9-\frac{1}{3}t^6+\frac{1}{5}t^5\right]_0^1=\frac{1}{5} \quad \cdots\cdots\text{〔答〕}$$

(注) 線積分の定義は次の通り。

$$C : \begin{cases} x=x(t) \\ y=y(t) \end{cases} \quad (\alpha \leqq t \leqq \beta) \text{ のとき}$$

$$\int_C f(x,\ y)\,dx=\int_\alpha^\beta f(x(t),\ y(t))\frac{dx}{dt}dt$$

$$\int_C f(x,\ y)\,dy=\int_\alpha^\beta f(x(t),\ y(t))\frac{dy}{dt}dt$$

❖アドバイス❖

← 線積分の定義

集中ゼミ　いろいろな複素関数

三角関数や指数・対数関数などの初等関数も複素関数では少し注意が必要である。

(1)　**指数関数 e^z**

$z=x+yi$ に対して，指数関数 e^z を実関数を用いて次のように定義する。

$$e^z=e^x(\cos y+i\sin y) \qquad \textbf{(注)}\ |e^z|=e^x,\ \arg e^z=y$$

注意すべき性質：指数関数 $f(z)=e^z$ は周期 $2\pi i$（虚数）の周期関数である。

（証明）　$e^{z+2\pi i}=e^x\{\cos(y+2\pi)+i\sin(y+2\pi)\}=e^x(\cos y+i\sin y)=e^z$

(2)　**対数関数 $\log z$**

対数関数 $w=\log z$ を指数関数 $w=e^z$ の逆関数として定義することを考えたい。

ところで指数関数の周期性に注意すると，与えられた複素数 z に対して $z=e^w$ を満たす複素数 w は無限個存在する（無限多価関数）：

$z=re^{i\theta}$ に対して $w=\log_e r+i\theta$ とおくと，指数関数の定義から

$$e^w=e^{\log_e r}(\cos\theta+i\sin\theta)=r(\cos\theta+i\sin\theta)=z$$

が成り立つが，周期性から $w=\log_e r+i(\theta+2n\pi)$（$n$ は任意の整数）も $z=e^w$ を満たす。すなわち１つの z に対応する w が無限個存在する。

そこで，関数としてただ１つの値を確定させたいときは $\theta=\mathrm{Im}\,w$ の値の範囲を制限するというやや不自然な操作を施す。すなわち，$z=e^w$ を満たす複素数 w で

$$w=\log_e r+i\theta \quad (-\pi<\theta\leqq\pi)$$

であるものを考え，これを対数関数 $\log z$ の**主値**という。

(3)　**累乗関数 z^α**

複素関数の累乗関数 z^α は対数関数 $\log z$ を用いて次のように定義される。

$$z^\alpha=e^{\alpha\log z}$$

［例］　$i^i=e^{i\log i}=e^{i\left(\frac{\pi}{2}i+2n\pi i\right)}=e^{-\frac{\pi}{2}-2n\pi}$　（n は任意の整数）

（注）　z^α の定義は全く自然なものである。なぜならば

$$z^\alpha=e^{\log z^\alpha}=e^{\alpha\log z}$$

例題 4 （フーリエ解析）

次の設問に答えよ。

(1)　次の周期 2π の周期関数（右図参照）をフーリエ展開せよ。

$$f(x)=x \quad (-\pi<x<\pi)$$

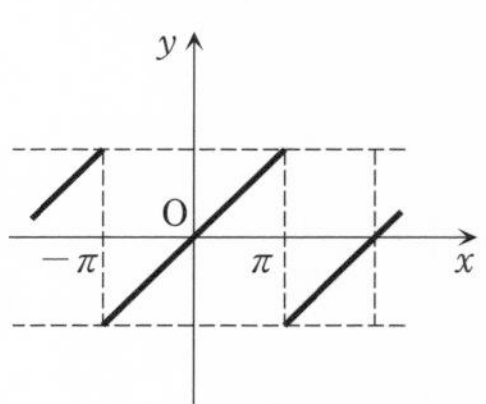

(2)　$x=\dfrac{\pi}{2}$ とおいて，π を与える次の式を導出せよ。

$$\pi=4\left(1-\frac{1}{3}+\frac{1}{5}-\cdots\right)$$

〈北海道大学－工学部〉

解答　(1)　$f(x)$ は奇関数である。

$$a_0=\frac{1}{\pi}\int_{-\pi}^{\pi}f(x)\,dx=0$$

$$a_n=\frac{1}{\pi}\int_{-\pi}^{\pi}f(x)\cos nx\,dx=0$$

$$b_n=\frac{1}{\pi}\int_{-\pi}^{\pi}f(x)\sin nx\,dx$$

$$=\frac{2}{\pi}\int_0^{\pi}x\sin nx\,dx$$

$$=\frac{2}{\pi}\left\{\left[x\cdot\left(-\frac{1}{n}\cos nx\right)\right]_0^{\pi}-\int_0^{\pi}1\cdot\left(-\frac{1}{n}\cos nx\right)dx\right\}$$

$$=\frac{2}{\pi}\left\{-\frac{\pi}{n}\cos n\pi+\left[\frac{1}{n^2}\sin nx\right]_0^{\pi}\right\}$$

$$=\frac{2}{\pi}\left\{-\frac{\pi}{n}(-1)^n+0\right\}=\frac{2}{n}(-1)^{n-1}$$

よって，求めるフーリエ展開は

$$f(x)\sim\frac{a_0}{2}+\sum_{n=1}^{\infty}(a_n\cos nx+b_n\sin nx)$$

$$=\sum_{n=1}^{\infty}b_n\sin nx=\sum_{n=1}^{\infty}\frac{2}{n}(-1)^{n-1}\sin nx \quad \cdots\cdots〔答〕$$

(2)　$f(x)=\displaystyle\sum_{n=1}^{\infty}\frac{2}{n}(-1)^{n-1}\sin nx$ に $x=\dfrac{\pi}{2}$ を代入すると

❖アドバイス❖

← $f(x)$ が奇関数ならば
$\displaystyle\int_{-a}^{a}f(x)\,dx=0$
$f(x)$ が偶関数ならば
$\displaystyle\int_{-a}^{a}f(x)\,dx=2\int_0^{a}f(x)\,dx$

← $\cos n\pi=(-1)^n$

$$f\left(\frac{\pi}{2}\right)=\sum_{n=1}^{\infty}\frac{2}{n}(-1)^{n-1}\sin\frac{n\pi}{2}$$

よって

$$\frac{\pi}{2}=\sum_{k=1}^{\infty}\frac{2}{2k-1}(-1)^{2k-2}\sin\frac{(2k-1)\pi}{2}$$

$$=\sum_{k=1}^{\infty}\frac{2}{2k-1}\sin\frac{(2k-1)\pi}{2}$$

$$=2\sum_{k=1}^{\infty}\frac{1}{2k-1}(-1)^{k-1}$$

$$=2\left(1-\frac{1}{3}+\frac{1}{5}-\cdots\right)$$

したがって

$$\pi=4\left(1-\frac{1}{3}+\frac{1}{5}-\cdots\right)$$

⬅ $\sin m\pi=0$（m は整数）
$\sin\frac{(2k-1)\pi}{2}$ は
$\begin{cases} k=1,\ 3,\ 5,\ \cdots \text{ のときは } +1 \\ k=2,\ 4,\ 6,\ \cdots \text{ のときは } -1 \end{cases}$
$\therefore\ \sin\frac{(2k-1)\pi}{2}=(-1)^{k-1}$

（参考） 上の結果より次のことがわかる。

$$1-\frac{1}{3}+\frac{1}{5}-\frac{1}{7}+\cdots=\frac{\pi}{4}$$

◉ワンポイント解説（フーリエ展開）◉

周期 $2L$ の周期関数 $f(x)$ に対して，**フーリエ係数**を次式で定める。

$$a_0=\frac{1}{L}\int_{-L}^{L}f(x)dx$$

$$a_n=\frac{1}{L}\int_{-L}^{L}f(x)\cos\frac{n\pi x}{L}dx\quad(n=1,\ 2,\ \cdots)$$

$$b_n=\frac{1}{L}\int_{-L}^{L}f(x)\sin\frac{n\pi x}{L}dx\quad(n=1,\ 2,\ \cdots)$$

$f(x)$ の連続点においては，次の等式が成り立つ。

$$f(x)=\frac{a_0}{2}+\sum_{n=1}^{\infty}\left(a_n\cos\frac{n\pi x}{L}+b_n\sin\frac{n\pi x}{L}\right)$$

この右辺の級数を $f(x)$ の**フーリエ級数**または**フーリエ展開**といい，

$$f(x)\sim\frac{a_0}{2}+\sum_{n=1}^{\infty}\left(a_n\cos\frac{n\pi x}{L}+b_n\sin\frac{n\pi x}{L}\right)$$

と表す。

フーリエ展開の式からフーリエ係数を自分で導けるようにしておこう。

集中ゼミ　ローラン展開

［定理（ローラン展開）］

$f(z)$ は同心円環領域：$r<|z-a|<R$（$0\leqq r<R\leqq\infty$）で正則ならば

$$f(z)=\sum_{n=-\infty}^{\infty}c_n(z-a)^n$$

とただ一通りに展開できる。

ここで，$c_n=\dfrac{1}{2\pi i}\displaystyle\oint_{|z-a|=r_1}\dfrac{f(z)}{(z-a)^{n+1}}dz$　（$r<r_1<R$）

ところで，実際にローラン展開をするとき，係数 $c_n=\dfrac{1}{2\pi i}\displaystyle\oint_{|z-a|=r_1}\dfrac{f(z)}{(z-a)^{n+1}}dz$ を計算してからローラン展開を求めることはほとんどありません。上の定理における「**ただ一通りに**」という部分に注意しましょう。展開式は一通りしかないのだから，**とにかく与えられた関数に収束する級数をつくってしまえばいい**わけです。その際，以下に示す無限等比級数の公式がしばしば活躍します。

［公式］（無限等比級数）

無限等比級数：$1+r+r^2+\cdots$ は

$|r|<1$ のときに限り収束して，和は $\dfrac{1}{1-r}$ である。

この公式によれば，$|r|<1$ のとき，$\dfrac{1}{1-r}$ は

$$\frac{1}{1-r}=1+r+r^2+\cdots$$

というように級数展開できるというわけです。以下，具体例で見ておきましょう。

例題

$f(z)=\dfrac{z}{(z-1)(z+2)}$ を，次の各領域で，$z=0$ を中心として展開せよ。

(1)　$|z|<1$　　　　(2)　$1<|z|<2$

（解）　$f(z)=\dfrac{z}{(z-1)(z+2)}=\dfrac{1}{3}\left(\dfrac{1}{z-1}+\dfrac{2}{z+2}\right)$

(1)　$|z|<1$ より

$$\frac{1}{z-1}=-\frac{1}{1-z}=-(1+z+z^2+\cdots)=-1-z-z^2-\cdots$$

同様に，$\left|-\dfrac{z}{2}\right|<\dfrac{1}{2}<1$ より

$$\frac{2}{z+2}=\frac{1}{1-\left(-\dfrac{z}{2}\right)}=1-\frac{z}{2}+\left(-\frac{z}{2}\right)^2-\cdots=1-\frac{z}{2}+\frac{z^2}{4}-\cdots$$

よって

$$f(z)=\frac{z}{(z-1)(z+2)}=\frac{1}{3}\left(\frac{1}{z-1}+\frac{2}{z+2}\right)$$

$$=\frac{1}{3}\left\{(-1-z-z^2-\cdots)+\left(1-\frac{z}{2}+\frac{z^2}{4}-\cdots\right)\right\}$$

$$=-\frac{1}{2}z-\frac{1}{4}z^2-\cdots$$

（注） この場合は，$f(z)$ の $z=0$ を中心とするテーラー展開である。

(2) $1<|z|<2$ より，$\left|\dfrac{1}{z}\right|<1$

$$\therefore\quad \frac{1}{z-1}=\frac{1}{z}\cdot\frac{1}{1-\dfrac{1}{z}}=\frac{1}{z}\left(1+\frac{1}{z}+\frac{1}{z^2}+\cdots\right)=\frac{1}{z}+\frac{1}{z^2}+\frac{1}{z^3}+\cdots$$

同様に，$\left|-\dfrac{z}{2}\right|<1$ より

$$\frac{2}{z+2}=1-\frac{z}{2}+\frac{z^2}{4}-\cdots$$

よって

$$f(z)=\frac{z}{(z-1)(z+2)}=\frac{1}{3}\left(\frac{1}{z-1}+\frac{2}{z+2}\right)$$

$$=\frac{1}{3}\left\{\left(\frac{1}{z}+\frac{1}{z^2}+\frac{1}{z^3}+\cdots\right)+\left(1-\frac{z}{2}+\frac{z^2}{4}-\cdots\right)\right\}$$

$$=\cdots+\frac{1}{3}z^{-3}+\frac{1}{3}z^{-2}+\frac{1}{3}z^{-1}+\frac{1}{3}-\frac{1}{6}z+\frac{1}{12}z^2-\cdots$$

第8章の過去問実践演習 ▶解答は p. 253

《複素数と複素平面》

[8A－01]　-4 の 4 乗根をすべて求めよ。

〈大阪府立大学〉

[8A－02]　次の条件を満たす点 $z=x+iy$ の存在範囲を図示せよ。

$\mathrm{Re}(z^2)<1$

〈大阪府立大学〉

[8A－03]　次の問いに答えよ。ただし z, w は複素数とし，i は虚数単位とする。

(1)　$|5z-i|=|3z-7i|$ なる方程式を満足する z を複素平面上で図示し，どのような図形となるか答えよ。

(2)　z に対し，$w=\dfrac{\dfrac{\sqrt{3}}{3}z-1}{2z+2\sqrt{3}}$ なる変数変換を行った場合，w が満たす方程式を複素平面上で図示せよ。

〈大阪大学－工学部〉

[8A－04]　a, b, c, d, e, f, g, h はすべて実数で $d\neq 0$ とする。このとき，複素数 z についての方程式

$$\frac{a^2}{z-e}+\frac{b^2}{z-f}+\frac{c^2}{z-g}=d^2z+h \quad \cdots\cdots(*)$$

を考える。次の問いに答えよ。

(1)　z を 1 つの複素数とするとき，その共役複素数 $\bar{z}$ が満たす方程式を求めよ。

(2)　上の方程式で（$*$）の解はすべて実数であることを示せ。

〈大阪大学－工学部〉

《複素解析》

[8B－01]　複素変数 z のべき関数 $f(z)=z^i\ (i=\sqrt{-1})$ において，$f(i)$ の値をすべて求めよ。

〈筑波大学〉

[8B−02] 留数解析を用いて次の積分値を求めよ。

$$\int_{-\infty}^{\infty}\frac{x^4}{1+x^6}dx=\int_{-\infty}^{\infty}\frac{x^4}{(x^2+1)(x^4-x^2+1)}dx$$

〈大阪府立大学〉

[8B−03] $a>1$ のとき，複素積分を用いて次の積分の値を求めよ。

$$\int_0^{2\pi}\frac{1}{a+\sin\theta}d\theta$$

〈大阪府立大学〉

[8B−04] 次の積分の値を求めたい。

$$I(p)=\int_0^{2\pi}\frac{1}{1-2p\cos\theta+p^2}d\theta,\quad 0<p<1$$

(1) 関係式 $\cos\theta=\dfrac{1}{2}(e^{i\theta}+e^{-i\theta})$ および $\dfrac{d}{d\theta}e^{i\theta}=ie^{i\theta}$ を利用して，$I(p)$ を複素平面内の単位円周 C に沿っての線積分 $I(p)=\int_C F(z)dz$ と書き換えるには，$F(z)$をどう定めたらよいか。

(2) 積分 $I(p)$ の値を求めよ。

〈九州大学－工学部〉

[8B−05] 複素数 $z=x+iy$（i は虚数単位）に対して定義された複素関数 $f(z)$ は正則であり，その実部 $u=u(x,\ y)$，虚部 $v=v(x,\ y)$ は

$u(x,\ y)=x^3-3xy^2+x$，$v(0,\ 0)=0$ を満たすという。以下の問いに答えよ。

(1) $v(x,\ y)$ を求めよ。必要があれば，$f(z)$ が Cauchy-Riemann の関係式

$$\frac{\partial u}{\partial x}=\frac{\partial v}{\partial y},\quad \frac{\partial u}{\partial y}=-\frac{\partial v}{\partial x}$$

を満たすことを用いてよい。

(2) $f(z)$ を求めよ。

(3) C を複素平面上の単位円周，C の向きを反時計回りとするとき，複素積分

$$\int_C\frac{f(z)}{z^2}dz$$

の値を計算せよ。

〈筑波大学〉

[8B－06]　(1)　次の式が成り立つことを示せ。

$$\int_{-\infty}^{\infty} e^{-x^2}dx=\sqrt{\pi}$$

(2)　複素関数 $f(z)=e^{-z^2}$ を右図の四辺形に沿って積分することにより，次の定積分の値を求めよ。ただし，$a>0$，$b>0$，$i=\sqrt{-1}$ である。

$$\int_{-\infty}^{\infty} e^{-2ibx-x^2}dx$$

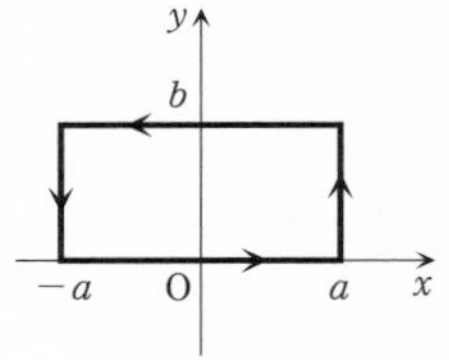

〈筑波大学〉

[8B－07]　$z=x+yi$（x，y は実数）を複素数，その共役複素数を $\bar{z}$ とする。ただし，i を虚数単位とする。

(1)　$f(z)=xy+i(x^2-y^2)$ のとき，$f(-1+2i)$ を求めよ。

(2)　$f(z)=z+z^2+z\bar{z}$ のとき，$f(2+i)$ を求めよ。

(3)　$f(z)=x^2-y^2+2ixy$ のとき，微分可能ならば導関数を求めよ。微分不可能ならその理由を述べよ。

(4)　定積分 $\int_C z^3dz$ の値を求めよ。ただし，C は複素数平面上で原点を中心とする半径 r の円周上を $z=r$ から $z=ir$ まで反時計回りに $\frac{1}{4}$ 周する経路とする。

〈和歌山大学〉

[8B－08]　次の各問いに答えよ。

(1)　$f(z)=\frac{1}{z}$ の $0<|z-2|<2$ におけるローラン展開を求めよ。すなわち，$f(z)=\sum_{k=-\infty}^{\infty} c_k(z-2)^k$ の形に表せ。

(2)　複素積分 $\int_C \frac{e^{z^2-z+1}}{(z-1)^2}dz$ を求めよ。ただし，曲線 C は中心が原点で半径が 2 の円周（反時計回り）とする。

〈和歌山大学〉

[8B－09]　複素平面上の中心 a，半径 r の半円 $C_r(a)$ を
$C_r(a)=\{z=a+re^{i\theta}\,;\,0\leqq\theta\leqq\pi\}$ で定める。ただし，$i=\sqrt{-1}$ である。

(1)　正則関数 $f(z)$ に対して次式を示せ。$z=a+\varepsilon e^{i\theta}$ とおいて考えよ。

$$\lim_{\varepsilon\to 0}\int_{C_\varepsilon(a)}\frac{f(z)}{z-a}dz=i\pi f(a)$$

(2)　不等式 $\dfrac{2}{\pi}\theta\leqq\sin\theta\ \left(0\leqq\theta\leqq\dfrac{\pi}{2}\right)$ が成立することを示せ。

(3)　(2)の結果を用いて次式を証明せよ。

$$\lim_{R\to\infty}\int_{C_R(0)}\frac{e^{iz}}{z}dz=0$$

(4)　関数 $\dfrac{e^{iz}}{z}$ の積分を図の矢印に示す道に沿って考えることにより，定積分 $\displaystyle\int_0^\infty\frac{\sin x}{x}dx$ の値を計算せよ。

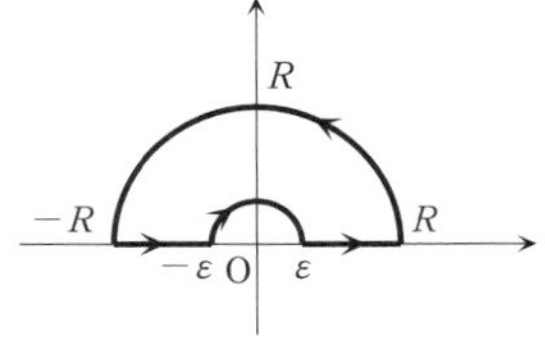

〈九州大学－工学部〉

[8B－10]　i を虚数単位（$i^2=-1$），$z=x+iy$（x，y は実数）を複素変数とするとき，以下の設問に答えよ。

(1)　次の複素数を $x+iy$ の形に表せ。

$$\left(\frac{3+4i}{1-2i}\right)^2+\frac{1}{(1+i)^2}$$

(2)　次の方程式の解をそれぞれ求めよ。ただし，log は自然対数，e は自然対数の底とする。

(a)　$\log z=-i\dfrac{\pi}{2}$　　　　(b)　$e^z=1-i$

(3)　次の関数 $f(z)$ の特異点をすべて求め，それらの点における留数を求めよ。

$$f(z)=\frac{z^2-1}{z^2+1}$$

(4)　次の積分の値を求めよ。ただし，積分路は正方向とする。

$$\int_{|z|=2}\frac{z^3+3z+1}{z^4-5z^2}dz$$

〈京都大学－工学部〉

《ベクトル解析》

[8C－01]　(1)　スカラー場 $f=\dfrac{x^2+y^2+z^2}{2}$ の勾配 ∇f とラプラシアン $\nabla^2 f$ を求めよ。

(2)　ベクトル場 $\boldsymbol{A}=e^{xy}\boldsymbol{i}+e^{yz}\boldsymbol{j}+e^{zx}\boldsymbol{k}$ の発散 $\nabla\cdot\boldsymbol{A}$ と回転 $\nabla\times\boldsymbol{A}$ を求めよ。

〈金沢大学－物理学科〉

[8C－02]　次の線積分を C の経路で求めよ。

$$\int_{(1,\ 0)}^{(0,\ 2)}(x\,dy-y\,dx)\quad\left(C: x^2+\frac{y^2}{4}=1,\ y\geqq 0\right)$$

〈京都府立大学〉

[8C－03]　C を長方形：$1\leqq x\leqq 3,\ 0\leqq y\leqq 5$ の周辺とするとき，次の線積分を C の経路で求めよ。

$$\oint_C(xy\,dx-2xy\,dy)$$

〈京都府立大学〉

[8C－04]　次の問いに答えよ。

(1)　次の領域 R を図示し，その面積を求めよ。

$R:\sqrt{x}+\sqrt{y}\leqq 1,\ x,\ y\geqq 0$

(2)　次の曲線 $C: x=\cos^4\theta,\ y=\sin^4\theta,\ 0\leqq\theta\leqq\dfrac{\pi}{2}$ に沿っての線積分

$$\int_C(x\,dy-y\,dx)$$

の値を求めよ。

〈九州大学－工学部〉

[8C－05] $u(x,\ y,\ z)=\sqrt{x^2+y^2+z^2}$ で表される関数がある。次の設問に答えよ。

(1) grad u を求めよ。また，求めたベクトルが $u(x,\ y,\ z)=c$（c：定数）で定義される曲面に対し，幾何学的にどのようなベクトルかを述べよ。

ここで $\mathrm{grad}\,u=\dfrac{\partial u}{\partial x}\boldsymbol{i}+\dfrac{\partial u}{\partial y}\boldsymbol{j}+\dfrac{\partial u}{\partial z}\boldsymbol{k}$ を表し，$\boldsymbol{i}$，$\boldsymbol{j}$，$\boldsymbol{k}$ はそれぞれ x，y，z 軸方向の単位ベクトルである。

(2) $\mathrm{grad}\,u\cdot\boldsymbol{v}=0$ を満たすベクトル $\boldsymbol{v}$ は grad u とどのような関係にあるかを文章で説明せよ。ただし，“・” は内積を表している。

(3) 次のベクトル $\boldsymbol{l}$ と $u(x,\ y,\ z)=c$（c：定数）で定義される曲面との幾何学的関係を図示して述べよ。ただし，$\boldsymbol{v}$ は(2)で定義されるベクトルである。

$$\boldsymbol{l}=x\boldsymbol{i}+y\boldsymbol{j}+z\boldsymbol{k}+\boldsymbol{v}$$

〈北海道大学－工学部〉

[8C－06] 関数 f が（x，y，z）のスカラー関数であるとき，grad(f) という演算を以下のように定義する。

$$\mathrm{grad}(f)=\left(\frac{\partial f}{\partial x}\right)\boldsymbol{i}+\left(\frac{\partial f}{\partial y}\right)\boldsymbol{j}+\left(\frac{\partial f}{\partial z}\right)\boldsymbol{k}$$

ここで，$\boldsymbol{i}$，$\boldsymbol{j}$，$\boldsymbol{k}$ はそれぞれ x，y，z 軸方向の単位ベクトルである。

以下の設問に答えよ。

(1) f，h が（x，y，z）のスカラー関数であるとき，h が 0 でない領域で，

$$\mathrm{grad}\left(\frac{f}{h}\right)=\frac{h\cdot\mathrm{grad}(f)-f\cdot\mathrm{grad}(h)}{h^2}$$

であることを証明せよ。

(2) (1)の結果を用いて，点（1，1，1）における

$$\mathrm{grad}\left(\frac{-x^2+y^2+z-2}{x+y^2-z+1}\right)$$

の値を計算せよ。

〈北海道大学－工学部〉

［8C－07］　円柱座標（r, θ, z）が直交座標（x, y, z）によって定義されるとき，(1)から(3)の問いに答えよ。円柱座標（r, θ, z）と直交座標（x, y, z）の関係は以下の通りである。

$$x=r\cos\theta,\ y=r\sin\theta,\ z=z\quad (r\geqq 0,\ 0\leqq\theta\leqq 2\pi)$$

(1)　円柱座標（r, θ, z）が直交曲線座標であることを示せ。

(2)　円柱座標（r, θ, z）の基本ベクトル $\boldsymbol{u}$, $\boldsymbol{v}$, $\boldsymbol{w}$ を求めよ。

(3)　曲面 $z=x^2+y^2$ と $z=18-(x^2+y^2)$ で囲まれた領域を V とするとき，積分

$$\int_V \sqrt{x^2+y^2}\,dV$$

の値を求めよ。

〈北海道大学－工学部〉

［8C－08］　2変数関数 $z=x^2-y^2$ について次の設問に答えよ。

(1)　$z=x^2-y^2$ のグラフの表す曲面の xy 平面 $z=0$ による切り口はどんな図形になるか，方程式と図で説明せよ。

(2)　$z=x^2-y^2$ のグラフの表す曲面と，柱面 $x^2+y^2=1$ と xy 平面 $z=0$ で囲まれる立体図形：$0\leqq z\leqq x^2-y^2$, $x^2+y^2\leqq 1$ の体積を求めよ。

(3)　$z=x^2-y^2$ のグラフの作る曲面が，柱面 $x^2+y^2=1$ で切り取られる部分：$z=x^2-y^2$, $x^2+y^2\leqq 1$ の曲面積を求めよ。

〈九州大学－工学部〉

《フーリエ級数》

［8D－01］　図1に示す周期が 2π の関数

$$y(x)=\begin{cases}-x & (-\pi<x\leqq 0)\\ x & (0<x\leqq\pi)\end{cases}$$

のフーリエ級数を求めよ。

〈北海道大学－工学部〉

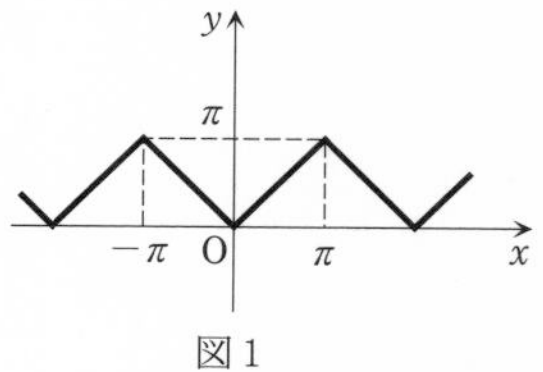

図1

［8D－02］　$f(x)=|\sin x|$ をフーリエ級数展開せよ。

〈北海道大学－工学部〉

過去問実践演習
の解答

第1章
1変数の微分積分

（A）基本問題

[1A－01]　（極限値，定積分の計算）

(1) $\displaystyle \lim_{x\to 0}\frac{\sin x+\cos x-e^x}{x\sin x}$

$\displaystyle =\lim_{x\to 0}\frac{\cos x-\sin x-e^x}{\sin x+x\cos x}$

（∵　ロピタルの定理）

$\displaystyle =\lim_{x\to 0}\frac{-\sin x-\cos x-e^x}{\cos x+(\cos x-x\sin x)}$

（∵　ロピタルの定理）

$\displaystyle =\frac{-2}{2}=-1$　……〔答〕

(2) $\displaystyle \int_1^3\frac{x^3-3x+1}{\sqrt{x-1}}dx$ において

$x-1=t$ とおくと，$dx=dt$

また，$x:1\to 3$ のとき $t:0\to 2$

よって

$$\int_1^3\frac{x^3-3x+1}{\sqrt{x-1}}dx$$
$$=\int_0^2\frac{(t+1)^3-3(t+1)+1}{\sqrt{t}}dt$$
$$=\int_0^2\frac{t^3+3t^2-1}{\sqrt{t}}dt=\int_0^2(t^{\frac{5}{2}}+3t^{\frac{3}{2}}-t^{-\frac{1}{2}})dt$$
$$=\left[\frac{2}{7}t^{\frac{7}{2}}+\frac{6}{5}t^{\frac{5}{2}}-2t^{\frac{1}{2}}\right]_0^2$$
$$=\frac{2}{7}\cdot 8\sqrt{2}+\frac{6}{5}\cdot 4\sqrt{2}-2\sqrt{2}$$
$$=\frac{178}{35}\sqrt{2}$$
……〔答〕

（注）　厳密には $x=1$ が特異点の広義積分。

[1A－02]

(1) **（第 n 次導関数）**

ライプニッツの公式より

$$f^{(n)}(x)=\sum_{k=0}^{n}{}_nC_k x^{(k)}(e^{ax})^{(n-k)}$$
$$=x(e^{ax})^{(n)}+{}_nC_1x'(e^{ax})^{(n-1)}$$
$$=x\cdot a^ne^{ax}+n\cdot 1\cdot a^{n-1}e^{ax}$$
$$=a^{n-1}(ax+n)e^{ax}$$
……〔答〕

(2) **（不定積分）**

$\displaystyle \frac{3x^2-5x+4}{(x-1)(x^2+1)}=a\frac{1}{x-1}+\frac{bx+c}{x^2+1}$ とおくと

$$3x^2-5x+4=a(x^2+1)+(bx+c)(x-1)$$
$$=(a+b)x^2+(-b+c)x+(a-c)$$

よって $\begin{cases}a+b=3\\-b+c=-5\\a-c=4\end{cases}$

これを解くと　$a=1$，$b=2$，$c=-3$

したがって

$$f(x)=\frac{1}{x-1}+\frac{2x-3}{x^2+1}$$
$$=\frac{1}{x-1}+\frac{2x}{x^2+1}-\frac{3}{x^2+1}$$

であるから

$$\int f(x)dx$$
$$=\int\left(\frac{1}{x-1}+\frac{2x}{x^2+1}-\frac{3}{x^2+1}\right)dx$$
$$=\log|x-1|+\log(x^2+1)-3\tan^{-1}x+C$$

（C は積分定数）　……〔答〕

[1A－03]

(1) **（数列の極限）**

$$\lim_{n\to\infty}\left(1+\frac{1}{n}\right)^{2n}=\lim_{n\to\infty}\left\{\left(1+\frac{1}{n}\right)^n\right\}^2$$
$$=e^2$$
……〔答〕

〔自然対数の底 e の定義と基本公式〕

定義：$\displaystyle e=\lim_{n\to\infty}\left(1+\frac{1}{n}\right)^n$　（$=2.71\cdots$）

公式：

① $\displaystyle \lim_{x\to+\infty}\left(1+\frac{1}{x}\right)^x=e$

② $\displaystyle \lim_{t\to 0}(1+t)^{\frac{1}{t}}=e$

③ $\displaystyle \lim_{h\to 0}\frac{e^h-1}{h}=1$

(2) **（不定積分）**

$\displaystyle \int\cos\sqrt{x}\,dx$ において，$\sqrt{x}=t$ とおくと

$x=t^2$ より，$dx=2tdt$

よって

$$\int\cos\sqrt{x}\,dx$$
$$=\int\cos t\cdot 2tdt=\int 2t\cos tdt$$
$$=2t\sin t-\int 2\sin tdt$$
$$=2t\sin t+2\cos t+C$$
$$=2\sqrt{x}\sin\sqrt{x}+2\cos\sqrt{x}+C$$

（C は積分定数）　……〔答〕

[1A－04]（定積分）

(1)　和積公式より

$$\int_{-\pi}^{\pi}\sin mx\sin nx\,dx \quad (m,\ n\ \text{は自然数})$$

$$=-\frac{1}{2}\int_{-\pi}^{\pi}\{\cos(m+n)x-\cos(m-n)x\}\,dx \quad \cdots\cdots(*)$$

(i)　$m\neq n$ のとき；

$$(*)=-\frac{1}{2}\left[\frac{1}{m+n}\sin(m+n)x-\frac{1}{m-n}\sin(m-n)x\right]_{-\pi}^{\pi}$$

$$=0$$

(ii)　$m=n$ のとき；

$$(*)=-\frac{1}{2}\int_{-\pi}^{\pi}(\cos 2mx-1)\,dx$$

$$=-\frac{1}{2}\left[\frac{1}{2m}\sin 2mx-x\right]_{-\pi}^{\pi}$$

$$=-\frac{1}{2}(-\pi-\pi)=\pi$$

(i)，(ii)より

$$\int_{-\pi}^{\pi}\sin mx\sin nx\,dx \quad (m,\ n\ \text{は自然数})$$

$$=\begin{cases}0 & (m\neq n)\\ \pi & (m=n)\end{cases} \quad \cdots\cdots〔答〕$$

〔加法定理と和積公式〕

和積公式は覚える必要はない。必要な時に必要な公式だけ自分で導いて使う。

本問の場合：

$$\cos(\alpha+\beta)=\cos\alpha\cos\beta-\sin\alpha\sin\beta$$

$$-)\ \cos(\alpha-\beta)=\cos\alpha\cos\beta+\sin\alpha\sin\beta$$

$$\cos(\alpha+\beta)-\cos(\alpha-\beta)=-2\sin\alpha\sin\beta$$

よって

$$\sin\alpha\sin\beta$$

$$=-\frac{1}{2}\{\cos(\alpha+\beta)-\cos(\alpha-\beta)\}$$

なお，答案には断りなく使ってよい。

(2)　部分積分法により

$$\int_{1}^{e}x\cdot(\log x)^2dx$$

$$=\left[\frac{x^2}{2}(\log x)^2\right]_1^e-\int_1^e\frac{x^2}{2}2(\log x)\frac{1}{x}dx$$

$$=\frac{e^2}{2}-\int_1^e x\log x\,dx$$

$$=\frac{e^2}{2}-\left(\left[\frac{x^2}{2}\log x\right]_1^e-\int_1^e\frac{x^2}{2}\frac{1}{x}dx\right)$$

$$=\frac{e^2}{2}-\left(\frac{e^2}{2}-\int_1^e\frac{x}{2}dx\right)=\int_1^e\frac{x}{2}dx$$

$$=\left[\frac{x^2}{4}\right]_1^e=\frac{e^2-1}{4} \quad \cdots\cdots〔答〕$$

(3)　$\displaystyle\int_0^1\sin^{-1}x\,dx$

$$=\int_0^1 1\cdot\sin^{-1}x\,dx$$

$$=\left[x\sin^{-1}x\right]_0^1-\int_0^1 x\cdot\frac{1}{\sqrt{1-x^2}}dx$$

$$=\sin^{-1}1-\left[-\sqrt{1-x^2}\right]_0^1=\frac{\pi}{2}-1 \quad \cdots\cdots〔答〕$$

[1A－05]（関数の極限）

(1)　$\displaystyle\lim_{x\to0}\frac{\sin x}{x}=\lim_{x\to0}\frac{\cos x}{1}=1 \quad \cdots\cdots〔答〕$

(2)　まず，$\displaystyle\lim_{x\to0}\log\left(\frac{\sin x}{x}\right)^{\frac{1}{x^2}}$ を計算する。

$$\lim_{x\to0}\log\left(\frac{\sin x}{x}\right)^{\frac{1}{x^2}}=\lim_{x\to0}\frac{1}{x^2}\log\left(\frac{\sin x}{x}\right)$$

$$=\lim_{x\to0}\frac{\log\left(\frac{\sin x}{x}\right)}{x^2}$$

$$=\lim_{x\to0}\frac{\frac{x}{\sin x}\cdot\frac{\cos x\cdot x-\sin x\cdot 1}{x^2}}{2x} \quad (\text{ロピタル})$$

$$=\lim_{x\to0}\frac{x\cos x-\sin x}{2x^2\sin x}$$

$$=\lim_{x\to0}\frac{(\cos x-x\sin x)-\cos x}{4x\sin x+2x^2\cos x} \quad (\text{ロピタル})$$

$$=\lim_{x\to0}\frac{-x\sin x}{4x\sin x+2x^2\cos x}$$

$$=\lim_{x\to0}\frac{-\frac{\sin x}{x}}{4\frac{\sin x}{x}+2\cos x}=\frac{-1}{4+2}=-\frac{1}{6}$$

$\displaystyle\lim_{x\to0}\log\left(\frac{\sin x}{x}\right)^{\frac{1}{x^2}}=-\frac{1}{6}$ より

$$\lim_{x\to0}\left(\frac{\sin x}{x}\right)^{\frac{1}{x^2}}=e^{-\frac{1}{6}} \quad \cdots\cdots〔答〕$$

[1A－06]（不定積分）

$$\frac{3x^2-x+1}{(x+1)(x^2-2x+2)}=a\frac{1}{x+1}+\frac{bx+c}{x^2-2x+2}$$

とおくと

$$3x^2-x+1=a(x^2-2x+2)+(bx+c)(x+1)$$

$$=(a+b)x^2+(-2a+b+c)x+(2a+c)$$

$$\therefore\quad \begin{cases} a+b=3 \\ -2a+b+c=-1 \\ 2a+c=1 \end{cases}$$

これを解くと，$a=1$，$b=2$，$c=-1$
よって

$$I=\int\frac{3x^2-x+1}{(x+1)(x^2-2x+2)}dx$$
$$=\int\left(\frac{1}{x+1}+\frac{2x-1}{x^2-2x+2}\right)dx$$
$$=\int\left(\frac{1}{x+1}+\frac{2x-2}{x^2-2x+2}+\frac{1}{x^2-2x+2}\right)dx$$
$$=\int\left(\frac{1}{x+1}+\frac{2x-2}{x^2-2x+2}+\frac{1}{(x-1)^2+1}\right)dx$$
$$=\log|x+1|+\log(x^2-2x+2)$$
$$+\tan^{-1}(x-1)+C\quad (C\text{ は積分定数})$$

……〔答〕

[1A－07]　（積分の計算）

$x=\tan\theta$ とおくと，$dx=\dfrac{1}{\cos^2\theta}d\theta$

また，$x:0\to\infty$ のとき　$\theta:0\to\dfrac{\pi}{2}$

よって

$$\int_0^{\infty}\frac{dx}{(1+x^2)^4}$$
$$=\int_0^{\frac{\pi}{2}}\frac{1}{(1+\tan^2\theta)^4}\frac{1}{\cos^2\theta}d\theta$$
$$=\int_0^{\frac{\pi}{2}}\cos^8\theta\frac{1}{\cos^2\theta}d\theta$$
$$=\int_0^{\frac{\pi}{2}}\cos^6\theta d\theta=\int_0^{\frac{\pi}{2}}\left(\frac{1+\cos2\theta}{2}\right)^3d\theta$$
$$=\frac{1}{8}\int_0^{\frac{\pi}{2}}(1+3\cos2\theta+3\cos^2 2\theta+\cos^3 2\theta)\,d\theta$$
$$=\frac{1}{8}\int_0^{\frac{\pi}{2}}\left(\frac{5}{2}+4\cos2\theta+\frac{3}{2}\cos4\theta-\sin^2 2\theta\cos2\theta\right)d\theta$$
$$=\frac{1}{8}\left[\frac{5}{2}\theta+2\sin2\theta+\frac{3}{8}\sin4\theta-\frac{1}{6}\sin^3 2\theta\right]_0^{\frac{\pi}{2}}$$
$$=\frac{1}{8}\cdot\frac{5}{2}\cdot\frac{\pi}{2}=\frac{5}{32}\pi\quad\text{……〔答〕}$$

（注）　本問では広義積分は収束するものとして，定積分と同じような書き方をした。正確に答案を書くとすれば（本問の場合ややくどいが）

$$\int_0^{\infty}\frac{dx}{(1+x^2)^4}=\lim_{\beta\to\infty}\int_0^{\beta}\frac{dx}{(1+x^2)^4}$$

として

$x=\tan\theta$ とおくと，$dx=\dfrac{1}{\cos^2\theta}d\theta$

また，$x:0\to\beta$ のとき　$\theta:0\to\theta_0=\tan^{-1}\beta$ の置換積分で同様に計算を進めればよい。
すなわち

$$\int_0^{\infty}\frac{dx}{(1+x^2)^4}=\lim_{\beta\to\infty}\int_0^{\beta}\frac{dx}{(1+x^2)^4}$$
$$=\cdots\cdots\cdots\cdots\cdots$$
$$=\lim_{\beta\to\infty}\frac{1}{8}\left[\frac{5}{2}\theta+2\sin2\theta+\frac{3}{8}\sin4\theta-\frac{1}{6}\sin^3 2\theta\right]_0^{\theta_0}$$
$$=\frac{1}{8}\cdot\frac{5}{2}\cdot\frac{\pi}{2}=\frac{5}{32}\pi\quad\text{……〔答〕}$$

[1A－08]　（微分法の不等式への応用）

$f(x)=x-\log(1+x)$ とおくと

$$f'(x)=1-\frac{1}{1+x}=\frac{x}{1+x}$$

x	(-1)	$\cdots$	0	$\cdots$
$f'(x)$		$-$	0	$+$
$f(x)$		↘	0	↗

$\therefore\quad f(x)\geqq f(0)=0$
よって　$\log(1+x)\leqq x$

次に，$g(x)=\log(1+x)-\dfrac{x}{x+1}$ とおくと

$$g'(x)=\frac{1}{1+x}-\frac{1\cdot(x+1)-x\cdot1}{(x+1)^2}$$
$$=\frac{(x+1)-1}{(x+1)^2}=\frac{x}{(x+1)^2}$$

x	(-1)	$\cdots$	0	$\cdots$
$g'(x)$		$-$	0	$+$
$g(x)$		↘	0	↗

$\therefore\quad g(x)\geqq g(0)=0$

よって　$\dfrac{x}{x+1}\leqq\log(1+x)$

[1A－09]　（媒介変数で表された曲線）

$x=t-\sin t$，$y=1-\cos t$ より

$$\frac{dx}{dt}=1-\cos t,\quad \frac{dy}{dt}=\sin t$$

よって

$$\frac{dy}{dx}=\frac{\dfrac{dy}{dt}}{\dfrac{dx}{dt}}=\frac{\sin t}{1-\cos t}\quad\text{……〔答〕}$$

$$\frac{d^2y}{dx^2}=\frac{d}{dx}\left(\frac{dy}{dx}\right)$$

$$=\frac{\frac{d}{dt}\left(\frac{dy}{dx}\right)}{\frac{dx}{dt}}=\frac{\frac{d}{dt}\left(\frac{\sin t}{1-\cos t}\right)}{1-\cos t}$$

$$=\frac{\frac{\cos t\cdot(1-\cos t)-\sin t\cdot\sin t}{(1-\cos t)^2}}{1-\cos t}$$

$$=\frac{\frac{\cos t-(\sin^2 t+\cos^2 t)}{(1-\cos t)^2}}{1-\cos t}$$

$$=\frac{\frac{\cos t-1}{(1-\cos t)^2}}{1-\cos t}=\frac{-\frac{1}{1-\cos t}}{1-\cos t}$$

$$=-\frac{1}{(1-\cos t)^2}\quad\cdots\cdots〔答〕$$

［1A－10］（微分と積分の関係）

$$g(x)=\int_0^x (x-t)f(t)\,dt$$

$$=x\int_0^x f(t)\,dt-\int_0^x tf(t)\,dt$$

両辺を x で微分すると

$$g'(x)=\left\{1\cdot\int_0^x f(t)\,dt+x\cdot f(x)\right\}-xf(x)$$

$$=\int_0^x f(t)\,dt\quad\cdots\cdots〔答〕$$

$$g''(x)=\frac{d}{dx}\int_0^x f(t)\,dt=f(x)\quad\cdots\cdots〔答〕$$

(B) 標準問題

［1B－01］（極限）

(1) ロピタルの定理より

$$\lim_{x\to\infty}\frac{\log(x+1)}{x}$$

$$=\lim_{x\to\infty}\frac{1}{x+1}=0\quad\cdots\cdots〔答〕$$

(2) $\displaystyle\lim_{a\to\infty}\frac{1}{a^2}\int_1^{a+1}\log x\,dx$

$$=\lim_{a\to\infty}\frac{1}{a^2}\int_1^{a+1}1\cdot\log x\,dx$$

$$=\lim_{a\to\infty}\frac{1}{a^2}\left(\Big[x\log x\Big]_1^{a+1}-\int_1^{a+1}x\cdot\frac{1}{x}dx\right)$$

$$=\lim_{a\to\infty}\frac{1}{a^2}\{(a+1)\log(a+1)-a\}$$

$$=\lim_{a\to\infty}\left\{\left(1+\frac{1}{a}\right)\frac{\log(a+1)}{a}-\frac{1}{a}\right\}$$

$$=0\quad\cdots\cdots〔答〕$$

(3) まず $\displaystyle\lim_{n\to\infty}\log\{(n!)^{\frac{1}{n^2}}\}$ を計算する。

$$\lim_{n\to\infty}\log\{(n!)^{\frac{1}{n^2}}\}$$

$$=\lim_{n\to\infty}\frac{1}{n^2}\log(n!)=\lim_{n\to\infty}\frac{1}{n^2}\log(1\cdot2\cdot3\cdots n)$$

$$=\lim_{n\to\infty}\frac{1}{n^2}(\log1+\log2+\log3+\cdots+\log n)$$

$$=\lim_{n\to\infty}\frac{1}{n^2}\sum_{k=1}^{n}\log k$$

ここで

$$\log k<\int_k^{k+1}\log x\,dx<\log(k+1)$$

であることに注意する。

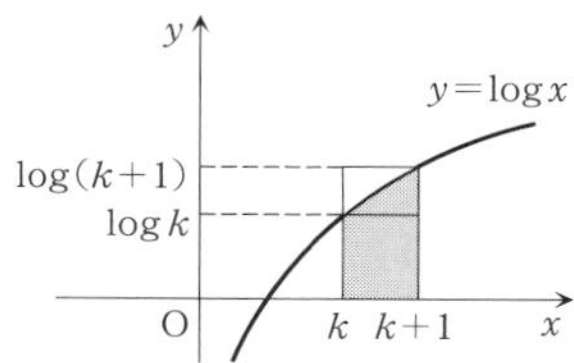

$\displaystyle\log k<\int_k^{k+1}\log x\,dx$ より

$$\sum_{k=1}^{n}\log k<\sum_{k=1}^{n}\int_k^{k+1}\log x\,dx$$

$$=\int_1^{n+1}\log x\,dx\quad\cdots\cdots①$$

また

$\displaystyle\int_k^{k+1}\log x\,dx<\log(k+1)$ より

$$\sum_{k=1}^{n}\int_k^{k+1}\log x\,dx<\sum_{k=1}^{n}\log(k+1)$$

$$=\sum_{k=0}^{n}\log(k+1)=\sum_{k=1}^{n+1}\log k$$

よって

$$\int_1^{n+1}\log x\,dx<\sum_{k=1}^{n}\log k+\log(n+1)\quad\cdots\cdots②$$

①，②より

$$\int_1^{n+1}\log x\,dx-\log(n+1)<\sum_{k=1}^{n}\log k<\int_1^{n+1}\log x\,dx$$

各辺を n^2 で割ると

$$\frac{1}{n^2}\int_1^{n+1}\log x\,dx-\frac{\log(n+1)}{n^2}<\frac{1}{n^2}\sum_{k=1}^{n}\log k<\frac{1}{n^2}\int_1^{n+1}\log x\,dx$$

ここで，(1)，(2)の結果より

$n\to\infty$ のとき

$$\frac{1}{n^2}\int_1^{n+1}\log x\,dx\to 0,\quad \frac{\log(n+1)}{n^2}\to 0$$

したがって，はさみうちの原理より

$$\lim_{n\to\infty}\frac{1}{n^2}\sum_{k=1}^{n}\log k=0$$

すなわち

$$\lim_{n\to\infty}\log\{(n\,!)^{\frac{1}{n^2}}\}=0$$

よって

$$\lim_{n\to\infty}(n\,!)^{\frac{1}{n^2}}=1\quad\cdots\cdots〔答〕$$

［1B－02］（マクローリン展開）

(1)　マクローリン展開の一般形は

$$f(x)=f(0)+\frac{f'(0)}{1\,!}x+\frac{f''(0)}{2\,!}x^2+\cdots+\frac{f^{(n)}(0)}{n\,!}x^n+\cdots$$

(2)　$(e^x)^{(n)}=e^x$ であるから

$$e^x=1+\frac{1}{1\,!}x+\frac{1}{2\,!}x^2+\cdots+\frac{1}{n\,!}x^n+\cdots$$
$$=1+x+\frac{x^2}{2\,!}+\cdots+\frac{x^n}{n\,!}+\cdots$$

(3)　(2)の結果より

$$e^x=1+x+\frac{x^2}{2\,!}+\frac{x^3}{3\,!}+\frac{x^4}{4\,!}+\cdots+\frac{x^{2n-2}}{(2n-2)!}+\frac{x^{2n-1}}{(2n-1)!}+\cdots$$

$$e^{-x}=1-x+\frac{x^2}{2\,!}-\frac{x^3}{3\,!}+\frac{x^4}{4\,!}-\cdots+\frac{x^{2n-2}}{(2n-2)!}-\frac{x^{2n-1}}{(2n-1)!}+\cdots$$

よって

$$\sinh x=\frac{e^x-e^{-x}}{2}$$
$$=\frac{1}{2}\left(2x+2\frac{x^3}{3\,!}+2\frac{x^5}{5\,!}+\cdots+2\frac{x^{2n-1}}{(2n-1)!}+\cdots\right)$$
$$=x+\frac{x^3}{3\,!}+\frac{x^5}{5\,!}+\cdots+\frac{x^{2n-1}}{(2n-1)!}+\cdots$$

［1B－03］（逆三角関数）

(1)　$\dfrac{dy}{dx}=\dfrac{1}{\dfrac{dx}{dy}}$ に注意する。

$y=\arcsin x\,(=\sin^{-1}x)$ より

$$x=\sin y\qquad\therefore\quad\frac{dx}{dy}=\cos y$$

ところで

$-\dfrac{\pi}{2}\leqq y\leqq\dfrac{\pi}{2}$ より，$\cos y\geqq 0$

よって

$$\frac{dx}{dy}=\cos y=\sqrt{1-\sin^2 y}=\sqrt{1-x^2}$$

したがって

$$\frac{dy}{dx}=\frac{1}{\dfrac{dx}{dy}}=\frac{1}{\sqrt{1-x^2}}$$

(2)　$$\int_0^1(\arcsin x)^2dx=\int_0^1 1\cdot(\arcsin x)^2dx$$
$$=\Big[x\cdot(\arcsin x)^2\Big]_0^1-\int_0^1 x\cdot 2(\arcsin x)\frac{1}{\sqrt{1-x^2}}dx$$
$$=(\arcsin 1)^2-2\int_0^1(\arcsin x)\frac{x}{\sqrt{1-x^2}}dx$$
$$=\left(\frac{\pi}{2}\right)^2-2\left(\Big[(\arcsin x)(-\sqrt{1-x^2})\Big]_0^1-\int_0^1\frac{1}{\sqrt{1-x^2}}(-\sqrt{1-x^2})dx\right)$$
$$=\frac{\pi^2}{4}-2\left(0+\int_0^1 dx\right)=\frac{\pi^2}{4}-2\quad\cdots\cdots〔答〕$$

［1B－04］（積分の計算）

(1)　次の2式に注意する。

$(e^{-x}\sin x)'=-e^{-x}\sin x+e^{-x}\cos x$……①

$(e^{-x}\cos x)'=-e^{-x}\cos x-e^{-x}\sin x$……②

①－② より

$$(e^{-x}\sin x-e^{-x}\cos x)'=2e^{-x}\cos x$$

よって

$$\int e^{-x}\cos x\,dx=\frac{1}{2}e^{-x}(\sin x-\cos x)+C$$

（C は積分定数）　……〔答〕

(2)　$|f(x)|=|e^{-x}\cos x|=e^{-x}|\cos x|$

（問題文に n は非負の偶数とあるが，結果はこの条件によらないので，n を一般の整数として解答する。）

$n\pi\leqq x\leqq n\pi+\dfrac{\pi}{2}$ のとき

$$|\cos x|=(-1)^n\cos x$$

$n\pi+\dfrac{\pi}{2}\leqq x\leqq(n+1)\pi$ のとき

$$|\cos x|=(-1)^{n+1}\cos x$$

であることに注意する。

$$\int_{n\pi}^{(n+1)\pi}|f(x)|\,dx=\int_{n\pi}^{(n+1)\pi}e^{-x}|\cos x|\,dx$$
$$=\int_{n\pi}^{n\pi+\frac{\pi}{2}}e^{-x}|\cos x|\,dx+\int_{n\pi+\frac{\pi}{2}}^{(n+1)\pi}e^{-x}|\cos x|\,dx$$

$$=\int_{n\pi}^{n\pi+\frac{\pi}{2}} e^{-x}(-1)^n\cos x\,dx + \int_{n\pi+\frac{\pi}{2}}^{(n+1)\pi} e^{-x}(-1)^{n+1}\cos x\,dx$$

$$=(-1)^n\left(\int_{n\pi}^{n\pi+\frac{\pi}{2}} e^{-x}\cos x\,dx - \int_{n\pi+\frac{\pi}{2}}^{(n+1)\pi} e^{-x}\cos x\,dx\right)$$

$$=(-1)^n\left(\left[\frac{1}{2}e^{-x}(\sin x-\cos x)\right]_{n\pi}^{n\pi+\frac{\pi}{2}} - \left[\frac{1}{2}e^{-x}(\sin x-\cos x)\right]_{n\pi+\frac{\pi}{2}}^{(n+1)\pi}\right)$$

$$=(-1)^n\frac{1}{2}\left[e^{-n\pi-\frac{\pi}{2}}(-1)^n-e^{-n\pi}(-1)^{n+1} - \{e^{-(n+1)\pi}(-1)^n-e^{-n\pi-\frac{\pi}{2}}(-1)^n\}\right]$$

(注)　$\sin n\pi=0,\ \cos n\pi=(-1)^n,$
$\sin\left(n\pi+\frac{\pi}{2}\right)=(-1)^n,$
$\cos\left(n\pi+\frac{\pi}{2}\right)=0$

$$=(-1)^n\frac{1}{2}\{2e^{-n\pi-\frac{\pi}{2}}(-1)^n - e^{-n\pi}(-1)^{n+1}-e^{-(n+1)\pi}(-1)^n\}$$

$$=\frac{1}{2}(2e^{-n\pi-\frac{\pi}{2}}+e^{-n\pi}-e^{-(n+1)\pi})$$

$$=\frac{1}{2}(2e^{-\frac{\pi}{2}}+1-e^{-\pi})e^{-n\pi}$$ ……〔答〕

［1B－05］（関数のグラフ）

(1)　$f(x)=x^2e^{ax}$ より

$$f'(x)=2x\cdot e^{ax}+x^2\cdot ae^{ax}=(ax^2+2x)e^{ax}=x(ax+2)e^{ax}$$ ……〔答〕

$$f''(x)=(2ax+2)\cdot e^{ax}+(ax^2+2x)\cdot ae^{ax}=(a^2x^2+4ax+2)e^{ax}$$ ……〔答〕

(2)　$a<0$ に注意して

$$\lim_{x\to+\infty}f(x)=\lim_{x\to+\infty}x^2e^{ax}=\lim_{x\to+\infty}\frac{x^2}{e^{-ax}}=0$$ ……〔答〕

(3)　$f'(x)=x(ax+2)e^{ax}=0$ とすると

$$x=0,\ -\frac{2}{a}$$

$f''(x)=(a^2x^2+4ax+2)e^{ax}=0$ とすると

$$x=\frac{-2a\pm\sqrt{4a^2-2a^2}}{a^2}=\frac{-2a\pm\sqrt{2}\sqrt{a^2}}{a^2}=\frac{-2a\pm\sqrt{2}(-a)}{a^2}\quad(\because\ a<0)$$

$$=-\frac{2\pm\sqrt{2}}{a}$$

よって，$f(x)$ の増減および凹凸は次のようになる。

x	…	0	…	α	…	$-\frac{2}{a}$	…	β	…
$f'(x)$	−	0	＋	＋	＋	0	−	−	−
$f''(x)$	＋	＋	＋	0	−	−	−	0	＋
$f(x)$	↘	0	↗		↗		↘		↘

$\left(\alpha=-\frac{2-\sqrt{2}}{a},\ \beta=-\frac{2+\sqrt{2}}{a}\right)$

したがって

極値は

極大値：$f\left(-\frac{2}{a}\right)=\frac{4}{a^2}e^{-2}$

極小値：$f(0)=0$

変曲点は

$$\left(-\frac{2-\sqrt{2}}{a},\ \frac{(2-\sqrt{2})^2}{a^2}e^{-(2-\sqrt{2})}\right),\quad \left(-\frac{2+\sqrt{2}}{a},\ \frac{(2+\sqrt{2})^2}{a^2}e^{-(2+\sqrt{2})}\right)$$

であり，グラフは次のようになる。

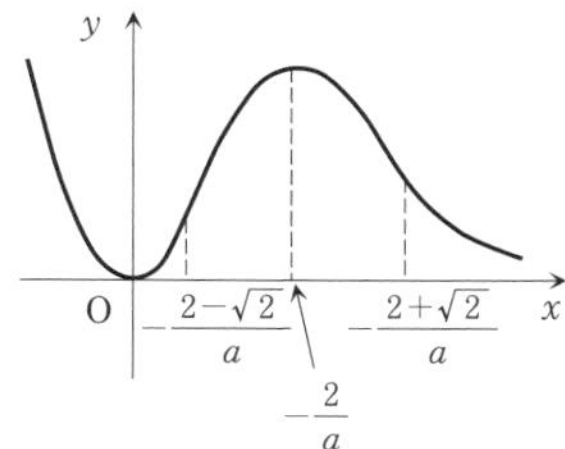

［1B－06］（定積分と数列）

$$f_n(x)=1+\sum_{k=1}^{n}\frac{x^{2k}}{2^kk!}$$ ……（＊）　とおく。

（Ⅰ）　$n=1$ のとき

$$f_1(x)=1+\int_0^x tf_0(t)\,dt=1+\int_0^x t\cdot1\,dt=1+\frac{x^2}{2}=1+\sum_{k=1}^{1}\frac{x^{2k}}{2^kk!}$$

よって，$n=1$ のとき（＊）は成り立つ。

（Ⅱ）　$n=l$ のとき（＊）が成り立つとする。

すなわち

$$f_l(x)=1+\sum_{k=1}^{l}\frac{x^{2k}}{2^k k!}\quad\cdots\cdots①$$

と仮定する。

$n=l+1$ のとき

$$\begin{aligned}f_{l+1}(x)&=1+\int_0^x tf_l(t)dt\\&=1+\int_0^x t\left(1+\sum_{k=1}^{l}\frac{t^{2k}}{2^k k!}\right)dt\quad(①より)\\&=1+\int_0^x\left(t+\sum_{k=1}^{l}\frac{t^{2k+1}}{2^k k!}\right)dt\\&=1+\frac{x^2}{2}+\sum_{k=1}^{l}\frac{1}{2^k k!}\frac{x^{2k+2}}{2k+2}\\&=1+\frac{x^2}{2}+\sum_{k=1}^{l}\frac{x^{2k+2}}{2^k\cdot 2\cdot(k+1)k!}\\&=1+\frac{x^2}{2}+\sum_{k=1}^{l}\frac{x^{2(k+1)}}{2^{k+1}(k+1)!}\\&=1+\frac{x^2}{2}+\sum_{k=2}^{l+1}\frac{x^{2k}}{2^k k!}\\&=1+\sum_{k=1}^{l+1}\frac{x^{2k}}{2^k k!}\end{aligned}$$

よって，$n=l$ のときも（＊）は成り立つ。

（Ⅰ），（Ⅱ）より，すべての自然数 n に対して（＊）は成り立つ。

［1B－07］（n 次導関数，マクローリン展開）

(1)　$f(x)=e^{ax}$ より，$f'(x)=ae^{ax}$，

$f''(x)=a^2e^{ax}$，$f'''(x)=a^3e^{ax}$，…

よって，$f^{(n)}(x)=a^ne^{ax}$　……〔答〕

(2)　$f^{(n)}(0)=a^n$　　$\therefore\quad \dfrac{f^{(n)}(0)}{n!}=\dfrac{a^n}{n!}$

よって

$$\begin{aligned}f(x)&=\sum_{k=0}^{\infty}\frac{a^n}{n!}x^n\\&=1+ax+\frac{a^2}{2!}x^2+\cdots+\frac{a^n}{n!}x^n+\cdots\end{aligned}$$

……〔答〕

(3)

$$\begin{aligned}&\sum_{n=N}^{\infty}\frac{x^n}{(n-N)!}\\&=\sum_{k=0}^{\infty}\frac{x^{N+k}}{k!}\quad(n-N=k\ と置き換えた)\\&=x^N\sum_{k=0}^{\infty}\frac{x^k}{k!}=x^Ne^x\quad\cdots\cdots〔答〕\end{aligned}$$

［1B－08］（導関数の定義）

(1)

$$\begin{aligned}(\log x)'&=\lim_{h\to 0}\frac{\log(x+h)-\log x}{h}\\&=\lim_{h\to 0}\frac{1}{h}\log\frac{x+h}{x}=\lim_{h\to 0}\frac{1}{h}\log\left(1+\frac{h}{x}\right)\\&=\lim_{t\to 0}\frac{1}{xt}\log(1+t)\\&\quad\left(ここで，t=\frac{h}{x}\ とおいた。\right)\\&=\lim_{t\to 0}\frac{1}{x}\cdot\frac{1}{t}\log(1+t)\\&=\lim_{t\to 0}\frac{1}{x}\cdot\log(1+t)^{\frac{1}{t}}\\&=\frac{1}{x}\cdot\log e\quad\left(\because\quad\lim_{t\to 0}(1+t)^{\frac{1}{t}}=e\right)\\&=\frac{1}{x}\quad\cdots\cdots〔答〕\end{aligned}$$

(2)

$$\begin{aligned}\left(\frac{f(x)}{g(x)}\right)'&=\lim_{h\to 0}\frac{\dfrac{f(x+h)}{g(x+h)}-\dfrac{f(x)}{g(x)}}{h}\\&=\lim_{h\to 0}\frac{f(x+h)g(x)-f(x)g(x+h)}{g(x+h)g(x)h}\\&=\lim_{h\to 0}\frac{1}{g(x+h)g(x)}\\&\qquad\cdot\frac{f(x+h)g(x)-f(x)g(x+h)}{h}\\&=\lim_{h\to 0}\frac{1}{g(x+h)g(x)}\left(\frac{f(x+h)-f(x)}{h}g(x)\right.\\&\qquad\left.-f(x)\frac{g(x+h)-g(x)}{h}\right)\\&=\frac{1}{g(x)g(x)}(f'(x)g(x)-f(x)g'(x))\\&=\frac{f'(x)g(x)-f(x)g'(x)}{g^2(x)}\end{aligned}$$

［1B－09］（マクローリン展開，項別積分）

(1)　$f(x)=\dfrac{1}{1+x}=(1+x)^{-1}$ より

$f'(x)=(-1)(1+x)^{-2}$，

$f''(x)=(-1)(-2)(1+x)^{-3}$

$f'''(x)=(-1)(-2)(-3)(1+x)^{-4}$

よって

$$\begin{aligned}f^{(n)}(x)&=(-1)(-2)\cdots(-n)(1+x)^{-(n+1)}\\&=(-1)^n n!\frac{1}{(1+x)^{n+1}}\quad\cdots\cdots〔答〕\end{aligned}$$

(2)　(1)より　$\dfrac{f^{(n)}(0)}{n!}=(-1)^n$

よって

$$f(x)=\sum_{n=0}^{\infty}\frac{f^{(n)}(0)}{n!}x^n=\sum_{n=0}^{\infty}(-1)^n x^n$$
$$=1-x+x^2-\cdots+(-1)^n x^n+\cdots$$

……〔答〕

次に

$$u_n=\left|\frac{f^{(n)}(0)}{n!}x^n\right|=|(-1)^n x^n|=|x|^n$$

とおくと

$$\lim_{n\to\infty}\frac{u_{n+1}}{u_n}=\lim_{n\to\infty}\frac{|x|^{n+1}}{|x|^n}=|x|$$

であるから，収束半径は1である。

……〔答〕

[別解] 無限等比級数の和の公式より

$$f(x)=\frac{1}{1+x}=\frac{1}{1-(-x)}$$
$$=1+(-x)+(-x)^2+\cdots+(-x)^n+\cdots$$
$$=1-x+x^2-\cdots+(-1)^n x^n+\cdots$$

……〔答〕

収束条件は $-1<x<1$ であるから

収束半径は1である。　……〔答〕

(3)　$\dfrac{1}{1+x}=1-x+x^2-\cdots+(-1)^n x^n+\cdots$

であるから，項別積分により

$$g(x)=\log(1+x)=\int_0^x\frac{1}{1+t}dt$$
$$=\int_0^x\{1-t+t^2-\cdots+(-1)^n t^n+\cdots\}\,dt$$
$$=\left[t-\frac{t^2}{2}+\frac{t^3}{3}-\cdots+(-1)^n\frac{t^{n+1}}{n+1}+\cdots\right]_0^x$$
$$=x-\frac{x^2}{2}+\frac{x^3}{3}-\cdots+(-1)^n\frac{x^{n+1}}{n+1}+\cdots$$

……〔答〕

また，収束半径は項別積分で変わらないから

収束半径は1である。　……〔答〕

[1B－10]　(面積，最大・最小)

(1)　$2x^2-2xy+y^2=2$ より

$y^2-2xy+2x^2-2=0$

$\therefore\quad y=x\pm\sqrt{2-x^2}$

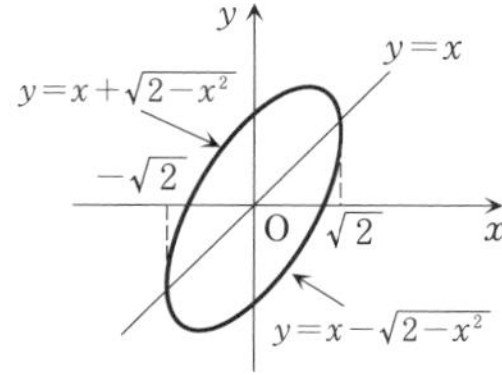

よって，求める面積は

$$S=\int_{-\sqrt{2}}^{\sqrt{2}}\{(x+\sqrt{2-x^2})-(x-\sqrt{2-x^2})\}\,dx$$
$$=2\int_{-\sqrt{2}}^{\sqrt{2}}\sqrt{2-x^2}\,dx$$
$$=2\times\pi(\sqrt{2})^2\cdot\frac{1}{2}\quad(\text{下図参照})$$
$$=2\pi\quad\text{……〔答〕}$$

$\pi(\sqrt{2})^2\cdot\frac{1}{2}$　$y=\sqrt{2-x^2}$　$-\sqrt{2}$　O　$\sqrt{2}$　x　y　$y=-\sqrt{2-x^2}$

(2)　$x,\ y$ が $x+y$ が k という値をとれる

$\iff$　$2x^2-2xy+y^2=2$ かつ $x+y=k$

を満たす実数 $x,\ y$ が存在する

$\iff$　$2x^2-2x(k-x)+(k-x)^2=2$

を満たす実数 x が存在する

$\iff$　$5x^2-4kx+k^2-2=0$ が実数解をもつ

$\therefore$　判別式：$\dfrac{D}{4}=(-2k)^2-5(k^2-2)\geqq 0$

より

$-k^2+10\geqq 0\qquad\therefore\quad k^2\leqq 10$

$\therefore\quad -\sqrt{10}\leqq k\leqq\sqrt{10}$

よって

最大値は $\sqrt{10}$，最小値は $-\sqrt{10}$

……〔答〕

[1B－11]　(n 次導関数)

数学的帰納法で証明する。

$$y^{(n)}=e^{\sqrt{3}x}\left\{2^n\sin\left(x+\frac{\pi}{6}n\right)+(\sqrt{3})^n\right\}$$

……(＊)　とおく。

(Ⅰ)　$n=1$ のとき

$y=e^{\sqrt{3}x}(\sin x+1)$ より

$$y'=\sqrt{3}e^{\sqrt{3}x}\cdot(\sin x+1)+e^{\sqrt{3}x}\cdot\cos x$$
$$=e^{\sqrt{3}x}(\sqrt{3}\sin x+\cos x)+\sqrt{3}e^{\sqrt{3}x}$$
$$=e^{\sqrt{3}x}\cdot 2\sin\left(x+\frac{\pi}{6}\right)+\sqrt{3}e^{\sqrt{3}x}$$
$$=e^{\sqrt{3}x}\left\{2\sin\left(x+\frac{\pi}{6}\right)+\sqrt{3}\right\}$$

よって，$n=1$ のとき(＊)は成り立つ。

(Ⅱ)　$n=k$ のとき(＊)が成り立つとすると

$$y^{(k)}=e^{\sqrt{3}x}\left\{2^k\sin\left(x+\frac{\pi}{6}k\right)+(\sqrt{3})^k\right\}$$

……①

$n=k+1$ のとき

$$y^{(k+1)}=\sqrt{3}\,e^{\sqrt{3}x}\cdot\left\{2^k\sin\left(x+\frac{\pi}{6}k\right)+(\sqrt{3})^k\right\}$$
$$+e^{\sqrt{3}x}\cdot 2^k\cos\left(x+\frac{\pi}{6}k\right)$$
$$=e^{\sqrt{3}x}\cdot 2^k\left\{\sqrt{3}\sin\left(x+\frac{\pi}{6}k\right)+\cos\left(x+\frac{\pi}{6}k\right)\right\}$$
$$+\sqrt{3}\,e^{\sqrt{3}x}\cdot(\sqrt{3})^k$$
$$=e^{\sqrt{3}x}\cdot 2^k\cdot 2\sin\left\{\left(x+\frac{\pi}{6}k\right)+\frac{\pi}{6}\right\}$$
$$+e^{\sqrt{3}x}\cdot(\sqrt{3})^{k+1}$$
$$=e^{\sqrt{3}x}\left\{2^{k+1}\sin\left\{x+\frac{\pi}{6}(k+1)\right\}+(\sqrt{3})^{k+1}\right\}$$

よって，$n=k+1$ のときも（＊）は成り立つ。

（Ⅰ），（Ⅱ）よりすべての自然数 n に対して（＊）は成り立つ。

［1B－12］（面積，曲線の長さ）

(1)　$S=\displaystyle\int_0^1\left\{\frac{1}{2}(e^x+e^{-x})-(1-x^2)\right\}dx$

$$=\left[\frac{1}{2}(e^x-e^{-x})-x+\frac{x^3}{3}\right]_0^1$$
$$=\frac{1}{2}(e-e^{-1})-1+\frac{1}{3}=\frac{1}{2}\left(e-\frac{1}{e}\right)-\frac{2}{3}$$

……〔答〕

(2)　L は次の3つの部分の長さの和である。

L_1：曲線 $y=f(x)$ 部分の長さ

L_2：曲線 $y=g(x)$ 部分の長さ

L_3：直線 $x=1$ 部分の長さ

さて

$$L_1=\int_0^1\sqrt{1+\{f'(x)\}^2}\,dx$$
$$=\int_0^1\sqrt{1+\left\{\frac{1}{2}(e^x-e^{-x})\right\}^2}\,dx$$
$$=\int_0^1\sqrt{\left\{\frac{1}{2}(e^x+e^{-x})\right\}^2}\,dx$$
$$=\int_0^1\frac{1}{2}(e^x+e^{-x})dx=\left[\frac{1}{2}(e^x-e^{-x})\right]_0^1$$
$$=\frac{1}{2}(e-e^{-1})=\frac{1}{2}\left(e-\frac{1}{e}\right)$$
$$L_2=\int_0^1\sqrt{1+\{g'(x)\}^2}\,dx=\int_0^1\sqrt{1+4x^2}\,dx$$

$\sqrt{1+4x^2}=t-2x$ とおくと

$1+4x^2=t^2-4tx+4x^2$

$\therefore\quad x=\dfrac{t^2-1}{4t}$

$\therefore\quad dx=\dfrac{1}{4}\cdot\dfrac{2t\cdot t-(t^2-1)\cdot 1}{t^2}dt=\dfrac{t^2+1}{4t^2}dt$

$x:0\to1$ のとき $t:1\to\sqrt{5}+2$

$\sqrt{1+4x^2}=t-2x=t-2\cdot\dfrac{t^2-1}{4t}=\dfrac{t^2+1}{2t}$

より

$$L_2=\int_0^1\sqrt{1+4x^2}\,dx$$
$$=\int_1^{\sqrt{5}+2}\frac{t^2+1}{2t}\,\frac{t^2+1}{4t^2}dt=\int_1^{\sqrt{5}+2}\frac{(t^2+1)^2}{8t^3}dt$$
$$=\int_1^{\sqrt{5}+2}\frac{t^4+2t^2+1}{8t^3}dt$$
$$=\int_1^{\sqrt{5}+2}\left(\frac{1}{8}t+\frac{1}{4t}+\frac{1}{8t^3}\right)dt$$
$$=\left[\frac{t^2}{16}+\frac{1}{4}\log t-\frac{1}{16t^2}\right]_1^{\sqrt{5}+2}$$
$$=\frac{(\sqrt{5}+2)^2}{16}+\frac{1}{4}\log(\sqrt{5}+2)$$
$$-\frac{1}{16(\sqrt{5}+2)^2}$$
$$=\frac{(\sqrt{5}+2)^2}{16}+\frac{1}{4}\log(\sqrt{5}+2)$$
$$-\frac{(\sqrt{5}-2)^2}{16}$$
$$=\frac{\sqrt{5}}{2}+\frac{\log(\sqrt{5}+2)}{4}$$
$$L_3=f(1)-g(1)=\frac{1}{2}\left(e+\frac{1}{e}\right)$$

以上より

$$L=L_1+L_2+L_3$$
$$=\frac{1}{2}\left(e-\frac{1}{e}\right)+\frac{\sqrt{5}}{2}+\frac{\log(\sqrt{5}+2)}{4}$$
$$+\frac{1}{2}\left(e+\frac{1}{e}\right)$$
$$=e+\frac{\sqrt{5}}{2}+\frac{\log(\sqrt{5}+2)}{4}$$

……〔答〕

［1B－13］（定積分で表された関数）

$$f(x)=\sin x$$
$$+\frac{1}{2\pi}\int_0^{2\pi}f(y)(\cos x\cos y+\sin x\sin y)dy$$
$$=\sin x+\frac{1}{2\pi}\left(\cos x\int_0^{2\pi}f(y)\cos y\,dy\right.$$
$$\left.+\sin x\int_0^{2\pi}f(y)\sin y\,dy\right)$$

$a=\displaystyle\int_0^{2\pi}f(y)\cos y\,dy$，$b=\displaystyle\int_0^{2\pi}f(y)\sin y\,dy$

とおくと

$$f(x)=\sin x+\frac{1}{2\pi}(a\cos x+b\sin x)$$

$$\therefore\quad f(y)=\sin y+\frac{1}{2\pi}(a\cos y+b\sin y)$$

よって

$$a=\int_0^{2\pi}\left\{\sin y+\frac{1}{2\pi}(a\cos y+b\sin y)\right\}\cos y\,dy$$

$$=\int_0^{2\pi}\left\{\sin y\cos y+\frac{1}{2\pi}(a\cos^2 y+b\sin y\cos y)\right\}dy$$

$$=\int_0^{2\pi}\left\{\sin y\cos y+\frac{1}{2\pi}\left(a\frac{1+\cos 2y}{2}+b\sin y\cos y\right)\right\}dy$$

$$=\left[\frac{1}{2}\sin^2 y+\frac{1}{2\pi}\left\{\frac{a}{2}\left(y+\frac{1}{2}\sin 2y\right)+\frac{b}{2}\sin^2 y\right\}\right]_0^{2\pi}$$

$$=\frac{a}{2}\qquad\therefore\quad a=0$$

$$b=\int_0^{2\pi}\left\{\sin y+\frac{1}{2\pi}(a\cos y+b\sin y)\right\}\sin y\,dy$$

$$=\int_0^{2\pi}\left\{\sin^2 y+\frac{1}{2\pi}(a\cos y\sin y+b\sin^2 y)\right\}dy$$

$$=\int_0^{2\pi}\left\{\frac{1-\cos 2y}{2}+\frac{1}{2\pi}\left(a\cos y\sin y+b\frac{1-\cos 2y}{2}\right)\right\}dy$$

$$=\left[\frac{1}{2}\left(y-\frac{1}{2}\sin 2y\right)+\frac{1}{2\pi}\left\{\frac{a}{2}\sin^2 y+\frac{b}{2}\left(y-\frac{1}{2}\sin 2y\right)\right\}\right]_0^{2\pi}$$

$$=\pi+\frac{b}{2}\qquad\therefore\quad b=2\pi$$

よって

$$f(x)=\sin x+\frac{1}{2\pi}(a\cos x+b\sin x)$$

$$=\sin x+\frac{1}{2\pi}(0+2\pi\sin x)$$

$$=2\sin x\quad\cdots\cdots〔答〕$$

［1B－14］

(1)　**（逆三角関数）**

加法定理より

$$\tan\frac{\pi}{12}=\tan\left(\frac{\pi}{4}-\frac{\pi}{6}\right)$$

$$=\frac{\tan\frac{\pi}{4}-\tan\frac{\pi}{6}}{1+\tan\frac{\pi}{4}\tan\frac{\pi}{6}}=\frac{1-\frac{1}{\sqrt{3}}}{1+1\cdot\frac{1}{\sqrt{3}}}$$

$$=\frac{\sqrt{3}-1}{\sqrt{3}+1}=\frac{(\sqrt{3}-1)^2}{3-1}=2-\sqrt{3}$$

$$\therefore\quad\tan^{-1}(2-\sqrt{3})=\frac{\pi}{12}$$

よって

$$\tan^{-1}(2-\sqrt{3})+\tan^{-1}1$$

$$=\frac{\pi}{12}+\frac{\pi}{4}=\frac{\pi}{3}\quad\cdots\cdots〔答〕$$

(2)　**（関数の極限）**

$$\lim_{x\to\infty}\frac{\log(1+e^{2x})}{x}$$

$$=\lim_{x\to\infty}\frac{2e^{2x}}{1+e^{2x}}\quad(\because\ \text{ロピタルの定理})$$

$$=\lim_{x\to\infty}\frac{2}{e^{-2x}+1}=2\quad\cdots\cdots〔答〕$$

(3)　**（整級数の収束半径）**

$u_n=\left|\dfrac{(-1)^n 3^n}{n}x^n\right|=\dfrac{3^n|x|^n}{n}$ とおくと

$$\lim_{n\to\infty}\frac{u_{n+1}}{u_n}=\lim_{n\to\infty}\frac{3^{n+1}|x|^{n+1}}{n+1}\frac{n}{3^n|x|^n}$$

$$=\lim_{n\to\infty}\frac{3n}{n+1}|x|=3|x|$$

$3|x|=1$ とすると，$|x|=\dfrac{1}{3}$

よって，収束半径は $\dfrac{1}{3}$　……〔答〕

(4)　**（微分の計算）**

$$\{e^{\tan^{-1}(3x+2)}\}'$$

$$=e^{\tan^{-1}(3x+2)}\{\tan^{-1}(3x+2)\}'$$

$$=e^{\tan^{-1}(3x+2)}\frac{3}{1+(3x+2)^2}$$

$$=\frac{3e^{\tan^{-1}(3x+2)}}{1+(3x+2)^2}\quad\cdots\cdots〔答〕$$

［1B－15］　**（マクローリン展開）**

無限等比級数の和の公式より

$$\frac{1}{1-x^2}=1+x^2+(x^2)^2+\cdots+(x^2)^n+\cdots$$

$$=1+x^2+x^4+\cdots+x^{2n}+\cdots\quad\cdots\cdots〔答〕$$

[別解]

$f(x)=\dfrac{1}{1-x^2}$ とおくと

$$f(x)=\frac{1}{2}\left(\frac{1}{1-x}+\frac{1}{1+x}\right)$$
$$=\frac{1}{2}\{(1-x)^{-1}+(1+x)^{-1}\}$$

より

$$f'(x)=\frac{1}{2}(-1)\{(-1)(1-x)^{-2}+(1+x)^{-2}\}$$
$$f''(x)=\frac{1}{2}(-1)(-2)\{(-1)^2(1-x)^{-3}+(1+x)^{-3}\}$$
$$f'''(x)=\frac{1}{2}(-1)(-2)(-3)\{(-1)^3(1-x)^{-4}+(1+x)^{-4}\}$$

よって

$$f^{(n)}(x)=\frac{1}{2}(-1)(-2)\cdots(-n)\times\{(-1)^n(1-x)^{-(n+1)}+(1+x)^{-(n+1)}\}$$
$$=\frac{1}{2}(-1)^n n!\left\{(-1)^n\frac{1}{(1-x)^{n+1}}+\frac{1}{(1+x)^{n+1}}\right\}$$

であり

$$\frac{f^{(n)}(0)}{n!}=\frac{1}{2}(-1)^n\{(-1)^n+1\}$$
$$=\begin{cases}1 & (n=2m)\\ 0 & (n=2m-1)\end{cases}$$

したがって

$f(x)=1+x^2+x^4+\cdots+x^{2n}+\cdots$　……〔答〕

[1B－16]　(体積)

題意の立体は図の通り。

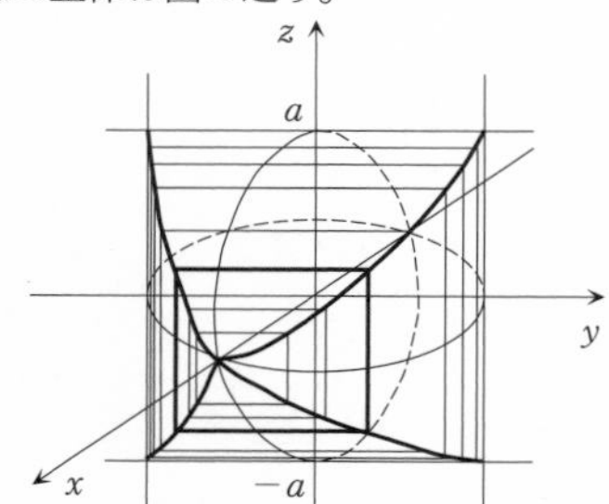

また，座標軸は図のように設定する。すなわち，２つの円柱の方程式は

$x^2+y^2=a^2$，$x^2+z^2=a^2$

である。

明らかに，求める体積 V は

$x\geqq 0$，$y\geqq 0$，$z\geqq 0$

の部分にある体積 V_0 を８倍すればよい。

V_0 を平面 $x=t$ で切った切り口の面積は

$$S(t)=\sqrt{a^2-t^2}\times\sqrt{a^2-t^2}$$
$$=a^2-t^2$$

よって

$$V_0=\int_0^a(a^2-t^2)\,dt=\left[a^2t-\frac{t^3}{3}\right]_0^a=\frac{2}{3}a^3$$

$\therefore\quad V=8V_0=\dfrac{16}{3}a^3$　……〔答〕

[1B－17]　(体積)

求める体積は，xz 平面において，領域：$x^2\leqq z\leqq 2$ を z 軸の周りに回転してできる回転体の体積に等しい。

よって，求める体積を V とすると

$$V=\int_0^2\pi x^2dz$$
$$=\int_0^2\pi z\,dz$$
$$=\left[\frac{\pi}{2}z^2\right]_0^2=2\pi$$　……〔答〕

z
z＝x²
2
z＝2
−√2　O　√2　x

(C)　発展問題

[1C－01]　(定積分)

(1)　$\displaystyle\int_x^{x+p}f(t)\,dt=\int_p^{x+p}f(t)\,dt-\int_p^x f(t)\,dt$

$\displaystyle\int_p^{x+p}f(t)\,dt$ において

$u=t-p$ とおくと，$du=dt$

また，$t:p\to x+p$ のとき $u:0\to x$

よって

$$\int_p^{x+p}f(t)\,dt=\int_0^x f(u+p)\,du$$

$=\displaystyle\int_0^x f(u)\,du$　(∵　f は周期 p の周期関数)

$$=\int_0^x f(t)\,dt$$

したがって

$$\int_x^{x+p}f(t)\,dt=\int_p^{x+p}f(t)\,dt-\int_p^x f(t)\,dt$$
$$=\int_0^x f(t)\,dt-\int_p^x f(t)\,dt$$
$$=\int_0^x f(t)\,dt+\int_x^p f(t)\,dt=\int_0^p f(t)\,dt$$

(2)　$|\sin nx|$ の周期は $\dfrac{\pi}{n}$ であるから

$$\int_a^{a+\frac{\pi}{n}}|\sin nx|\,dx=\int_0^{\frac{\pi}{n}}|\sin nx|\,dx$$

$$=\int_0^{\frac{\pi}{n}}\sin nx\,dx=\left[-\frac{1}{n}\cos nx\right]_0^{\frac{\pi}{n}}=\frac{2}{n}$$

$\frac{\pi}{n}k\leqq b-a\leqq\frac{\pi}{n}(k+1)$ を満たす k を考えると

$$\frac{2}{n}\times k\leqq\int_a^b|\sin nx|\,dx\leqq\frac{2}{n}\times(k+1)$$

$$\therefore\quad 2\frac{k}{n}\leqq\int_a^b|\sin nx|\,dx\leqq 2\left(\frac{k}{n}+\frac{1}{n}\right)$$

ここで，$\frac{\pi}{n}k\leqq b-a\leqq\frac{\pi}{n}(k+1)$ より

$$\frac{b-a}{\pi}-\frac{1}{n}\leqq\frac{k}{n}\leqq\frac{b-a}{\pi}$$

はさみうちの原理より

$$\lim_{n\to\infty}\frac{k}{n}=\frac{b-a}{\pi}$$

再びはさみうちの原理より

$$\lim_{n\to\infty}\int_a^b|\sin nx|\,dx=\frac{2(b-a)}{\pi}$$

［1C－02］（微分積分の基礎）

(1) $\displaystyle\lim_{x\to+0}f_n(x)=\lim_{x\to+0}x^n\log x$

$$=\lim_{x\to+0}\frac{\log x}{x^{-n}}$$

$$=\lim_{x\to+0}\frac{\frac{1}{x}}{-nx^{-n-1}}\quad(\because\ \text{ロピタルの定理})$$

$$=\lim_{x\to+0}\left(-\frac{x^n}{n}\right)=0\quad\cdots\cdots\text{〔答〕}$$

(2) $\displaystyle\int_0^1 f_n(x)\,dx=\int_0^1 x^n\log x\,dx$

$$=\lim_{a\to+0}\int_a^1 x^n\log x\,dx$$

$$=\lim_{a\to+0}\left(\left[\frac{x^{n+1}}{n+1}\log x\right]_a^1-\int_a^1\frac{x^{n+1}}{n+1}\cdot\frac{1}{x}dx\right)$$

$$=\lim_{a\to+0}\left(0-\frac{a^{n+1}}{n+1}\log a-\left[\frac{x^{n+1}}{(n+1)^2}\right]_a^1\right)$$

$$=\lim_{a\to+0}\left(-\frac{a}{n+1}a^n\log a-\frac{1}{(n+1)^2}(1-a^{n+1})\right)$$

$$=-\frac{1}{(n+1)^2}\quad\cdots\cdots\text{〔答〕}$$

（$\because$ (1)の結果より）

(3) $f_n(x)=x^n\log x$ より

$$f_n^{(n+1)}(x)=(x^n\log x)^{(n+1)}$$

$$=\sum_{k=0}^{n+1}{}_{n+1}\mathrm{C}_k(x^n)^{(n+1-k)}(\log x)^{(k)}$$

（$\because$ ライプニッツの公式）

ここで

$(x^n)'=nx^{n-1}$，$(x^n)''=n(n-1)x^{n-2}$，

$(x^n)'''=n(n-1)(n-2)x^{n-3}$

より

$$(x^n)^{(l)}=n(n-1)(n-2)\cdots\cdots(n-l+1)x^{n-l}$$

$$=\frac{n!}{(n-l)!}x^{n-l}\quad(l\leqq n\ \text{のとき})$$

$$(x^n)^{(l)}=0\quad(l>n\ \text{のとき})$$

また

$(\log x)'=\frac{1}{x}=x^{-1}$，$(\log x)''=-x^{-2}$，

$(\log x)'''=(-1)(-2)x^{-3}$

より

$$(\log x)^{(l)}=(-1)(-2)\cdots\cdots(-(l-1))x^{-l}$$

$$=(-1)^{l-1}\frac{(l-1)!}{x^l}\quad(l>0\ \text{のとき})$$

$$(\log x)^{(0)}=\log x$$

よって

$$f_n^{(n+1)}(x)=\sum_{k=0}^{n+1}{}_{n+1}\mathrm{C}_k(x^n)^{(n+1-k)}(\log x)^{(k)}$$

$$=0\cdot\log x+\sum_{k=1}^{n+1}{}_{n+1}\mathrm{C}_k(x^n)^{(n+1-k)}(\log x)^{(k)}$$

$$=\sum_{k=1}^{n+1}{}_{n+1}\mathrm{C}_k\frac{n!}{(k-1)!}x^{k-1}(-1)^{k-1}\frac{(k-1)!}{x^k}$$

$$=\frac{n!}{x}\sum_{k=1}^{n+1}{}_{n+1}\mathrm{C}_k(-1)^{k-1}$$

$$=\frac{n!}{x}\left(-\sum_{k=0}^{n+1}{}_{n+1}\mathrm{C}_k(-1)^k+1\right)$$

$$=\frac{n!}{x}(-\{1+(-1)\}^{n+1}+1)\quad(\because\ \text{二項定理})$$

$$=\frac{n!}{x}(-0+1)=\frac{n!}{x}\quad\cdots\cdots\text{〔答〕}$$

［1C－03］（マクローリンの定理）

(1) マクローリンの定理より

$$e^x=1+x+\cdots+\frac{x^n}{n!}+\frac{x^{n+1}}{(n+1)!}e^{\theta_{x,n}x}\quad\cdots\cdots①$$

$$e^x=1+x+\cdots+\frac{x^n}{n!}+\frac{x^{n+1}}{(n+1)!}+\frac{x^{n+2}}{(n+2)!}e^{\theta_{x,n+1}x}\quad\cdots\cdots②$$

①－② より

$$0=-\frac{x^{n+1}}{(n+1)!}+\frac{x^{n+1}}{(n+1)!}e^{\theta_{x,n}x}$$

$$-\frac{x^{n+2}}{(n+2)!}e^{\theta_{x,\,n+1}x}$$

$\therefore\quad 0=-1+e^{\theta_{x,\,n}x}-\dfrac{x}{n+2}e^{\theta_{x,\,n+1}x}$

よって $e^{\theta_{x,\,n}x}=1+\dfrac{x}{n+2}e^{\theta_{x,\,n+1}x}$

(2)　マクローリンの定理より

$$e^t=1+e^{\theta_0 t}t$$

を満たす θ_0（$0<\theta_0<1$）が存在する。

これに $t=\theta_{x,\,n}x$ を代入すると

$$e^{\theta_{x,\,n}x}=1+e^{\theta_0\theta_{x,\,n}x}\theta_{x,\,n}x$$

これと(1)より

$$1+e^{\theta_0\theta_{x,\,n}x}\theta_{x,\,n}x=1+\frac{x}{n+2}e^{\theta_{x,\,n+1}x}$$

$\therefore\quad e^{\theta_0\theta_{x,\,n}x}\theta_{x,\,n}x=\dfrac{x}{n+2}e^{\theta_{x,\,n+1}x}$

$\therefore\quad \theta_{x,\,n}=\dfrac{1}{n+2}\dfrac{e^{\theta_{x,\,n+1}x}}{e^{\theta_0\theta_{x,\,n}x}}$

ここで

$$0<\theta_{x,\,n}<1,\quad 0<\theta_{x,\,n+1}<1,\quad 0<\theta_0<1$$

であるから

$$\lim_{x\to0}\theta_{x,\,n+1}x=0,\quad \lim_{x\to0}\theta_0\theta_{x,\,n}x=0$$

よって　$\displaystyle\lim_{x\to0}\theta_{x,\,n}=\frac{1}{n+2}$　……〔答〕

［1C－04］（広義積分と漸化式）

(1)　$\displaystyle I_{n,\,k}=\int_0^\infty\frac{x^{2n-1}}{(1+x^2)^{k+1}}dx$ より

$$I_{1,\,k}=\int_0^\infty\frac{x}{(1+x^2)^{k+1}}dx$$

$$=\lim_{\beta\to\infty}\int_0^\beta\frac{x}{(1+x^2)^{k+1}}dx$$

$$=\lim_{\beta\to\infty}\left[-\frac{1}{2k}\cdot\frac{1}{(1+x^2)^k}\right]_0^\beta$$

$$=\lim_{\beta\to\infty}\frac{1}{2k}\left(1-\frac{1}{(1+\beta^2)^k}\right)=\frac{1}{2k}\quad\text{……〔答〕}$$

(2)　$\displaystyle I_{n,\,k}=\int_0^\infty\frac{x^{2n-1}}{(1+x^2)^{k+1}}dx$

$$=\lim_{\beta\to\infty}\int_0^\beta\frac{x^{2n-1}}{(1+x^2)^{k+1}}dx$$

ここで

$$\int_0^\beta\frac{x^{2n-1}}{(1+x^2)^{k+1}}dx$$

$$=\int_0^\beta x^{2n-2}\frac{x}{(1+x^2)^{k+1}}dx$$

$$=\left[x^{2n-2}\cdot\left(-\frac{1}{2k}\cdot\frac{1}{(1+x^2)^k}\right)\right]_0^\beta$$

$$-\int_0^\beta(2n-2)x^{2n-3}\left(-\frac{1}{2k}\cdot\frac{1}{(1+x^2)^k}\right)dx$$

$$=-\frac{1}{2k}\cdot\frac{\beta^{2n-2}}{(1+\beta^2)^k}+\frac{n-1}{k}\int_0^\beta\frac{x^{2n-3}}{(1+x^2)^k}dx$$

$$=-\frac{1}{2k}\cdot\frac{\beta^{2n-2-2k}}{\left(\frac{1}{\beta^2}+1\right)^k}+\frac{n-1}{k}\int_0^\beta\frac{x^{2n-3}}{(1+x^2)^k}dx$$

$$=-\frac{1}{2k}\cdot\frac{\beta^{2(n-1-k)}}{\left(\frac{1}{\beta^2}+1\right)^k}+\frac{n-1}{k}\int_0^\beta\frac{x^{2n-3}}{(1+x^2)^k}dx$$

ここで，$n-1-k<0$ より

$$\lim_{\beta\to\infty}\frac{\beta^{2(n-1-k)}}{\left(\frac{1}{\beta^2}+1\right)^k}=0$$

よって

$$I_{n,\,k}=\int_0^\infty\frac{x^{2n-1}}{(1+x^2)^{k+1}}dx$$

$$=\frac{n-1}{k}\int_0^\infty\frac{x^{2n-3}}{(1+x^2)^k}dx=\frac{n-1}{k}I_{n-1,\,k-1}$$

(3)　(2)より，

$$I_{n,\,k}=\frac{n-1}{k}I_{n-1,\,k-1}$$

$$=\frac{n-1}{k}\cdot\frac{n-2}{k-1}I_{n-2,\,k-2}=\cdots$$

$$=\frac{n-1}{k}\cdot\frac{n-2}{k-1}\cdots\frac{3}{k-(n-4)}I_{3,\,k-n+3}$$

$$=\frac{n-1}{k}\cdot\frac{n-2}{k-1}\cdots\frac{3}{k-n+4}\cdot\frac{2}{k-n+3}I_{2,\,k-n+2}$$

$$=\frac{n-1}{k}\cdot\frac{n-2}{k-1}\cdots\frac{3}{k-n+4}\cdot\frac{2}{k-n+3}\cdot\frac{1}{k-n+2}I_{1,\,k-n+1}$$

(1)より　$I_{1,\,k-n+1}=\dfrac{1}{2(k-n+1)}$

よって

$$I_{n,\,k}=\frac{n-1}{k}\cdot\frac{n-2}{k-1}\cdots\frac{3}{k-n+4}\cdot\frac{2}{k-n+3}\cdot\frac{1}{k-n+2}\cdot\frac{1}{2(k-n+1)}$$

$$=\frac{(n-1)!}{2k(k-1)\cdots(k-n+1)}$$

$$=\frac{(n-1)!\times(k-n)\cdots3\cdot2\cdot1}{2k(k-1)\cdots(k-n+1)\times(k-n)\cdots3\cdot2\cdot1}$$

$$=\frac{(n-1)!\cdot(k-n)!}{2\cdot k!}\quad\text{……〔答〕}$$

(4)　$\dfrac{x^{2n-1}}{(x^2+1)^{k+1}}\geqq\dfrac{C_k}{x^{2k-2n+3}}$

$$\iff \frac{x^{2n-1}}{(x^2+1)^{k+1}}\cdot x^{2k-2n+3} \geqq C_k$$

$$\iff \frac{x^{2k+2}}{(x^2+1)^{k+1}} \geqq C_k$$

$$\iff \left(\frac{x^2}{x^2+1}\right)^{k+1} \geqq C_k$$

ここで

$$\frac{x^2}{x^2+1}=\frac{1}{1+\frac{1}{x^2}} \geqq \frac{1}{1+1}=\frac{1}{2}$$

$$\left(\because\ x\geqq 1 \text{ より，} \frac{1}{x^2}\leqq 1\right)$$

$$\therefore \left(\frac{x^2}{x^2+1}\right)^{k+1} \geqq \left(\frac{1}{2}\right)^{k+1}$$

よって，$C_k=\left(\frac{1}{2}\right)^{k+1}$ と選べばよい。

(5) (ⅰ) $n-1-k>0$ のとき；

$$I_{n,k}=\lim_{L\to\infty}\int_0^L \frac{x^{2n-1}}{(1+x^2)^{k+1}}dx$$

$$\geqq \lim_{L\to\infty}\int_0^L \frac{C_k}{x^{2k-2n+3}}dx=\lim_{L\to\infty}\int_0^L C_k x^{2n-2k-3}dx$$

$$=\lim_{L\to\infty}\left[\frac{C_k}{2n-2k-2}x^{2n-2k-2}\right]_0^L$$

$$=\lim_{L\to\infty}\frac{C_k}{2(n-1-k)}L^{2(n-1-k)}=\infty$$

$$\therefore I_{n,k}=\lim_{L\to\infty}\int_0^L \frac{x^{2n-1}}{(1+x^2)^{k+1}}dx=\infty$$

(ⅱ) $n-1-k=0$ のとき；

$$I_{n,k}=\lim_{L\to\infty}\int_0^L \frac{x^{2n-1}}{(1+x^2)^{k+1}}dx$$

$$\geqq \lim_{L\to\infty}\int_0^L \frac{C_k}{x^{2k-2n+3}}dx=\lim_{L\to\infty}\int_0^L C_k x^{2n-2k-3}dx$$

$$=\lim_{L\to\infty}\int_0^L C_k\frac{1}{x}dx \geqq \lim_{L\to\infty}\int_1^L C_k\frac{1}{x}dx$$

$$=\lim_{L\to\infty}\Big[C_k\log x\Big]_1^L=\lim_{L\to\infty}C_k\log L=\infty$$

$$\therefore I_{n,k}=\lim_{L\to\infty}\int_0^L \frac{x^{2n-1}}{(1+x^2)^{k+1}}dx=\infty$$

[1C－05]　(定積分と数列)

(1) $f(x)$ が $x\geqq 0$ で定義された連続な単調増加関数であることから

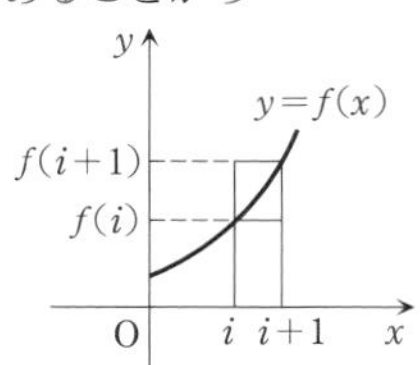

$$f(i)\leqq \int_i^{i+1} f(x)\,dx \leqq f(i+1)$$

$\displaystyle\int_i^{i+1} f(x)\,dx \leqq f(i+1)$ より

$$\sum_{i=0}^{n-1}\int_i^{i+1} f(x)\,dx \leqq \sum_{i=0}^{n-1} f(i+1)$$

$$\therefore \int_0^n f(x)\,dx \leqq \sum_{i=1}^{n} f(i) \quad \cdots\cdots ①$$

また，$f(i)\leqq \displaystyle\int_i^{i+1} f(x)\,dx$ より

$$\sum_{i=1}^{n} f(i) \leqq \sum_{i=1}^{n}\int_i^{i+1} f(x)\,dx$$

$$=\int_1^{n+1} f(x)\,dx=\int_0^n f(x+1)\,dx \quad \cdots\cdots ②$$

①，②より

$$\int_0^n f(x)\,dx \leqq \sum_{i=1}^{n} f(i) \leqq \int_0^n f(x+1)\,dx$$

(2) $f(x)=x^\alpha$ のとき

$$\int_0^n f(x)\,dx \leqq \sum_{i=1}^{n} f(i) \leqq \int_0^n f(x+1)\,dx$$

より

$$\int_0^n x^\alpha dx \leqq \sum_{i=1}^{n} f(i) \leqq \int_0^n (x+1)^\alpha dx$$

$$\therefore \left[\frac{x^{\alpha+1}}{\alpha+1}\right]_0^n \leqq \sum_{i=1}^{n} f(i) \leqq \left[\frac{(x+1)^{\alpha+1}}{\alpha+1}\right]_0^n$$

$$\therefore \frac{n^{\alpha+1}}{\alpha+1} \leqq \sum_{i=1}^{n} f(i) \leqq \frac{(n+1)^{\alpha+1}-1}{\alpha+1}$$

両辺を n^s で割ると

$$\frac{n^{\alpha+1-s}}{n^{\alpha+1}}\frac{n^{\alpha+1}}{\alpha+1} \leqq \frac{1}{n^s}\sum_{i=1}^{n} f(i)$$

$$\leqq \frac{n^{\alpha+1-s}}{n^{\alpha+1}}\frac{(n+1)^{\alpha+1}-1}{\alpha+1}$$

$$\therefore \frac{1}{\alpha+1}n^{\alpha+1-s} \leqq \frac{1}{n^s}\sum_{i=1}^{n} f(i)$$

$$\leqq \frac{1}{\alpha+1}\left\{\left(1+\frac{1}{n}\right)^{\alpha+1}-\frac{1}{n^{\alpha+1}}\right\}n^{\alpha+1-s}$$

$$\frac{1}{\alpha+1}n^{\alpha+1-s} \leqq a_n$$

$$\leqq \frac{1}{\alpha+1}\left\{\left(1+\frac{1}{n}\right)^{\alpha+1}-\frac{1}{n^{\alpha+1}}\right\}n^{\alpha+1-s}$$

よって，数列 $\{a_n\}$ が収束する s の範囲は

$$\alpha+1-s\leqq 0$$

すなわち，$s\geqq \alpha+1$ ……〔答〕

[1C－06]　(極値)

(1) $y^3+3xy^2+x^3y=1$ に $x=1$ を代入すると

$$y(1)^3+3y(1)^2+y(1)=1$$

$t=y(1)$ とおくと

$$t^3+3t^2+t=1$$

$$\therefore t^3+3t^2+t-1=0$$

$(t+1)(t^2+2t-1)=0$

$\therefore\ t=-1,\ -1\pm\sqrt{2}$

よって，$y(1)=-1,\ -1\pm\sqrt{2}$ ……①

また $y^3+3xy^2+x^3y=1$

の両辺を x で微分すると

$3y^2y'+3(y^2+x\cdot 2yy')+(3x^2\cdot y+x^3\cdot y')=0$

$\therefore\ 3y^2y'+3y^2+6xyy'+3x^2y+x^3y'=0$

ここで，$y'(1)=0$ に注意して $x=1$ を代入すると

$3y(1)^2+3y(1)=0\qquad\therefore\ y(1)^2+y(1)=0$

$t=y(1)$ とおけば

$t^2+t=0\qquad t(t+1)=0$

$\therefore\ t=-1,\ 0$ ……②

①，②より，$t=-1$

よって，$y(1)=-1$ ……〔答〕

(2) $3y^2y'+3y^2+6xyy'+3x^2y+x^3y'=0$

の両辺をさらに x で微分すると

$$3(2yy'\cdot y'+y^2\cdot y'')+6yy'+6\{yy'+x(y')^2+xyy''\}+3(2x\cdot y+x^2\cdot y')+(3x^2\cdot y'+x^3\cdot y'')=0$$

ここで，$y'(1)=0$ に注意して $x=1$ を代入すると

$$3y(1)^2y''(1)+6y(1)y''(1)+6y(1)+y''(1)=0$$

ここで，$y(1)=-1$ より

$3y''(1)-6y''(1)-6+y''(1)=0$

$-2y''(1)-6=0\qquad\therefore\ y''(1)=-3$

よって，求めるテーラー展開（2次の項まで）は

$$y(x)=y(1)+y'(1)(x-1)+\frac{y''(1)}{2!}(x-1)^2$$

$\therefore\ y(x)=-1-\dfrac{3}{2}(x-1)^2$ ……〔答〕

(3) $y''(1)=-3<0$ であるから，

$x=1$ における極値は極大値である。

……〔答〕

[1C−07]（積分法・微分法）

(1) $f(x)$ が奇関数とする。

すなわち，$f(-x)=-f(x)$ とする。

$$g(-x)=\int_0^{-x}t\cdot f(-x-t)\,dt$$

ここで，$-t=u$ とおくと，$dt=-du$

$t:0\to -x$ のとき $u:0\to x$

よって

$$g(-x)=\int_0^{-x}t\cdot f(-x-t)\,dt$$

$$=\int_0^{x}(-u)\cdot f(-x+u)(-1)\,du$$

$$=\int_0^{x}u\cdot f(-x+u)\,du$$

$$=\int_0^{x}u\cdot\{-f(x-u)\}\,du$$

（$\because$ $f(x)$ が奇関数）

$$=-\int_0^{x}u\cdot f(x-u)\,du=-g(x)$$

よって，$g(x)$ も奇関数。

次に，$f(x)$ が偶関数とする。

すなわち，$f(-x)=f(x)$ とする。

$$g(-x)=\int_0^{-x}t\cdot f(-x-t)\,dt$$

ここで，$-t=u$ とおくと，$dt=-du$

$t:0\to -x$ のとき $u:0\to x$

よって

$$g(-x)=\int_0^{-x}t\cdot f(-x-t)\,dt$$

$$=\int_0^{x}(-u)\cdot f(-x+u)(-1)\,du$$

$$=\int_0^{x}u\cdot f(-x+u)\,du$$

$$=\int_0^{x}u\cdot f(x-u)\,du$$

（$\because$ $f(x)$ が偶関数）

$$=g(x)$$

よって，$g(x)$ も偶関数。

(2) $g(x)=\displaystyle\int_0^{x}t\cdot f(x-t)\,dt$

ここで，$x-t=s$ とおくと，$dt=-ds$

$t:0\to x$ のとき $u:x\to 0$

よって

$$g(x)=\int_0^{x}t\cdot f(x-t)\,dt$$

$$=\int_x^{0}(x-s)\cdot f(s)(-1)\,ds$$

$$=\int_0^{x}(x-s)\cdot f(s)\,ds$$

$$=x\cdot\int_0^{x}f(s)\,ds-\int_0^{x}s\cdot f(s)\,ds$$

よって

$$g'(x)=1\cdot\int_0^{x}f(s)\,ds+x\cdot f(x)-x\cdot f(x)$$

$$=\int_0^{x}f(s)\,ds$$

$\therefore\ g''(x)=f(x)$

よって，$f(x)=\cos x$ のとき

$g''(x)=\cos x$ ……〔答〕

$\displaystyle\int_0^{x}g''(s)\,ds=\int_0^{x}\cos s\,ds$ より

$g'(x)-g'(0)=\sin x$

$\therefore \quad g'(x)=\sin x$ ……〔答〕

$\left(\because \quad g'(0)=\int_0^0 f(s)\,ds=0\right)$

$\int_0^x g'(s)\,ds=\int_0^x \sin s\,ds$ より

$g(x)-g(0)=-\cos x+1$

$\therefore \quad g(x)=-\cos x+1$ ……〔答〕

$(\because \quad g(0)=0)$

(3) $f(0)>0$ とする。

$g'(x)=\int_0^x f(s)\,ds$ より

$g'(0)=\int_0^0 f(s)\,ds=0$

$g''(x)=f(x)$ より，$g''(0)=f(0)>0$

よって，$g(x)$ は $x=0$ で極小値をとる。

［1C－08］（媒介変数で表された曲線）

(1) $\begin{cases} x=2a\cos\theta+a\cos 2\theta \\ y=2a\sin\theta-a\sin 2\theta \end{cases}$ より

x^2+y^2

$=(2a\cos\theta+a\cos 2\theta)^2+(2a\sin\theta-a\sin 2\theta)^2$

$=5a^2+4a^2(\cos 2\theta\cos\theta-\sin 2\theta\sin\theta)$

$=5a^2+4a^2\cos(2\theta+\theta)$

$=a^2(5+4\cos 3\theta)$

曲線 C の概略図は次のようになる。

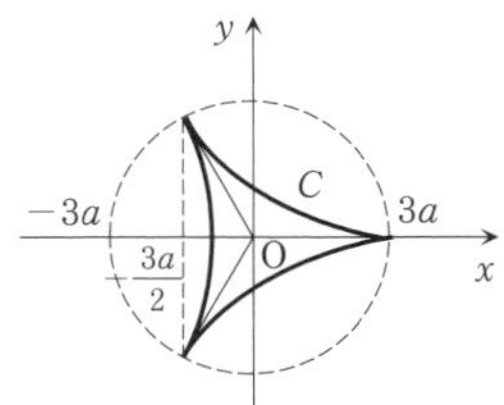

（注 1） 曲線のより詳しい形状は次の導関数を調べると分かる。

$\frac{dx}{d\theta}=-2a\sin\theta-2a\sin 2\theta$

$=-2a(\sin\theta+\sin 2\theta)$

$=-2a\sin\theta(1+2\cos\theta)$

$\frac{dy}{d\theta}=2a\cos\theta-2a\cos 2\theta$

$=2a(\cos\theta-\cos 2\theta)$

$=2a\{\cos\theta-(2\cos^2\theta-1)\}$

$=-2a(2\cos^2\theta-\cos\theta-1)$

$=-2a(2\cos\theta+1)(\cos\theta-1)$

（注 2） x 軸に関する対称性は次の計算から分かる。

$x(\theta)=2a\cos\theta+a\cos 2\theta$ とおくと

$x(-\theta)=2a\cos(-\theta)+a\cos(-2\theta)$

$=2a\cos\theta+a\cos 2\theta=x(\theta)$

$y(\theta)=2a\sin\theta-a\sin 2\theta$ とおくと

$y(-\theta)=2a\sin(-\theta)-a\sin(-2\theta)$

$=-2a\sin\theta+a\sin 2\theta=-y(\theta)$

(2) x 軸に関する対称性に注意する。

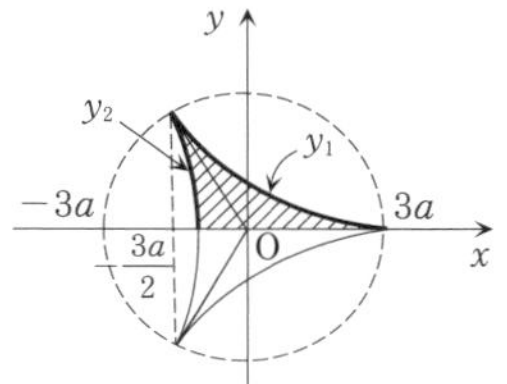

求める面積を S とおくと，図より

$\frac{S}{2}=\int_{-\frac{3}{2}a}^{3a} y_1\,dx-\int_{-\frac{3}{2}a}^{-a} y_2\,dx$

$=\int_{\frac{2\pi}{3}}^{0}(2a\sin\theta-a\sin 2\theta)\times(-2a\sin\theta-2a\sin 2\theta)\,d\theta$

$-\int_{\frac{2\pi}{3}}^{\pi}(2a\sin\theta-a\sin 2\theta)\times(-2a\sin\theta-2a\sin 2\theta)\,d\theta$

$=\int_{\pi}^{0}(2a\sin\theta-a\sin 2\theta)\times(-2a\sin\theta-2a\sin 2\theta)\,d\theta$

$=\int_{0}^{\pi}(2a\sin\theta-a\sin 2\theta)\times(2a\sin\theta+2a\sin 2\theta)\,d\theta$

$=2a^2\int_0^\pi(2\sin\theta-\sin 2\theta)(\sin\theta+\sin 2\theta)\,d\theta$

$=2a^2\int_0^\pi(2\sin^2\theta+\sin 2\theta\sin\theta-\sin^2 2\theta)\,d\theta$

$=2a^2\int_0^\pi\left(1-\cos 2\theta+2\sin^2\theta\cos\theta-\frac{1-\cos 4\theta}{2}\right)d\theta$

$=2a^2\int_0^\pi\left(\frac{1}{2}-\cos 2\theta+2\sin^2\theta\cos\theta+\frac{1}{2}\cos 4\theta\right)d\theta$

$=2a^2\left[\frac{\theta}{2}-\frac{1}{2}\sin 2\theta+\frac{2}{3}\sin^3\theta+\frac{1}{8}\sin 4\theta\right]_0^\pi$

$=2a^2\cdot\frac{\pi}{2}=\pi a^2$

よって，$S=2\pi a^2$ ……〔答〕

[1C−09]（不定積分，曲線の長さ）

(1)　$t=x+\sqrt{x^2+A}$ より

$x^2+A=(t-x)^2=t^2-2tx+x^2$

$\therefore\quad x=\dfrac{t^2-A}{2t}$

$\therefore\quad dx=\dfrac{2t\cdot 2t-(t^2-A)\cdot 2}{4t^2}dt=\dfrac{t^2+A}{2t^2}dt$

また

$$\sqrt{x^2+A}=t-x=t-\frac{t^2-A}{2t}=\frac{t^2+A}{2t}$$

よって

$$\int\frac{1}{\sqrt{x^2+A}}dx=\int\frac{2t}{t^2+A}\frac{t^2+A}{2t^2}dt$$

$=\displaystyle\int\frac{1}{t}dt=\log|t|+C$

$=\log|x+\sqrt{x^2+A}|+C$　（C は積分定数）

……〔答〕

(2)　$\displaystyle\int\sqrt{x^2+A}\,dx=\int\frac{t^2+A}{2t}\frac{t^2+A}{2t^2}dt$

$=\displaystyle\int\frac{t^4+2At^2+A^2}{4t^3}dt$

$=\displaystyle\int\left(\frac{t}{4}+\frac{A}{2}\frac{1}{t}+\frac{A^2}{4}t^{-3}\right)dt$

$=\dfrac{t^2}{8}+\dfrac{A}{2}\log|t|-\dfrac{A^2}{8}t^{-2}+C$

$=\dfrac{A}{2}\log|t|+\dfrac{1}{8}\left(t^2-\dfrac{A^2}{t^2}\right)+C$

$=\dfrac{A}{2}\log|t|+\dfrac{1}{8}\dfrac{t^4-A^2}{t^2}+C$

$=\dfrac{A}{2}\log|t|+\dfrac{1}{2}\dfrac{t^2-A}{2t}\dfrac{t^2+A}{2t}+C$

$=\dfrac{A}{2}\log|x+\sqrt{x^2+A}|+\dfrac{1}{2}x\sqrt{x^2+A}+C$

$=\dfrac{1}{2}(A\log|x+\sqrt{x^2+A}|+x\sqrt{x^2+A})+C$

（C は積分定数）……〔答〕

(3)　$\sqrt{x}+\sqrt{y}=1$ より，$y=(1-\sqrt{x})^2$

$\therefore\quad \dfrac{dy}{dx}=2(1-\sqrt{x})\times\left(-\dfrac{1}{2\sqrt{x}}\right)$

$\qquad=\dfrac{\sqrt{x}-1}{\sqrt{x}}$

よって，求める曲線の長さは，

$$L=\int_0^1\sqrt{1+\left(\frac{dy}{dx}\right)^2}dx$$

$$=\int_0^1\sqrt{1+\left(\frac{\sqrt{x}-1}{\sqrt{x}}\right)^2}dx$$

$u=\sqrt{x}$ とおくと，$x=u^2$

$\therefore\quad dx=2u\,du$

また，$x:0\to 1$ のとき $u:0\to 1$

よって

$$L=\int_0^1\sqrt{1+\left(\frac{u-1}{u}\right)^2}\,2u\,du$$

$=2\displaystyle\int_0^1\sqrt{u^2+(u-1)^2}\,du$

$=2\displaystyle\int_0^1\sqrt{2u^2-2u+1}\,du$

$=\sqrt{2}\displaystyle\int_0^1\sqrt{2}\sqrt{2u^2-2u+1}\,du$

$=\sqrt{2}\displaystyle\int_0^1\sqrt{4u^2-4u+2}\,du$

$=\sqrt{2}\displaystyle\int_0^1\sqrt{(2u-1)^2+1}\,du$

ここで，$s=2u-1$ とおくと

$ds=2du\qquad\therefore\quad du=\dfrac{1}{2}ds$

また，$u:0\to 1$ のとき $s:-1\to 1$

よって

$$L=\sqrt{2}\int_{-1}^1\sqrt{s^2+1}\frac{1}{2}ds$$

$=2\sqrt{2}\displaystyle\int_0^1\sqrt{s^2+1}\frac{1}{2}ds=\sqrt{2}\int_0^1\sqrt{s^2+1}\,ds$

ここで，(2)より

$$\int\sqrt{x^2+1}\,dx$$

$=\dfrac{1}{2}(\log|x+\sqrt{x^2+1}|+x\sqrt{x^2+1})+C$

であるから

$$L=\sqrt{2}\left[\frac{1}{2}(\log|s+\sqrt{s^2+1}|+s\sqrt{s^2+1})\right]_0^1$$

$=\dfrac{\sqrt{2}}{2}\{\log(1+\sqrt{2})+\sqrt{2}\}$

$=\dfrac{1}{\sqrt{2}}\log(1+\sqrt{2})+1$　……〔答〕

[1C−10]（定積分）

(1)　$\sin x\cos nx$

$=\dfrac{1}{2}\{\sin(x+nx)+\sin(x-nx)\}$

$=\dfrac{1}{2}\{\sin(n+1)x-\sin(n-1)x\}$

（i）　$n\neq\pm 1$ のとき；

$$\int_0^\pi\sin x\cos nx\,dx$$

$=\dfrac{1}{2}\displaystyle\int_0^\pi\{\sin(n+1)x-\sin(n-1)x\}\,dx$

$=\dfrac{1}{2}\Big[-\dfrac{1}{n+1}\cos(n+1)x$

$$+\frac{1}{n-1}\cos(n-1)x\Big]_0^{\pi}$$

$$=\frac{1}{2}\left\{-\frac{1}{n+1}\{(-1)^{n+1}-1\}+\frac{1}{n-1}\{(-1)^{n-1}-1\}\right\}$$

(注) $\cos m\pi=(-1)^m$

$$=\frac{1}{2}\left\{\frac{1}{n+1}\{(-1)^n+1\}-\frac{1}{n-1}\{(-1)^n+1\}\right\}$$

$$=\frac{1}{2}\left(\frac{1}{n+1}-\frac{1}{n-1}\right)\{(-1)^n+1\}$$

$$=-\frac{1}{n^2-1}\{(-1)^n+1\}$$ ……〔答〕

(ii) $n=\pm1$ のとき；

$$\int_0^{\pi}\sin x\cos nx\,dx$$

$$=\int_0^{\pi}\sin x\cos x\,dx$$

$$=\left[\frac{1}{2}\sin^2 x\right]_0^{\pi}=0$$ ……〔答〕

(2) $\displaystyle\lim_{n\to\infty}\int_0^a f(x)\cos nx\,dx$

$$=\lim_{n\to\infty}\left(\left[f(x)\frac{1}{n}\sin nx\right]_0^a-\int_0^a f'(x)\frac{1}{n}\sin nx\,dx\right)$$

$$=\lim_{n\to\infty}\left(f(a)\frac{1}{n}\sin na-\frac{1}{n}\int_0^a f'(x)\sin nx\,dx\right)$$

ここで

$$\left|f(a)\frac{1}{n}\sin na\right|\leqq\frac{|f(a)|}{n}\to0\quad(n\to\infty)$$

より $\displaystyle\lim_{n\to\infty}f(a)\frac{1}{n}\sin na=0$

また

$$\left|\frac{1}{n}\int_0^a f'(x)\sin nx\,dx\right|$$

$$\leqq\frac{1}{n}\int_0^a|f'(x)\sin nx|\,dx$$

$$\leqq\frac{1}{n}\int_0^a|f'(x)|\,dx\to0\quad(n\to\infty)$$

より

$$\lim_{n\to\infty}\frac{1}{n}\int_0^a f'(x)\sin nx\,dx=0$$

以上より

$$\lim_{n\to\infty}\int_0^a f(x)\cos nx\,dx=0$$

[1C−11] (マクローリン展開)

(1) $\displaystyle 1-t^2+t^4-\cdots+(-t^2)^{n-1}=\frac{1-(-t^2)^n}{1+t^2}$

より

$$\frac{1}{1+t^2}=1-t^2+t^4-\cdots+(-t^2)^{n-1}+\frac{(-t^2)^n}{1+t^2}$$

よって

$$\arctan x=\int_0^x\frac{1}{1+t^2}dt$$

$$=\int_0^x\left\{1-t^2+t^4-\cdots+(-t^2)^{n-1}+\frac{(-t^2)^n}{1+t^2}\right\}dt$$

$$=x-\frac{x^3}{3}+\frac{x^5}{5}-\cdots+(-1)^{n-1}\frac{x^{2n-1}}{2n-1}+\int_0^x\frac{(-t^2)^n}{1+t^2}dt$$

よって，$\displaystyle R_n(x)=\int_0^x\frac{(-t^2)^n}{1+t^2}dt$

(2) $\displaystyle |R_n(x)|=\left|\int_0^x\frac{(-t^2)^n}{1+t^2}dt\right|$

$$\leqq\int_0^{|x|}\left|\frac{(-t^2)^n}{1+t^2}\right|dt\leqq\int_0^1 t^{2n}dt$$

(∵ $|x|\leqq1$)

$$=\frac{1}{2n+1}\to0\quad(n\to\infty)$$

よって，$\displaystyle\lim_{n\to\infty}R_n(x)=0$

[1C−12] (無限級数)

(1) $S-rS$ 法により求める。

$$S_N=\sum_{n=1}^{N}(-1)^{n+1}\frac{n+2}{3^n}$$

$$=-\sum_{n=1}^{N}(n+2)\left(-\frac{1}{3}\right)^n$$

より

$$-S_N=\sum_{n=1}^{N}(n+2)\left(-\frac{1}{3}\right)^n$$

よって

$$-S_N=3\left(-\frac{1}{3}\right)+4\left(-\frac{1}{3}\right)^2+\cdots+(N+2)\left(-\frac{1}{3}\right)^N \quad\cdots\cdots①$$

$$-\left(-\frac{1}{3}\right)S_N=3\left(-\frac{1}{3}\right)^2+\cdots+(N+1)\left(-\frac{1}{3}\right)^N+(N+2)\left(-\frac{1}{3}\right)^{N+1}\quad\cdots\cdots②$$

①−② より

$$-\frac{4}{3}S_N=3\left(-\frac{1}{3}\right)+\left(-\frac{1}{3}\right)^2+\cdots+\left(-\frac{1}{3}\right)^N$$

$$-(N+2)\left(-\frac{1}{3}\right)^{N+1}$$

$$=2\left(-\frac{1}{3}\right)+\left\{\left(-\frac{1}{3}\right)+\left(-\frac{1}{3}\right)^2+\cdots+\left(-\frac{1}{3}\right)^N\right\}-(N+2)\left(-\frac{1}{3}\right)^{N+1}$$

$$=2\left(-\frac{1}{3}\right)+\frac{\left(-\frac{1}{3}\right)\left\{1-\left(-\frac{1}{3}\right)^N\right\}}{1-\left(-\frac{1}{3}\right)}-(N+2)\left(-\frac{1}{3}\right)^{N+1}$$

$$=-\frac{2}{3}-\frac{1}{4}\left\{1-\left(-\frac{1}{3}\right)^N\right\}-(N+2)\left(-\frac{1}{3}\right)^{N+1}$$

よって

$$S_N$$

$$=-\frac{3}{4}\left(-\frac{2}{3}-\frac{1}{4}\left\{1-\left(-\frac{1}{3}\right)^N\right\}-(N+2)\left(-\frac{1}{3}\right)^{N+1}\right)$$

$$=\frac{1}{2}+\frac{3}{16}\left\{1-\left(-\frac{1}{3}\right)^N\right\}+\frac{3}{4}(N+2)\left(-\frac{1}{3}\right)^{N+1}$$

$$=\frac{11}{16}-\frac{3}{16}\left(-\frac{1}{3}\right)^N+\frac{3}{4}(N+2)\left(-\frac{1}{3}\right)^{N+1}$$

$$=\frac{11}{16}-\frac{3}{16}\left(-\frac{1}{3}\right)^N-\frac{1}{4}(N+2)\left(-\frac{1}{3}\right)^N$$

……〔答〕

(2)　$(1+a)^N=\sum_{j=0}^{N}{}_N\mathrm{C}_j a^j$

$$\geqq 1+Na+\frac{N(N-1)}{2}a^2$$

において $a=2$ とすると

$$(1+2)^N\geqq 1+N\cdot 2+\frac{N(N-1)}{2}\cdot 2^2$$

$$>\frac{N(N-1)}{2}\cdot 2^2$$

$\therefore\quad 3^N>2N(N-1)$

$\therefore\quad 0<\frac{N}{3^N}<\frac{1}{2(N-1)}\to 0\quad (N\to\infty)$

はさみうちの原理より，$\lim_{N\to\infty}\frac{N}{3^N}=0$

これより

$$\lim_{N\to\infty}S_N$$

$$=\lim_{N\to\infty}\left\{\frac{11}{16}-\frac{3}{16}\left(-\frac{1}{3}\right)^N-\frac{1}{4}(N+2)\left(-\frac{1}{3}\right)^N\right\}$$

$$=\lim_{N\to\infty}\left\{\frac{11}{16}-\frac{3}{16}\left(-\frac{1}{3}\right)^N-\frac{1}{4}(-1)^N\frac{N}{3^N}-\frac{1}{2}\left(-\frac{1}{3}\right)^N\right\}$$

$$=\frac{11}{16}$$ ……〔答〕

[1C－13]　（媒介変数で表された曲線）

(1)　点Pの座標は，それぞれ

$(x(0),\ y(0))=(0,\ 0)$

$\left(x\left(\frac{1}{2}\pi\right),\ y\left(\frac{1}{2}\pi\right)\right)=(0,\ 1)$

$(x(\pi),\ y(\pi))=(1,\ 0)$

$\left(x\left(\frac{3}{2}\pi\right),\ y\left(\frac{3}{2}\pi\right)\right)=(0,\ -1)$

$$\frac{dy}{dx}(t)=\frac{y'(t)}{x'(t)}$$

$$=\frac{\cos t}{-\frac{1}{\pi}\cos t+\frac{t}{\pi}\sin t}=\frac{\pi\cos t}{t\sin t-\cos t}$$

より曲線 C の接線の傾きは，それぞれ

$$\frac{dy}{dx}(0)=\frac{\pi}{-1}=-\pi$$

$$\frac{dy}{dx}\left(\frac{1}{2}\pi\right)=0$$

$$\frac{dy}{dx}(\pi)=\frac{-\pi}{1}=-\pi$$

$$\frac{dy}{dx}\left(\frac{3}{2}\pi\right)=0$$

よって，曲線 C の概形は次のようになる。

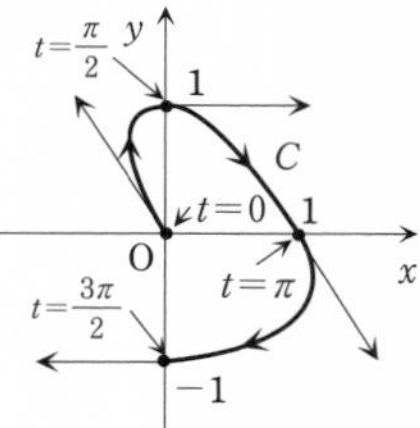

(2)　$\int t\sin^2 t\,dt=\int t\frac{1-\cos 2t}{2}dt$

$$=t\cdot\left(\frac{1}{2}t-\frac{1}{4}\sin 2t\right)$$

$$-\int 1\cdot\left(\frac{1}{2}t-\frac{1}{4}\sin 2t\right)dt$$

$$=t\cdot\left(\frac{1}{2}t-\frac{1}{4}\sin 2t\right)$$
$$-\left(\frac{1}{4}t^2+\frac{1}{8}\cos 2t\right)+C$$
$$=\frac{1}{4}t^2-\frac{1}{4}t\sin 2t-\frac{1}{8}\cos 2t+C$$

（C は積分定数）……〔答〕

⑶　求める面積を S とすると

$$S=\int_0^1 y\,dx$$
$$=\int_{\frac{1}{2}\pi}^{\pi}\sin t\left(-\frac{1}{\pi}\cos t+\frac{t}{\pi}\sin t\right)dt$$
$$=\frac{1}{\pi}\int_{\frac{1}{2}\pi}^{\pi}(-\sin t\cos t+t\sin^2 t)\,dt$$
$$=\frac{1}{\pi}\left[-\frac{1}{2}\sin^2 t+\left(\frac{1}{4}t^2-\frac{1}{4}t\sin 2t-\frac{1}{8}\cos 2t\right)\right]_{\frac{1}{2}\pi}^{\pi}$$
$$=\frac{1}{\pi}\left\{\left(\frac{1}{4}\pi^2-\frac{1}{8}\right)-\left(-\frac{1}{2}+\frac{1}{16}\pi^2+\frac{1}{8}\right)\right\}$$
$$=\frac{1}{\pi}\left(\frac{3}{16}\pi^2+\frac{1}{4}\right)=\frac{3}{16}\pi+\frac{1}{4\pi}$$

……〔答〕

［1C－14］（定積分の平均値の定理）

⑴　関数 $f(x)$ が閉区間［a, b］で連続であるから，閉区間［a, b］において最大値 M と最小値 m をもつ。

（ｉ）　$m<M$ のとき；

このとき，$m\leqq f(x)\leqq M$ であるから

$$\frac{1}{b-a}\int_a^b m\,dx<\frac{1}{b-a}\int_a^b f(x)\,dx<\frac{1}{b-a}\int_a^b M\,dx$$

$$\therefore\quad m<\frac{1}{b-a}\int_a^b f(x)\,dx<M$$

再び，関数 $f(x)$ が閉区間［a, b］で連続であることから

$$f(c)=\frac{1}{b-a}\int_a^b f(x)\,dx$$

を満たす点 $x=c$ が区間（a, b）に存在する。

（ii）　$m=M$ のとき；

閉区間［a, b］全体で $f(x)=m=M$ であり

$$\frac{1}{b-a}\int_a^b f(x)\,dx=m=M$$ である。

よって，明らかに

$$f(c)=\frac{1}{b-a}\int_a^b f(x)\,dx$$

を満たす点 $x=c$ が区間（a, b）に存在する。

⑵　関数 $f(x)$ が閉区間［a, b］で連続であるから，閉区間［a, b］において最大値 M と最小値 m をもつ。

（ｉ）　$m<M$ のとき；

このとき

$m\leqq f(x)\leqq M$ および $g(x)>0$ であるから

$$\int_a^b mg(x)\,dx<\int_a^b f(x)g(x)\,dx<\int_a^b Mg(x)\,dx$$

$$\therefore\quad m<\frac{1}{\int_a^b g(x)\,dx}\int_a^b f(x)g(x)\,dx<M$$

再び，関数 $f(x)$ が閉区間［a, b］で連続であることから

$$f(c)=\frac{1}{\int_a^b g(x)\,dx}\int_a^b f(x)g(x)\,dx$$

を満たす点 $x=c$ が区間（a, b）に存在する。

（ii）　$m=M$ のとき；

閉区間［a, b］全体で $f(x)=m=M$ であり

$$\frac{1}{\int_a^b g(x)\,dx}\int_a^b f(x)g(x)\,dx=m=M$$ である。

よって，明らかに

$$f(c)=\frac{1}{\int_a^b g(x)\,dx}\int_a^b f(x)g(x)\,dx$$

を満たす点 $x=c$ が区間（a, b）に存在する。

第2章
多変数の微分積分

(A) 基本問題

[2A－01] (接平面の方程式)

$z=x^3-3xy+y^3$ より

$z_x=3x^2-3y,\ z_y=-3x+3y^2$

よって，P$(-2,\ 1,\ -1)$ において

$z_x=3(-2)^2-3\cdot 1=9$

$z_y=-3(-2)+3\cdot 1^2=9$

したがって，求める接平面の方程式は

$z-(-1)=9(x-(-2))+9(y-1)$

$\therefore\ \ 9x+9y-z+8=0$ ……〔答〕

[2A－02] (接平面・法線の方程式)

(1) $f(x,\ y)=x^y$ より

1階偏導関数：

$f_x(x,\ y)=yx^{y-1}$,

$f_y(x,\ y)=x^y\log x$

2階偏導関数：

$f_{xx}(x,\ y)=y(y-1)x^{y-2}$,

$f_{yy}(x,\ y)=x^y(\log x)^2$,

$$f_{xy}(x,\ y)=\frac{\partial}{\partial y}(yx^{y-1})=1\cdot x^{y-1}+y\cdot x^{y-1}\log x=x^{y-1}(1+y\log x)$$

$f_{yx}(x,\ y)=f_{xy}(x,\ y)$

$=x^{y-1}(1+y\log x)$ ……〔答〕

(2) $f(e,\ 1)=e,\ f_x(e,\ 1)=1,\ f_y(e,\ 1)=e$

よって，点 $(e,\ 1,\ f(e,\ 1))$ における接平面の方程式は

$z-e=1\cdot(x-e)+e\cdot(y-1)$

$\therefore\ \ x+ey-z-e=0$ ……〔答〕

これから法線ベクトルが $(1,\ e,\ -1)$ と分かるので，点 $(e,\ 1,\ f(e,\ 1))$ における法線の方程式は

$$\frac{x-e}{1}=\frac{y-1}{e}=\frac{z-e}{-1}$$ ……〔答〕

[2A－03] (法線の方程式)

$f(x,\ y,\ z)=\dfrac{x^2}{2^2}+\dfrac{y^2}{3^2}+\dfrac{z^2}{5^2}-3$ とおくと

$f_x=\dfrac{1}{2}x,\ f_y=\dfrac{2}{9}y,\ f_z=\dfrac{2}{25}z$

点 $(2,\ 3,\ 5)$ において

$f_x=1,\ f_y=\dfrac{2}{3},\ f_z=\dfrac{2}{5}$

よって，法線の方向ベクトルは

$15\left(1,\ \dfrac{2}{3},\ \dfrac{2}{5}\right)=(15,\ 10,\ 6)$

したがって，求める法線の方程式は

$$\frac{x-2}{15}=\frac{y-3}{10}=\frac{z-5}{6}$$ ……〔答〕

[2A－04] (2変数関数の極値)

$f(x,\ y)=x^2-2xy+y^2-x^4-y^4$ より

$f_x(x,\ y)=2x-2y-4x^3$

$f_y(x,\ y)=-2x+2y-4y^3$

$f_x(x,\ y)=0$ とすると

$x-y-2x^3=0$ ……①

$f_y(x,\ y)=0$ とすると

$-x+y-2y^3=0$ ……②

①＋② より，$-2x^3-2y^3=0$

$\therefore\ \ y^3=-x^3\qquad\therefore\ \ y=-x$

これを①に代入すると，$2x-2x^3=0$

$\therefore\ \ x^3-x=0\qquad x(x+1)(x-1)=0$

$\therefore\ \ x=1,\ -1,\ 0$

よって，極値をとる点の候補は

$(x,\ y)=(1,\ -1),\ (-1,\ 1),\ (0,\ 0)$

また

$f_{xx}(x,\ y)=2-12x^2,\ f_{yy}(x,\ y)=2-12y^2$,

$f_{xy}(x,\ y)=f_{yx}(x,\ y)=-2$

より，ヘッシアンは

$H(x,\ y)=(2-12x^2)(2-12y^2)-(-2)^2$

$=4\{(1-6x^2)(1-6y^2)-1\}$

(ⅰ) $(1,\ -1)$ について

$H(1,\ -1)=4\{(-5)(-5)-1\}>0$

$f_{xx}(1,\ -1)=2-12<0$

よって，$(1,\ -1)$ において

極大値 $f(1,\ -1)=2$ をとる。

(ⅱ) $(-1,\ 1)$ について

$H(-1,\ 1)=4\{(-5)(-5)-1\}>0$

$f_{xx}(-1,\ 1)=2-12<0$

よって，$(-1,\ 1)$ において

極大値 $f(-1,\ 1)=2$ をとる。

(ⅲ) $(0,\ 0)$ について

($H(0,\ 0)=4\{(1-0)(1-0)-1\}=0$ よりヘッシアンは役に立たない。)

(ア) 直線 $y=x$ に沿って動かしてみる。

$f(x,\ x)=x^2-2x^2+x^2-x^4-x^4=-2x^4$

よって，$(0,\ 0)$ のすぐ近くでは $f(x,\ x)<0$

(イ) 直線 $y=-x$ に沿って動かしてみる。

$f(x,\ -x)=x^2+2x^2+x^2-x^4-x^4$

$=4x^2-2x^4=2x^2(2-x^2)$

よって，$(0,\ 0)$ のすぐ近くでは

$f(x,\ -x)>0$

したがって，(0, 0) において極値をとらない。

[2A－05] （2変数関数の極値）

$f(x,\ y)=x^4+6x^2y^2+y^4-6y^2$ より

$f_x(x,\ y)=4x^3+12xy^2=0$

$\therefore\ x(x^2+3y^2)=0$ ……①

$f_y(x,\ y)=12x^2y+4y^3-12y=0$

$\therefore\ y(3x^2+y^2-3)=0$ ……②

$x\neq0,\ y\neq0$ のとき，①，②より

$x^2+3y^2=0$ かつ $3x^2+y^2-3=0$

$\therefore\ -8y^2-3=0$ 　これは不適。

$x=0$ とすると，②より

$y(y^2-3)=0$ 　$\therefore\ y=0,\ \pm\sqrt{3}$

$y=0$ とすると，①より

$x^3=0$ 　$\therefore\ x=0$

よって，極値をとる点の候補は

$(x,\ y)=(0,\ 0),\ (0,\ \sqrt{3}),\ (0,\ -\sqrt{3})$

次に，各々について調べる。

$f_{xx}(x,\ y)=12x^2+12y^2,$

$f_{yy}(x,\ y)=12x^2+12y^2-12,$

$f_{xy}(x,\ y)=24xy$

よって，ヘッシアンは

$H(x,\ y)$

$=(12x^2+12y^2)(12x^2+12y^2-12)-(24xy)^2$

$=12^2\{(x^2+y^2)(x^2+y^2-1)-4x^2y^2\}$

(i) $(x,\ y)=(0,\ \sqrt{3})$ について

$H(0,\ \sqrt{3})=12^2\cdot3\cdot2>0$

$f_{xx}(0,\ \sqrt{3})=12\cdot3>0$

よって，極小値 $f(0,\ \sqrt{3})=-9$ をとる。

(ii) $(x,\ y)=(0,\ -\sqrt{3})$ について

$H(0,\ -\sqrt{3})=12^2\cdot3\cdot2>0$

$f_{xx}(0,\ -\sqrt{3})=12\cdot3>0$

よって，極小値 $f(0,\ -\sqrt{3})=-9$ をとる。

(iii) $(x,\ y)=(0,\ 0)$ について

($H(0,\ 0)=0$ より，ヘッシアンは役に立たない。)

$f(x,\ y)=x^4+6x^2y^2+y^4-6y^2$

直線 $y=0$ 上では

$f(x,\ 0)=x^4$

ゆえに $(x,\ y)=(0,\ 0)$ の十分近くで

$f(x,\ y)>0$

直線 $x=0$ 上では

$f(0,\ y)=y^4-6y^2=y^2(y^2-6)$

ゆえに $(x,\ y)=(0,\ 0)$ の十分近くで

$f(x,\ y)<0$

よって，(0, 0) において極値をとらない。

[2A－06] （2変数関数の極値）

$f(x,\ y)=x^2-2xy+y^3-y$ より

$f_x(x,\ y)=2x-2y$

$f_y(x,\ y)=-2x+3y^2-1$

よって $f_x(x,\ y)=0$

とすると

$x=y$ ……①

$f_y(x,\ y)=0$ とすると

$-2x+3y^2-1=0$ ……②

①，②より $3x^2-2x-1=0$

$\therefore\ (3x+1)(x-1)=0$ 　$\therefore\ x=-\dfrac{1}{3},\ 1$

よって，極値をとる点の候補は

$(x,\ y)=(1,\ 1),\ \left(-\dfrac{1}{3},\ -\dfrac{1}{3}\right)$

次に

$f_{xx}(x,\ y)=2,\ f_{yy}(x,\ y)=6y,$

$f_{xy}(x,\ y)=f_{yx}(x,\ y)=-2$

より，ヘッシアンは

$H(x,\ y)=f_{xx}\cdot f_{yy}-(f_{xy})^2$

$=2\cdot6y-(-2)^2=4(3y-1)$

(i) $(x,\ y)=(1,\ 1)$ について

$H(1,\ 1)=4(3-1)=8>0$

$f_{xx}(1,\ 1)=2>0$

より，極小値 $f(1,\ 1)=-1$ をとる。

(ii) $(x,\ y)=\left(-\dfrac{1}{3},\ -\dfrac{1}{3}\right)$ について

$H\left(-\dfrac{1}{3},\ -\dfrac{1}{3}\right)=4(-1-1)=-8<0$

より，極値をとらない。

以上より

$(x,\ y)=(1,\ 1)$ において極小値 -1 をとる。

[2A－07] （逐次積分）

$$\iint_D \sin\frac{y}{x}\,dx\,dy=\int_{\frac{\pi}{2}}^{\pi}\left(\int_0^{x^2}\sin\frac{y}{x}\,dy\right)dx$$

$$=\int_{\frac{\pi}{2}}^{\pi}\left[-x\cos\frac{y}{x}\right]_{y=0}^{y=x^2}dx$$

$$=\int_{\frac{\pi}{2}}^{\pi}(-x\cos x+x)\,dx$$

$$=-\int_{\frac{\pi}{2}}^{\pi}x\cos x\,dx+\int_{\frac{\pi}{2}}^{\pi}x\,dx$$

$$=-\left(\Big[x\sin x\Big]_{\frac{\pi}{2}}^{\pi}-\int_{\frac{\pi}{2}}^{\pi}\sin x\,dx\right)+\left[\frac{x^2}{2}\right]_{\frac{\pi}{2}}^{\pi}$$

$$=-\left(0-\frac{\pi}{2}+\Big[\cos x\Big]_{\frac{\pi}{2}}^{\pi}\right)+\frac{\pi^2}{2}-\frac{\pi^2}{8}$$

$$=-\left(0-\frac{\pi}{2}-1\right)+\frac{\pi^2}{2}-\frac{\pi^2}{8}$$

$=\dfrac{\pi}{2}+1+\dfrac{3\pi^2}{8}$　……〔答〕

[2A－08]　**（2重積分の極座標変換）**

$x=r\cos\theta,\ y=r\sin\theta$ とおくと

$D=\{(x,\ y)\,|\,x\geqq 0,\ y\geqq 0,\ x^2+y^2\leqq 1\}$ は

$E=\left\{(r,\ \theta)\,\middle|\,0\leqq r\leqq 1,\ 0\leqq\theta\leqq\dfrac{\pi}{2}\right\}$ に移る。

また

$$\frac{\partial(x,\ y)}{\partial(r,\ \theta)}=\begin{vmatrix}\cos\theta & -r\sin\theta\\ \sin\theta & r\cos\theta\end{vmatrix}=r\geqq 0$$

$$\therefore\quad \left|\frac{\partial(x,\ y)}{\partial(r,\ \theta)}\right|=r$$

よって

$$\iint_D\frac{xy^2}{1+x^2+y^2}dx\,dy$$
$$=\iint_E\frac{r\cos\theta\cdot(r\sin\theta)^2}{1+r^2}r\,dr\,d\theta$$
$$=\iint_E\frac{r^4}{1+r^2}\sin^2\theta\cos\theta\,dr\,d\theta$$
$$=\int_0^{\frac{\pi}{2}}\left(\int_0^1\frac{r^4}{1+r^2}\sin^2\theta\cos\theta\,dr\right)d\theta$$
$$=\int_0^1\frac{r^4}{1+r^2}dr\cdot\int_0^{\frac{\pi}{2}}\sin^2\theta\cos\theta\,d\theta$$

ここで

$$\int_0^1\frac{r^4}{1+r^2}dr$$
$$=\int_0^1\frac{1-(1+r^2)(1-r^2)}{1+r^2}dr$$
$$=\int_0^1\left(\frac{1}{1+r^2}-1+r^2\right)dr$$
$$=\left[\tan^{-1}r-r+\frac{r^3}{3}\right]_0^1$$
$$=\tan^{-1}1-1+\frac{1}{3}=\frac{\pi}{4}-\frac{2}{3}$$

また

$$\int_0^{\frac{\pi}{2}}\sin^2\theta\cos\theta\,d\theta=\left[\frac{1}{3}\sin^3\theta\right]_0^{\frac{\pi}{2}}=\frac{1}{3}$$

よって

$$\iint_D\frac{xy^2}{1+x^2+y^2}dx\,dy$$
$$=\left(\frac{\pi}{4}-\frac{2}{3}\right)\cdot\frac{1}{3}=\frac{\pi}{12}-\frac{2}{9}\quad\text{……〔答〕}$$

[2A－09]　**（逐次積分）**

$$\iint_D\sqrt{x}\,(x+y)\,dx\,dy$$
$$=\int_0^1\left(\int_0^{\sqrt{x}}\sqrt{x}\,(x+y)\,dy\right)dx$$
$$=\int_0^1\left[x\sqrt{x}\,y+\sqrt{x}\,\frac{y^2}{2}\right]_{y=0}^{y=\sqrt{x}}dx$$
$$=\int_0^1\left(x^2+\frac{1}{2}x\sqrt{x}\right)dx$$
$$=\left[\frac{x^3}{3}+\frac{1}{5}x^{\frac{5}{2}}\right]_0^1=\frac{1}{3}+\frac{1}{5}=\frac{8}{15}\quad\text{……〔答〕}$$

[2A－10]　**（2重積分の極座標変換）**

$x=r\cos\theta,\ y=r\sin\theta$ とおくと，領域 D は領域 $E:0\leqq r\leqq b,\ 0\leqq\theta\leqq 2\pi$ に移る。

また，$\left|\dfrac{\partial(x,\ y)}{\partial(r,\ \theta)}\right|=r$

よって

$$\iint_D\frac{a}{(a^2+x^2+y^2)^{\frac{3}{2}}}dx\,dy$$
$$=\iint_E\frac{a}{(a^2+r^2)^{\frac{3}{2}}}r\,dr\,d\theta$$
$$=\int_0^{2\pi}\left(\int_0^b\frac{a}{(a^2+r^2)^{\frac{3}{2}}}r\,dr\right)d\theta$$
$$=2\pi\int_0^b\frac{a}{(a^2+r^2)^{\frac{3}{2}}}r\,dr$$
$$=2\pi\left[-\frac{a}{(a^2+r^2)^{\frac{1}{2}}}\right]_0^b$$
$$=2\pi\left(1-\frac{a}{(a^2+b^2)^{\frac{1}{2}}}\right)\quad\text{……〔答〕}$$

（B）標準問題

[2B－01]　**（陰関数の極値）**

$x^4+2x^2+y^3-y=0$ の両辺を x で微分すると

　$4x^3+4x+3y^2y'-y'=0$

ここで，$y'=0$ とすると

　$x^3+x=0$　　$x(x^2+1)=0$　　$\therefore\ x=0$

また，$x^4+2x^2+y^3-y=0$ で $x=0$ とすると

　$y(0)^3-y(0)=0$

　$y(0)\{y(0)^2-1\}=0$　　$\therefore\ y(0)=0,\ \pm1$

次に $4x^3+4x+3y^2y'-y'=0$ の両辺を x で微分すると

　$12x^2+4+3(2yy'\cdot y'+y^2\cdot y'')-y''=0$

$\therefore$　$12x^2+4+6y(y')^2+3y^2y''-y''=0$

$y'(0)=0$ に注意して $x=0$ とすると

　$4+3y(0)^2y''(0)-y''(0)=0$　……①

（i）　$y(0)=0$ のとき；

①より，$4-y''(0)=0$　　$\therefore\ y''(0)=4>0$

よって，$y(0)=0$ は極小値。

（ii）　$y(0)=\pm1$ のとき；

①より，$4+3y''(0)-y''(0)=0$

$\therefore\quad y''(0)=-2<0$

よって，$y(0)=\pm1$ は極大値。

以上より，陰関数 $y=f(x)$ は $x=0$ において極小値 0 と極大値 ±1 をもつ。

[2B−02]　(2 重積分と体積)

$x^2+y^2\leqq x$ より，$\left(x-\frac{1}{2}\right)^2+y^2\leqq\frac{1}{4}$

$D:\left(x-\frac{1}{2}\right)^2+y^2\leqq\frac{1}{4}$ とおく。

$x=r\cos\theta,\ y=r\sin\theta$ とおくと，D は

$E:-\frac{\pi}{2}\leqq\theta\leqq\frac{\pi}{2},\ 0\leqq r\leqq\cos\theta$ に移る。

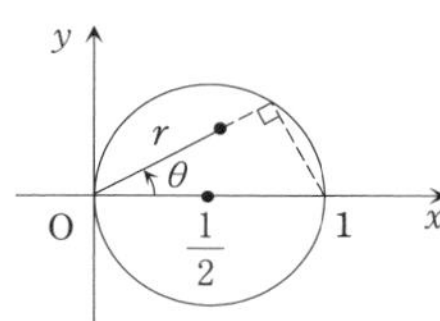

よって，求める体積を V とすると

$$V=2\iint_D\sqrt{1-x^2-y^2}\,dx\,dy$$

$$=2\iint_E\sqrt{1-r^2}\,r\,dr\,d\theta\quad\text{(注)}\quad\left|\frac{\partial(x,\ y)}{\partial(r,\ \theta)}\right|=r$$

$$=4\int_0^{\frac{\pi}{2}}\left(\int_0^{\cos\theta}r\sqrt{1-r^2}\,dr\right)d\theta$$

$$=4\int_0^{\frac{\pi}{2}}\left[-\frac{1}{3}(1-r^2)^{\frac{3}{2}}\right]_{r=0}^{r=\cos\theta}d\theta$$

$$=4\int_0^{\frac{\pi}{2}}\frac{1}{3}\{1-(\sin^2\theta)^{\frac{3}{2}}\}\,d\theta$$

$$=\frac{4}{3}\int_0^{\frac{\pi}{2}}(1-\sin^3\theta)\,d\theta$$

$$=\frac{4}{3}\int_0^{\frac{\pi}{2}}\{1-(1-\cos^2\theta)\sin\theta\}\,d\theta$$

$$=\frac{4}{3}\int_0^{\frac{\pi}{2}}(1-\sin\theta+\cos^2\theta\sin\theta)\,d\theta$$

$$=\frac{4}{3}\left[\theta+\cos\theta-\frac{1}{3}\cos^3\theta\right]_0^{\frac{\pi}{2}}$$

$$=\frac{4}{3}\left(\frac{\pi}{2}-\frac{2}{3}\right)=\frac{2}{3}\pi-\frac{8}{9}\quad\cdots\cdots\text{〔答〕}$$

[2B−03]　(定積分，2 重積分)

(1)　$I_1=\int_0^1(\sin^{-1}x)^2dx$

$$=\int_0^1 1\cdot(\sin^{-1}x)^2dx$$

$$=\Big[x(\sin^{-1}x)^2\Big]_0^1$$

$$-\int_0^1 x\cdot 2(\sin^{-1}x)\frac{1}{\sqrt{1-x^2}}dx$$

$$=(\sin^{-1}1)^2-2\int_0^1(\sin^{-1}x)\frac{x}{\sqrt{1-x^2}}dx$$

$$=\left(\frac{\pi}{2}\right)^2-2\left(\Big[(\sin^{-1}x)(-\sqrt{1-x^2})\Big]_0^1\right.$$

$$\left.-\int_0^1\frac{1}{\sqrt{1-x^2}}(-\sqrt{1-x^2})\,dx\right)$$

$$=\frac{\pi^2}{4}-2(0+1)=\frac{\pi^2}{4}-2\quad\cdots\cdots\text{〔答〕}$$

(2)　$I_2=\iint_D\frac{1}{x^2+y^2+2}dx\,dy$

$x=r\cos\theta,\ y=r\sin\theta$ とおくと，領域 D は

領域 $E:0\leqq r\leqq1,\ -\frac{\pi}{4}\leqq\theta\leqq\frac{3\pi}{4}$ に移る。

また，$\left|\frac{\partial(x,\ y)}{\partial(r,\ \theta)}\right|=r$ に注意すると

$$I_2=\iint_D\frac{1}{x^2+y^2+2}dx\,dy$$

$$=\iint_E\frac{1}{r^2+2}r\,dr\,d\theta$$

$$=\int_{-\frac{\pi}{4}}^{\frac{3\pi}{4}}\left(\int_0^1\frac{r}{r^2+2}dr\right)d\theta$$

$$=\pi\int_0^1\frac{r}{r^2+2}dr=\pi\left[\frac{1}{2}\log(r^2+2)\right]_0^1$$

$$=\frac{\pi}{2}(\log3-\log2)=\frac{\pi}{2}\log\frac{3}{2}\quad\cdots\cdots\text{〔答〕}$$

[2B−04]　(2 重積分の変数変換)

$x-y=u,\ x+y=v$ とおくと

$$x=\frac{u+v}{2},\ y=\frac{v-u}{2}$$

よって，$x>0,\ y>0,\ x+y<1$ のとき

$$\frac{u+v}{2}>0,\ \frac{v-u}{2}>0,\ v<1$$

$\therefore\quad v>-u,\ v>u,\ v<1$

すなわち，D は $E:v>-u,\ v>u,\ v<1$ に移る。

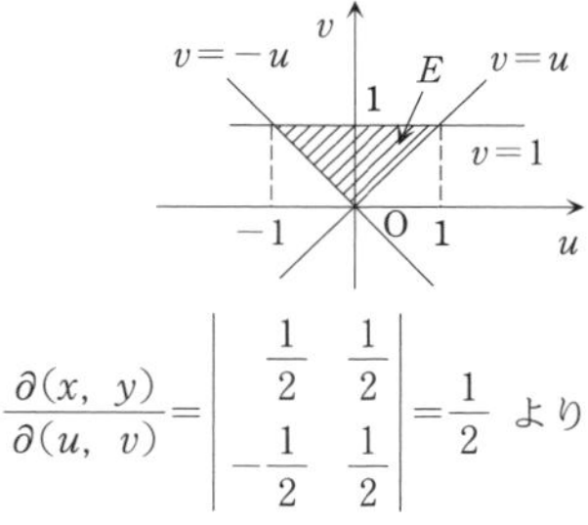

$$\frac{\partial(x,\ y)}{\partial(u,\ v)}=\begin{vmatrix}\frac{1}{2}&\frac{1}{2}\\-\frac{1}{2}&\frac{1}{2}\end{vmatrix}=\frac{1}{2}\ \text{より}$$

$$\left|\frac{\partial(x,\ y)}{\partial(u,\ v)}\right|=\frac{1}{2}$$

よって

$$\iint_D \cos\frac{\pi(x-y)}{4(x+y)}dx\,dy$$

$$=\iint_E \cos\frac{\pi u}{4v}\cdot\frac{1}{2}du\,dv$$

$$=\int_0^1\left(\int_{-v}^{v}\cos\frac{\pi u}{4v}\cdot\frac{1}{2}du\right)dv$$

$$=\int_0^1\left(2\int_0^{v}\cos\frac{\pi u}{4v}\cdot\frac{1}{2}du\right)dv$$

$$=\int_0^1\left(\int_0^{v}\cos\frac{\pi u}{4v}du\right)dv$$

$$=\int_0^1\left[\frac{4v}{\pi}\sin\frac{\pi u}{4v}\right]_{u=0}^{u=v}dv=\int_0^1\frac{4v}{\pi}\sin\frac{\pi}{4}dv$$

$$=\int_0^1\frac{4v}{\pi}\cdot\frac{\sqrt{2}}{2}dv=\frac{2\sqrt{2}}{\pi}\int_0^1 v\,dv$$

$$=\frac{2\sqrt{2}}{\pi}\cdot\frac{1}{2}=\frac{\sqrt{2}}{\pi}\quad\cdots\cdots〔答〕$$

［2B－05］（2重積分の極座標変換）

(1)　$x^2+y^2-ax=0$ より

$$\left(x-\frac{a}{2}\right)^2+y^2=\left(\frac{a}{2}\right)^2$$

ゆえに $r=\mathrm{OP}$ とおくと

$r=a\cos\theta$　……〔答〕

(2)　$0\leqq r\leqq a\cos\theta,\ 0\leqq\theta\leqq\dfrac{\pi}{2}$　……〔答〕

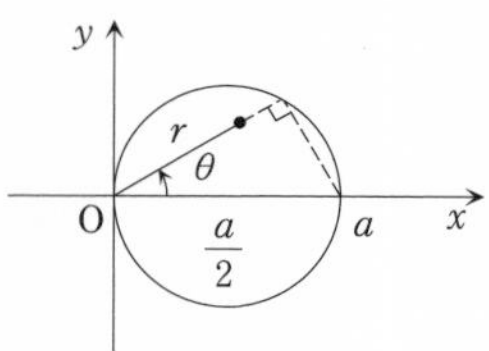

(3)　極座標変換 $x=r\cos\theta,\ y=r\sin\theta$ により D は $E:0\leqq r\leqq a\cos\theta,\ 0\leqq\theta\leqq\dfrac{\pi}{2}$ に移る。

よって

$$I=\iint_D\sqrt{x^2+y^2}\,dx\,dy=\iint_E r\cdot r\,dr\,d\theta$$

$$=\int_0^{\frac{\pi}{2}}\left(\int_0^{a\cos\theta}r^2dr\right)d\theta=\int_0^{\frac{\pi}{2}}\left[\frac{r^3}{3}\right]_{r=0}^{r=a\cos\theta}d\theta$$

$$=\int_0^{\frac{\pi}{2}}\frac{a^3}{3}\cos^3\theta\,d\theta$$

$$=\int_0^{\frac{\pi}{2}}\frac{a^3}{3}(1-\sin^2\theta)\cos\theta\,d\theta$$

$$=\frac{a^3}{3}\int_0^{\frac{\pi}{2}}(\cos\theta-\sin^2\theta\cos\theta)d\theta$$

$$=\frac{a^3}{3}\left[\sin\theta-\frac{1}{3}\sin^3\theta\right]_0^{\frac{\pi}{2}}$$

$$=\frac{a^3}{3}\left(1-\frac{1}{3}\right)=\frac{2}{9}a^3\quad\cdots\cdots〔答〕$$

［2B－06］（偏微分）

(1)　$z=\dfrac{1}{\sqrt{y}}\exp\left(-\dfrac{x^2}{4y}\right)=\dfrac{1}{\sqrt{y}}e^{-\frac{x^2}{4y}}$ より

$$\frac{\partial z}{\partial x}=\frac{1}{\sqrt{y}}e^{-\frac{x^2}{4y}}\cdot\left(-\frac{x}{2y}\right)=-\frac{1}{2y\sqrt{y}}xe^{-\frac{x^2}{4y}}$$

$$\frac{\partial^2 z}{\partial x^2}=-\frac{1}{2y\sqrt{y}}\left\{1\cdot e^{-\frac{x^2}{4y}}+x\cdot\left(-\frac{x}{2y}e^{-\frac{x^2}{4y}}\right)\right\}$$

$$=-\frac{1}{2y\sqrt{y}}\left(1-\frac{x^2}{2y}\right)e^{-\frac{x^2}{4y}}$$

また

$$\frac{\partial z}{\partial y}=\frac{\partial}{\partial y}\left(\frac{1}{\sqrt{y}}\cdot e^{-\frac{x^2}{4y}}\right)$$

$$=\left(-\frac{1}{2}\frac{1}{y\sqrt{y}}\right)\cdot e^{-\frac{x^2}{4y}}+\frac{1}{\sqrt{y}}\cdot\frac{x^2}{4y^2}e^{-\frac{x^2}{4y}}$$

$$=-\frac{1}{2y\sqrt{y}}\left(1-\frac{x^2}{2y}\right)e^{-\frac{x^2}{4y}}$$

よって，$\dfrac{\partial z}{\partial y}=\dfrac{\partial^2 z}{\partial x^2}$

(2)　$z=f(x+cy)+g(x-cy)$ より

$$\frac{\partial z}{\partial x}=f'(x+cy)+g'(x-cy)$$

$$\frac{\partial^2 z}{\partial x^2}=f''(x+cy)+g''(x-cy)$$

また

$$\frac{\partial z}{\partial y}=f'(x+cy)\cdot c+g'(x-cy)\cdot(-c)$$

$$\frac{\partial^2 z}{\partial y^2}=f''(x+cy)\cdot c^2+g''(x-cy)\cdot(-c)^2$$

$$=c^2\{f''(x+cy)+g''(x-cy)\}$$

よって，$\dfrac{\partial^2 z}{\partial y^2}=c^2\dfrac{\partial^2 z}{\partial x^2}$

［2B－07］（逐次積分の順序変更）

$\displaystyle\int_0^1 dx\int_{\sqrt{x}}^1 e^{y^3}dy$ は $\displaystyle\int_0^1\left(\int_{\sqrt{x}}^1 e^{y^3}dy\right)dx$ を表す。積分領域は次ページの図のようになる。

よって

$$\int_0^1\left(\int_{\sqrt{x}}^1 e^{y^3}dy\right)dx=\iint_D e^{y^3}dx\,dy$$

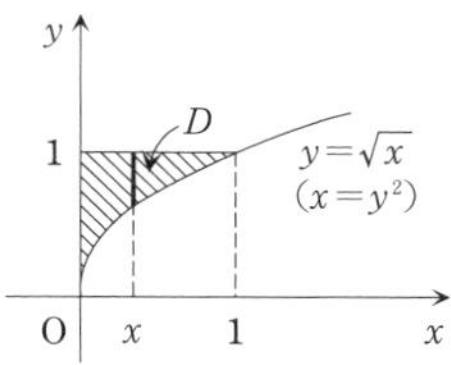

$$=\int_0^1\left(\int_0^{y^2}e^{y^3}dx\right)dy=\int_0^1\left[xe^{y^3}\right]_{x=0}^{x=y^2}dy$$

$$=\int_0^1 y^2e^{y^3}dy=\left[\frac{1}{3}e^{y^3}\right]_0^1=\frac{1}{3}(e-1)\quad\cdots\cdots〔答〕$$

[2B－08]（2 変数関数の極値，陰関数の接線）

(1) $f(x,\ y)=3x^2+2y^3-6xy-3$ より

$f_x(x,\ y)=6x-6y$

$f_y(x,\ y)=6y^2-6x$

よって

$f_x(x,\ y)=0$ とすると，$x=y$ ……①

$f_y(x,\ y)=0$ とすると，$y^2-x=0$ ……②

①，②より，$x^2-x=0$　∴　$x=1,\ 0$

よって，極値をとる点の候補は

$(x,\ y)=(1,\ 1),\ (0,\ 0)$

次に

$f_{xx}(x,\ y)=6,\ f_{yy}(x,\ y)=12y,$

$f_{xy}(x,\ y)=f_{yx}(x,\ y)=-6$

より，ヘッシアンは

$$H(x,\ y)=f_{xx}\cdot f_{yy}-(f_{xy})^2$$
$$=6\cdot 12y-(-6)^2=36(2y-1)$$

(i) $(x,\ y)=(1,\ 1)$ について

$H(1,\ 1)=36>0$

$f_{xx}(1,\ 1)=6>0$

よって，極小値 $f(1,\ 1)=-4$ をとる。

(ii) $(x,\ y)=(0,\ 0)$ について

$H(0,\ 0)=-36<0$

よって，極値をとらない。

以上より

$(x,\ y)=(1,\ 1)$ において極小値 -4

……〔答〕

(2) $f(x,\ y)=0$ より

$3x^2+2y^3-6xy-3=0$

この両辺を x で微分すると

$6x+6y^2y'-6(y+xy')=0$

∴　$x+y^2y'-y-xy'=0$

$$∴\quad y'=\frac{y-x}{y^2-x}$$

よって，点 $(1,\ \sqrt{3})$ において，

$$y'=\frac{\sqrt{3}-1}{2}$$

求める接線の方程式は

$$y-\sqrt{3}=\frac{\sqrt{3}-1}{2}(x-1)$$

$$∴\quad y=\frac{\sqrt{3}-1}{2}x+\frac{\sqrt{3}+1}{2}\quad\cdots\cdots〔答〕$$

[2B－09]（2 重積分の広義積分）

(1) 領域 $D(\varepsilon)$ を図示すると次のようになる。

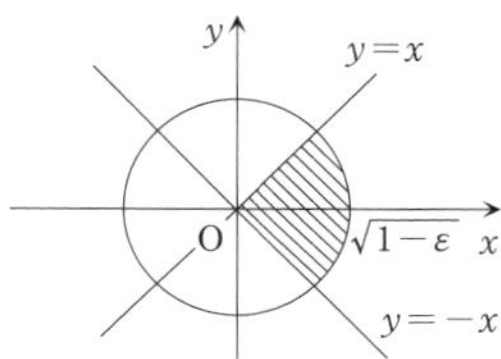

(2) $I(\varepsilon)=\dfrac{2}{\pi}\displaystyle\iint_{D(\varepsilon)}\frac{dx\,dy}{\sqrt{1-x^2-y^2}}$

$x=r\cos\theta,\ y=r\sin\theta$ とおくと，領域 $D(\varepsilon)$ は

領域 $E(\varepsilon):0\leqq r\leqq\sqrt{1-\varepsilon},\ -\dfrac{\pi}{4}\leqq\theta\leqq\dfrac{\pi}{4}$ に移る。

また，$\left|\dfrac{\partial(x,\ y)}{\partial(r,\ \theta)}\right|=r$

よって

$$I(\varepsilon)=\frac{2}{\pi}\iint_{D(\varepsilon)}\frac{1}{\sqrt{1-x^2-y^2}}dx\,dy$$

$$=\frac{2}{\pi}\iint_{E(\varepsilon)}\frac{1}{\sqrt{1-r^2}}r\,dr\,d\theta$$

$$=\frac{2}{\pi}\int_{-\frac{\pi}{4}}^{\frac{\pi}{4}}\left(\int_0^{\sqrt{1-\varepsilon}}\frac{r}{\sqrt{1-r^2}}dr\right)d\theta$$

$$=\frac{2}{\pi}\cdot\frac{\pi}{2}\int_0^{\sqrt{1-\varepsilon}}\frac{r}{\sqrt{1-r^2}}dr$$

$$=\left[-\sqrt{1-r^2}\right]_0^{\sqrt{1-\varepsilon}}=-\sqrt{\varepsilon}+1\quad\cdots\cdots〔答〕$$

(3) $$\lim_{\varepsilon\to+0}\frac{\log I(\varepsilon)}{\sqrt{\varepsilon}}=\lim_{\varepsilon\to+0}\frac{\log(-\sqrt{\varepsilon}+1)}{\sqrt{\varepsilon}}$$

$$=\lim_{t\to+0}\frac{\log(-t+1)}{t}=\lim_{t\to+0}\frac{-1}{-t+1}$$

$$=-1\quad\cdots\cdots〔答〕$$

[2B－10]（2 重積分の広義積分）

(1) $x=r\cos\theta,\ y=r\sin\theta$ とおくと，領域 $D(a)$ は

領域 $E(a):0\leqq r\leqq a,\ 0\leqq\theta\leqq 2\pi$ に移る。

よって

$$I(a)\iint_{D(a)}\frac{1}{(1+x^2+y^2)^4}dx\,dy$$

$$=\iint_{E(a)}\frac{1}{(1+r^2)^4}r\,dr\,d\theta$$

$$=\int_0^{2\pi}\left(\int_0^a\frac{r}{(1+r^2)^4}dr\right)d\theta$$

$$=2\pi\int_0^a\frac{r}{(1+r^2)^4}dr=2\pi\left[-\frac{1}{6}\frac{1}{(1+r^2)^3}\right]_0^a$$

$$=\frac{\pi}{3}\left(1-\frac{1}{(1+a^2)^3}\right)\quad\cdots\cdots〔答〕$$

(2)　$I=\iint_{R^2}\frac{dx\,dy}{(1+x^2+y^2)^4}$

$$=\lim_{a\to\infty}\iint_{D(a)}\frac{dx\,dy}{(1+x^2+y^2)^4}=\lim_{a\to\infty}I(a)$$

$$=\lim_{a\to\infty}\frac{\pi}{3}\left(1-\frac{1}{(1+a^2)^3}\right)=\frac{\pi}{3}\quad\cdots\cdots〔答〕$$

[2B－11]　(偏導関数)

(1)　$z=x^\alpha f\left(\frac{y}{x}\right)$ より

$$\frac{\partial z}{\partial x}=\alpha x^{\alpha-1}\cdot f\left(\frac{y}{x}\right)+x^\alpha\cdot f'\left(\frac{y}{x}\right)\left(-\frac{y}{x^2}\right)$$

$$=\alpha x^{\alpha-1}\cdot f\left(\frac{y}{x}\right)-x^{\alpha-2}yf'\left(\frac{y}{x}\right)\quad\cdots\cdots〔答〕$$

(2)　(1)と同様に

$$\frac{\partial z}{\partial y}=x^\alpha\cdot f'\left(\frac{y}{x}\right)\frac{1}{x}=x^{\alpha-1}f'\left(\frac{y}{x}\right)$$

よって

$$x\frac{\partial z}{\partial x}+y\frac{\partial z}{\partial y}$$

$$=x\left\{\alpha x^{\alpha-1}f\left(\frac{y}{x}\right)-x^{\alpha-2}yf'\left(\frac{y}{x}\right)\right\}+y\cdot x^{\alpha-1}f'\left(\frac{y}{x}\right)$$

$$=\alpha x^\alpha f\left(\frac{y}{x}\right)-x^{\alpha-1}yf'\left(\frac{y}{x}\right)+x^{\alpha-1}yf'\left(\frac{y}{x}\right)$$

$$=\alpha x^\alpha f\left(\frac{y}{x}\right)=\alpha z$$

[2B－12]　(チェイン・ルール)

(1)　$\frac{\partial z}{\partial u}=\frac{\partial z}{\partial x}\cdot\frac{\partial x}{\partial u}+\frac{\partial z}{\partial y}\cdot\frac{\partial y}{\partial u}$

$$=\frac{\partial z}{\partial x}\cdot 1+\frac{\partial z}{\partial y}\cdot 1=\frac{\partial z}{\partial x}+\frac{\partial z}{\partial y}\quad\cdots\cdots〔答〕$$

$$\frac{\partial z}{\partial v}=\frac{\partial z}{\partial x}\cdot\frac{\partial x}{\partial v}+\frac{\partial z}{\partial y}\cdot\frac{\partial y}{\partial v}$$

$$=\frac{\partial z}{\partial x}\cdot(-1)+\frac{\partial z}{\partial y}\cdot 1=-\frac{\partial z}{\partial x}+\frac{\partial z}{\partial y}\quad\cdots\cdots〔答〕$$

(2)　$\frac{\partial^2 z}{\partial u\partial v}=\frac{\partial}{\partial u}\left(\frac{\partial z}{\partial v}\right)=\frac{\partial}{\partial u}\left(-\frac{\partial z}{\partial x}+\frac{\partial z}{\partial y}\right)$

$$=-\frac{\partial}{\partial u}\left(\frac{\partial z}{\partial x}\right)+\frac{\partial}{\partial u}\left(\frac{\partial z}{\partial y}\right)$$

$$=-\left(\frac{\partial^2 z}{\partial x^2}\cdot\frac{\partial x}{\partial u}+\frac{\partial^2 z}{\partial y\partial x}\cdot\frac{\partial y}{\partial u}\right)+\left(\frac{\partial^2 z}{\partial x\partial y}\cdot\frac{\partial x}{\partial u}+\frac{\partial^2 z}{\partial y^2}\cdot\frac{\partial y}{\partial u}\right)$$

$$=-\left(\frac{\partial^2 z}{\partial x^2}\cdot 1+\frac{\partial^2 z}{\partial y\partial x}\cdot 1\right)+\left(\frac{\partial^2 z}{\partial x\partial y}\cdot 1+\frac{\partial^2 z}{\partial y^2}\cdot 1\right)$$

$$=-\frac{\partial^2 z}{\partial x^2}+\frac{\partial^2 z}{\partial y^2}\quad\cdots\cdots〔答〕$$

[2B－13]　(2重積分の広義積分)

(1)　$\beta<0$ より，原点が特異点である。

よって

$$\iint_{0<x^2+y^2\leqq 1}(x^2+y^2)^\beta dx\,dy$$

$$=\lim_{a\to+0}\iint_{a^2<x^2+y^2\leqq 1}(x^2+y^2)^\beta dx\,dy$$

$x=r\cos\theta,\ y=r\sin\theta$ とおくと

$D_a: a^2\leqq x^2+y^2\leqq 1$ は

$E_a: a\leqq r\leqq 1,\ 0\leqq\theta\leqq 2\pi$ に移る。

また，$\left|\frac{\partial(x,\ y)}{\partial(r,\ \theta)}\right|=r$

よって

$$\iint_{a^2<x^2+y^2\leqq 1}(x^2+y^2)^\beta dx\,dy$$

$$=\iint_{E_a}(r^2)^\beta r\,dr\,d\theta=\int_0^{2\pi}\left(\int_a^1 r^{2\beta+1}dr\right)d\theta$$

$$=2\pi\int_a^1 r^{2\beta+1}dr\quad\cdots\cdots(*)$$

(i)　$\beta>-1$ のとき；

$$(*)=2\pi\left[\frac{1}{2\beta+2}r^{2\beta+2}\right]_a^1$$

$$=\frac{\pi}{\beta+1}(1-a^{2\beta+2})\to\frac{\pi}{\beta+1}$$

($a\to+0$ のとき)

(ii)　$\beta<-1$ のとき；

$$(*)=2\pi\left[\frac{1}{2\beta+2}r^{2\beta+2}\right]_a^1$$

$$=\frac{\pi}{\beta+1}(1-a^{2\beta+2})\to\infty\quad(a\to+0\ のとき)$$

(iii)　$\beta=-1$ のとき；

$$(*)=2\pi\int_a^1\frac{1}{r}dr=2\pi\Big[\log r\Big]_a^1$$

$$=2\pi(0-\log a)\to\infty\quad(a\to+0\ のとき)$$

以上より

$$\iint_{0<x^2+y^2\leqq 1}(x^2+y^2)^{\beta}dx\,dy$$

$$=\begin{cases}\dfrac{\pi}{\beta+1} & (-1<\beta<0)\\ \infty & (\beta\leqq -1)\end{cases}$$ ……〔答〕

(2) $\displaystyle\iint_{x^2+y^2\geqq 1}(x^2+y^2)^{\gamma}dx\,dy$

$$=\lim_{b\to\infty}\iint_{1\leqq x^2+y^2\leqq b^2}(x^2+y^2)^{\gamma}dx\,dy$$

$x=r\cos\theta,\ y=r\sin\theta$ とおくと

$D_b':1\leqq x^2+y^2\leqq b^2$ は

$E_b':1\leqq r\leqq b,\ 0\leqq\theta\leqq 2\pi$ に移る。

また，$\left|\dfrac{\partial(x,\ y)}{\partial(r,\ \theta)}\right|=r$

よって

$$\iint_{1\leqq x^2+y^2\leqq b^2}(x^2+y^2)^{\gamma}dx\,dy$$

$$=\iint_{E_b'}(r^2)^{\gamma}r\,dr\,d\theta=\int_0^{2\pi}\left(\int_1^b r^{2\gamma+1}dr\right)d\theta$$

$$=2\pi\int_1^b r^{2\gamma+1}dr \quad \cdots\cdots(*)$$

（i） $\gamma>-1$ のとき；

$$(*)=2\pi\left[\frac{1}{2\gamma+2}r^{2\gamma+2}\right]_1^b$$

$$=\frac{\pi}{\gamma+1}(b^{2\gamma+2}-1)\to\infty \quad (b\to\infty \text{ のとき})$$

（ii） $\gamma<-1$ のとき；

$$(*)=2\pi\left[\frac{1}{2\gamma+2}r^{2\gamma+2}\right]_1^b$$

$$=\frac{\pi}{\gamma+1}(b^{2\gamma+2}-1)\to-\frac{\pi}{\gamma+1}$$

$$(b\to\infty \text{ のとき})$$

（iii） $\gamma=-1$ のとき；

$$(*)=2\pi\int_1^b\frac{1}{r}dr=2\pi\Big[\log r\Big]_1^b$$

$$=2\pi\log b\to\infty \quad (b\to\infty \text{ のとき})$$

以上より

$$\iint_{x^2+y^2\geqq 1}(x^2+y^2)^{\gamma}dx\,dy$$

$$=\begin{cases}-\dfrac{\pi}{\gamma+1} & (\gamma<-1)\\ \infty & (-1\leqq\gamma<0)\end{cases}$$ ……〔答〕

［2B－14］（逐次積分の順序変更）

(1) 積分領域 D は右上図のようになる。

したがって

$$\int_0^a\left\{\int_{\frac{x^2}{a}}^{2a-x}f(x,\ y)dy\right\}dx$$

$$=\int_0^a\left(\int_0^{\sqrt{ay}}f(x,\ y)dx\right)dy$$

$$+\int_a^{2a}\left(\int_0^{2a-y}f(x,\ y)dx\right)dy$$ ……〔答〕

(2) $\displaystyle\iint_D(2x+4y)dx\,dy$

$$=\int_0^a\left\{\int_{\frac{x^2}{a}}^{2a-x}(2x+4y)dy\right\}dx$$

$$=\int_0^a\Big[2xy+2y^2\Big]_{y=\frac{x^2}{a}}^{y=2a-x}dx$$

$$=\int_0^a\left\{2x(2a-x)+2(2a-x)^2-2x\frac{x^2}{a}-2\left(\frac{x^2}{a}\right)^2\right\}dx$$

$$=\int_0^a\left(4ax-2x^2+8a^2-8ax+2x^2-\frac{2}{a}x^3-\frac{2}{a^2}x^4\right)dx$$

$$=\int_0^a\left(8a^2-4ax-\frac{2}{a}x^3-\frac{2}{a^2}x^4\right)dx$$

$$=\left[8a^2x-2ax^2-\frac{1}{2a}x^4-\frac{2}{5a^2}x^5\right]_0^a$$

$$=8a^3-2a^3-\frac{1}{2}a^3-\frac{2}{5}a^3=6a^3-\frac{1}{2}a^3-\frac{2}{5}a^3$$

$$=\frac{60-5-4}{10}a^3=\frac{51}{10}a^3$$ ……〔答〕

（C） 発展問題

［2C－01］（偏微分）

(1) 合成関数の微分より

$$\frac{\partial f}{\partial x}=g'(r)\frac{\partial r}{\partial x}=g'(r)\frac{x}{\sqrt{x^2+y^2+z^2}}$$

$$=g'(r)\frac{x}{r}$$

よって

$$\frac{\partial^2 f}{\partial x^2}=\frac{\partial}{\partial x}\left(\frac{\partial f}{\partial x}\right)=\frac{\partial}{\partial x}\left\{g'(r)\cdot\frac{x}{r}\right\}$$

$$=\frac{\partial}{\partial x}(g'(r))\cdot\frac{x}{r}+g'(r)\cdot\frac{\partial}{\partial x}\left(\frac{x}{r}\right)$$

$$=g''(r)\frac{x}{r}\cdot\frac{x}{r}+g'(r)\cdot\frac{1\cdot r-x\cdot\frac{x}{r}}{r^2}$$

$$=g''(r)\frac{x^2}{r^2}+g'(r)\frac{r^2-x^2}{r^3}$$

よって

$$\frac{\partial^2 f}{\partial x^2}+\frac{\partial^2 f}{\partial y^2}+\frac{\partial^2 f}{\partial z^2}$$

$$=g''(r)\frac{x^2+y^2+z^2}{r^2}$$

$$+g'(r)\frac{3r^2-(x^2+y^2+z^2)}{r^3}$$

$$=g''(r)\frac{r^2}{r^2}+g'(r)\frac{3r^2-r^2}{r^3}$$

$$=g''(r)+g'(r)\frac{2}{r}$$

(2)　$g(r)=\log(r^2)=2\log r$ より

$$g'(r)=\frac{2}{r},\ g''(r)=-\frac{2}{r^2}$$

よって

$$\frac{\partial^2 f}{\partial x^2}+\frac{\partial^2 f}{\partial y^2}+\frac{\partial^2 f}{\partial z^2}$$

$$=g''(r)+\frac{2}{r}g'(r)=-\frac{2}{r^2}+\frac{2}{r}\frac{2}{r}$$

$$=\frac{2}{r^2}=\frac{2}{x^2+y^2+z^2}$$　……〔答〕

［2C－02］（逐次積分の順序変更）

(1)　積分領域は $D:0\leqq x\leqq 1,\ 0\leqq y\leqq x$ で下図のようになる。

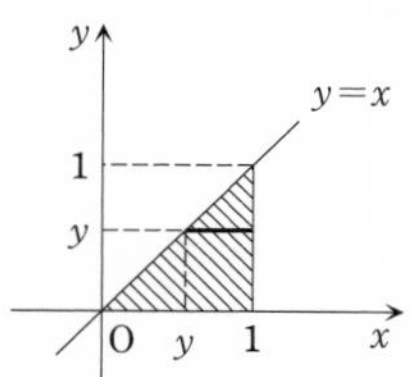

(2)　$I=\int_0^1\left(\int_0^x y^2e^{x^4}dy\right)dx$

$$=\int_0^1\left[\frac{y^3}{3}e^{x^4}\right]_{y=0}^{y=x}dx=\int_0^1\frac{x^3}{3}e^{x^4}dx$$

$$=\left[\frac{e^{x^4}}{12}\right]_0^1=\frac{e-1}{12}$$　……〔答〕

［2C－03］（2変数関数の極値，接平面）

(1)　$\frac{\partial f}{\partial x}=\cos x-\cos(x+y)$

$$\frac{\partial f}{\partial y}=\cos y-\cos(x+y)$$

$$\frac{\partial^2 f}{\partial x^2}=-\sin x+\sin(x+y)$$

$$\frac{\partial^2 f}{\partial y^2}=-\sin y+\sin(x+y)$$

$$\frac{\partial^2 f}{\partial x\partial y}=\sin(x+y)$$

(2)　$\frac{\partial f}{\partial x}=\frac{\partial f}{\partial y}=0$ とすると

$\cos x-\cos(x+y)=0$　……①

$\cos y-\cos(x+y)=0$　……②

①，②より，$\cos x=\cos y$

$0<x<2\pi,\ 0<y<2\pi$ に注意すると

$x=y$ または $\frac{x+y}{2}=\pi$

(i)　$x=y$ のとき；

①より，$\cos x-\cos 2x=0$

$\cos x-(2\cos^2 x-1)=0$

$2\cos^2 x-\cos x-1=0$

$(2\cos x+1)(\cos x-1)=0$

$0<x<2\pi$ より，$\cos x\fallingdotseq 1$

$\therefore\ \cos x=-\frac{1}{2}$　　$\therefore\ x=\frac{2\pi}{3},\ \frac{4\pi}{3}$

よって，$(x,\ y)=\left(\frac{2\pi}{3},\ \frac{2\pi}{3}\right),\ \left(\frac{4\pi}{3},\ \frac{4\pi}{3}\right)$

(ii)　$\frac{x+y}{2}=\pi$ のとき；

$x+y=2\pi$ なので，①より，

$\cos x-\cos 2\pi=0$

$\therefore\ \cos x=1$

$0<x<2\pi$ より，これは不適。

以上より

$$(x,\ y)=\left(\frac{2\pi}{3},\ \frac{2\pi}{3}\right),\ \left(\frac{4\pi}{3},\ \frac{4\pi}{3}\right)$$

……〔答〕

(3)　ヘッシアンは

$$H(x,\ y)=\frac{\partial^2 f}{\partial x^2}\cdot\frac{\partial^2 f}{\partial y^2}-\left(\frac{\partial^2 f}{\partial x\partial y}\right)^2$$

ただし

$$\frac{\partial^2 f}{\partial x^2}=-\sin x+\sin(x+y),$$

$$\frac{\partial^2 f}{\partial y^2}=-\sin y+\sin(x+y),$$

$$\frac{\partial^2 f}{\partial x\partial y}=\sin(x+y)$$

（i） $(x,\ y)=\left(\dfrac{2\pi}{3},\ \dfrac{2\pi}{3}\right)$ について

$$\frac{\partial^2 f}{\partial x^2}=-\sin\frac{2\pi}{3}+\sin\frac{4\pi}{3}=-\sqrt{3},$$

$$\frac{\partial^2 f}{\partial y^2}=-\sqrt{3},\ \frac{\partial^2 f}{\partial x\partial y}=\sin\frac{4\pi}{3}=-\frac{\sqrt{3}}{2}$$

より

$$H(x,\ y)=(-\sqrt{3})\cdot(-\sqrt{3})-\left(-\frac{\sqrt{3}}{2}\right)^2$$

$$=\frac{9}{4}>0$$

よって $(x,\ y)=\left(\dfrac{2\pi}{3},\ \dfrac{2\pi}{3}\right)$ で

極大値 $f\left(\dfrac{2\pi}{3},\ \dfrac{2\pi}{3}\right)=\dfrac{3\sqrt{3}}{2}$ をとる。

（ii） $(x,\ y)=\left(\dfrac{4\pi}{3},\ \dfrac{4\pi}{3}\right)$ について

$$\frac{\partial^2 f}{\partial x^2}=-\sin\frac{4\pi}{3}+\sin\frac{8\pi}{3}=\sqrt{3},$$

$$\frac{\partial^2 f}{\partial y^2}=\sqrt{3},\ \frac{\partial^2 f}{\partial x\partial y}=\sin\frac{8\pi}{3}=\frac{\sqrt{3}}{2}$$

より

$$H(x,\ y)=(\sqrt{3})\cdot(\sqrt{3})-\left(\frac{\sqrt{3}}{2}\right)^2=\frac{9}{4}>0$$

よって $(x,\ y)=\left(\dfrac{4\pi}{3},\ \dfrac{4\pi}{3}\right)$ で

極小値 $f\left(\dfrac{4\pi}{3},\ \dfrac{4\pi}{3}\right)=-\dfrac{3\sqrt{3}}{2}$ をとる。

(4) $x=\dfrac{\pi}{2},\ y=\dfrac{\pi}{2}$ に対応する点において

$$\frac{\partial f}{\partial x}=\cos\frac{\pi}{2}-\cos\pi=1$$

$$\frac{\partial f}{\partial y}=\cos\frac{\pi}{2}-\cos\pi=1$$

また

$$f\left(\frac{\pi}{2},\ \frac{\pi}{2}\right)=\sin\frac{\pi}{2}+\sin\frac{\pi}{2}-\sin\pi=2$$

よって，求める接平面の方程式は

$$z-2=1\cdot\left(x-\frac{\pi}{2}\right)+1\cdot\left(y-\frac{\pi}{2}\right)$$

$\therefore\quad x+y-z+2-\pi=0$ ……〔答〕

［2C－04］（２重積分の広義積分）

$$\int_{-\infty}^{\infty}\int_{-\infty}^{\infty}\frac{e^{-x^2-y^2+2xy}}{1+(x+y)^2}dx\,dy$$

$$=\int_{-\infty}^{\infty}\int_{-\infty}^{\infty}\frac{e^{-(x-y)^2}}{1+(x+y)^2}dx\,dy$$

$D_a:-a\leqq x+y\leqq a,\ -a\leqq x-y\leqq a$

とおくと

$$\int_{-\infty}^{\infty}\int_{-\infty}^{\infty}\frac{e^{-(x-y)^2}}{1+(x+y)^2}dx\,dy$$

$$=\lim_{a\to+\infty}\iint_{D_a}\frac{e^{-(x-y)^2}}{1+(x+y)^2}dx\,dy$$

$x+y=u,\ x-y=v$ とおくと

D_a は $E_a:-a\leqq u\leqq a,\ -a\leqq v\leqq a$ に移る。

また，$x=\dfrac{u+v}{2},\ y=\dfrac{u-v}{2}$ より

$$\frac{\partial(x,\ y)}{\partial(u,\ v)}=\begin{vmatrix}\frac{1}{2} & \frac{1}{2}\\ \frac{1}{2} & -\frac{1}{2}\end{vmatrix}=-\frac{1}{4}-\frac{1}{4}=-\frac{1}{2}$$

$$\therefore\quad\left|\frac{\partial(x,\ y)}{\partial(u,\ v)}\right|=\frac{1}{2}$$

よって

$$\iint_{D_a}\frac{e^{-(x-y)^2}}{1+(x+y)^2}dx\,dy$$

$$=\iint_{E_a}\frac{e^{-v^2}}{1+u^2}\cdot\frac{1}{2}du\,dv$$

$$=\int_{-a}^{a}\left(\int_{-a}^{a}\frac{1}{2}\cdot\frac{1}{1+u^2}\cdot e^{-v^2}dv\right)du$$

$$=\frac{1}{2}\cdot\int_{-a}^{a}\frac{1}{1+u^2}du\cdot\int_{-a}^{a}e^{-v^2}dv$$

よって

$$\int_{-\infty}^{\infty}\int_{-\infty}^{\infty}\frac{e^{-(x-y)^2}}{1+(x+y)^2}dx\,dy$$

$$=\frac{1}{2}\int_{-\infty}^{\infty}\frac{1}{1+u^2}du\cdot\int_{-\infty}^{\infty}e^{-v^2}dv$$

ここで

$$\int_{-\infty}^{\infty}\frac{1}{1+u^2}du=\lim_{\substack{\alpha\to-\infty\\ \beta\to+\infty}}\int_{\alpha}^{\beta}\frac{1}{1+u^2}du$$

$$=\lim_{\substack{\alpha\to-\infty\\ \beta\to+\infty}}\Big[\tan^{-1}u\Big]_{\alpha}^{\beta}=\lim_{\substack{\alpha\to-\infty\\ \beta\to+\infty}}(\tan^{-1}\beta-\tan^{-1}\alpha)$$

$$=\frac{\pi}{2}-\left(-\frac{\pi}{2}\right)=\pi$$

また $\displaystyle\int_{-\infty}^{\infty}e^{-v^2}dv=\sqrt{\pi}$

（計算省略：p.257 **［8B－06］**(1)の解答参照）

よって

$$\int_{-\infty}^{\infty}\int_{-\infty}^{\infty}\frac{e^{-(x-y)^2}}{1+(x+y)^2}dx\,dy$$

$$=\frac{1}{2}\int_{-\infty}^{\infty}\frac{1}{1+u^2}du\cdot\int_{-\infty}^{\infty}e^{-v^2}dv$$

$=\frac{1}{2}\pi\sqrt{\pi}$　……〔答〕

[2C－05]　(2重積分と数列)

(1)　$J_n=\int_0^{2\pi}\int_0^{\infty}(r^2)^{\frac{n}{2}}e^{-r^2}rdrd\theta$

$=2\pi\int_0^{\infty}r^{n+1}e^{-r^2}dr$　……〔答〕

(2)　$J_0=2\pi\int_0^{\infty}re^{-r^2}dr=2\pi\left[-\frac{1}{2}e^{-r^2}\right]_0^{\infty}$

$=\pi$　……〔答〕

(3)　$J_n=2\pi\int_0^{\infty}r^{n+1}e^{-r^2}dr=2\pi\int_0^{\infty}r^n\cdot re^{-r^2}dr$

$=2\pi\left\{\left[r^n\cdot\left(-\frac{1}{2}e^{-r^2}\right)\right]_0^{\infty}-\int_0^{\infty}nr^{n-1}\cdot\left(-\frac{1}{2}e^{-r^2}\right)dr\right\}$

$=2\pi\left\{0+\frac{n}{2}\int_0^{\infty}r^{n-1}e^{-r^2}dr\right\}$

$=\frac{n}{2}\cdot2\pi\int_0^{\infty}r^{n-1}e^{-r^2}dr=\frac{n}{2}\cdot J_{n-2}$

よって，$J_n=\frac{n}{2}J_{n-2}$　……〔答〕

したがって

$J_{10}=5J_8=5\cdot4J_6=5\cdot4\cdot3J_4$

$=5\cdot4\cdot3\cdot2J_2=5\cdot4\cdot3\cdot2\cdot1J_0$

$=120\pi$　……〔答〕

(注)　上の解答では広義積分の計算を略式で書いてみた。lim を使ってきちんと書くとどうなるか自分で調べてみよう。

[2C－06]　(2変数関数の極値)

(1)　$f(x, y)=x^3-3x(1+y^2)$ より

$f_x(x, y)=3x^2-3(1+y^2)$

$f_y(x, y)=-6xy$

$f_x(x, y)=0$ とすると

$x^2-1-y^2=0$　……①

$f_y(x, y)=0$ とすると

$xy=0$　……②

②より，$x=0$ または $y=0$

$x=0$ を①に代入すると

$-1-y^2=0$ これは不適。

$y=0$ を①に代入すると

$x^2-1=0$　　∴　$x=\pm1$

よって，極値をとる点の候補は

$(x, y)=(1, 0), (-1, 0)$

次に

$f_{xx}(x, y)=6x$，$f_{yy}(x, y)=-6x$

$f_{xy}(x, y)=f_{yx}(x, y)=-6y$

より，ヘッシアンは

$H(x, y)=f_{xx}\cdot f_{yy}-(f_{xy})^2$

$=6x\cdot(-6x)-(-6y)^2=-36(x^2+y^2)$

よって，$H(\pm1, 0)=-36<0$

したがって，$f(x, y)$ は極値をもたない。

(2)　$f(x, y)$ は極値をもたないから，閉円板 D における最大値は D の境界である円周 $C=\{(x, y)\in\boldsymbol{R}^2 \mid x^2+y^2=1\}$ 上でとる。

そこで $x=\cos\theta$, $y=\sin\theta$ とおくと

$f(x, y)=x^3-3x(1+y^2)$

$=\cos^3\theta-3\cos\theta(1+\sin^2\theta)$

$g(\theta)=\cos^3\theta-3\cos\theta(1+\sin^2\theta)$ とおくと

$g'(\theta)=-3\cos^2\theta\sin\theta-3\{-\sin\theta(1+\sin^2\theta)+\cos\theta\cdot2\sin\theta\cos\theta\}$

$=-3\cos^2\theta\sin\theta+3\sin\theta(1+\sin^2\theta)-6\sin\theta\cos^2\theta$

$=3\sin\theta(1+\sin^2\theta)-9\sin\theta\cos^2\theta$

$=3\sin\theta(1+\sin^2\theta-3\cos^2\theta)$

$=3\sin\theta(1+\sin^2\theta-3(1-\sin^2\theta))$

$=3\sin\theta(4\sin^2\theta-2)$

$=6\sin\theta(2\sin^2\theta-1)$

$0\leqq\theta\leqq\pi$ での増減表は次のようになる。

θ	0	$\cdots$	$\frac{\pi}{4}$	$\cdots$	$\frac{3\pi}{4}$	$\cdots$	π
$g'(\theta)$	0	$-$	0	$+$	0	$-$	0
$g(\theta)$	-2	↘	$-2\sqrt{2}$	↗	$2\sqrt{2}$	↘	2

よって，最大値は $2\sqrt{2}$　……〔答〕

[(2)後半の別解]　(ラグランジュの乗数法)

$g(x, y)=x^2+y^2-1$ とおく。

$g_x(x, y)=2x$，$g_y(x, y)=2y$

よって，$(x, y)=(a, b)$ で極値をとるとすると

$f_x(a, b)=\lambda\cdot g_x(a, b)$　……①

$f_y(a, b)=\lambda\cdot g_y(a, b)$　……②

を満たす λ が存在する。

さらに　$a^2+b^2=1$　……③

を満たすことにも注意する。

①より　$3a^2-3(1+b^2)=\lambda\cdot2a$　……④

これと③より，$3a^2-3(1+1-a^2)=\lambda\cdot2a$

∴　$3a^2-3=\lambda\cdot a$　……⑤

②より　$-6ab=\lambda\cdot2b$　……⑥

$b=0$ とすると③より，$a=\pm1$

このとき⑤より $\lambda=0$

$b\neq0$ とすると⑥より，$\lambda=-3a$

これを⑤に代入すると，$3a^2-3=-3a^2$

$\therefore \quad 2a^2-1=0 \qquad \therefore \quad a=\pm\dfrac{1}{\sqrt{2}}$

以上より，極値をとる点は

$$(x,\ y)=(\pm1,\ 0),\ \left(\pm\frac{1}{\sqrt{2}},\ \pm\frac{1}{\sqrt{2}}\right)$$

であり

$$f(1,\ 0)=-2$$
$$f(-1,\ 0)=2$$
$$f\left(\frac{1}{\sqrt{2}},\ \pm\frac{1}{\sqrt{2}}\right)=-2\sqrt{2}$$
$$f\left(-\frac{1}{\sqrt{2}},\ \pm\frac{1}{\sqrt{2}}\right)=2\sqrt{2}$$

であるから，最大値は $2\sqrt{2}$ ……〔答〕

［2C－07］（2変数関数の極値）

(1) $z^2+(x+2y)z-\left(4+2x^2+y+\dfrac{y^2}{2}\right)=0$

の両辺を x で偏微分すると

$$2z\frac{\partial z}{\partial x}+1\cdot z+(x+2y)\cdot\frac{\partial z}{\partial x}-4x=0$$

$\therefore \quad (x+2y+2z)\cdot\dfrac{\partial z}{\partial x}=4x-z$

$\therefore \quad \dfrac{\partial z}{\partial x}=\dfrac{4x-z}{x+2y+2z}$ ……〔答〕

また，$z^2+(x+2y)z-\left(4+2x^2+y+\dfrac{y^2}{2}\right)=0$

の両辺を y で偏微分すると

$$2z\frac{\partial z}{\partial y}+2\cdot z+(x+2y)\cdot\frac{\partial z}{\partial y}-(1+y)=0$$

$\therefore \quad (x+2y+2z)\cdot\dfrac{\partial z}{\partial y}=1+y-2z$

$\therefore \quad \dfrac{\partial z}{\partial y}=\dfrac{1+y-2z}{x+2y+2z}$ ……〔答〕

(2) $\dfrac{\partial z}{\partial x}=\dfrac{4x-z}{x+2y+2z}=0$ とすると

$4x-z=0$ ……①

$\dfrac{\partial z}{\partial y}=\dfrac{1+y-2z}{x+2y+2z}=0$ とすると

$1+y-2z=0$ ……②

①より $x=\dfrac{z}{4}$，②より $y=2z-1$

これらを与式

$$z^2+(x+2y)z-\left(4+2x^2+y+\frac{y^2}{2}\right)=0$$

に代入すると

$$z^2+\left\{\frac{z}{4}+2(2z-1)\right\}z-\left\{4+2\left(\frac{z}{4}\right)^2+(2z-1)+\frac{(2z-1)^2}{2}\right\}=0$$

$$z^2+\left(\frac{17}{4}z-2\right)z-\left(\frac{1}{8}z^2+2z+3+\frac{4z^2-4z+1}{2}\right)=0$$

$$z^2+\left(\frac{17}{4}z^2-2z\right)-\left(\frac{17}{8}z^2+\frac{7}{2}\right)=0$$

$$25z^2-16z-28=0$$

$$\therefore \quad z=\frac{8\pm\sqrt{(-8)^2-25\cdot(-28)}}{25}=\frac{8\pm2\sqrt{16+25\cdot7}}{25}=\frac{8\pm2\sqrt{191}}{25}$$

$z\geqq0$ より，$z=\dfrac{8+2\sqrt{191}}{25}$ ……〔答〕

このとき

$$x=\frac{z}{4}=\frac{4+\sqrt{191}}{50},$$

$$y=2z-1=2\cdot\frac{8+2\sqrt{191}}{25}-1=\frac{-9+4\sqrt{191}}{25}$$

よって，極値をとる点は

$$(x,\ y)=\left(\frac{4+\sqrt{191}}{50},\ \frac{-9+4\sqrt{191}}{25}\right)$$

……〔答〕

(3) $g(x,\ y)=x+y-1$ とおくと

$$\frac{\partial g}{\partial x}=1,\ \frac{\partial g}{\partial y}=1$$

よって，ラグランジュの乗数法より

$$\frac{\partial z}{\partial x}=\frac{4x-z}{x+2y+2z}=\lambda\cdot1$$

$$\frac{\partial z}{\partial y}=\frac{1+y-2z}{x+2y+2z}=\lambda\cdot1$$

を満たす λ が存在する。

$\therefore \quad \dfrac{4x-z}{x+2y+2z}=\dfrac{1+y-2z}{x+2y+2z}$

$\therefore \quad 4x-z=1+y-2z$

$\therefore \quad z=1+y-4x$ ……①

これと $x+y-1=0$ ……② より

$$z=1+y-4x=1+(-x+1)-4x=-5x+2$$

よって

$$x=-\frac{z-2}{5}$$

$$y=-x+1=\frac{z-2}{5}+1=\frac{z+3}{5}$$

これらを与式

$$z^2+(x+2y)z-\left(4+2x^2+y+\frac{y^2}{2}\right)=0$$

に代入すると

$$z^2+\left(-\frac{z-2}{5}+2\cdot\frac{z+3}{5}\right)z-\left\{4+2\left(-\frac{z-2}{5}\right)^2+\frac{z+3}{5}+\frac{1}{2}\left(\frac{z+3}{5}\right)^2\right\}=0$$

$$z^2+\frac{z+8}{5}\cdot z-\left\{4+2\cdot\frac{z^2-4z+4}{25}+\frac{z+3}{5}+\frac{z^2+6z+9}{50}\right\}=0$$

$$z^2+\frac{z^2+8z}{5}-\left\{4+\frac{5z^2-10z+25}{50}+\frac{z+3}{5}\right\}=0$$

$$z^2+\frac{z^2+8z}{5}-\left\{4+\frac{z^2-2z+5}{10}+\frac{z+3}{5}\right\}=0$$

$$10z^2+2(z^2+8z)-\{40+z^2-2z+5+2(z+3)\}=0$$

$$11z^2+16z-51=0$$

$$\therefore\quad z=\frac{-8\pm\sqrt{8^2-11\cdot(-51)}}{11}=\frac{-8\pm\sqrt{625}}{11}=\frac{-8\pm25}{11}=\frac{17}{11},\ -3$$

$z\geqq0$ より，$z=\dfrac{17}{11}$　……〔答〕

このとき

$$x=-\frac{z-2}{5}=-\frac{1}{5}\left(\frac{17}{11}-2\right)=\frac{1}{11}$$

$$y=-x+1=-\frac{1}{11}+1=\frac{10}{11}$$

よって，極値をとる点は

$$(x,\ y)=\left(\frac{1}{11},\ \frac{10}{11}\right)$$ ……〔答〕

[2C－08]　（偏導関数の定義）

偏導関数の定義：

$$\frac{\partial f}{\partial x}(x,\ y)=\lim_{h\to0}\frac{f(x+h,\ y)-f(x,\ y)}{h}$$

$$\frac{\partial f}{\partial y}(x,\ y)=\lim_{h\to0}\frac{f(x,\ y+h)-f(x,\ y)}{h}$$

(1)　$x\neq0$ のとき $f(x,\ y)=x^2\tan^{-1}\dfrac{y}{x}$ より

$$\frac{\partial f}{\partial x}(x,\ y)=2x\cdot\tan^{-1}\frac{y}{x}+x^2\cdot\frac{-\dfrac{y}{x^2}}{1+\left(\dfrac{y}{x}\right)^2}$$

$$=2x\tan^{-1}\frac{y}{x}+x^2\cdot\frac{-y}{x^2+y^2}$$

$$=2x\tan^{-1}\frac{y}{x}-\frac{x^2y}{x^2+y^2}$$ ……〔答〕

$$\frac{\partial f}{\partial y}(x,\ y)=x^2\cdot\frac{\dfrac{1}{x}}{1+\left(\dfrac{y}{x}\right)^2}=\frac{x^3}{x^2+y^2}$$ ……〔答〕

(2)　$$\frac{\partial f}{\partial x}(0,\ y)=\lim_{h\to0}\frac{f(h,\ y)-f(0,\ y)}{h}$$

$$=\lim_{h\to0}\frac{h^2\tan^{-1}\dfrac{y}{h}-0}{h}=\lim_{h\to0}h\tan^{-1}\frac{y}{h}=0$$ ……〔答〕

$$\frac{\partial f}{\partial y}(0,\ y)=\lim_{h\to0}\frac{f(0,\ y+h)-f(0,\ y)}{h}=\lim_{h\to0}\frac{0-0}{h}=0$$ ……〔答〕

(3)　定義に基づいて計算しなければならない。

$$\frac{\partial^2 f}{\partial y\partial x}(0,\ 0)=\frac{\partial}{\partial y}\left(\frac{\partial f}{\partial x}\right)(0,\ 0)$$

$$=\lim_{h\to0}\frac{1}{h}\left\{\frac{\partial f}{\partial x}(0,\ h)-\frac{\partial f}{\partial x}(0,\ 0)\right\}$$

$$=\lim_{h\to0}\frac{1}{h}(0-0)=0$$ ……〔答〕

$$\frac{\partial^2 f}{\partial x\partial y}(0,\ 0)=\frac{\partial}{\partial x}\left(\frac{\partial f}{\partial y}\right)(0,\ 0)$$

$$=\lim_{h\to0}\frac{1}{h}\left\{\frac{\partial f}{\partial y}(h,\ 0)-\frac{\partial f}{\partial y}(0,\ 0)\right\}$$

$$=\lim_{h\to0}\frac{1}{h}(h-0)=1$$ ……〔答〕

(注)　本問の関数 $f(x,\ y)$ では

$\dfrac{\partial^2 f}{\partial x\partial y}(0,\ 0)\neq\dfrac{\partial^2 f}{\partial y\partial x}(0,\ 0)$ である。

[2C－09]　（2重積分と体積）

(1)　$\dfrac{x^2}{a^2}+\dfrac{y^2}{b^2}-z^2+1\leqq0$ より

$$z^2\geqq\frac{x^2}{a^2}+\frac{y^2}{b^2}+1$$

$$\therefore\quad z\leqq-\sqrt{\frac{x^2}{a^2}+\frac{y^2}{b^2}+1},$$

$$\sqrt{\frac{x^2}{a^2}+\frac{y^2}{b^2}+1} \leqq z$$

$\sqrt{\frac{x^2}{a^2}+\frac{y^2}{b^2}+1}=c$ とすると

$$\frac{x^2}{a^2}+\frac{y^2}{b^2}+1=c^2 \qquad \therefore \quad \frac{x^2}{a^2}+\frac{y^2}{b^2}=c^2-1$$

そこで　$D: \frac{x^2}{a^2}+\frac{y^2}{b^2} \leqq c^2-1$

とおくと，求める体積 V は

$$V=\iint_D \left(c-\sqrt{\frac{x^2}{a^2}+\frac{y^2}{b^2}+1}\right)dx\,dy$$

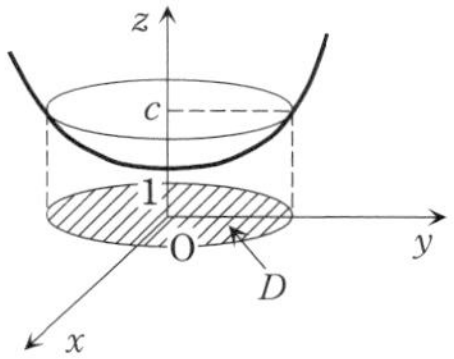

ここで $x=ar\cos\theta$, $y=br\sin\theta$ とおくと領域 D は領域

$$E: 0 \leqq r \leqq \sqrt{c^2-1}, \ 0 \leqq \theta \leqq 2\pi$$

に移る。

また　$\frac{\partial(x, y)}{\partial(r, \theta)}=\begin{vmatrix} a\cos\theta & -ar\sin\theta \\ b\sin\theta & br\cos\theta \end{vmatrix}=abr$

より　$\left|\frac{\partial(x, y)}{\partial(r, \theta)}\right|=abr$

よって

$$V=\iint_D \left(c-\sqrt{\frac{x^2}{a^2}+\frac{y^2}{b^2}+1}\right)dx\,dy$$

$$=\iint_E (c-\sqrt{r^2+1})\,abr\,dr\,d\theta$$

$$=ab\iint_E (c-\sqrt{r^2+1})\,r\,dr\,d\theta$$

$$=ab\int_0^{2\pi}\left(\int_0^{\sqrt{c^2-1}}(c-\sqrt{r^2+1})\,r\,dr\right)d\theta$$

$$=2\pi ab\int_0^{\sqrt{c^2-1}}(c-\sqrt{r^2+1})\,r\,dr$$

$$=2\pi ab\int_0^{\sqrt{c^2-1}}(cr-r\sqrt{r^2+1})\,dr$$

$$=2\pi ab\left[\frac{1}{2}cr^2-\frac{1}{3}(r^2+1)^{\frac{3}{2}}\right]_0^{\sqrt{c^2-1}}$$

$$=2\pi ab\left\{\frac{1}{2}c(c^2-1)-\frac{1}{3}c^3+\frac{1}{3}\right\}$$

$$=2\pi ab\left(\frac{1}{6}c^3-\frac{1}{2}c+\frac{1}{3}\right)$$

$$=\frac{\pi}{3}ab(c^3-3c+2)$$

$$=\frac{\pi}{3}ab(c-1)^2(c+2) \quad \cdots\cdots〔答〕$$

(2) 求める体積 V は

$$V=\iint_D (x^2+y^2)\,dx\,dy, \qquad D: \frac{x^2}{a^2}+\frac{y^2}{b^2} \leqq 1$$

(1)と同じ変数変換により，領域 D は領域

$$F: 0 \leqq r \leqq 1, \ 0 \leqq \theta \leqq 2\pi$$

に移る。

$$V=\iint_D (x^2+y^2)\,dx\,dy$$

$$=\iint_F (a^2r^2\cos^2\theta+b^2r^2\sin^2\theta)\,abr\,dr\,d\theta$$

$$=\int_0^{2\pi}\left(\int_0^1 abr^3(a^2\cos^2\theta+b^2\sin^2\theta)\,dr\right)d\theta$$

$$=ab\cdot\int_0^1 r^3\,dr\cdot\int_0^{2\pi}(a^2\cos^2\theta+b^2\sin^2\theta)\,d\theta$$

ここで

$$\int_0^1 r^3\,dr=\frac{1}{4}$$

$$\int_0^{2\pi}(a^2\cos^2\theta+b^2\sin^2\theta)\,d\theta$$

$$=\int_0^{2\pi}\left(a^2\frac{1+\cos 2\theta}{2}+b^2\frac{1-\cos 2\theta}{2}\right)d\theta$$

$$=\left[\frac{a^2}{2}\left(\theta+\frac{1}{2}\sin 2\theta\right)+\frac{b^2}{2}\left(\theta-\frac{1}{2}\sin 2\theta\right)\right]_0^{2\pi}$$

$$=\pi(a^2+b^2)$$

よって

$$V=ab\cdot\frac{1}{4}\cdot\pi(a^2+b^2)$$

$$=\frac{1}{4}\pi ab(a^2+b^2) \quad \cdots\cdots〔答〕$$

[2C－10]　(2 重積分の変数変換)

(1)　$I=\int_0^2\left\{\int_0^{\sqrt{3(x^2+5)}}\frac{1}{x^2+y^2+5}dy\right\}dx$

$$=\int_0^2\left\{\int_0^{\sqrt{3(x^2+5)}}\frac{1}{y^2+(x^2+5)}dy\right\}dx$$

$$=\int_0^2\left\{\frac{1}{x^2+5}\int_0^{\sqrt{3(x^2+5)}}\frac{1}{\left(\frac{y}{\sqrt{x^2+5}}\right)^2+1}dy\right\}dx$$

$$=\int_0^2\left\{\frac{\sqrt{x^2+5}}{x^2+5}\left[\tan^{-1}\frac{y}{\sqrt{x^2+5}}\right]_{y=0}^{y=\sqrt{3(x^2+5)}}\right\}dx$$

$$=\int_0^2\frac{1}{\sqrt{x^2+5}}\tan^{-1}\sqrt{3}\,dx$$

$$=\frac{\pi}{3}\int_0^2\frac{1}{\sqrt{x^2+5}}dx \quad \cdots\cdots(*)$$

$\sqrt{x^2+5}=t-x$ とおくと

$$x^2+5=t^2-2tx+x^2 \qquad \therefore\quad x=\frac{t^2-5}{2t}$$

よって

$$dx=\frac{2t\cdot 2t-(t^2-5)\cdot 2}{4t^2}dt=\frac{t^2+5}{2t^2}dt$$

$$\sqrt{x^2+5}=t-x=t-\frac{t^2-5}{2t}=\frac{t^2+5}{2t}$$

また，$x:0\to 2$ のとき $t:\sqrt{5}\to 5$

したがって

$$(*)=\frac{\pi}{3}\int_0^2\frac{1}{\sqrt{x^2+5}}dx$$

$$=\frac{\pi}{3}\int_{\sqrt{5}}^5\frac{2t}{t^2+5}\cdot\frac{t^2+5}{2t^2}dt=\frac{\pi}{3}\int_{\sqrt{5}}^5\frac{1}{t}dt$$

$$=\frac{\pi}{3}(\log 5-\log\sqrt{5})=\frac{\pi}{6}\log 5$$ ……〔答〕

(2)（i）　$x=s+\dfrac{1}{\sqrt{3}}t,\ y=\dfrac{1}{\sqrt{3}}t$

$$\therefore\quad \frac{\partial(x,\ y)}{\partial(s,\ t)}=\begin{vmatrix}1 & \frac{1}{\sqrt{3}}\\ 0 & \frac{1}{\sqrt{3}}\end{vmatrix}=\frac{1}{\sqrt{3}}$$

$$\therefore\quad \left|\frac{\partial(x,\ y)}{\partial(s,\ t)}\right|=\frac{1}{\sqrt{3}}$$

よって，

$$J=\iint_D e^{-(x^2-2xy+4y^2)}dx\,dy$$

$$=\iint_D e^{-\{(x-y)^2+3y^2\}}dx\,dy$$

$$=\iint_K e^{-(s^2+t^2)}\frac{1}{\sqrt{3}}ds\,dt$$

$$=\frac{1}{\sqrt{3}}\iint_K e^{-(s^2+t^2)}ds\,dt$$ ……〔答〕

（ii）　$x=s+\dfrac{1}{\sqrt{3}}t\geqq 0$ かつ $y=\dfrac{1}{\sqrt{3}}t\geqq 0$

より

$K=\{(s,\ t)\mid t\geqq 0,\ t\geqq-\sqrt{3}s\}$ ……〔答〕

（iii）　$s=r\cos\theta,\ t=r\sin\theta$ とおくと

$K=\{(s,\ t)\mid t\geqq 0,\ t\geqq-\sqrt{3}s\}$ は

$L=\left\{(r,\ \theta)\,\middle|\, r\geqq 0,\ 0\leqq\theta\leqq\dfrac{2\pi}{3}\right\}$ に移る。

よって

$$J=\frac{1}{\sqrt{3}}\iint_K e^{-(s^2+t^2)}ds\,dt$$

$$=\frac{1}{\sqrt{3}}\iint_L e^{-r^2}r\,dr\,d\theta$$

$$=\frac{1}{\sqrt{3}}\int_0^{\frac{2\pi}{3}}\left(\int_0^\infty e^{-r^2}r\,dr\right)d\theta$$

$$=\frac{1}{\sqrt{3}}\cdot\frac{2\pi}{3}\cdot\left[-\frac{1}{2}e^{-r^2}\right]_0^\infty=\frac{1}{\sqrt{3}}\cdot\frac{2\pi}{3}\cdot\frac{1}{2}$$

$$=\frac{\pi}{3\sqrt{3}}=\frac{\sqrt{3}}{9}\pi$$ ……〔答〕

［2C－11］（最大・最小）

(1)　$V=\dfrac{1}{3}\cdot\pi h^2\cdot x=\dfrac{\pi}{3}h^2x$ ……〔答〕

(2)　面積に着目すると

$$\frac{1}{2}\cdot x\cdot h=\sqrt{a(a-x)(a-y)(a-z)}$$

$$\therefore\quad h=\frac{2\sqrt{a(a-x)(a-y)(a-z)}}{x}$$

$$\therefore\quad h^2=\frac{4a(a-x)(a-y)(a-z)}{x^2}$$

よって

$$V=\frac{\pi}{3}\cdot\frac{4a(a-x)(a-y)(a-z)}{x^2}\cdot x$$

$$=\frac{4\pi}{3}a\cdot\frac{(a-x)(a-y)(a-z)}{x}$$

$$=\frac{4\pi}{3}a\cdot\frac{(a-x)(a-y)\{a-(2a-x-y)\}}{x}$$

（$\because$　$x+y+z=2a$）

$$=\frac{4\pi}{3}a\cdot\frac{(a-x)(a-y)(x+y-a)}{x}$$ ……〔答〕

$x>0,\ y>0,$

$z=2a-x-y>0$ より，$x+y<2a$

また，$x,\ y,\ z$ は三角形の3つの辺であることに注意すると

$x<y+z=2a-x$ より，$x<a$

$y<z+x=2a-y$ より，$y<a$

$z<x+y=2a-z$ より，$z<a$

$\therefore\quad 2a-x-y<a \qquad \therefore\quad a<x+y$

以上より

$D:0<x<a,\ 0<y<a,\ a<x+y\ (<2a)$

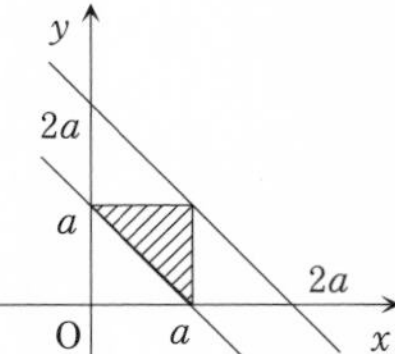

(3)　$\dfrac{\partial V}{\partial x}$

$$=\frac{4\pi}{3}a\cdot\frac{1}{x^2}[\{(a-x)(a-y)(x+y-a)\}'\cdot x-(a-x)(a-y)(x+y-a)\cdot 1]$$

$$=\frac{4\pi}{3}a(a-y)\cdot\frac{1}{x^2}[\{(a-x)(x+y-a)\}'\cdot x - (a-x)(x+y-a)]$$

$$=\frac{4\pi}{3}a(a-y)\cdot\frac{1}{x^2}[\{-(x+y-a)+(a-x)\}\cdot x-(a-x)(x+y-a)]$$

$$=\frac{4\pi}{3}a(a-y)\cdot\frac{1}{x^2}[(2ax-2x^2-xy)-(2ax+ay-a^2-x^2-xy)]$$

$$=\frac{4\pi}{3}a(a-y)\cdot\frac{a^2-x^2-ay}{x^2}$$

また

$$\frac{\partial V}{\partial y}=\frac{4\pi}{3}a\cdot\frac{\{(a-x)(a-y)(x+y-a)\}'}{x}$$

$$=\frac{4\pi}{3}a\cdot\frac{(a-x)\{(a-y)(x+y-a)\}'}{x}$$

$$=\frac{4\pi}{3}a\cdot\frac{(a-x)\{-(x+y-a)+(a-y)\}}{x}$$

$$=\frac{4\pi}{3}a\cdot\frac{(a-x)(2a-x-2y)}{x}$$

よって $\dfrac{\partial V}{\partial x}=0$, $\dfrac{\partial V}{\partial y}=0$ とすると

$a^2-x^2-ay=0$ ……①

$2a-x-2y=0$ ……②

②より，$x=2a-2y$，これを①に代入すると，

$a^2-(2a-2y)^2-ay=0$

$\therefore\ -4y^2+7ay-3a^2=0$

$4y^2-7ay+3a^2=0$

$(y-a)(4y-3a)=0 \qquad \therefore\ y=\dfrac{3}{4}a$

このとき，$x=2a-2y=2a-\dfrac{3}{2}a=\dfrac{1}{2}a$

よって，領域 $D: x>0,\ y>0,\ a<x+y<2a$ の中に，V が極値をとりうる点がただ1つ存在し，その点とは $(x,\ y)=\left(\dfrac{1}{2}a,\ \dfrac{3}{4}a\right)$

V はここで最大となり，最大値は

$$V=\frac{4\pi}{3}a\cdot\frac{(a-x)(a-y)(x+y-a)}{x}$$

$$=\frac{4\pi}{3}a\cdot\frac{\frac{1}{2}a\cdot\frac{1}{4}a\cdot\frac{1}{4}a}{\frac{1}{2}a}$$

$$=\frac{4\pi}{3}\cdot\frac{1}{16}a^3=\frac{\pi}{12}a^3$$ ……〔答〕

第3章
微分方程式

（A）基本問題

[3A−01]（1階，2階線形定数係数）

(1) $y'=1+\dfrac{1}{x}-\dfrac{1}{y^2+3}-\dfrac{1}{x(y^2+3)}$ より

$$\frac{dy}{dx}=1+\frac{1}{x}-\left(1+\frac{1}{x}\right)\frac{1}{y^2+3}$$

$$=\left(1+\frac{1}{x}\right)\left(1-\frac{1}{y^2+3}\right)$$

$$=\left(1+\frac{1}{x}\right)\frac{y^2+2}{y^2+3}$$

よって $\dfrac{y^2+3}{y^2+2}\dfrac{dy}{dx}=1+\dfrac{1}{x}$

両辺を x で積分すると

$$\int\frac{y^2+3}{y^2+2}dy=\int\left(1+\frac{1}{x}\right)dx$$

$$\int\left(1+\frac{1}{y^2+2}\right)dy=\int\left(1+\frac{1}{x}\right)dx$$

$$\int\left(1+\frac{1}{2}\frac{1}{\left(\frac{y}{\sqrt{2}}\right)^2+1}\right)dy=\int\left(1+\frac{1}{x}\right)dx$$

よって

$$y+\frac{\sqrt{2}}{2}\tan^{-1}\frac{y}{\sqrt{2}}=x+\log|x|+C$$

（C は任意定数） ……〔答〕

(2) $y''-6y'+5y=e^x\cos x$

まず，$y''-6y'+5y=0$ の一般解を求める。

$t^2-6t+5=0$ とすると

$(t-1)(t-5)=0 \qquad \therefore\ t=1,\ 5$

よって，$y''-6y'+5y=0$ の一般解は

$y=C_1e^x+C_2e^{5x}$ （C_1，C_2 は任意定数）

次に，$y''-6y'+5y=e^x\cos x$ の特殊解を求める。

$y=e^x(a\sin x+b\cos x)$ とおくと

$$y'=e^x(a\sin x+b\cos x)+e^x(a\cos x-b\sin x)$$

$$=e^x\{(a-b)\sin x+(a+b)\cos x\}$$

$$y''=e^x\{(a-b)\sin x+(a+b)\cos x\}+e^x\{(a-b)\cos x-(a+b)\sin x\}$$

$$=e^x(-2b\sin x+2a\cos x)$$

よって

$y''-6y'+5y$

$=e^x\{(-2b-6(a-b)+5a)\sin x$

$\qquad+(2a-6(a+b)+5b)\cos x\}$

$=e^x\{(-a+4b)\sin x+(-4a-b)\cos x\}$

これが $e^x\cos x$ に一致するとすれば

$$\begin{cases}-a+4b=0\\-4a-b=1\end{cases}\quad\therefore\quad a=-\frac{4}{17},\ b=-\frac{1}{17}$$

よって　$y=-\dfrac{1}{17}e^x(4\sin x+\cos x)$

は $y''-6y'+5y=e^x\cos x$ の特殊解である。

以上より，求める一般解は

$$y=C_1e^x+C_2e^{5x}-\frac{1}{17}e^x(4\sin x+\cos x)$$

（C_1，C_2 は任意定数）　……〔答〕

［3A－02］（1階線形微分方程式）

$(x^2-y^2)\dfrac{dy}{dx}=2xy$ より

$$\frac{dy}{dx}=\frac{2xy}{x^2-y^2}=\frac{2\dfrac{y}{x}}{1-\left(\dfrac{y}{x}\right)^2}$$

そこで，$\dfrac{y}{x}=u$ とおくと，$y=xu$ より

$$\frac{dy}{dx}=u+x\frac{du}{dx}$$

よって，与えられた微分方程式は次のようになる。

$$u+x\frac{du}{dx}=\frac{2u}{1-u^2}$$

$$\therefore\quad x\frac{du}{dx}=\frac{2u}{1-u^2}-u$$

$$=\frac{2u-u(1-u^2)}{1-u^2}=\frac{u^3+u}{1-u^2}$$

よって　$\dfrac{1-u^2}{u^3+u}\dfrac{du}{dx}=\dfrac{1}{x}$

両辺を x で積分すると

$$\int\frac{1-u^2}{u(u^2+1)}du=\int\frac{1}{x}dx$$

$$\int\left(\frac{1}{u}-\frac{2u}{u^2+1}\right)du=\int\frac{1}{x}dx$$

$$\therefore\quad \log|u|-\log(u^2+1)=\log|x|+C$$

$$\log\frac{|u|}{u^2+1}=\log e^C|x|$$

よって　$\dfrac{u}{u^2+1}=Ax$　（A は任意定数）

したがって　$u=Ax(u^2+1)$

$$\frac{y}{x}=Ax\left(\left(\frac{y}{x}\right)^2+1\right)$$

$y=A(y^2+x^2)$　（A は任意定数）

……〔答〕

［3A－03］（1階線形，2階線形微分方程式）

(1)　まず，$\dfrac{dy}{dx}+y=0$ の一般解を求める。

$\dfrac{dy}{dx}=-y$ より，$\dfrac{1}{y}\dfrac{dy}{dx}=-1$

$$\therefore\quad \int\frac{1}{y}dy=\int(-1)dx$$

$\log|y|=-x+C\qquad\therefore\quad y=\pm e^Ce^{-x}$

よって，一般解は

$y=Ae^{-x}$　（A は任意定数）

次に，$y=A(x)e^{-x}$ とおくと

$$\frac{dy}{dx}=A'(x)e^{-x}+A(x)(-e^{-x})$$

$$=A'(x)e^{-x}-y$$

$$\therefore\quad \frac{dy}{dx}+y=A'(x)e^{-x}$$

よって，$A'(x)e^{-x}=x$ とすると　$A'(x)=xe^x$ であるから

$$A(x)=\int xe^xdx$$

$$=xe^x-\int 1\cdot e^xdx=xe^x-e^x+C$$

$$=(x-1)e^x+C$$

よって，$\dfrac{dy}{dx}+y=x$ の一般解は

$y=\{(x-1)e^x+C\}e^{-x}$

$\quad=x-1+Ce^{-x}$　（C は任意定数）

……〔答〕

［別解］

$\dfrac{dy}{dx}+y=x$ の両辺に e^x をかけると

$$\frac{dy}{dx}e^x+ye^x=xe^x\qquad\therefore\quad (ye^x)'=xe^x$$

よって　$ye^x=\displaystyle\int xe^xdx=(x-1)e^x+C$

したがって

$y=\{(x-1)e^x+C\}e^{-x}$

$\quad=x-1+Ce^{-x}$　（C は任意定数）

……〔答〕

(2)　まず $\dfrac{d^2y}{dx^2}-3\dfrac{dy}{dx}+2y=0$ の一般解を求める。

$t^2-3t+2=0$ とすると

$(t-1)(t-2)=0 \qquad \therefore \quad t=1,\ 2$

よって，一般解は

$y=C_1e^x+C_2e^{2x}$　（C_1，C_2 は任意定数）

次に $\dfrac{d^2y}{dx^2}-3\dfrac{dy}{dx}+2y=x$ の特殊解を求める。

$y=Ax+B$ とおくと　$\dfrac{dy}{dx}=A$，$\dfrac{d^2y}{dx^2}=0$

このとき

$$\frac{d^2y}{dx^2}-3\frac{dy}{dx}+2y$$
$$=0-3A+2(Ax+B)$$
$$=2Ax+(-3A+2B)$$

これが x に一致するとすれば

$$\begin{cases}2A=1\\-3A+2B=0\end{cases} \qquad \therefore \quad A=\frac{1}{2},\ B=\frac{3}{4}$$

よって，$y=\dfrac{1}{2}x+\dfrac{3}{4}$ は特殊解である。

したがって，求める一般解は

$$y=C_1e^x+C_2e^{2x}+\frac{1}{2}x+\frac{3}{4}$$

（C_1，C_2 は任意定数）　……〔答〕

[3A－04]　（1階連立微分方程式）

$$\frac{dx}{dt}=2x+2y \quad \cdots\cdots①$$
$$\frac{dy}{dt}=x+3y \quad \cdots\cdots②$$

①より，$y=\dfrac{1}{2}\dfrac{dx}{dt}-x$

$$\therefore \quad \frac{dy}{dt}=\frac{1}{2}\frac{d^2x}{dt^2}-\frac{dx}{dt}$$

これらを②に代入すると

$$\frac{1}{2}\frac{d^2x}{dt^2}-\frac{dx}{dt}=x+3\left(\frac{1}{2}\frac{dx}{dt}-x\right)$$
$$\therefore \quad \frac{d^2x}{dt^2}-2\frac{dx}{dt}=2x+3\left(\frac{dx}{dt}-2x\right)$$
$$\frac{d^2x}{dt^2}-5\frac{dx}{dt}+4x=0$$

特性方程式は，$u^2-5u+4=0$

$\therefore \quad (u-1)(u-4)=0 \qquad \therefore \quad u=1,\ 4$

よって　$x=C_1e^t+C_2e^{4t}$

であり

$$y=\frac{1}{2}\frac{dx}{dt}-x$$
$$=\frac{1}{2}(C_1e^t+4C_2e^{4t})-(C_1e^t+C_2e^{4t})$$
$$=-\frac{1}{2}C_1e^t+C_2e^{4t}$$

以上より，求める一般解は

$$x=C_1e^t+C_2e^{4t},\ y=-\frac{1}{2}C_1e^t+C_2e^{4t}$$

（C_1，C_2 は任意定数）　……〔答〕

[3A－05]　（1階線形）

$\dfrac{dy}{dx}-xy=x$ の両辺に $e^{-\frac{1}{2}x^2}$ をかけると

$$\frac{dy}{dx}e^{-\frac{1}{2}x^2}-xye^{-\frac{1}{2}x^2}=xe^{-\frac{1}{2}x^2}$$
$$y'e^{-\frac{1}{2}x^2}+y(e^{-\frac{1}{2}x^2})'=xe^{-\frac{1}{2}x^2}$$
$$\therefore \quad (ye^{-\frac{1}{2}x^2})'=xe^{-\frac{1}{2}x^2}$$

よって

$$ye^{-\frac{1}{2}x^2}=\int xe^{-\frac{1}{2}x^2}dx=-e^{-\frac{1}{2}x^2}+C$$

したがって

$$y=(-e^{-\frac{1}{2}x^2}+C)e^{\frac{1}{2}x^2}=-1+Ce^{\frac{1}{2}x^2}$$

（C は積分定数）　……〔答〕

（注）　定数変化法で解いてもよい。

[3A－06]　（1階線形，2階線形定数係数）

(1)　$x^3y'+y^2=0$ より

$$x^3\frac{dy}{dx}=-y^2 \qquad \therefore \quad \frac{1}{y^2}\frac{dy}{dx}=-\frac{1}{x^3}$$

両辺を x で積分すると

$$\int\frac{1}{y^2}dy=-\int\frac{1}{x^3}dx$$
$$-\frac{1}{y}=\frac{1}{2x^2}+C=\frac{1+2Cx^2}{2x^2}$$

よって，求める一般解は

$$y=-\frac{2x^2}{1+2Cx^2}$$　（C は任意定数）

……〔答〕

(2)　まず $y''+2y'-3y=0$ の一般解を求める。

$t^2+2t-3=0$ とすると

$(t+3)(t-1)=0 \qquad \therefore \quad t=-3,\ 1$

よって，$y''+2y'-3y=0$ の一般解は

$y=C_1e^{-3x}+C_2e^x$　（C_1，C_2 は任意定数）

次に $y''+2y'-3y=e^{2x}$ の特殊解を求める。

$y=Ae^{2x}$ とおくと

$y'=2Ae^{2x}$，$y''=4Ae^{2x}$

このとき

$$y''+2y'-3y$$
$$=4Ae^{2x}+2\cdot 2Ae^{2x}-3\cdot Ae^{2x}=5Ae^{2x}$$

そこで $5A=1$ とすると，$A=\dfrac{1}{5}$

よって，$y=\dfrac{1}{5}e^{2x}$ は $y''+2y'-3y=e^{2x}$ の特

殊解である。
以上より，求める一般解は

$$y=C_1e^{-3x}+C_2e^x+\frac{1}{5}e^{2x}\quad\cdots\cdots〔答〕$$

(B) 標準問題

[3B−01]（2階線形応用）

(1)　$t^2+2t+a=0$ とすると

$$t=-1\pm\sqrt{1-a}=-1\pm\sqrt{(a-1)(-1)}$$
$$=-1\pm\sqrt{a-1}\,i\quad(注：a>1)$$

よって，求める一般解は

$$y=C_1e^{-x}\cos(\sqrt{a-1}\,x)+C_2e^{-x}\sin(\sqrt{a-1}\,x)$$
$$=e^{-x}\{C_1\cos(\sqrt{a-1}\,x)+C_2\sin(\sqrt{a-1}\,x)\}$$

（C_1，C_2 は任意定数）　……〔答〕

(2)　$y=e^{-x}\{C_1\cos(\sqrt{a-1}\,x)\}+C_2\sin(\sqrt{a-1}\,x)\}$

より

$$y'=-e^{-x}\{C_1\cos(\sqrt{a-1}\,x)+C_2\sin(\sqrt{a-1}\,x)\}+e^{-x}\sqrt{a-1}\{-C_1\sin(\sqrt{a-1}\,x)+C_2\cos(\sqrt{a-1}\,x)\}$$

よって
$y(0)=1$ より，$C_1=1$
$y'(0)=-1$ より

$$-C_1+\sqrt{a-1}\,C_2=-1\qquad\therefore\quad C_2=0$$

したがって，求める解は

$$y=e^{-x}\cos(\sqrt{a-1}\,x)\quad\cdots\cdots〔答〕$$

(3)　$y(\pi)=0$ より，$\cos(\sqrt{a-1}\,\pi)=0$

$\therefore\quad\sqrt{a-1}\,\pi=\dfrac{\pi}{2}+n\pi$　（n は整数）

よって

$$a=\left(n+\frac{1}{2}\right)^2+1\quad(n\text{ は整数})\quad\cdots\cdots〔答〕$$

[3B−02]（ベルヌーイの微分方程式）

(1)　$y'+y=1$ の両辺に e^x をかけると

$$y'e^x+ye^x=e^x\qquad\therefore\quad(ye^x)'=e^x$$

よって

$$ye^x=\int e^x dx=e^x+C$$

したがって

$$y=(e^x+C)e^{-x}=1+Ce^{-x}\quad(C\text{ は任意定数})$$

……〔答〕

(2)　$z=\dfrac{1}{y^2}$ とおくと，$\dfrac{dz}{dx}=-\dfrac{2}{y^3}\dfrac{dy}{dx}$

$2\dfrac{dy}{dx}-y=-y^3$ より，$-\dfrac{2}{y^3}\dfrac{dy}{dx}+\dfrac{1}{y^2}=1$

$\therefore\quad\dfrac{dz}{dx}+z=1$

(1)より，$z=1+Ce^{-x}$　（C は任意定数）

$x=0$ のとき $z=\dfrac{1}{y^2}=2$ より

$$1+C=2\qquad\therefore\quad C=1$$

よって，$z=1+e^{-x}$ であり

$$y=\frac{1}{\sqrt{z}}=\frac{1}{\sqrt{1+e^{-x}}}\quad\cdots\cdots〔答〕$$

[3B−03]（2階微分方程式）

(1)　$t^2-3t+2=0$ とすると

$$(t-1)(t-2)=0\qquad\therefore\quad t=1,\ 2$$

よって，$v''-3v'+2v=0$ の一般解 $v(x)$ は

$$v(x)=C_1e^x+C_2e^{2x}\quad(C_1,\ C_2\text{ は任意定数})$$

……〔答〕

(2)　$u=\log y$ とおくと

$$u'=\frac{y'}{y},\ u''=\frac{y''\cdot y-y'\cdot y'}{y^2}=\frac{y''y-(y')^2}{y^2}$$

よって $u''+(u')^2-3u'+2=0$ は次のようになる。

$$\frac{y''y-(y')^2}{y^2}+\left(\frac{y'}{y}\right)^2-3\frac{y'}{y}+2=0$$

$$\frac{y''}{y}-3\frac{y'}{y}+2=0\qquad\therefore\quad y''-3y'+2y=0$$

(1)より，$y=C_1e^x+C_2e^{2x}$

（C_1，C_2 は任意定数）

よって　$u=\log(C_1e^x+C_2e^{2x})$

$\therefore\quad u'=\dfrac{C_1e^x+2C_2e^{2x}}{C_1e^x+C_2e^{2x}}$

$u(0)=0$ より，$\log(C_1+C_2)=0$

$\therefore\quad C_1+C_2=1$　……①

$u'(0)=\dfrac{3}{2}$ より，$\dfrac{C_1+2C_2}{C_1+C_2}=\dfrac{3}{2}$

$$2C_1+4C_2=3C_1+3C_2$$

$\therefore\quad C_1=C_2$　……②

①，②より，$C_1=C_2=\dfrac{1}{2}$

したがって

$$u=\log\frac{e^x+e^{2x}}{2}\quad\cdots\cdots〔答〕$$

[3B−04]（1階微分方程式）

(1)　$\dfrac{y}{x}=u$ とおくと，$y=ux$

$\therefore\quad\dfrac{dy}{dx}=\dfrac{du}{dx}x+u$

よって，(＊)は次のようになる。

$$\frac{du}{dx}x+u=u^2-2$$

$$\therefore\quad x\frac{du}{dx}=u^2-u-2\quad\cdots\cdots〔答〕$$

(2) $x\dfrac{du}{dx}=u^2-u-2$ より

$$\frac{1}{u^2-u-2}\frac{du}{dx}=\frac{1}{x}$$

$$\therefore\quad \int\frac{1}{u^2-u-2}\frac{du}{dx}dx=\int\frac{1}{x}dx$$

$$\int\frac{1}{u^2-u-2}du=\int\frac{1}{x}dx$$

$$\int\frac{1}{(u-2)(u+1)}du=\int\frac{1}{x}dx$$

$$\int\frac{1}{3}\left(\frac{1}{u-2}-\frac{1}{u+1}\right)du=\int\frac{1}{x}dx$$

$$\therefore\quad \frac{1}{3}(\log|u-2|-\log|u+1|)=\log|x|+C$$

$$\log\left|\frac{u-2}{u+1}\right|=3\log|x|+3C=\log e^{3C}|x|^3$$

$$\therefore\quad \frac{u-2}{u+1}=Ax^3$$

初期条件 $y(1)=3$ より，$u(1)=\dfrac{y(1)}{1}=3$

$$\therefore\quad \frac{3-2}{3+1}=A\qquad\therefore\quad A=\frac{1}{4}$$

$$\therefore\quad \frac{u-2}{u+1}=\frac{1}{4}x^3$$

$$4u-8=(u+1)x^3$$

$$(4-x^3)u=8+x^3\qquad\therefore\quad u=\frac{8+x^3}{4-x^3}$$

よって　$y=ux=\dfrac{8x+x^4}{4-x^3}$　……〔答〕

[3B−05]（連立微分方程式）

与式より

$$\frac{dx}{dt}=3x-y+1\quad\cdots\cdots①$$

$$\frac{dy}{dt}=-x+3y-1\quad\cdots\cdots②$$

①より　$y=3x-\dfrac{dx}{dt}+1$

$$\therefore\quad \frac{dy}{dt}=3\frac{dx}{dt}-\frac{d^2x}{dt^2}$$

これらを②に代入すると

$$3\frac{dx}{dt}-\frac{d^2x}{dt^2}=-x+3\left(3x-\frac{dx}{dt}+1\right)-1$$

$$\therefore\quad \frac{d^2x}{dt^2}-6\frac{dx}{dt}+8x=-2$$

まず $\dfrac{d^2x}{dt^2}-6\dfrac{dx}{dt}+8x=0$ の一般解を求める。

$u^2-6u+8=0$ とすると

$$(u-2)(u-4)=0\qquad\therefore\quad u=2,\ 4$$

よって，一般解は

$$x=C_1e^{2t}+C_2e^{4t}\quad(C_1,\ C_2 \text{ は任意定数})$$

次に $\dfrac{d^2x}{dt^2}-6\dfrac{dx}{dt}+8x=-2$ の特殊解であるが，$x=-\dfrac{1}{4}$ は明らかに特殊解である。

よって　$x=C_1e^{2t}+C_2e^{4t}-\dfrac{1}{4}$

このとき　$\dfrac{dx}{dt}=2C_1e^{2t}+4C_2e^{4t}$

であり

$$y=3x-\frac{dx}{dt}+1$$

$$=3\left(C_1e^{2t}+C_2e^{4t}-\frac{1}{4}\right)-(2C_1e^{2t}+4C_2e^{4t})+1$$

$$=C_1e^{2t}-C_2e^{4t}+\frac{1}{4}$$

以上より

$$\begin{cases} x=C_1e^{2t}+C_2e^{4t}-\dfrac{1}{4} \\ y=C_1e^{2t}-C_2e^{4t}+\dfrac{1}{4} \end{cases}$$

（C_1，C_2 は任意定数）……〔答〕

[3B−06]（2階線形定数係数）

まず $\dfrac{d^2y}{dx^2}+2\dfrac{dy}{dx}+y=0$ の一般解を求める。

$t^2+2t+1=0$ とすると

$$(t+1)^2=0\qquad\therefore\quad t=-1\quad(\text{重解})$$

よって，一般解は

$$y=C_1e^{-x}+C_2xe^{-x}\quad(C_1,\ C_2 \text{ は任意定数})$$

次に $\dfrac{d^2y}{dx^2}+2\dfrac{dy}{dx}+y=2\cos x$ の特殊解を求める。

$y=a\sin x+b\cos x$ とおくと

$$\frac{dy}{dx}=a\cos x-b\sin x$$

$$\frac{d^2y}{dx^2}=-a\sin x-b\cos x$$

このとき

$$\frac{d^2y}{dx^2}+2\frac{dy}{dx}+y$$

$=\{-a+2(-b)+a\}\sin x$
$\qquad+(-b+2a+b)\cos x$
$=-2b\sin x+2a\cos x$
よって，$a=1$，$b=0$ ととればよいから
$y=\sin x$ は特殊解である。
よって，$\dfrac{d^2y}{dx^2}+2\dfrac{dy}{dx}+y=2\cos x$ の一般解は

$$y=C_1e^{-x}+C_2xe^{-x}+\sin x$$

このとき

$$y'=-C_1e^{-x}+C_2(e^{-x}-xe^{-x})+\cos x$$

$y(0)=1$ より，$C_1=1$
$y'(0)=0$ より

$$-C_1+C_2+1=0 \qquad \therefore\quad C_1=1,\ C_2=0$$

以上より，求める解は

$$y=e^{-x}+\sin x \quad \cdots\cdots〔答〕$$

$x \geqq 0$ の範囲での解曲線は次のようになる。

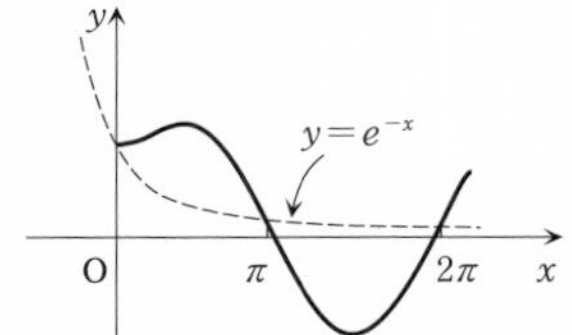

[3B－07]（定数変化法）

(1) $y=\dfrac{1}{N}$ とおくと，$\dfrac{dy}{dt}=-\dfrac{1}{N^2}\dfrac{dN}{dt}$

$\dfrac{dN}{dt}=\alpha N-\beta N^2$ より

$$-\frac{1}{N^2}\frac{dN}{dt}=-\alpha\frac{1}{N}+\beta$$

$$\therefore\quad \frac{dy}{dt}=-\alpha y+\beta$$

よって，$\dfrac{dy}{dt}+\alpha y=\beta$ ……〔答〕

(2) まず，$\dfrac{dy}{dt}+\alpha y=0$ について考える。

$\dfrac{1}{y}\dfrac{dy}{dt}=-\alpha$ であるから

$$\int\frac{1}{y}dy=\int(-\alpha)dt$$

$\therefore\quad \log|y|=-\alpha t+C$
$\therefore\quad y=Ae^{-\alpha t}$　（A は任意定数）
次に，$y=A(t)e^{-\alpha t}$ とおくと
$y'=A'(t)\cdot e^{-\alpha t}+A(t)\cdot(-\alpha e^{-\alpha t})$
$\quad=A'(t)e^{-\alpha t}-\alpha A(t)e^{-\alpha t}$
$\quad=A'(t)e^{-\alpha t}-\alpha y$
よって，$y'+\alpha y=A'(t)e^{-\alpha t}$

したがって，$y=A(t)e^{-\alpha t}$ が $\dfrac{dy}{dt}+\alpha y=\beta$ を満たすとすると

$$A'(t)e^{-\alpha t}=\beta \qquad \therefore\quad A'(t)=\beta e^{\alpha t}$$

$$\therefore\quad A(t)=\int\beta e^{\alpha t}dt=\frac{\beta}{\alpha}e^{\alpha t}+c$$

よって

$$y=\left(\frac{\beta}{\alpha}e^{\alpha t}+c\right)e^{-\alpha t}=\frac{\beta}{\alpha}+ce^{-\alpha t}$$

$y(0)=\dfrac{1}{N(0)}=\dfrac{\beta}{\alpha}+c=\dfrac{1}{N_0}$ より

$$c=\frac{1}{N_0}-\frac{\beta}{\alpha}$$

よって

$$y=\frac{\beta}{\alpha}+\left(\frac{1}{N_0}-\frac{\beta}{\alpha}\right)e^{-\alpha t}$$
$$=\frac{\beta N_0+(\alpha-\beta N_0)e^{-\alpha t}}{\alpha N_0}$$

以上より

$$N(t)=\frac{\alpha N_0}{\beta N_0+(\alpha-\beta N_0)e^{-\alpha t}} \quad \cdots\cdots〔答〕$$

[3B－08]（1階，2階微分方程式）

(1) (a) $(2xy+x^2)y'=2(xy+y^2)$ より

$$\frac{dy}{dx}=\frac{2(xy+y^2)}{2xy+x^2}=\frac{2\left\{\dfrac{y}{x}+\left(\dfrac{y}{x}\right)^2\right\}}{2\dfrac{y}{x}+1}$$

$u=\dfrac{y}{x}$ とおくと，$y=ux$

$$\therefore\quad \frac{dy}{dx}=\frac{du}{dx}x+u$$

よって，与えられた微分方程式は次のようになる。

$$\frac{du}{dx}x+u=\frac{2(u+u^2)}{2u+1}$$

$$\therefore\quad x\frac{du}{dx}=\frac{2(u+u^2)}{2u+1}-u$$
$$=\frac{2(u+u^2)-u(2u+1)}{2u+1}$$
$$=\frac{u}{2u+1}$$

$$\therefore\quad \frac{2u+1}{u}\frac{du}{dx}=\frac{1}{x}$$

$$\therefore\quad \int\frac{2u+1}{u}du=\int\frac{1}{x}dx$$

$$\int\left(2+\frac{1}{u}\right)du=\int\frac{1}{x}dx$$

$\therefore\quad 2u+\log|u|=\log|x|+C$

$\log|u|e^{2u}=\log e^{C}|x|$

$\therefore\quad ue^{2u}=\pm e^{C}x \qquad \therefore\quad ue^{2u}=Ax$

よって

$\dfrac{y}{x}e^{2\frac{y}{x}}=Ax$ （A は任意定数）……〔答〕

(b) $y'+2y\cos x=\sin(2x)$

両辺に $e^{2\sin x}$ をかけると

$y'e^{2\sin x}+y2e^{2\sin x}\cos x=\sin(2x)e^{2\sin x}$

$\therefore\quad (ye^{2\sin x})'=2e^{2\sin x}\sin x\cos x$

よって

$$\begin{aligned}ye^{2\sin x}&=\int 2e^{2\sin x}\sin x\cos x\,dx\\&=\int (e^{2\sin x})'\sin x\,dx\\&=e^{2\sin x}\sin x-\int e^{2\sin x}\cos x\,dx\\&=e^{2\sin x}\sin x-\frac{1}{2}e^{2\sin x}+C\end{aligned}$$

したがって

$$\begin{aligned}y&=\left(e^{2\sin x}\sin x-\frac{1}{2}e^{2\sin x}+C\right)e^{-2\sin x}\\&=\sin x-\frac{1}{2}+Ce^{-2\sin x}\end{aligned}$$ （C は任意定数）

……〔答〕

(2) $y''+y'-2y=0$ について：

特性方程式は，$t^2+t-2=0$

$(t+2)(t-1)=0 \qquad \therefore\quad t=-2,\ 1$

よって，一般解は，$y=C_1e^{-2x}+C_2e^{x}$

次に，$y=Axe^{x}$ が $y''+y'-2y=3e^{x}$ の特殊解であるとする。

$y'=A(1+x)e^{x}$，$y''=A(2+x)e^{x}$

より

$$\begin{aligned}y''+y'-2y&=A\{(2+x)+(1+x)-2x\}e^{x}\\&=3Ae^{x} \qquad \therefore\quad A=1\end{aligned}$$

よって，$y=xe^{x}$ は特殊解。

以上より，$y''+y'-2y=3e^{x}$ の一般解は

$y=xe^{x}+C_1e^{-2x}+C_2e^{x}$

$\therefore\quad y'=(1+x)e^{x}-2C_1e^{-2x}+C_2e^{x}$

$y(0)=1$，$y'(0)=1$ より

$C_1+C_2=1$ かつ $1-2C_1+C_2=1$

$\therefore\quad C_1+C_2=1$ かつ $C_2=2C_1$

$\therefore\quad C_1=\dfrac{1}{3}$，$C_2=\dfrac{2}{3}$

よって，求める解は

$y=xe^{x}+\dfrac{1}{3}e^{-2x}+\dfrac{2}{3}e^{x}$ ……〔答〕

[3B－09]（微分方程式と力学）

$m\dfrac{dv}{dt}=mg-rv$ より

$$\frac{m}{mg-rv}\cdot\frac{dv}{dt}=1$$

両辺を t で積分すると

$$\int\frac{m}{mg-rv}\cdot\frac{dv}{dt}dt=\int 1\,dt$$

$\therefore\quad \displaystyle\int\frac{m}{mg-rv}dv=\int 1\,dt$

$$-\frac{m}{r}\log|mg-rv|=t+C$$

$\therefore\quad mg-rv=Ae^{-\frac{r}{m}t}$ （A は任意定数）

$t=0$ のとき $v=0$ なので，$mg=A$

$\therefore\quad mg-rv=mge^{-\frac{r}{m}t}$

よって，$v=\dfrac{mg}{r}(1-e^{-\frac{r}{m}t})$ ……〔答〕

また，落下距離 z は

$$\begin{aligned}z&=\int_0^t v\,dt=\int_0^t\frac{mg}{r}(1-e^{-\frac{r}{m}t})dt\\&=\left[\frac{mg}{r}\left(t+\frac{m}{r}e^{-\frac{r}{m}t}\right)\right]_0^t\\&=\frac{mg}{r}\left(t+\frac{m}{r}e^{-\frac{r}{m}t}-\frac{m}{r}\right)\\&=\frac{mg}{r}\left\{t-\frac{m}{r}(1-e^{-\frac{r}{m}t})\right\}\end{aligned}$$ ……〔答〕

（C）発展問題

[3C－01]（オイラーの微分方程式）

(1) $\dfrac{dy}{dt}=\dfrac{dy}{dx}\dfrac{dx}{dt}=\dfrac{dy}{dx}e^{t}=\dfrac{dy}{dx}x$ より

$$x\frac{dy}{dx}=\frac{dy}{dt}$$

また，$\dfrac{dy}{dt}=x\cdot\dfrac{dy}{dx}$ より

$$\begin{aligned}\frac{d^2y}{dt^2}&=\frac{dx}{dt}\cdot\frac{dy}{dx}+x\cdot\frac{d^2y}{dx^2}\frac{dx}{dt}\\&=x\cdot\frac{dy}{dx}+x\cdot\frac{d^2y}{dx^2}x=x\frac{dy}{dx}+x^2\frac{d^2y}{dx^2}\\&=\frac{dy}{dt}+x^2\frac{d^2y}{dx^2}\end{aligned}$$

よって $x^2\dfrac{d^2y}{dx^2}=\dfrac{d^2y}{dt^2}-\dfrac{dy}{dt}$

(2) $x\dfrac{dy}{dx}=\dfrac{dy}{dt}$，$x^2\dfrac{d^2y}{dx^2}=\dfrac{d^2y}{dt^2}-\dfrac{dy}{dt}$ より

$x^2\dfrac{d^2y}{dx^2}-x\dfrac{dy}{dx}+y=4x$ は次のようになる。

$$\left(\frac{d^2y}{dt^2}-\frac{dy}{dt}\right)-\frac{dy}{dt}+y=4e^t$$

$\therefore\quad \dfrac{d^2y}{dt^2}-2\dfrac{dy}{dt}+y=4e^t$　……〔答〕

(3)　まず $\dfrac{d^2y}{dt^2}-2\dfrac{dy}{dt}+y=0$ の一般解を求める。

$u^2-2u+1=0$ とすると　$(u-1)^2=0$

$\therefore\quad u=1$　(重解)

よって，一般解は

$y=C_1e^t+C_2te^t$　(C_1，C_2 は任意定数)

次に $\dfrac{d^2y}{dt^2}-2\dfrac{dy}{dt}+y=4e^t$ の特殊解を求める。

$y=At^2e^t$ とおくと

$y'=A(2te^t+t^2e^t)=A(2t+t^2)e^t$

$y''=A\{(2+2t)e^t+(2t+t^2)e^t\}$

$\quad=A(2+4t+t^2)e^t$

このとき

$\dfrac{d^2y}{dt^2}-2\dfrac{dy}{dt}+y$

$=A\{(2+4t+t^2)-2(2t+t^2)+t^2\}e^t$

$=2Ae^t$

これが $4e^t$ に一致するとすればよい。

$2A=4$ より，$A=2$

よって，$y=2t^2e^t$ は特殊解である。

したがって，求める一般解は

$y=C_1e^t+C_2te^t+2t^2e^t$

(C_1，C_2 は任意定数)　……〔答〕

(注)　この微分方程式は

$y=Ae^t$ や $y=Ate^t$

の形の特殊解をもたない。

(4)　$y=C_1e^t+C_2te^t+2t^2e^t$ より

$y=C_1x+C_2x\log x+2x(\log x)^2$

(C_1，C_2 は任意定数)　……〔答〕

[3C−02]　(2階微分方程式)

(1)　$y=x^2$ とすると，$\dfrac{dy}{dx}=2x$，$\dfrac{d^2y}{dx^2}=2$

$\therefore\quad \dfrac{d^2y}{dx^2}-\dfrac{4+x}{x}\dfrac{dy}{dx}+\dfrac{6+2x}{x^2}y$

$=2-\dfrac{4+x}{x}\cdot 2x+\dfrac{6+2x}{x^2}\cdot x^2$

$=2-2(4+x)+(6+2x)$

$=2-8-2x+6+2x=0$

よって，$y=x^2$ はこの微分方程式の解である。

(2)　$y=ux^2$ とすると

$\dfrac{dy}{dx}=u'x^2+u\cdot 2x=x^2u'+2xu$

$\dfrac{d^2y}{dx^2}=(x^2u'+2xu)'$

$=(2xu'+x^2u'')+2(u+xu')$

$=x^2u''+4xu'+2u$

よって，$y=ux^2$ が

$\dfrac{d^2y}{dx^2}-\dfrac{4+x}{x}\dfrac{dy}{dx}+\dfrac{6+2x}{x^2}y=0$

を満たすとすると

$(x^2u''+4xu'+2u)-\dfrac{4+x}{x}\cdot(x^2u'+2xu)$

$+\dfrac{6+2x}{x^2}\cdot x^2u=0$

$(x^2u''+4xu'+2u)-(4+x)(xu'+2u)$

$+(6+2x)u=0$

$x^2u''+4xu'+2u$

$-4xu'-x^2u'-8u-2xu+6u+2xu=0$

$x^2u''-x^2u'=0$

$x^2(u''-u')=0$

よって，求める微分方程式は，

$u''-u'=0$　……〔答〕

(3)　$t^2-t=0$ とおくと，$t=0,\ 1$

よって，$u''-u'=0$ の一般解は

$u=C_1+C_2e^x$　(C_1，C_2 は任意定数)

したがって，求める一般解は

$y=ux^2=(C_1+C_2e^x)x^2$

(C_1，C_2 は任意定数)　……〔答〕

[3C−03]　(1階線形微分方程式)

(1)　(定数変化法による導出)

まず，$y'+Py=0$ の一般解を求める。

$\dfrac{1}{y}\dfrac{dy}{dx}=-P$ より，$\displaystyle\int\frac{1}{y}\frac{dy}{dx}dx=\int(-P)dx$

$\therefore\quad \displaystyle\int\frac{1}{y}dy=-\int Pdx$

$\displaystyle\log|y|=-\int Pdx$

$\therefore\quad y=Ce^{-\int Pdx}$

次に，$y=C(x)e^{-\int Pdx}$ とおくと

$\dfrac{dy}{dx}=C'(x)e^{-\int Pdx}+C(x)e^{-\int Pdx}(-P)$

$=C'(x)e^{-\int Pdx}-Py$

よって　$\dfrac{dy}{dx}+Py=C'(x)e^{-\int Pdx}$

したがって

$y=C(x)e^{-\int Pdx}$ が

$$\frac{dy}{dx}+Py=Q$$

を満たすとすれば

$$C'(x)e^{-\int Pdx}=Q \qquad \therefore \quad C'(x)=Qe^{\int Pdx}$$

よって　$C(x)=\int Qe^{\int Pdx}dx+c$

以上より

$$y=\left(\int Qe^{\int Pdx}dx+c\right)e^{-\int Pdx}$$
$$=e^{-\int Pdx}\left(\int Qe^{\int Pdx}dx+c\right)$$

［別解］

$\dfrac{dy}{dx}+Py=Q$ の両辺に $e^{\int Pdx}$ をかけると

$$\frac{dy}{dx}e^{\int Pdx}+Pye^{\int Pdx}=Qe^{\int Pdx}$$

$\therefore$　$(ye^{\int Pdx})'=Qe^{\int Pdx}$

$\therefore$　$ye^{\int Pdx}=\int Qe^{\int Pdx}dx+c$

よって　$y=\left(\int Qe^{\int Pdx}dx+c\right)e^{-\int Pdx}$

（注）　1階線形微分方程式の一般解の公式は覚える必要はない。いつでも自分で導けるようにしておくことが大切である。別解の計算は技巧的ではあるが簡潔で便利である。

(2)　（i）　$2x\dfrac{dy}{dx}+y=2x^2$ より

$$\frac{dy}{dx}+\frac{1}{2x}y=x$$

すなわち，$P(x)=\dfrac{1}{2x}$，$Q(x)=x$

よって，一般解は

$$y=e^{-\int\frac{1}{2x}dx}\left(\int xe^{\int\frac{1}{2x}dx}dx+c\right)$$
$$=e^{-\frac{1}{2}\log x}\left(\int xe^{\frac{1}{2}\log x}dx+c\right)$$
$$=e^{\log\frac{1}{\sqrt{x}}}\left(\int xe^{\log\sqrt{x}}dx+c\right)$$
$$=\frac{1}{\sqrt{x}}\left(\int x\sqrt{x}\,dx+c\right)$$

（**（注）**　公式：$a^{\log_a b}=b$）

$$=\frac{1}{\sqrt{x}}\left(\frac{2}{5}x^{\frac{5}{2}}+c\right)$$
$$=\frac{2}{5}x^2+\frac{c}{\sqrt{x}} \quad \cdots\cdots〔答〕$$

（ii）　$(1+x^2)\dfrac{dy}{dx}=xy+1$ より

$$\frac{dy}{dx}+\left(-\frac{x}{1+x^2}\right)y=\frac{1}{1+x^2}$$

すなわち，$P(x)=-\dfrac{x}{1+x^2}$，$Q(x)=\dfrac{1}{1+x^2}$

よって，一般解は

$$y=e^{\int\frac{x}{1+x^2}dx}\left(\int\frac{1}{1+x^2}e^{-\int\frac{x}{1+x^2}dx}dx+c\right)$$
$$=e^{\frac{1}{2}\log(1+x^2)}\left(\int\frac{1}{1+x^2}e^{-\frac{1}{2}\log(1+x^2)}dx+c\right)$$
$$=e^{\log\sqrt{1+x^2}}\left(\int\frac{1}{1+x^2}e^{\log\frac{1}{\sqrt{1+x^2}}}dx+c\right)$$
$$=\sqrt{1+x^2}\left(\int\frac{1}{1+x^2}\frac{1}{\sqrt{1+x^2}}dx+c\right)$$

ここで

$$\left(\frac{x}{\sqrt{1+x^2}}\right)'=\frac{\sqrt{1+x^2}-x\dfrac{x}{\sqrt{1+x^2}}}{1+x^2}$$
$$=\frac{(1+x^2)-x^2}{(1+x^2)\sqrt{1+x^2}}=\frac{1}{(1+x^2)\sqrt{1+x^2}}$$

より，求める一般解は

$$y=\sqrt{1+x^2}\left(\int\frac{1}{1+x^2}\frac{1}{\sqrt{1+x^2}}dx+c\right)$$
$$=\sqrt{1+x^2}\left(\frac{x}{\sqrt{1+x^2}}+c\right)$$
$$=x+c\sqrt{1+x^2} \quad \cdots\cdots〔答〕$$

［3C－04］（連立微分方程式）

(1)　$\dfrac{dx}{dt}=-\lambda y$ より，$\dfrac{d^2x}{dt^2}=-\lambda\dfrac{dy}{dt}=-\lambda^2x$

$\therefore$　$\dfrac{d^2x}{dt^2}+\lambda^2x=0$

$u^2+\lambda^2=0$ を解くと，$u=\pm\lambda i$

よって，$x=A\cos\lambda t+B\sin\lambda t$

また

$$y=-\frac{1}{\lambda}\frac{dx}{dt}$$
$$=-\frac{1}{\lambda}(-\lambda A\sin\lambda t+\lambda B\cos\lambda t)$$
$$=A\sin\lambda t-B\cos\lambda t$$

$t=0$ で $(x,\ y)=(1,\ 2)$ より

$x=A=1$，$y=-B=2$

$\therefore$　$A=1$，$B=-2$

よって，$\begin{cases} x=\cos\lambda t-2\sin\lambda t \\ y=\sin\lambda t+2\cos\lambda t \end{cases}$　……〔答〕

(2)　(1)より

$$x=\cos\lambda t-2\sin\lambda t$$
$$=\sqrt{5}\left(\frac{1}{\sqrt{5}}\cos\lambda t-\frac{2}{\sqrt{5}}\sin\lambda t\right)$$
$$=\sqrt{5}(\cos\lambda t\cos\alpha-\sin\lambda t\sin\alpha)$$
$$=\sqrt{5}\cos(\lambda t+\alpha)$$

$$y=\sin\lambda t+2\cos\lambda t$$
$$=\sqrt{5}\left(\frac{1}{\sqrt{5}}\sin\lambda t+\frac{2}{\sqrt{5}}\cos\lambda t\right)$$
$$=\sqrt{5}(\sin\lambda t\cos\alpha+\cos\lambda t\sin\alpha)$$
$$=\sqrt{5}\sin(\lambda t+\alpha)$$

ただし，$\sin\alpha=\dfrac{2}{\sqrt{5}}$，$\cos\alpha=\dfrac{1}{\sqrt{5}}$

よって，$\begin{pmatrix}x\\y\end{pmatrix}=\begin{pmatrix}\sqrt{5}\cos(\lambda t+\alpha)\\\sqrt{5}\sin(\lambda t+\alpha)\end{pmatrix}$

これより，$(x,\ y)$ は円 $x^2+y^2=5$ を λ 周回る。

[3C－05]（微分方程式の応用）

点 $\mathrm{P}(x,\ y)$ における法線の方程式は

$$Y-y=-\frac{1}{y'}(X-x)$$

$$\therefore\quad Y=-\frac{1}{y'}X+\frac{x}{y'}+y$$

$Y=0$ とおくと，$-\dfrac{1}{y'}X+\dfrac{x}{y'}+y=0$

$$\therefore\quad X=x+yy'$$

すなわち，$\mathrm{Q}(x+yy',\ 0)$

よって

$$\mathrm{PQ}=\sqrt{\{(x+yy')-x\}^2+y^2}$$
$$=\sqrt{y^2(y')^2+y^2}=x+yy'$$

両辺を2乗すると

$$y^2(y')^2+y^2=(x+yy')^2$$
$$=x^2+2xyy'+y^2(y')^2$$

$$\therefore\quad y^2=x^2+2xyy'$$

よって，次の微分方程式を得る。

$$y'=\frac{y^2-x^2}{2xy}\quad\cdots\cdots〔答〕$$

$y'=\dfrac{y^2-x^2}{2xy}=\dfrac{\left(\dfrac{y}{x}\right)^2-1}{2\left(\dfrac{y}{x}\right)}$ より

$u=\dfrac{y}{x}$ とおくと，$y=ux$　　$\therefore\quad y'=u'x+u$

よって，微分方程式は次のようになる。

$$u'x+u=\frac{u^2-1}{2u}$$

$$u'x=\frac{u^2-1}{2u}-u=-\frac{u^2+1}{2u}$$

$$\therefore\quad \frac{2u}{u^2+1}\frac{du}{dx}=-\frac{1}{x}$$

両辺を x で積分すると

$$\int\frac{2u}{u^2+1}du=-\int\frac{1}{x}dx$$

$$\log(u^2+1)=-\log|x|+C=\log\frac{e^C}{|x|}$$

$$\therefore\quad u^2+1=\frac{A}{x}\qquad\left(\frac{y}{x}\right)^2+1=\frac{A}{x}$$

$$y^2+x^2=Ax$$

$$\therefore\quad x^2+y^2-Ax=0\quad(A\text{ は任意定数})$$

……〔答〕

[3C－06]（ベルヌーイの微分方程式）

(1)　$z=y^{-4}$ より

$$\frac{dz}{dx}=-4y^{-5}\frac{dy}{dx}\quad\cdots\cdots〔答〕$$

(2)　$\dfrac{dy}{dx}+yP(x)=y^5Q(x)$ の両辺に $-4y^{-5}$ をかけると

$$-4y^{-5}\frac{dy}{dx}-4y^{-4}P(x)=-4Q(x)$$

$$\therefore\quad \frac{dz}{dx}-4zP(x)=-4Q(x)\quad\cdots\cdots〔答〕$$

(3)　$\dfrac{dy}{dx}+xy=\dfrac{1}{2}xy^5$ は

$$\frac{dy}{dx}+yP(x)=y^5Q(x)$$

において，$P(x)=x$，$Q(x)=\dfrac{1}{2}x$ としたときであるから，変数変換 $z=y^{-4}$ により

$$\frac{dz}{dx}-4zx=-2x$$

両辺に e^{-2x^2} をかけると

$$\frac{dz}{dx}\cdot e^{-2x^2}+z\cdot(-4xe^{-2x^2})=-2xe^{-2x^2}$$

$$\therefore\quad (z\cdot e^{-2x^2})'=-2xe^{-2x^2}$$

$$\therefore\quad z\cdot e^{-2x^2}=\int(-2xe^{-2x^2})dx=\frac{1}{2}e^{-2x^2}+C$$

$$\therefore\quad z=\left(\frac{1}{2}e^{-2x^2}+C\right)e^{2x^2}=\frac{1}{2}+Ce^{2x^2}$$

$$\therefore\quad y^{-4}=\frac{1}{2}+Ce^{2x^2}\quad(C\text{ は任意定数})$$

……〔答〕

[3C－07]（積分方程式）

(1)　$f(x)=1+\displaystyle\int_0^x(t-x)f(t)dt$ より

$f(0)=1$　……〔答〕

また　$f(x)=1+\int_0^x tf(t)\,dt-x\int_0^x f(t)\,dt$

であるから，両辺を x で微分すると

$$f'(x)=xf(x)-\left\{1\cdot\int_0^x f(t)\,dt+x\cdot f(x)\right\}$$
$$=-\int_0^x f(t)\,dt$$

よって，$f'(0)=0$　……〔答〕

最後に $f'(x)=-\int_0^x f(t)\,dt$ より

$$f''(x)=-f(x)$$

∴　$f''(x)+f(x)=0$　……〔答〕

(2)　$t^2+1=0$ を解くと，$t=\pm i=0\pm 1\cdot i$

よって　$f(x)=A\cos x+B\sin x$

∴　$f'(x)=-A\sin x+B\cos x$

$f(0)=A=1$，$f'(0)=B=0$ より

$f(x)=\cos x$　……〔答〕

[3C－08]（オイラーの微分方程式）

(1)　$\dfrac{dy}{dz}=\dfrac{dy}{dx}\cdot\dfrac{dx}{dz}=\dfrac{dy}{dx}\cdot e^z=\dfrac{dy}{dx}\cdot x$

∴　$\dfrac{dy}{dx}=\dfrac{1}{x}\cdot\dfrac{dy}{dz}$　……〔答〕

$\dfrac{dy}{dz}=\dfrac{dy}{dx}\cdot x$ より

$$\frac{d^2y}{dz^2}=\left(\frac{d^2y}{dx^2}\cdot\frac{dx}{dz}\right)\cdot x+\frac{dy}{dx}\cdot\frac{dx}{dz}$$
$$=\left(\frac{d^2y}{dx^2}\cdot e^z\right)\cdot x+\frac{dy}{dx}\cdot e^z$$
$$=\frac{d^2y}{dx^2}\cdot x^2+\frac{dy}{dx}\cdot x$$
$$=\frac{d^2y}{dx^2}\cdot x^2+\frac{dy}{dz}$$

∴　$\dfrac{d^2y}{dx^2}=\dfrac{1}{x^2}\left(\dfrac{d^2y}{dz^2}-\dfrac{dy}{dz}\right)$　……〔答〕

(2)　(1)の結果を $x^2\dfrac{d^2y}{dx^2}-x\dfrac{dy}{dx}-3y=0$ に代入すると　$\left(\dfrac{d^2y}{dz^2}-\dfrac{dy}{dz}\right)-\dfrac{dy}{dz}-3y=0$

∴　$\dfrac{d^2y}{dz^2}-2\dfrac{dy}{dz}-3y=0$　……〔答〕

(3)　$t^2-2t-3=0$ とすると

$(t-3)(t+1)=0$　　∴　$t=3,\ -1$

よって，求める一般解は

$$y=C_1e^{3z}+C_2e^{-z}$$
$$=C_1x^3+C_2\frac{1}{x}\quad(C_1,\ C_2 \text{ は任意定数})$$

……〔答〕

[3C－09]（微分方程式）

(1)　$y=e^{px}$ より，$y'=pe^{px}$，$y''=p^2e^{px}$

これらを，$xy''-(x+1)y'+y=0$ に代入すると

$$x\cdot p^2e^{px}-(x+1)\cdot pe^{px}+e^{px}=0$$

∴　$\{p^2x-p(x+1)+1\}e^{px}=0$

∴　$p^2x-p(x+1)+1=0$

$$p(p-1)x-p+1=0$$

これが任意の x について成り立つから，$p=1$

よって，$y=e^x$　……〔答〕

(2)　$y=e^xu$ とすると

$$y'=e^xu+e^xu'=e^x(u+u')$$
$$y''=e^x(u+u')+e^x(u'+u'')$$
$$=e^x(u+2u'+u'')$$

これらを(A)に代入すると，

$$x\cdot e^x(u+2u'+u'')-(x+1)\cdot e^x(u+u')+e^xu=2x^2e^{2x}$$

よって

$$x\cdot(u+2u'+u'')-(x+1)\cdot(u+u')+u=2x^2e^x$$

∴　$xu''+(x-1)u'=2x^2e^x$　……〔答〕

(3)　$w=u'$ とおくと，

$$xw'+(x-1)w=2x^2e^x$$

∴　$w'+\left(1-\dfrac{1}{x}\right)w=2xe^x$

両辺に $e^{\int\left(1-\frac{1}{x}\right)dx}$ をかけると

$$w'e^{\int\left(1-\frac{1}{x}\right)dx}+\left(1-\frac{1}{x}\right)we^{\int\left(1-\frac{1}{x}\right)dx}=2xe^xe^{\int\left(1-\frac{1}{x}\right)dx}$$

∴　$\left(we^{\int\left(1-\frac{1}{x}\right)dx}\right)'=2xe^xe^{\int\left(1-\frac{1}{x}\right)dx}$

よって

$$we^{\int\left(1-\frac{1}{x}\right)dx}=\int 2xe^xe^{\int\left(1-\frac{1}{x}\right)dx}dx+C$$

したがって

$$w=\left(\int 2xe^x\cdot e^{\int\left(1-\frac{1}{x}\right)dx}dx+C\right)e^{-\int\left(1-\frac{1}{x}\right)dx}$$
$$=\left(\int 2xe^x\cdot e^{x-\log x}dx+C\right)e^{-x+\log x}$$
$$=\left(\int 2e^{2x}dx+C\right)e^{-x}x=(e^{2x}+C)e^{-x}x$$
$$=xe^x+Cxe^{-x}=x(e^x+Ce^{-x})$$

よって

$$u=\int x(e^x+Ce^{-x})\,dx$$
$$=x(e^x-Ce^{-x})-\int(e^x-Ce^{-x})\,dx$$
$$=x(e^x-Ce^{-x})-(e^x+Ce^{-x})+D$$

$=(x-1)e^x-C(x+1)e^{-x}+D$

よって

$$y=e^x u=e^x\{(x-1)e^x-C(x+1)e^{-x}+D\}$$
$$=(x-1)e^{2x}-C(x+1)+De^x$$

（C, D は任意定数）……〔答〕

[3C－10]（1階微分方程式）

(1)　$u=\dfrac{y}{x}$ とおくと，$y=xu$

$$\therefore\quad \frac{dy}{dx}=u+x\frac{du}{dx}$$

よって，与えられた微分方程式は次のようになる。

$$u+x\frac{du}{dx}=f(u)\qquad \therefore\quad x\frac{du}{dx}=f(u)-u$$

$$\therefore\quad \frac{1}{f(u)-u}\frac{du}{dx}=\frac{1}{x}$$

両辺を x で積分すると

$$\int\frac{1}{f(u)-u}du=\int\frac{1}{x}dx$$

ここで

$$\int\frac{1}{f(u)-u}du=\int\frac{1}{x}dx$$
$$=\log|x|+c=\log e^c|x|$$

より

$$x=Ce^{\int\frac{1}{f(u)-u}du}\quad (C \text{ は任意定数})$$

すなわち

$$x=C\exp\left(\int^{\frac{y}{x}}\frac{du}{f(u)-u}\right)$$

（注）　不定積分 $\int f(x)dx$ とは，定積分

$$\int_a^x f(x)dx\quad (a \text{ は任意の定数})$$

のことである。

本問では積分定数の任意性はすべて任意定数 C に負わせて，不定積分として積分定数を含まないものを考えており（微分方程式の公式では普通）

$$\int^x f(x)dx$$

と表している。

(2)　$x\dfrac{dy}{dx}-y=xe^{\frac{y}{x}}$ より　$\dfrac{dy}{dx}=\dfrac{y}{x}+e^{\frac{y}{x}}$

よって，(1)より

$$x=C\exp\left(\int^{\frac{y}{x}}\frac{du}{f(u)-u}\right),$$

ただし $f(u)=u+e^u$

$$\therefore\quad \int^{\frac{y}{x}}\frac{du}{f(u)-u}=\log\frac{x}{C}$$

ここで

$$\int^{\frac{y}{x}}\frac{du}{f(u)-u}=\int^{\frac{y}{x}}e^{-u}du=-e^{-\frac{y}{x}}$$

よって

$$-e^{-\frac{y}{x}}=\log\frac{x}{C}$$

したがって，求める一般解は

$$e^{-\frac{y}{x}}+\log\frac{x}{C}=0\quad (C \text{ は任意定数})$$ ……〔答〕

[3C－11]（微分方程式の応用）

(1)　求める接線の方程式は

$Y-y=f'(x)(X-x)$　……〔答〕

(2)　$Y-y=f'(x)(X-x)$ より

$Y=f'(x)X-xf'(x)+y$

$\therefore$　$\mathrm{N}(0,\ -xf'(x)+y)$　……〔答〕

(3)　$\mathrm{NP}=\mathrm{ON}$ より，

$$\sqrt{(x-0)^2+\{y-(-xf'(x)+y)\}^2}$$
$$=|-xf'(x)+y|$$

$$\therefore\quad \sqrt{x^2+x^2\{f'(x)\}^2}=|-xf'(x)+y|$$

$$x^2+x^2\{f'(x)\}^2=\{-xf'(x)+y\}^2$$

$$x^2+x^2\{f'(x)\}^2=x^2\{f'(x)\}^2-2xyf'(x)+y^2$$

$$2xyf'(x)-y^2+x^2=0$$

$$\therefore\quad 2xy\frac{dy}{dx}-y^2+x^2=0$$ ……〔答〕

(4)　$y=xz$ とすると　$\dfrac{dy}{dx}=z+x\dfrac{dz}{dx}$

よって，$2xy\dfrac{dy}{dx}-y^2+x^2=0$ は次のようになる。

$$2x\cdot xz\left(z+x\frac{dz}{dx}\right)-(xz)^2+x^2=0$$

$$x^2z^2+2x^3z\frac{dz}{dx}+x^2=0$$

$$\therefore\quad z^2+2xz\frac{dz}{dx}+1=0$$

$$2xz\frac{dz}{dx}=-(z^2+1)$$

$$\therefore\quad \frac{2z}{z^2+1}\frac{dz}{dx}=-\frac{1}{x}$$ ……〔答〕

(5)　$\dfrac{2z}{z^2+1}\dfrac{dz}{dx}=-\dfrac{1}{x}$ より

$$\int\frac{2z}{z^2+1}\frac{dz}{dx}dx=\int\left(-\frac{1}{x}\right)dx$$

$$\int\frac{2z}{z^2+1}dz=-\int\frac{1}{x}dx$$

$$\therefore\quad \log(z^2+1)=-\log x+C$$

$$\log(z^2+1)=\log\left(e^C\frac{1}{x}\right)$$

$\therefore\quad z^2+1=e^C\dfrac{1}{x}$

$\therefore\quad z^2+1=A\dfrac{1}{x}$ ……〔答〕

(6) $z^2+1=A\dfrac{1}{x}$ より

$$\left(\frac{y}{x}\right)^2+1=A\frac{1}{x}\qquad y^2+x^2=Ax$$

$\therefore\quad y^2+x^2-Ax=0$

よって，求める曲線は

円：$\left(x-\dfrac{A}{2}\right)^2+y^2=\left(\dfrac{A}{2}\right)^2$ ……〔答〕

［3C－12］（微分方程式と力学）

(1) $k=0$ のとき

$$\frac{dv(t)}{dt}=-g\qquad\therefore\quad v(t)=-gt+C_1$$

$v(0)=v_0$ より，$C_1=v_0$

$\therefore\quad v(t)=-gt+v_0$

$\therefore\quad x(t)=-\dfrac{1}{2}gt^2+v_0t+C_2$

$x(0)=x_0$ より，$C_2=x_0$

よって $x(t)=-\dfrac{1}{2}gt^2+v_0t+x_0$ ……〔答〕

(2) $\dfrac{dv}{dt}=-g-kv$ より $\dfrac{1}{g+kv}\cdot\dfrac{dv}{dt}=-1$

$$\therefore\quad \int\frac{1}{g+kv}\cdot\frac{dv}{dt}dt=\int(-1)dt$$

$$\int\frac{1}{g+kv}dv=\int(-1)dt$$

$$\therefore\quad \frac{1}{k}\log|g+kv|=-t+C_3$$

$$\therefore\quad g+kv=\pm e^{-kt+kC_3}=\pm e^{kC_3}e^{-kt}=Ae^{-kt}$$

$v(0)=v_0$ より，$A=g+kv_0$

$\therefore\quad g+kv=(g+kv_0)e^{-kt}$

$\therefore\quad v(t)=\dfrac{1}{k}\{(g+kv_0)e^{-kt}-g\}$

$$\therefore\quad x(t)=\int\frac{1}{k}\{(g+kv_0)e^{-kt}-g\}dt$$

$$=\frac{1}{k}\left\{(g+kv_0)\left(-\frac{1}{k}e^{-kt}\right)-gt\right\}+C_4$$

$$=-\frac{1}{k^2}(g+kv_0)e^{-kt}-\frac{g}{k}t+C_4$$

$x(0)=x_0$ より，$x_0=-\dfrac{1}{k^2}(g+kv_0)+C_4$

$\therefore\quad C_4=x_0+\dfrac{1}{k^2}(g+kv_0)$

よって

$$x(t)=\frac{1}{k^2}(g+kv_0)(1-e^{-kt})-\frac{g}{k}t+x_0$$

……〔答〕

(3) （ i ） $k=0$ のとき

$\displaystyle\lim_{t\to\infty}v(t)=\lim_{t\to\infty}(-gt+v_0)=-\infty$ ……〔答〕

（ii） $k>0$ のとき

$$\lim_{t\to\infty}v(t)=\lim_{t\to\infty}\frac{1}{k}\{(g+kv_0)e^{-kt}-g\}$$

$=-\dfrac{g}{k}$ ……〔答〕

（注） k は空気抵抗を表し，g は重力加速度を表している。

［3C－13］（非線形微分方程式）

(1) $\displaystyle\int\frac{dy}{y\sqrt{1-y^2}}=\int\frac{1}{y(1+y)}\sqrt{\frac{1+y}{1-y}}\,dy$

$z=\sqrt{\dfrac{1+y}{1-y}}$ とおくと，$z^2=\dfrac{1+y}{1-y}$

$z^2(1-y)=1+y$

$\therefore\quad y=\dfrac{z^2-1}{z^2+1}\qquad 1+y=\dfrac{2z^2}{z^2+1}$

$$dy=\frac{2z(z^2+1)-(z^2-1)2z}{(z^2+1)^2}dz=\frac{4z}{(z^2+1)^2}dz$$

よって

$$\int\frac{dy}{y\sqrt{1-y^2}}$$

$$=\int\frac{1}{\dfrac{z^2-1}{z^2+1}\cdot\dfrac{2z^2}{z^2+1}}z\cdot\frac{4z}{(z^2+1)^2}dz$$

$$=\int\frac{2}{z^2-1}dz=\int\left(\frac{1}{z-1}-\frac{1}{z+1}\right)dz$$

$$=\log\left|\frac{z-1}{z+1}\right|+C$$

$$=\log\left|\frac{\sqrt{1+y}-\sqrt{1-y}}{\sqrt{1+y}+\sqrt{1-y}}\right|+C$$

$$=\log\left|\frac{(\sqrt{1+y}-\sqrt{1-y})^2}{(1+y)-(1-y)}\right|+C$$

$=\log\left|\dfrac{1-\sqrt{1-y^2}}{y}\right|+C$ ……〔答〕

(2) $p\dfrac{dp}{dy}=y-2y^3$ より

$$\int p\,dp=\int(y-2y^3)dy$$

$\therefore\quad \dfrac{p^2}{2}=\dfrac{y^2}{2}-\dfrac{y^4}{2}+C$

$p(0)=0$ より $C=0$

$\therefore\quad p^2=y^2-y^4$

$\therefore\quad p=\pm\sqrt{y^2-y^4}=\pm y\sqrt{1-y^2}$　……〔答〕

(3)　$y''-y+2y^3=0$ より　$\dfrac{d^2y}{dx^2}=y-2y^3$

$p=\dfrac{dy}{dx}$ とおく。$\dfrac{dp}{dx}=\dfrac{dp}{dy}\cdot\dfrac{dy}{dx}$ に注意すると

$$\frac{d^2y}{dx^2}=\frac{dp}{dx}=\frac{dp}{dy}\cdot p=p\frac{dp}{dy}$$

よって，$\dfrac{d^2y}{dx^2}=y-2y^3$ は次のようになる。

$$p\frac{dp}{dy}=y-2y^3$$

したがって，(2)より　$p=\pm y\sqrt{1-y^2}$

ここで，

$0<y\leqq 1$ および $\displaystyle\lim_{x\to 0}y(x)=1$

であることから

$$\frac{dy}{dx}=p=-y\sqrt{1-y^2}\leqq 0$$

$$\therefore\quad \frac{1}{y\sqrt{1-y^2}}\frac{dy}{dx}=-1$$

両辺を x で積分すると

$$\int\frac{dy}{y\sqrt{1-y^2}}=\int(-1)dx$$

よって，(1)より

$$\log\frac{1-\sqrt{1-y^2}}{y}=-x+C$$

$\displaystyle\lim_{x\to 0}y(x)=1$ より，$C=\log 1=0$

よって

$$\log\frac{1-\sqrt{1-y^2}}{y}=-x$$

$$\therefore\quad \frac{1-\sqrt{1-y^2}}{y}=e^{-x}$$

$$1-\sqrt{1-y^2}=ye^{-x}$$

$$\therefore\quad 1-y^2=(1-ye^{-x})^2$$

$$1-y^2=1-2ye^{-x}+y^2e^{-2x}$$

$$\therefore\quad y\{(1+e^{-2x})y-2e^{-x}\}=0$$

$y\neq 0$ であるから

$$y=\frac{2e^{-x}}{1+e^{-2x}}=\frac{2e^x}{e^{2x}+1}$$　……〔答〕

[3C－14]　(ベルヌーイ，完全微分方程式)

(1)　$y'+y=xy^3$ より

$y^{-3}y'+y^{-2}=x$　……①

$z=y^{-2}$ とおくと，$z'=-2y^{-3}y'$

よって，①は次のようになる。

$-\dfrac{1}{2}z'+z=x$　　$\therefore\quad z'-2z=-2x$

両辺に e^{-2x} をかけると

$$z'e^{-2x}-2ze^{-2x}=-2xe^{-2x}$$

$$\therefore\quad (ze^{-2x})'=-2xe^{-2x}$$

よって

$$\begin{aligned}ze^{-2x}&=\int(-2xe^{-2x})dx\\&=\int x(-2e^{-2x})dx\\&=xe^{-2x}-\int e^{-2x}dx\\&=xe^{-2x}+\frac{1}{2}e^{-2x}+C\end{aligned}$$

したがって

$$\begin{aligned}z&=\left(xe^{-2x}+\frac{1}{2}e^{-2x}+C\right)e^{2x}\\&=x+\frac{1}{2}+Ce^{2x}\quad(C\text{ は任意定数})\end{aligned}$$

よって

$y^{-2}=x+\dfrac{1}{2}+Ce^{2x}$　(C は任意定数)

……〔答〕

(2)　$P(x,\ y)=\cos y-y\cos x$

$Q(x,\ y)=-(\sin x+x\sin y)$

とおく。

$P_y(x,\ y)=-\sin y-\cos x$

$Q_x(x,\ y)=-(\cos x+\sin y)$

$=-\sin y-\cos x$

よって　$P_y(x,\ y)=Q_x(x,\ y)$　が成り立つから，与式は完全微分方程式である。

したがって

$F_x(x,\ y)=P(x,\ y)$，$F_y(x,\ y)=Q(x,\ y)$

を満たす関数 $F(x,\ y)$ を求めると

$F(x,\ y)=C$　(C は任意定数)

が求める一般解である。

$F_x(x,\ y)=P(x,\ y)=\cos y-y\cos x$ より

$$\begin{aligned}F(x,\ y)&=\int(\cos y-y\cos x)dx\\&=x\cos y-y\sin x+c(y)\end{aligned}$$

($c(y)$ は y だけの関数)

$F_y(x,\ y)=Q(x,\ y)=-(\sin x+x\sin y)$ より

$-x\sin y-\sin x+c'(y)=-(\sin x+x\sin y)$

$\therefore\quad c'(y)=0$　　$\therefore\quad c(y)=C$

(C は定数，ここでは 0 でよい。)

よって　$F(x,\ y)=x\cos y-y\sin x$

したがって，求める一般解は

$x\cos y - y\sin x = A$ （A は任意定数）

……〔答〕

[3C－15] （偏微分方程式）

$u(x,\ t)=X(x)T(t)$ とおくと

$$\frac{\partial u}{dx}=X'(x)T(t),\ \frac{\partial u}{\partial t}=X(x)T'(t)$$

$\dfrac{\partial u}{\partial t}+u\dfrac{\partial u}{dx}=0$ より

$$X(x)T'(t)+X(x)T(t)\cdot X'(x)T(t)=0$$

$\therefore\ T'(t)+X'(x)T(t)^2=0$

$\therefore\ \dfrac{T'(t)}{T(t)^2}=-X'(x)$ （＝定数）

よって

$$\frac{T'(t)}{T(t)^2}=-\lambda,\ X'(x)=\lambda \text{（}\lambda\text{ は定数）}$$

とおくと

$$-\frac{1}{T(t)}=-\lambda t+C_1,\ X(x)=\lambda x+C_2$$

したがって，求める特解は

$$u(x,\ t)=X(x)T(t)$$
$$=(\lambda x+C_2)\frac{1}{\lambda t-C_1}$$
$$=\frac{\lambda x+C_2}{\lambda t-C_1}$$ ……〔答〕

[3C－16] （非線形微分方程式）

(1) $p=y'=\dfrac{dy}{dx}$ および $\dfrac{dp}{dx}=\dfrac{dp}{dy}\cdot\dfrac{dy}{dx}$ より

$$\frac{d^2y}{dx^2}=\frac{dp}{dx}=\frac{dp}{dy}\cdot p=p\frac{dp}{dy}$$

これを $2yy''-3(y')^2=y^2$

すなわち　$2y\dfrac{d^2y}{dx^2}-3\left(\dfrac{dy}{dx}\right)^2=y^2$

に代入すると　$2y\cdot p\dfrac{dp}{dy}-3p^2=y^2$

$\therefore\ f(y,\ p)=2yp$ ……〔答〕

(2) $2yp\dfrac{dp}{dy}-3p^2=y^2$ より

$$\frac{dp}{dy}=\frac{3p^2+y^2}{2yp}=\frac{3\left(\dfrac{p}{y}\right)^2+1}{2\dfrac{p}{y}}$$

$q=\dfrac{p}{y}$ とおくと，$p=yq$ だから

$$\frac{dp}{dy}=q+y\frac{dq}{dy}$$

$\therefore\ q+y\dfrac{dq}{dy}=\dfrac{3q^2+1}{2q}$

$$y\frac{dq}{dy}=\frac{3q^2+1}{2q}-q=\frac{q^2+1}{2q}$$

$\therefore\ \dfrac{2q}{q^2+1}\dfrac{dq}{dy}=\dfrac{1}{y}$

$\therefore\ \displaystyle\int\frac{2q}{q^2+1}dq=\int\frac{1}{y}dy$

$$\log(q^2+1)=\log y+C=\log e^Cy$$

$\therefore\ q^2+1=Ay$

$y=1$ のとき $p=1$ だから $q=1$

$\therefore\ A=2$

よって　$q^2+1=2y$

$$\frac{p}{y}=\pm\sqrt{2y-1}\qquad\therefore\ p=\pm y\sqrt{2y-1}$$

$y>\dfrac{1}{2}$，$y'>0$ より

$$p=y\sqrt{2y-1}$$ ……〔答〕

(3) $p=y\sqrt{2y-1}$ より，$\dfrac{dy}{dx}=y\sqrt{2y-1}$

$\therefore\ \dfrac{1}{y\sqrt{2y-1}}\dfrac{dy}{dx}=1$

$z=\sqrt{2y-1}$ とおくと，$y=\dfrac{z^2+1}{2}$

$\therefore\ \dfrac{dy}{dx}=z\dfrac{dz}{dx}$

$\therefore\ \dfrac{1}{\dfrac{z^2+1}{2}z}\cdot z\dfrac{dz}{dx}=1$

$$\frac{2}{z^2+1}\frac{dz}{dx}=1$$

$\therefore\ \displaystyle\int\frac{2}{z^2+1}dz=\int dx$

$$2\tan^{-1}z=x+C$$

$x=0$ のとき $y=1$ だから $z=1$

$\therefore\ C=2\tan^{-1}1=2\cdot\dfrac{\pi}{4}=\dfrac{\pi}{2}$

よって　$2\tan^{-1}\sqrt{2y-1}=x+\dfrac{\pi}{2}$

以上より　$\tan^{-1}\sqrt{2y-1}=\dfrac{2x+\pi}{4}$

すなわち

$$y=\frac{1}{2}\left\{\tan^2\left(\frac{2x+\pi}{4}\right)+1\right\}$$ ……〔答〕

[3C－17] （完全微分方程式）

(1) $(x^2y-2y+4x^3y^3)dx+(8x^4y^2-x^3)dy=0$ より

$$P(x,\ y)=x^2y-2y+4x^3y^3$$
$$Q(x,\ y)=8x^4y^2-x^3$$

とおくと

$P_y(x,\ y)=x^2-2+12x^3y^2$

$Q_x(x,\ y)=32x^3y^2-3x^2$

よって，$P_y(x,\ y)\fallingdotseq Q_x(x,\ y)$ であるから，与式は完全形ではない。

(2)　与式に x^my^n をかけると

$$(x^{m+2}y^{n+1}-2x^my^{n+1}+4x^{m+3}y^{n+3})dx+(8x^{m+4}y^{n+2}-x^{m+3}y^n)dy=0$$

そこで

$P(x,\ y)=(x^{m+2}-2x^m)y^{n+1}+4x^{m+3}y^{n+3}$

$Q(x,\ y)=8x^{m+4}y^{n+2}-x^{m+3}y^n$

とおくと

$P_y(x,\ y)$

$=(n+1)(x^{m+2}-2x^m)y^n+4(n+3)x^{m+3}y^{n+2}$

$=4(n+3)x^{m+3}y^{n+2}+(n+1)(x^{m+2}-2x^m)y^n$

$Q_x(x,\ y)=8(m+4)x^{m+3}y^{n+2}-(m+3)x^{m+2}y^n$

そこで，$m=-3,\ n=-1$ とすると

$P(x,\ y)=x^{-1}-2x^{-3}+4y^2$

$Q(x,\ y)=8xy-y^{-1}$

であり

$P_y(x,\ y)=8y,\ Q_x(x,\ y)=8y$

であるから $P_y(x,\ y)=Q_x(x,\ y)$ が成り立つ。

よって，$m=-3,\ n=-1$　……〔答〕

(3)　与式に $x^{-3}y^{-1}$ をかけると

$$(x^{-1}-2x^{-3}+4y^2)dx+(8xy-y^{-1})dy=0$$

そこで

$F_x(x,\ y)=P(x,\ y)=x^{-1}-2x^{-3}+4y^2$

$F_y(x,\ y)=Q(x,\ y)=8xy-y^{-1}$

を満たす関数 $F(x,\ y)$ を求めればよい。

$$F(x,\ y)=\int P(x,\ y)dx=\int(x^{-1}-2x^{-3}+4y^2)dx=\log|x|+x^{-2}+4xy^2+c(y)$$

（ただし，$c(y)$ は y だけの関数）

このとき

$F_y(x,\ y)=8xy+c'(y)=Q(x,\ y)=8xy-y^{-1}$

より　$c'(y)=-y^{-1}$

∴　$c(y)=-\log|y|$

よって，求める一般解は　$F(x,\ y)=C$

すなわち

$$\log|x|+x^{-2}+4xy^2-\log|y|=C$$

（C は任意定数）　……〔答〕

［3C－18］　（偏微分方程式）

(1)　$y(x,\ t)=A(x)\cdot B(t)$ より

$$\frac{\partial y}{\partial t}=A(x)\cdot\frac{dB(t)}{dt},\ \frac{\partial^2 y}{\partial t^2}=A(x)\cdot\frac{d^2B(t)}{dt^2}$$

$$\frac{\partial y}{\partial x}=\frac{dA(x)}{dx}\cdot B(t),\ \frac{\partial^2 y}{\partial x^2}=\frac{d^2A(x)}{dx^2}\cdot B(t)$$

これらを①に代入すると

$$A(x)\cdot\frac{d^2B(t)}{dt^2}=c^2\frac{d^2A(x)}{dx^2}\cdot B(t)$$

よって

$$\frac{1}{A(x)}\frac{d^2A(x)}{dx^2}=\frac{1}{c^2B(t)}\frac{d^2B(t)}{dt^2}$$

(2)　$\displaystyle\frac{1}{A(x)}\frac{d^2A(x)}{dx^2}=\frac{1}{c^2B(t)}\frac{d^2B(t)}{dt^2}=-\lambda$

より

$$\frac{d^2A(x)}{dx^2}+\lambda A(x)=0\quad\cdots\cdots④$$

$$\frac{d^2B(t)}{dt^2}+\lambda c^2B(t)=0\quad\cdots\cdots⑤$$

④の特性方程式は，$u^2+\lambda=0$

∴　$u=\pm\sqrt{\lambda}i=0\pm\sqrt{\lambda}i$

よって

$A(x)=C_1\cos(\sqrt{\lambda}x)+C_2\sin(\sqrt{\lambda}x)$

（$C_1,\ C_2$ は任意定数）　……〔答〕

⑤の特性方程式は，$u^2+\lambda c^2=0$

∴　$u=\pm c\sqrt{\lambda}i=0\pm c\sqrt{\lambda}i$

よって

$B(t)=D_1\cos(c\sqrt{\lambda}t)+D_2\sin(c\sqrt{\lambda}t)$

（$D_1,\ D_2$ は任意定数）　……〔答〕

(3)　$y(0,\ t)=0$ より，$A(0)=C_1=0$

$y(L,\ t)=0$ より

$$A(L)=C_1\cos(\sqrt{\lambda}L)+C_2\sin(\sqrt{\lambda}L)=C_2\sin(\sqrt{\lambda}L)=0$$

よって　$\sqrt{\lambda}L=n\pi$ （$n=1,\ 2,\ 3,\ \cdots$）

すなわち　$\lambda=\left(\dfrac{n\pi}{L}\right)^2$ （$n=1,\ 2,\ 3,\ \cdots$）

（注） 設問(1)から分かるように，$C_1=C_2=0$ とはならない。

第4章 行列と行列式

(A) 基本問題

[4A−01] (行列式の計算)

$$\begin{vmatrix} a & a & a & a \\ x & b & b & b \\ x & y & c & c \\ x & y & z & d \end{vmatrix} = \begin{vmatrix} a & 0 & 0 & 0 \\ x & b-x & b-x & b-x \\ x & y-x & c-x & c-x \\ x & y-x & z-x & d-x \end{vmatrix}$$

$$= a\begin{vmatrix} b-x & b-x & b-x \\ y-x & c-x & c-x \\ y-x & z-x & d-x \end{vmatrix}$$

$$= a\begin{vmatrix} b-x & 0 & 0 \\ y-x & c-y & c-y \\ y-x & z-y & d-y \end{vmatrix}$$

$$= a(b-x)\begin{vmatrix} c-y & c-y \\ z-y & d-y \end{vmatrix}$$

$$= a(b-x)\begin{vmatrix} c-y & 0 \\ z-y & d-z \end{vmatrix}$$

$= a(b-x)(c-y)(d-z)$ ……〔答〕

[4A−02] (同次連立1次方程式)

与式を行列で表すと

$$\begin{pmatrix} 2 & 3 & 2 \\ 2 & 2 & 3 \\ 3 & 2 & a \end{pmatrix}\begin{pmatrix} x \\ y \\ z \end{pmatrix} = \begin{pmatrix} 0 \\ 0 \\ 0 \end{pmatrix}$$

これが自明でない解をもつためには，係数行列

$$A = \begin{pmatrix} 2 & 3 & 2 \\ 2 & 2 & 3 \\ 3 & 2 & a \end{pmatrix}$$

が逆行列をもたなければよい。

よって

$$|A| = \begin{vmatrix} 2 & 3 & 2 \\ 2 & 2 & 3 \\ 3 & 2 & a \end{vmatrix}$$

$$= 4a + 27 + 8 - 12 - 6a - 12$$
$$= -2a + 11 = 0$$

より

$a = \dfrac{11}{2}$ ……〔答〕

[4A−03] (非同次連立1次方程式)

(1) 拡大係数行列は

$$(A \quad \boldsymbol{d}) = \begin{pmatrix} 1 & 2 & -1 & 2 \\ 3 & 8 & -3 & 2a \\ 2 & 1 & -2 & 10 \end{pmatrix}$$

$$\to \cdots \to \begin{pmatrix} 1 & 0 & -1 & 6 \\ 0 & 1 & 0 & -2 \\ 0 & 0 & 0 & a-1 \end{pmatrix}$$

よって，与式は次のような連立1次方程式である。

$$\begin{pmatrix} 1 & 0 & -1 \\ 0 & 1 & 0 \\ 0 & 0 & 0 \end{pmatrix}\begin{pmatrix} x \\ y \\ z \end{pmatrix} = \begin{pmatrix} 6 \\ -2 \\ a-1 \end{pmatrix}$$

すなわち

$$\begin{cases} x \qquad\quad - z = 6 \\ \qquad y \qquad = -2 \\ 0\cdot x + 0\cdot y + 0\cdot z = a-1 \end{cases}$$

これが解をもつためには第3式を満たす x, y, z が存在すればよいから

$a-1=0 \quad \therefore \quad a=1$ ……〔答〕

(2) $a=1$ のとき，与式は次のようになる。

$$\begin{cases} x - z = 6 \\ y = -2 \end{cases}$$

よって，求める解は

$$\begin{pmatrix} x \\ y \\ z \end{pmatrix} = \begin{pmatrix} t+6 \\ -2 \\ t \end{pmatrix}$$ (t は任意) ……〔答〕

[4A−04] (行列式，逆行列)

$$|A| = \begin{vmatrix} 1 & 1 & a \\ -1 & 0 & 4 \\ 1 & -1 & 0 \end{vmatrix}$$

$$= 0 + 4 + a - 0 - 0 - (-4) = a + 8 = 1$$

より，$a=-7$ ……〔答〕

$a=-7$ のとき

$$A = \begin{pmatrix} 1 & 1 & -7 \\ -1 & 0 & 4 \\ 1 & -1 & 0 \end{pmatrix}$$

であり，各余因子を計算すると

$$A_{11} = \begin{vmatrix} 0 & 4 \\ -1 & 0 \end{vmatrix} = 4, \quad A_{12} = -\begin{vmatrix} -1 & 4 \\ 1 & 0 \end{vmatrix} = 4,$$

$$A_{13} = \begin{vmatrix} -1 & 0 \\ 1 & -1 \end{vmatrix} = 1,$$

$$A_{21} = -\begin{vmatrix} 1 & -7 \\ -1 & 0 \end{vmatrix} = 7, \quad A_{22} = \begin{vmatrix} 1 & -7 \\ 1 & 0 \end{vmatrix} = 7,$$

$$A_{23} = -\begin{vmatrix} 1 & 1 \\ 1 & -1 \end{vmatrix} = 2, \quad A_{31} = \begin{vmatrix} 1 & -7 \\ 0 & 4 \end{vmatrix} = 4,$$

$$A_{32} = -\begin{vmatrix} 1 & -7 \\ -1 & 4 \end{vmatrix} = 3, \quad A_{33} = \begin{vmatrix} 1 & 1 \\ -1 & 0 \end{vmatrix} = 1$$

よって

$$A^{-1}=\frac{1}{|A|}\widetilde{A}$$
$$=\frac{1}{|A|}\begin{pmatrix}A_{11} & A_{21} & A_{31}\\ A_{12} & A_{22} & A_{32}\\ A_{13} & A_{23} & A_{33}\end{pmatrix}$$
$$=\begin{pmatrix}4 & 7 & 4\\ 4 & 7 & 3\\ 1 & 2 & 1\end{pmatrix}$$ ……〔答〕

[4A－05]　**(逆行列と連立1次方程式)**

(1)　係数行列を A とおく。

$$|A|=\begin{vmatrix}2 & 1 & 1\\ 1 & 0 & 1\\ 1 & 1 & 2\end{vmatrix}$$
$$=0+1+1-0-2-2=-2\neq 0$$

また，各余因子は

$$A_{11}=\begin{vmatrix}0 & 1\\ 1 & 2\end{vmatrix}=-1,\ A_{12}=-\begin{vmatrix}1 & 1\\ 1 & 2\end{vmatrix}=-1,$$
$$A_{13}=\begin{vmatrix}1 & 0\\ 1 & 1\end{vmatrix}=1,\ A_{21}=-\begin{vmatrix}1 & 1\\ 1 & 2\end{vmatrix}=-1,$$
$$A_{22}=\begin{vmatrix}2 & 1\\ 1 & 2\end{vmatrix}=3,\ A_{23}=-\begin{vmatrix}2 & 1\\ 1 & 1\end{vmatrix}=-1,$$
$$A_{31}=\begin{vmatrix}1 & 1\\ 0 & 1\end{vmatrix}=1,\ A_{32}=-\begin{vmatrix}2 & 1\\ 1 & 1\end{vmatrix}=-1$$
$$A_{33}=\begin{vmatrix}2 & 1\\ 1 & 0\end{vmatrix}=-1$$

よって，求める逆行列は

$$A^{-1}=\frac{1}{|A|}\widetilde{A}=\frac{1}{-2}\begin{pmatrix}-1 & -1 & 1\\ -1 & 3 & -1\\ 1 & -1 & -1\end{pmatrix}$$
$$=\frac{1}{2}\begin{pmatrix}1 & 1 & -1\\ 1 & -3 & 1\\ -1 & 1 & 1\end{pmatrix}$$ ……〔答〕

(2)　$\begin{pmatrix}2 & 1 & 1\\ 1 & 0 & 1\\ 1 & 1 & 2\end{pmatrix}\begin{pmatrix}x\\ y\\ z\end{pmatrix}=\begin{pmatrix}2\\ 1\\ -1\end{pmatrix}$ より

$$\begin{pmatrix}x\\ y\\ z\end{pmatrix}=\begin{pmatrix}2 & 1 & 1\\ 1 & 0 & 1\\ 1 & 1 & 2\end{pmatrix}^{-1}\begin{pmatrix}2\\ 1\\ -1\end{pmatrix}$$
$$=\frac{1}{2}\begin{pmatrix}1 & 1 & -1\\ 1 & -3 & 1\\ -1 & 1 & 1\end{pmatrix}\begin{pmatrix}2\\ 1\\ -1\end{pmatrix}$$
$$=\frac{1}{2}\begin{pmatrix}4\\ -2\\ -2\end{pmatrix}=\begin{pmatrix}2\\ -1\\ -1\end{pmatrix}$$ ……〔答〕

[4A－06]　**(行基本変形と逆行列)**

$$(A\quad E)=\begin{pmatrix}4 & 4 & 4 & 4 & 1 & 0 & 0 & 0\\ 0 & 0 & 4 & 4 & 0 & 1 & 0 & 0\\ 0 & 2 & 0 & 2 & 0 & 0 & 1 & 0\\ 1 & 0 & 0 & 1 & 0 & 0 & 0 & 1\end{pmatrix}$$
$\to\cdots$
$$\to\begin{pmatrix}1 & 0 & 0 & 0 & \frac{1}{8} & -\frac{1}{8} & -\frac{1}{4} & \frac{1}{2}\\ 0 & 1 & 0 & 0 & \frac{1}{8} & -\frac{1}{8} & \frac{1}{4} & -\frac{1}{2}\\ 0 & 0 & 1 & 0 & \frac{1}{8} & \frac{1}{8} & -\frac{1}{4} & -\frac{1}{2}\\ 0 & 0 & 0 & 1 & -\frac{1}{8} & \frac{1}{8} & \frac{1}{4} & \frac{1}{2}\end{pmatrix}$$
$$\therefore\quad A^{-1}=\frac{1}{8}\begin{pmatrix}1 & -1 & -2 & 4\\ 1 & -1 & 2 & -4\\ 1 & 1 & -2 & -4\\ -1 & 1 & 2 & 4\end{pmatrix}$$
……〔答〕

[4A－07]　**(逆行列)**

(1)　掃き出し法により逆行列を求めてみる。

$$\begin{pmatrix}1 & -1 & -1 & 1 & 0 & 0\\ -1 & 1 & -1 & 0 & 1 & 0\\ -1 & -1 & 1 & 0 & 0 & 1\end{pmatrix}$$
$$\to\cdots\to\begin{pmatrix}1 & 0 & 0 & 0 & -\frac{1}{2} & -\frac{1}{2}\\ 0 & 1 & 0 & -\frac{1}{2} & 0 & -\frac{1}{2}\\ 0 & 0 & 1 & -\frac{1}{2} & -\frac{1}{2} & 0\end{pmatrix}$$

よって，求める逆行列は

$$\begin{pmatrix}0 & -\frac{1}{2} & -\frac{1}{2}\\ -\frac{1}{2} & 0 & -\frac{1}{2}\\ -\frac{1}{2} & -\frac{1}{2} & 0\end{pmatrix}$$
$$=-\frac{1}{2}\begin{pmatrix}0 & 1 & 1\\ 1 & 0 & 1\\ 1 & 1 & 0\end{pmatrix}$$ ……〔答〕

(2)　$\begin{vmatrix}1 & a & a\\ a & 1 & a\\ a & a & 1\end{vmatrix}=1+a^3+a^3-a^2-a^2-a^2$

$=2a^3-3a^2+1=(a-1)(2a^2-a-1)$
$=(a-1)^2(2a+1)$

よって，求める条件は

$a\neq 1,\ -\frac{1}{2}$ ……〔答〕

(B) 標準問題

[4B－01] (*n* 次行列式)

(1) $|A|=\begin{vmatrix} b & 1 & 1 \\ 1 & a & 1 \\ 1 & 1 & a \end{vmatrix}$

$=a^2b+1+1-a-a-b$

$=(a^2-1)b-2(a-1)$

$=(a-1)\{(a+1)b-2\}$

$=(a-1)(ab+b-2)$ ……〔答〕

(2) $|A|=\begin{vmatrix} b & 1 & 1 & \cdots & 1 \\ 1 & a & 1 & \cdots & 1 \\ 1 & 1 & a & \cdots & 1 \\ \vdots & \vdots & \vdots & \ddots & \vdots \\ 1 & 1 & 1 & \cdots & a \end{vmatrix}$

$=\begin{vmatrix} b & 1 & 1 & \cdots & 1 \\ 1-b & a-1 & 0 & \cdots & 0 \\ 1-b & 0 & a-1 & \cdots & 0 \\ \vdots & \vdots & \vdots & \ddots & \vdots \\ 1-b & 0 & 0 & \cdots & a-1 \end{vmatrix}$

$=(a-1)^{n-1}$

$\times\begin{vmatrix} b & 1 & 1 & \cdots & 1 \\ \dfrac{1-b}{a-1} & 1 & 0 & \cdots & 0 \\ \dfrac{1-b}{a-1} & 0 & 1 & \cdots & 0 \\ \vdots & \vdots & \vdots & \ddots & \vdots \\ \dfrac{1-b}{a-1} & 0 & 0 & \cdots & 1 \end{vmatrix}$

$=(a-1)^{n-1}$

$\times\begin{vmatrix} b-\dfrac{(n-1)(1-b)}{a-1} & 0 & 0 & \cdots & 0 \\ \dfrac{1-b}{a-1} & 1 & 0 & \cdots & 0 \\ \dfrac{1-b}{a-1} & 0 & 1 & \cdots & 0 \\ \vdots & \vdots & \vdots & \ddots & \vdots \\ \dfrac{1-b}{a-1} & 0 & 0 & \cdots & 1 \end{vmatrix}$

$=(a-1)^{n-1}\left\{b-(n-1)\dfrac{1-b}{a-1}\right\}$

$=(a-1)^{n-2}\{(a-1)b-(n-1)(1-b)\}$

$=(a-1)^{n-2}\{ab+(n-2)b-(n-1)\}$

……〔答〕

(3) $|A|$

$=(a-1)^{n-1}$

$\times\begin{vmatrix} b-\dfrac{(n-1)(1-b)}{a-1} & 0 & 0 & \cdots & 0 \\ \dfrac{1-b}{a-1} & 1 & 0 & \cdots & 0 \\ \dfrac{1-b}{a-1} & 0 & 1 & \cdots & 0 \\ \vdots & \vdots & \vdots & \ddots & \vdots \\ \dfrac{1-b}{a-1} & 0 & 0 & \cdots & 1 \end{vmatrix}$

より

(i) $b-(n-1)\dfrac{1-b}{a-1}\neq 0$ のとき；

$|A|\neq 0$ だから，$\operatorname{rank} A=n$

(ii) $b-(n-1)\dfrac{1-b}{a-1}=0$ のとき；

$\operatorname{rank} A=n-1$

[4B－02] (連立1次方程式，階数)

拡大係数行列を行基本変形すると

$\begin{pmatrix} 1 & 0 & 1 & 0 & 1 \\ 2 & 1 & 2 & -2 & 3 \\ 1 & -1 & 1 & 2 & k-3 \end{pmatrix}$

$\to\cdots\to\begin{pmatrix} 1 & 0 & 1 & 0 & 1 \\ 0 & 1 & 0 & -2 & 1 \\ 0 & 0 & 0 & 0 & k-3 \end{pmatrix}$

よって，与式は次のようになる。

$\begin{cases} x+z=1 \\ y-2w=1 \\ 0\cdot x+0\cdot y+0\cdot z+0\cdot w=k-3 \end{cases}$

これが解をもつ条件は，$k=3$ ……〔答〕

であり，そのときの解は，

$\begin{pmatrix} x \\ y \\ z \\ w \end{pmatrix}=\begin{pmatrix} 1-a \\ 1+2b \\ a \\ b \end{pmatrix}$ (a, b は任意)

……〔答〕

また

$A=\begin{pmatrix} 1 & 0 & 1 & 0 \\ 2 & 1 & 2 & -2 \\ 1 & -1 & 1 & 2 \end{pmatrix}$

$\to\begin{pmatrix} 1 & 0 & 1 & 0 \\ 0 & 1 & 0 & -2 \\ 0 & 0 & 0 & 0 \end{pmatrix}$

であるから，$\operatorname{rank} A=2$ ……〔答〕

[4B－03] (行列式，逆行列)

(1) $|A|=\begin{vmatrix} a+b+c & -a-c & a+b-c \\ -a-c & a+c & -a+c \\ a+b-c & -a+c & a+b+c \end{vmatrix}$

$$=\begin{vmatrix} 2c & -a-c & a+b-c \\ -2c & a+c & -a+c \\ -2c & -a+c & a+b+c \end{vmatrix}$$

$$=2c\begin{vmatrix} 1 & -a-c & a+b-c \\ -1 & a+c & -a+c \\ -1 & -a+c & a+b+c \end{vmatrix}$$

$$=2c\begin{vmatrix} 1 & -a-c & a+b-c \\ 0 & 0 & b \\ 0 & -2a & 2(a+b) \end{vmatrix}$$

$$=2c\begin{vmatrix} 0 & b \\ -2a & 2(a+b) \end{vmatrix}=2c\{0-(-2ab)\}$$

$=4abc\neq 0$

(2)　$a=b=c=1$ のとき

$$A=\begin{pmatrix} 3 & -2 & 1 \\ -2 & 2 & 0 \\ 1 & 0 & 3 \end{pmatrix},\quad |A|=4\neq 0$$

各余因子を計算すると

$$A_{11}=\begin{vmatrix} 2 & 0 \\ 0 & 3 \end{vmatrix}=6,\ A_{12}=-\begin{vmatrix} -2 & 0 \\ 1 & 3 \end{vmatrix}=6,$$

$$A_{13}=\begin{vmatrix} -2 & 2 \\ 1 & 0 \end{vmatrix}=-2,\ A_{21}=-\begin{vmatrix} -2 & 1 \\ 0 & 3 \end{vmatrix}=6,$$

$$A_{22}=\begin{vmatrix} 3 & 1 \\ 1 & 3 \end{vmatrix}=8,\ A_{23}=-\begin{vmatrix} 3 & -2 \\ 1 & 0 \end{vmatrix}=-2,$$

$$A_{31}=\begin{vmatrix} -2 & 1 \\ 2 & 0 \end{vmatrix}=-2,$$

$$A_{32}=-\begin{vmatrix} 3 & 1 \\ -2 & 0 \end{vmatrix}=-2,$$

$$A_{33}=\begin{vmatrix} 3 & -2 \\ -2 & 2 \end{vmatrix}=2$$

よって，求める逆行列は

$$A^{-1}=\frac{1}{|A|}\tilde{A}=\frac{1}{4}\begin{pmatrix} 6 & 6 & -2 \\ 6 & 8 & -2 \\ -2 & -2 & 2 \end{pmatrix}$$

$$=\frac{1}{2}\begin{pmatrix} 3 & 3 & -1 \\ 3 & 4 & -1 \\ -1 & -1 & 1 \end{pmatrix}$$ ……〔答〕

［4B－04］（行列の基本）

$AX=E$ の両辺に左側から Y をかけると

$YAX=Y$

さらに $YA=E$ であるから

$EX=Y$　　$\therefore$　$X=Y$

［4B－05］（連立1次方程式）

与式を行列で表すと

$$\begin{pmatrix} a & 1 & 1 \\ 1 & a & 1 \\ 1 & 1 & a \end{pmatrix}\begin{pmatrix} x \\ y \\ z \end{pmatrix}=\begin{pmatrix} 3a \\ 2a+1 \\ a+2 \end{pmatrix}$$

$$\begin{vmatrix} a & 1 & 1 \\ 1 & a & 1 \\ 1 & 1 & a \end{vmatrix}=a^3+1+1-a-a-a$$

$$=(a-1)^2(a+2)$$

（i）　$a\neq 1,\ -2$ のとき；

クラーメルの公式で解を求める。

$$\begin{vmatrix} 3a & 1 & 1 \\ 2a+1 & a & 1 \\ a+2 & 1 & a \end{vmatrix}=\cdots=3(a-1)^2(a+1)$$

$$\therefore\quad x=\frac{3(a-1)^2(a+1)}{(a-1)^2(a+2)}=\frac{3(a+1)}{a+2}$$

$$\begin{vmatrix} a & 3a & 1 \\ 1 & 2a+1 & 1 \\ 1 & a+2 & a \end{vmatrix}=\cdots=(a-1)^2(2a+1)$$

$$\therefore\quad y=\frac{(a-1)^2(2a+1)}{(a-1)^2(a+2)}=\frac{2a+1}{a+2}$$

$$\begin{vmatrix} a & 1 & 3a \\ 1 & a & 2a+1 \\ 1 & 1 & a+2 \end{vmatrix}=\cdots=(a-1)^3$$

$$\therefore\quad z=\frac{(a-1)^3}{(a-1)^2(a+2)}=\frac{a-1}{a+2}$$

以上より，求める解は

$$x=\frac{3(a+1)}{a+2},\ y=\frac{2a+1}{a+2},\ z=\frac{a-1}{a+2}$$

……〔答〕

（ii）　$a=1$ のとき；

与式は次のようになる。

$$\begin{cases} x+y+z=3 \\ x+y+z=3 \\ x+y+z=3 \end{cases}$$　すなわち，$x+y+z=3$

よって，求める解は

$$\begin{pmatrix} x \\ y \\ z \end{pmatrix}=\begin{pmatrix} 3-s-t \\ s \\ t \end{pmatrix}$$　（s，t は任意）

……〔答〕

（iii）　$a=-2$ のとき；

与式は次のようになる。

$$\begin{cases} -2x+y+z=-6 \\ x-2y+z=-3 \\ x+y-2z=0 \end{cases}$$

拡大係数行列を行基本変形すると

$$\begin{pmatrix} -2 & 1 & 1 & -6 \\ 1 & -2 & 1 & -3 \\ 1 & 1 & -2 & 0 \end{pmatrix}$$

$$\to\cdots\to\begin{pmatrix} 1 & 0 & -1 & 0 \\ 0 & 1 & -1 & 0 \\ 0 & 0 & 0 & 1 \end{pmatrix}$$

より，次のようになる。

$$\begin{cases} x \quad\quad -z=0 \\ \quad y \quad -z=0 \\ 0\cdot x+0\cdot y+0\cdot z=1 \end{cases}$$

よって，解なし。 ……〔答〕

［別解］ 与式の拡大係数行列は

$$\begin{pmatrix} a & 1 & 1 & 3a \\ 1 & a & 1 & 2a+1 \\ 1 & 1 & a & a+2 \end{pmatrix} \to \cdots$$

$$\to \begin{pmatrix} 1 & a & 1 & 2a+1 \\ 0 & 1-a^2 & 1-a & -2a^2+2a \\ 0 & 1-a & a-1 & -a+1 \end{pmatrix}$$

……（＊）

（i） $a=1$ のとき；

$$（＊）=\begin{pmatrix} 1 & 1 & 1 & 3 \\ 0 & 0 & 0 & 0 \\ 0 & 0 & 0 & 0 \end{pmatrix}$$

よって，与式は $x+y+z=3$ であり，
求める解は

$$\begin{pmatrix} x \\ y \\ z \end{pmatrix}=\begin{pmatrix} 3-s-t \\ s \\ t \end{pmatrix} \quad (s,\ t \text{ は任意})$$

……〔答〕

（ii） $a\fallingdotseq 1$ のとき；

（＊）→ …

$$\to \begin{pmatrix} 1 & 0 & 1+a & a+1 \\ 0 & 1 & -1 & 1 \\ 0 & 0 & a+2 & a-1 \end{pmatrix} \quad \cdots\cdots（＊＊）$$

㈠ $a=-2$ のとき

$$（＊＊）=\begin{pmatrix} 1 & 0 & -1 & -1 \\ 0 & 1 & -1 & 1 \\ 0 & 0 & 0 & -3 \end{pmatrix}$$

よって，解なし。 ……〔答〕

㈡ $a\fallingdotseq -2$ のとき；

（＊＊）→ …

$$\to \begin{pmatrix} 1 & 0 & 0 & \dfrac{3(a+1)}{a+2} \\ 0 & 1 & 0 & \dfrac{2a+1}{a+2} \\ 0 & 0 & 1 & \dfrac{a-1}{a+2} \end{pmatrix}$$

よって，求める解は

$$x=\frac{3(a+1)}{a+2},\ y=\frac{2a+1}{a+2},\ z=\frac{a-1}{a+2}$$

……〔答〕

［4B－06］（余因子行列と逆行列）

16個の余因子を計算すると

$A_{11}=6,\ A_{12}=0,\ A_{13}=0,\ A_{14}=0,$

$A_{21}=0,\ A_{22}=4,\ A_{23}=0,\ A_{24}=0,$

$A_{31}=3,\ A_{32}=0,\ A_{33}=6,\ A_{34}=0,$

$A_{41}=0,\ A_{42}=-8,\ A_{43}=0,\ A_{44}=12$

よって，余因子行列は

$$\tilde{A}=\begin{pmatrix} 6 & 0 & 3 & 0 \\ 0 & 4 & 0 & -8 \\ 0 & 0 & 6 & 0 \\ 0 & 0 & 0 & 12 \end{pmatrix} \quad \cdots\cdots〔答〕$$

また，$|A|=12\fallingdotseq 0$ であることが求まるから
A は正則であり

$$A^{-1}=\frac{1}{|A|}\tilde{A}=\frac{1}{12}\begin{pmatrix} 6 & 0 & 3 & 0 \\ 0 & 4 & 0 & -8 \\ 0 & 0 & 6 & 0 \\ 0 & 0 & 0 & 12 \end{pmatrix}$$

……〔答〕

［別解］

$$|A|=\begin{vmatrix} 2 & 0 & -1 & 0 \\ 0 & 3 & 0 & 2 \\ 0 & 0 & 2 & 0 \\ 0 & 0 & 0 & 1 \end{vmatrix}=2\cdot 3\cdot 2\cdot 1=12\fallingdotseq 0$$

より，A は正則。

また，行基本変形により逆行列を求めると

$$(A \quad E)=\begin{pmatrix} 2 & 0 & -1 & 0 & 1 & 0 & 0 & 0 \\ 0 & 3 & 0 & 2 & 0 & 1 & 0 & 0 \\ 0 & 0 & 2 & 0 & 0 & 0 & 1 & 0 \\ 0 & 0 & 0 & 1 & 0 & 0 & 0 & 1 \end{pmatrix}$$

→ …

$$\to \begin{pmatrix} 1 & 0 & 0 & 0 & \frac{1}{2} & 0 & \frac{1}{4} & 0 \\ 0 & 1 & 0 & 0 & 0 & \frac{1}{3} & 0 & -\frac{2}{3} \\ 0 & 0 & 1 & 0 & 0 & 0 & \frac{1}{2} & 0 \\ 0 & 0 & 0 & 1 & 0 & 0 & 0 & 1 \end{pmatrix}$$

より

$$A^{-1}=\begin{pmatrix} \frac{1}{2} & 0 & \frac{1}{4} & 0 \\ 0 & \frac{1}{3} & 0 & -\frac{2}{3} \\ 0 & 0 & \frac{1}{2} & 0 \\ 0 & 0 & 0 & 1 \end{pmatrix}$$

$$=\frac{1}{12}\begin{pmatrix} 6 & 0 & 3 & 0 \\ 0 & 4 & 0 & -8 \\ 0 & 0 & 6 & 0 \\ 0 & 0 & 0 & 12 \end{pmatrix} \quad \cdots\cdots〔答〕$$

また，$A^{-1}=\dfrac{1}{|A|}\tilde{A}$ より

$$\widetilde{A}=\begin{pmatrix}6&0&3&0\\0&4&0&-8\\0&0&6&0\\0&0&0&12\end{pmatrix}$$ ……〔答〕

[4B－07] （行列式）

$$D=\begin{vmatrix}a^2+b^2&0&2ab&0\\0&c^2+d^2&0&2cd\\2ab&0&a^2+b^2&0\\0&2cd&0&c^2+d^2\end{vmatrix}$$

$$=\begin{vmatrix}(a+b)^2&0&2ab&0\\0&(c+d)^2&0&2cd\\(a+b)^2&0&a^2+b^2&0\\0&(c+d)^2&0&c^2+d^2\end{vmatrix}$$

$$=\begin{vmatrix}(a+b)^2&0&2ab&0\\0&(c+d)^2&0&2cd\\0&0&(a-b)^2&0\\0&0&0&(c-d)^2\end{vmatrix}$$

$$=(a+b)^2(a-b)^2(c+d)^2(c-d)^2$$

……〔答〕

[4B－08] （連立1次方程式，内積）

(1)　拡大係数行列を行基本変形すると

$$(A\quad \boldsymbol{b})=\begin{pmatrix}1&2&3&4&1\\2&3&4&1&1\\3&5&7&5&2\end{pmatrix}$$

$$\to\cdots\to\begin{pmatrix}1&0&-1&-10&-1\\0&1&2&7&1\\0&0&0&0&0\end{pmatrix}$$

よって $\boldsymbol{x}=\begin{pmatrix}x\\y\\z\\w\end{pmatrix}\in\boldsymbol{R}^4$ とすると

$$\begin{cases}x-z-10w=-1\\y+2z+7w=1\end{cases}$$

したがって，求める解は

$$\boldsymbol{x}=\begin{pmatrix}a+10b-1\\-2a-7b+1\\a\\b\end{pmatrix}$$ （a，b は任意）

……〔答〕

(2)　$$A\boldsymbol{x}=\begin{pmatrix}1&2&3&4\\2&3&4&1\\3&5&7&5\end{pmatrix}\begin{pmatrix}x\\y\\z\\w\end{pmatrix}$$

$$=\begin{pmatrix}x+2y+3z+4w\\2x+3y+4z+w\\3x+5y+7z+5w\end{pmatrix}$$

よって，　$A\boldsymbol{x}$ と $\boldsymbol{b}$ の内積は

$$(A\boldsymbol{x},\ \boldsymbol{b})=9x+15y+21z+15w$$
$$=3(3x+5y+7z+5w)$$

$(A\boldsymbol{x},\ \boldsymbol{b})=0$ より　$3x+5y+7z+5w=0$

$$\therefore\quad \boldsymbol{x}=\begin{pmatrix}-5a-7b-5c\\3a\\3b\\3c\end{pmatrix}$$

$$=a\begin{pmatrix}-5\\3\\0\\0\end{pmatrix}+b\begin{pmatrix}-7\\0\\3\\0\end{pmatrix}+c\begin{pmatrix}-5\\0\\0\\3\end{pmatrix}$$ ……〔答〕

（a，b，c は任意）

[4B－09] （連立1次方程式）

(1)　係数行列：$\begin{vmatrix}1&1&1&-1\\-1&-2&-2&2\\2&-2&-1&a\\3&-3&a&-1\end{vmatrix}$

$$=\begin{vmatrix}1&0&0&0\\-1&-1&-1&1\\2&-4&-3&a+2\\3&-6&a-3&2\end{vmatrix}$$

$$=\begin{vmatrix}-1&-1&1\\-4&-3&a+2\\-6&a-3&2\end{vmatrix}=-\begin{vmatrix}1&-1&1\\4&-3&a+2\\6&a-3&2\end{vmatrix}$$

$$=-\begin{vmatrix}1&0&0\\4&1&a-2\\6&a+3&-4\end{vmatrix}=-\begin{vmatrix}1&a-2\\a+3&-4\end{vmatrix}$$

$$=-\{(-4)-(a-2)(a+3)\}$$
$$=4+(a-2)(a+3)$$
$$=a^2+a-2=(a+2)(a-1)$$ ……〔答〕

(2)　(ⅰ)　$a\fallingdotseq-2,\ 1$ のとき；

拡大係数行列：

$$\begin{pmatrix}1&1&1&-1&1\\-1&-2&-2&2&-2\\2&-2&-1&a&-1\\3&-3&a&-1&-2\end{pmatrix}$$

$$\to\cdots\to\begin{pmatrix}1&0&0&0&0\\0&1&0&0&1\\0&0&1&0&\dfrac{1}{a-1}\\0&0&0&1&\dfrac{1}{a-1}\end{pmatrix}$$

以上より，求める解は

$$x=0,\ y=1,\ z=w=\frac{1}{a-1}$$ ……〔答〕

[(ⅰ)の別解]　クラーメルの公式を利用する。

$$\begin{vmatrix} 1 & 1 & 1 & -1 \\ -2 & -2 & -2 & 2 \\ -1 & -2 & -1 & a \\ -2 & -3 & a & -1 \end{vmatrix} = \cdots = 0$$

より　$x=\dfrac{0}{(a+2)(a-1)}=0$

$$\begin{vmatrix} 1 & 1 & 1 & -1 \\ -1 & -2 & -2 & 2 \\ 2 & -1 & -1 & a \\ 3 & -2 & a & -1 \end{vmatrix} = \cdots$$

$=(a-1)(a+2)$

より　$y=\dfrac{(a+2)(a-1)}{(a+2)(a-1)}=1$

$$\begin{vmatrix} 1 & 1 & 1 & -1 \\ -1 & -2 & -2 & 2 \\ 2 & -2 & -1 & a \\ 3 & -3 & -2 & -1 \end{vmatrix} = \cdots = a+2$$

より　$z=\dfrac{a+2}{(a+2)(a-1)}=\dfrac{1}{a-1}$

$$\begin{vmatrix} 1 & 1 & 1 & 1 \\ -1 & -2 & -2 & -2 \\ 2 & -2 & -1 & -1 \\ 3 & -3 & a & -2 \end{vmatrix} = \cdots = a+2$$

より　$w=\dfrac{a+2}{(a+2)(a-1)}=\dfrac{1}{a-1}$

以上より，求める解は

$x=0,\ y=1,\ z=w=\dfrac{1}{a-1}$　……〔**答**〕

（ii）$a=1$ のとき；

拡大係数行列：

$$\begin{pmatrix} 1 & 1 & 1 & -1 & 1 \\ -1 & -2 & -2 & 2 & -2 \\ 2 & -2 & -1 & 1 & -1 \\ 3 & -3 & 1 & -1 & -2 \end{pmatrix}$$

$$\to \cdots \to \begin{pmatrix} 1 & 0 & 0 & 0 & 0 \\ 0 & 1 & 0 & 0 & 0 \\ 0 & 0 & 1 & -1 & 0 \\ 0 & 0 & 0 & 0 & 1 \end{pmatrix}$$

よって，解なし　……〔**答**〕

（iii）$a=-2$ のとき；

拡大係数行列：

$$\begin{pmatrix} 1 & 1 & 1 & -1 & 1 \\ -1 & -2 & -2 & 2 & -2 \\ 2 & -2 & -1 & -2 & -1 \\ 3 & -3 & -2 & -1 & -2 \end{pmatrix}$$

$$\to \cdots \to \begin{pmatrix} 1 & 0 & 0 & 0 & 0 \\ 0 & 1 & 0 & 3 & 0 \\ 0 & 0 & 1 & -4 & 1 \\ 0 & 0 & 0 & 0 & 0 \end{pmatrix}$$

$$\therefore \begin{cases} x=0 \\ y+3w=0 \\ z-4w=1 \end{cases}$$

よって，求める解は

$$\begin{pmatrix} x \\ y \\ z \\ w \end{pmatrix} = \begin{pmatrix} 0 \\ -3t \\ 1+4t \\ t \end{pmatrix}$$ （t は任意）　……〔**答**〕

［4B－10］（**行列式，階数**）

(1)　$|C|=\begin{vmatrix} 3 & 2 & 1 & -1 \\ -2 & 1 & p & 3 \\ 1 & -1 & -1 & -4 \\ -3 & -2 & 1 & -1 \end{vmatrix}$

$=\begin{vmatrix} 1 & 2 & 1 & -1 \\ -3 & 1 & p & 3 \\ 2 & -1 & -1 & -4 \\ -1 & -2 & 1 & -1 \end{vmatrix}$　（1列－2列）

$=\begin{vmatrix} 1 & 2 & 1 & -1 \\ 0 & 7 & p+3 & 0 \\ 0 & -5 & -3 & -2 \\ 0 & 0 & 2 & -2 \end{vmatrix}=\begin{vmatrix} 7 & p+3 & 0 \\ -5 & -3 & -2 \\ 0 & 2 & -2 \end{vmatrix}$

$=42+0+0-0-10(p+3)+28$

$=-10(p-4)$　……〔**答**〕

(2)　$D=\begin{pmatrix} 3 & 4 & q \\ -1 & 1 & -3 \\ -2 & -5 & 1 \\ 2 & 3 & 1 \end{pmatrix}$

$$\to \cdots \to \begin{pmatrix} 1 & 0 & 2 \\ 0 & 1 & -1 \\ 0 & 0 & q-2 \\ 0 & 0 & 0 \end{pmatrix}$$

よって，求める階数は

$q=2$ のときは階数は 2
$q\neq 2$ のときは階数は 3　……〔**答**〕

次に

CD

$=\begin{pmatrix} 3 & 2 & 1 & -1 \\ -2 & 1 & p & 3 \\ 1 & -1 & -1 & -4 \\ -3 & -2 & 1 & -1 \end{pmatrix}\begin{pmatrix} 3 & 4 & q \\ -1 & 1 & -3 \\ -2 & -5 & 1 \\ 2 & 3 & 1 \end{pmatrix}$

$$=\begin{pmatrix} 3 & 6 & 3q-6 \\ -2p-1 & -5p+2 & p-2q \\ -2 & -4 & q-2 \\ -11 & -22 & -3q+6 \end{pmatrix}$$

$$\to \cdots \to \begin{pmatrix} 1 & 2 & 0 \\ 0 & p-4 & -p+4 \\ 0 & 0 & q-2 \\ 0 & 0 & 0 \end{pmatrix}$$

よって，求める階数は

$p\neq4$ かつ $q\neq2$ なら，階数は 3
$p\neq4$ かつ $q=2$ なら，階数は 2
$p=4$ かつ $q\neq2$ なら，階数は 2
$p=4$ かつ $q=2$ なら，階数は 1

……〔答〕

［4B－11］（階数）

与えられた行列を A とおく。

$$|A|=\begin{vmatrix} 1 & y & 1 & x \\ y & 1 & x & 1 \\ 1 & x & 1 & y \\ x & 1 & y & 1 \end{vmatrix}$$

$$=\begin{vmatrix} 1 & y & 1 & x \\ 0 & 1-y^2 & x-y & 1-xy \\ 0 & x-y & 0 & y-x \\ 0 & 1-xy & y-x & 1-x^2 \end{vmatrix}$$

$$=\begin{vmatrix} 1-y^2 & x-y & 1-xy \\ x-y & 0 & y-x \\ 1-xy & y-x & 1-x^2 \end{vmatrix}$$

$$=(x-y)\begin{vmatrix} 1-y^2 & 1 & 1-xy \\ x-y & 0 & y-x \\ 1-xy & -1 & 1-x^2 \end{vmatrix}$$

$$=(x-y)^2\begin{vmatrix} 1-y^2 & 1 & 1-xy \\ 1 & 0 & -1 \\ 1-xy & -1 & 1-x^2 \end{vmatrix}$$

$$=(x-y)^2\{-(1-xy)-(1-xy)-(1-x^2)-(1-y^2)\}$$

$$=(x-y)^2(x^2+y^2+2xy-4)$$

$$=(x-y)^2\{(x+y)^2-4\}$$

$$=(x-y)^2(x+y+2)(x+y-2)$$

（ｉ）$x+y\neq\pm2$, $x-y\neq0$ のとき；

$|A|\neq0$ より，$\mathrm{rank}(A)=4$

（ii）$x+y=-2$, $x-y\neq0$

（このとき $x+1\neq0$）のとき；

$$A=\begin{pmatrix} 1 & -x-2 & 1 & x \\ -x-2 & 1 & x & 1 \\ 1 & x & 1 & -x-2 \\ x & 1 & -x-2 & 1 \end{pmatrix}$$

$$\to \cdots \to \begin{pmatrix} 1 & 0 & 0 & -1 \\ 0 & 1 & 0 & -1 \\ 0 & 0 & 1 & -1 \\ 0 & 0 & 0 & 0 \end{pmatrix}$$

$\therefore$　$\mathrm{rank}(A)=3$

（iii）$x+y=2$, $x-y\neq0$

（このとき $x-1\neq0$）のとき；

$$A=\begin{pmatrix} 1 & -x+2 & 1 & x \\ -x+2 & 1 & x & 1 \\ 1 & x & 1 & -x+2 \\ x & 1 & -x+2 & 1 \end{pmatrix}$$

$$\to \cdots \to \begin{pmatrix} 1 & 0 & 0 & 1 \\ 0 & 1 & 0 & -1 \\ 0 & 0 & 1 & 1 \\ 0 & 0 & 0 & 0 \end{pmatrix}$$

$\therefore$　$\mathrm{rank}(A)=3$

（iv）$x+y=-2$, $x-y=0$

（このとき $x=y=-1$）のとき；

$$A=\begin{pmatrix} 1 & -1 & 1 & -1 \\ -1 & 1 & -1 & 1 \\ 1 & -1 & 1 & -1 \\ -1 & 1 & -1 & 1 \end{pmatrix}$$

$$\to \begin{pmatrix} 1 & -1 & 1 & -1 \\ 0 & 0 & 0 & 0 \\ 0 & 0 & 0 & 0 \\ 0 & 0 & 0 & 0 \end{pmatrix}$$

$\therefore$　$\mathrm{rank}(A)=1$

（ｖ）$x+y=2$, $x-y=0$

（このとき $x=y=1$）のとき；

$$A=\begin{pmatrix} 1 & 1 & 1 & 1 \\ 1 & 1 & 1 & 1 \\ 1 & 1 & 1 & 1 \\ 1 & 1 & 1 & 1 \end{pmatrix} \to \begin{pmatrix} 1 & 1 & 1 & 1 \\ 0 & 0 & 0 & 0 \\ 0 & 0 & 0 & 0 \\ 0 & 0 & 0 & 0 \end{pmatrix}$$

$\therefore$　$\mathrm{rank}(A)=1$

（vi）$x+y\neq\pm2$, $x-y=0$

（このとき $x=y\neq\pm1$）のとき；

$$A=\begin{pmatrix} 1 & x & 1 & x \\ x & 1 & x & 1 \\ 1 & x & 1 & x \\ x & 1 & x & 1 \end{pmatrix}$$

$$\to \cdots \to \begin{pmatrix} 1 & 0 & 1 & 0 \\ 0 & 1 & 0 & 1 \\ 0 & 0 & 0 & 0 \\ 0 & 0 & 0 & 0 \end{pmatrix}$$

$\therefore$　$\mathrm{rank}(A)=2$

以上より，求める階数は

$$\mathrm{rank}(A)=\begin{cases}4 & (x+y\neq\pm 2,\ x-y\neq 0)\\ 3 & (x+y=\pm 2,\ x-y\neq 0)\\ 2 & (x+y\neq\pm 2,\ x-y=0)\\ 1 & (x+y=\pm 2,\ x-y=0)\end{cases}$$

……〔答〕

[4B−12] **(階数)**

$$|B|=\begin{vmatrix}2 & -1 & b\\ a & 2 & -2\\ 4 & -2 & c\end{vmatrix}=\begin{vmatrix}2 & -1 & b\\ a+4 & 0 & 2b-2\\ 0 & 0 & c-2b\end{vmatrix}$$

$$=(c-2b)\cdot(-1)^{3+3}\begin{vmatrix}2 & -1\\ a+4 & 0\end{vmatrix}$$

$$=(c-2b)(a+4)$$

(i) $a\neq -4,\ c\neq 2b$ のとき；

$|B|\neq 0$ より，$\mathrm{rank}(B)=3$

(ii) $a=-4,\ c=2b$ のとき；

$$B=\begin{pmatrix}2 & -1 & b\\ -4 & 2 & -2\\ 4 & -2 & 2b\end{pmatrix}$$

$$\to\cdots\to\begin{pmatrix}1 & -\frac{1}{2} & \frac{1}{2}\\ 0 & 0 & b-1\\ 0 & 0 & 0\end{pmatrix}$$

よって

(ア) $b\neq 1$ ならば，$\mathrm{rank}(B)=2$

(イ) $b=1$ ならば，$\mathrm{rank}(B)=1$

(iii) $a=-4,\ c\neq 2b$ のとき；

$$B=\begin{pmatrix}2 & -1 & b\\ -4 & 2 & -2\\ 4 & -2 & c\end{pmatrix}\to\cdots$$

$$\to\begin{pmatrix}1 & -\frac{1}{2} & 0\\ 0 & 0 & 1\\ 0 & 0 & 0\end{pmatrix}\qquad\therefore\ \mathrm{rank}(B)=2$$

(iv) $a\neq -4,\ c=2b$ のとき；

$$B=\begin{pmatrix}2 & -1 & b\\ a & 2 & -2\\ 4 & -2 & 2b\end{pmatrix}\to\cdots$$

$$\to\begin{pmatrix}1 & -\frac{1}{2} & \frac{1}{2}b\\ 0 & 1 & \frac{-ab-4}{a+4}\\ 0 & 0 & 0\end{pmatrix}$$

$\therefore\ \mathrm{rank}(B)=2$

以上より，求める階数は

$$\mathrm{rank}(A)=\begin{cases}3 & (a\neq -4,\ c\neq 2b)\\ 2 & (a=-4,\ c=2b,\ b\neq 1)\\ 1 & (a=-4,\ c=2b,\ b=1)\\ 2 & (a=-4,\ c\neq 2b)\\ 2 & (a\neq -4,\ c=2b)\end{cases}$$

すなわち

$$\mathrm{rank}(A)=\begin{cases}3 & (a\neq -4,\ c\neq 2b)\\ 1 & (a=-4,\ c=2b=2)\\ 2 & (\text{その他})\end{cases}$$

……〔答〕

[4B−13] **(連立 1 次方程式)**

拡大係数行列は

$$\begin{pmatrix}1 & 0 & 1 & 1\\ 1 & 1 & a & a+1\\ 1 & 0 & 1+a & 1\\ 1 & -a & 1 & a+1\end{pmatrix}$$

$$\to\cdots\to\begin{pmatrix}1 & 0 & 1 & 1\\ 0 & 1 & a-1 & a\\ 0 & 0 & a & 0\\ 0 & 0 & 0 & a(a+1)\end{pmatrix}$$

よって，与えられた連立 1 次方程式は次のようになる。

$$\begin{cases}x+z=1\\ y+(a-1)z=a\\ az=0\\ 0\cdot x+0\cdot y+0\cdot z=a(a+1)\end{cases}$$

これが解をもつための条件は，第 4 式に注意すると

$a=-1,\ 0$ ……〔答〕

また，一般解は

(i) $a=-1$ のとき；

$$\begin{cases}x+z=1\\ y-2z=-1\\ -z=0\end{cases}$$

より $\begin{pmatrix}x\\ y\\ z\end{pmatrix}=\begin{pmatrix}1\\ -1\\ 0\end{pmatrix}$ ……〔答〕

(ii) $a=0$ のとき；

$$\begin{cases}x+z=1\\ y-z=0\end{cases}$$

より $\begin{pmatrix}x\\ y\\ z\end{pmatrix}=\begin{pmatrix}1-t\\ t\\ t\end{pmatrix}$ (t は任意) ……〔答〕

(C) 発展問題

[4C−01] (***n*** 次行列式)

$\det(A)$

$$=\begin{vmatrix} a+b & a & a & \cdots & a \\ a & a+b & a & \cdots & a \\ a & a & a+b & \cdots & a \\ \vdots & \vdots & \vdots & \ddots & \vdots \\ a & a & a & \cdots & a+b \end{vmatrix}$$

$$=\begin{vmatrix} na+b & a & a & \cdots & a \\ na+b & a+b & a & \cdots & a \\ na+b & a & a+b & \cdots & a \\ \vdots & \vdots & \vdots & \ddots & \vdots \\ na+b & a & a & \cdots & a+b \end{vmatrix}$$

$$=(na+b)\begin{vmatrix} 1 & a & a & \cdots & a \\ 1 & a+b & a & \cdots & a \\ 1 & a & a+b & \cdots & a \\ \vdots & \vdots & \vdots & \ddots & \vdots \\ 1 & a & a & \cdots & a+b \end{vmatrix}$$

$$=(na+b)\begin{vmatrix} 1 & a & a & \cdots & a \\ 0 & b & 0 & \cdots & 0 \\ 0 & 0 & b & \cdots & 0 \\ \vdots & \vdots & \vdots & \ddots & \vdots \\ 0 & 0 & 0 & \cdots & b \end{vmatrix}$$

$$=(na+b)\begin{vmatrix} b & 0 & \cdots & 0 \\ 0 & b & \cdots & 0 \\ \vdots & \vdots & \ddots & \vdots \\ 0 & 0 & \cdots & b \end{vmatrix}$$

$=(na+b)b^{n-1}$　……〔答〕

[4C−02] (行列式)

$$\begin{vmatrix} 0 & \sin x & \cos x & \tan x \\ -\sin x & 0 & 0 & \cos x \\ -\cos x & 0 & 0 & \sin x \\ -\tan x & -\cos x & -\sin x & 0 \end{vmatrix}$$

$$=(-\sin x)\cdot(-1)\begin{vmatrix} \sin x & \cos x & \tan x \\ 0 & 0 & \sin x \\ -\cos x & -\sin x & 0 \end{vmatrix}$$

$$+\cos x\cdot\begin{vmatrix} 0 & \sin x & \cos x \\ -\cos x & 0 & 0 \\ -\tan x & -\cos x & -\sin x \end{vmatrix}$$

(与式を第2行で余因子展開)

$=\sin x\cdot(-\sin x\cos^2 x+\sin^3 x)$
$\qquad+\cos x\cdot(\cos^3 x-\sin^2 x\cos x)$

$=\sin^2 x(\sin^2 x-\cos^2 x)$
$\qquad-\cos^2 x(\sin^2 x-\cos^2 x)$

$=(\sin^2 x-\cos^2 x)^2=(2\sin^2 x-1)^2$

よって　$(2\sin^2 x-1)^2=\dfrac{1}{4}$　とすると

$2\sin^2 x-1=\pm\dfrac{1}{2}$　　$\therefore$　$\sin^2 x=\dfrac{3}{4},\ \dfrac{1}{4}$

$0<x<\dfrac{\pi}{2}$ より　$\sin x=\dfrac{\sqrt{3}}{2},\ \dfrac{1}{2}$

$\therefore$　$x=\dfrac{\pi}{6},\ \dfrac{\pi}{3}$　……〔答〕

[4C−03] (行列式)

$$|A|=\begin{vmatrix} 2 & 1 & 0 & 1 \\ 1 & 1 & -1 & 1 \\ -1 & -1 & 3 & 1 \\ -2 & 1 & 1 & 1 \end{vmatrix}$$

$$=-\begin{vmatrix} 1 & 1 & -1 & 1 \\ 2 & 1 & 0 & 1 \\ -1 & -1 & 3 & 1 \\ -2 & 1 & 1 & 1 \end{vmatrix}$$

$$=-\begin{vmatrix} 1 & 1 & -1 & 1 \\ 0 & -1 & 2 & -1 \\ 0 & 0 & 2 & 2 \\ 0 & 3 & -1 & 3 \end{vmatrix}$$

$$=-\begin{vmatrix} -1 & 2 & -1 \\ 0 & 2 & 2 \\ 3 & -1 & 3 \end{vmatrix}$$

$=-(-6+12+0-(-6)-0-2)$

$=-10$　……〔答〕

$$|B|=\begin{vmatrix} 2a+b & 2c+d & 0 & b \\ a+b & c+d & -a & b \\ -a-b & -c-d & 3a & b \\ -2a+b & -2c+d & a & b \end{vmatrix}$$

$$=\begin{vmatrix} 2a & 2c+d & 0 & b \\ a & c+d & -a & b \\ -a & -c-d & 3a & b \\ -2a & -2c+d & a & b \end{vmatrix}$$

$$+\begin{vmatrix} b & 2c+d & 0 & b \\ b & c+d & -a & b \\ -b & -c-d & 3a & b \\ b & -2c+d & a & b \end{vmatrix}$$

$$=\begin{vmatrix} 2a & 2c & 0 & b \\ a & c & -a & b \\ -a & -c & 3a & b \\ -2a & -2c & a & b \end{vmatrix}$$

$$+\begin{vmatrix} 2a & d & 0 & b \\ a & d & -a & b \\ -a & -d & 3a & b \\ -2a & d & a & b \end{vmatrix}$$

$$+\begin{vmatrix} b & 2c & 0 & b \\ b & c & -a & b \\ -b & -c & 3a & b \\ b & -2c & a & b \end{vmatrix}$$

$$+\begin{vmatrix} b & d & 0 & b \\ b & d & -a & b \\ -b & -d & 3a & b \\ b & d & a & b \end{vmatrix}$$

$$=a^2bc\begin{vmatrix} 2 & 2 & 0 & 1 \\ 1 & 1 & -1 & 1 \\ -1 & -1 & 3 & 1 \\ -2 & -2 & 1 & 1 \end{vmatrix}$$

$$+a^2bd\begin{vmatrix} 2 & 1 & 0 & 1 \\ 1 & 1 & -1 & 1 \\ -1 & -1 & 3 & 1 \\ -2 & 1 & 1 & 1 \end{vmatrix}$$

$$+ab^2c\begin{vmatrix} 1 & 2 & 0 & 1 \\ 1 & 1 & -1 & 1 \\ -1 & -1 & 3 & 1 \\ 1 & -2 & 1 & 1 \end{vmatrix}$$

$$+ab^2d\begin{vmatrix} 1 & 1 & 0 & 1 \\ 1 & 1 & -1 & 1 \\ -1 & -1 & 3 & 1 \\ 1 & 1 & 1 & 1 \end{vmatrix}$$

$$=0+a^2bd\begin{vmatrix} 2 & 1 & 0 & 1 \\ 1 & 1 & -1 & 1 \\ -1 & -1 & 3 & 1 \\ -2 & 1 & 1 & 1 \end{vmatrix}$$

$$+ab^2c\begin{vmatrix} 1 & 2 & 0 & 1 \\ 1 & 1 & -1 & 1 \\ -1 & -1 & 3 & 1 \\ 1 & -2 & 1 & 1 \end{vmatrix}+0$$

$$=a^2bd\begin{vmatrix} 2 & 1 & 0 & 1 \\ 1 & 1 & -1 & 1 \\ -1 & -1 & 3 & 1 \\ -2 & 1 & 1 & 1 \end{vmatrix}$$

$$-ab^2c\begin{vmatrix} 2 & 1 & 0 & 1 \\ 1 & 1 & -1 & 1 \\ -1 & -1 & 3 & 1 \\ -2 & 1 & 1 & 1 \end{vmatrix}$$

$=(a^2bd-ab^2c)|A|$

$=-10ab(ad-bc)$ ……〔答〕

最後に

$$|A^{-1}B|=|A|^{-1}|B|$$

$$=\frac{|B|}{|A|}=ab(ad-bc)$$ ……〔答〕

[4C−04]（平面の方程式，内積，行列式）

(1) 法線ベクトルは

$$\boldsymbol{a}\times\boldsymbol{b}=\begin{pmatrix}1\\2\\3\end{pmatrix}\times\begin{pmatrix}3\\2\\1\end{pmatrix}=\begin{pmatrix}2-6\\9-1\\2-6\end{pmatrix}$$

$$=\begin{pmatrix}-4\\8\\-4\end{pmatrix}=-4\begin{pmatrix}1\\-2\\1\end{pmatrix}$$

よって，求める平面の方程式は

$x-2y+z=0$ ……〔答〕

(2) 条件より

$|\boldsymbol{a}|+|\boldsymbol{b}|=d \quad \therefore \quad |\boldsymbol{b}|=d-|\boldsymbol{a}|$

よって

$$\boldsymbol{a}\cdot\boldsymbol{b}\leqq|\boldsymbol{a}||\boldsymbol{b}|=|\boldsymbol{a}|(d-|\boldsymbol{a}|)$$

$$=-|\boldsymbol{a}|^2+d|\boldsymbol{a}|=-\left(|\boldsymbol{a}|-\frac{d}{2}\right)^2+\frac{d^2}{4}$$

したがって，内積 $\boldsymbol{a}\cdot\boldsymbol{b}$ の最大値は

$\dfrac{d^2}{4}$ ……〔答〕

また，最大値をとるための条件は

$|\boldsymbol{a}|=|\boldsymbol{b}|=\dfrac{d}{2}$ かつ $\boldsymbol{a}$，$\boldsymbol{b}$ は同じ向き

すなわち

$\boldsymbol{a}=\boldsymbol{b}$ かつ $|\boldsymbol{a}|=|\boldsymbol{b}|=\dfrac{d}{2}$

a_1，a_2，b_1，b_2 を用いて表すと

$(a_1,\ a_2)=(b_1,\ b_2)$ かつ $a_1{}^2+a_2{}^2=\dfrac{d^2}{4}$

……〔答〕

(3) $a_{ij}=i+j$ より，$a_{ij}=a_{ji}=i+j$

$$|A|=\begin{vmatrix} 1+1 & 1+2 & \cdots & 1+n \\ 2+1 & 2+2 & \cdots & 2+n \\ \vdots & \vdots & \ddots & \vdots \\ n+1 & n+2 & \cdots & n+n \end{vmatrix}$$

$$=\begin{vmatrix} 1+1 & 1 & \cdots & n-1 \\ 2+1 & 1 & \cdots & n-1 \\ \vdots & \vdots & \ddots & \vdots \\ n+1 & 1 & \cdots & n-1 \end{vmatrix}$$

$$=\begin{vmatrix} 1+1 & 1 & \cdots & n-1 \\ 1 & 0 & \cdots & 0 \\ \vdots & \vdots & \ddots & \vdots \\ n-1 & 0 & \cdots & 0 \end{vmatrix}$$

$$=\begin{vmatrix} 1+1 & 1 & \cdots & n-1 \\ 1 & & & \\ \vdots & & O & \\ n-1 & & & \end{vmatrix}=0$$ ……〔答〕

$(\because \quad n>2)$

[4C－05]　(行列式と図形)

(1)　$|A|=\begin{vmatrix}2&4&3\\3&8&2\\2&8&6\end{vmatrix}$

$=96+16+72-48-72-32$

$=32$　……〔答〕

(2)　点 $P(x_1,\ y_1)$ と原点を通る直線の方程式は

$(x,\ y)=t(x_1,\ y_1)$　(t は任意の実数)

$\therefore\ \begin{cases}x=tx_1\\y=ty_1\end{cases}\quad\therefore\ xy_1-yx_1=0$

$\therefore\ \begin{vmatrix}x&y\\x_1&y_1\end{vmatrix}=0$　……〔答〕

(3)　$A(x_1,\ y_1)$, $B(x_2,\ y_2)$, $C(x_3,\ y_3)$ とおくと

$\overrightarrow{AB}=(x_2-x_1,\ y_2-y_1)$

$\overrightarrow{AC}=(x_3-x_1,\ y_3-y_1)$

よって，面積公式より

$$S=\frac{1}{2}abs\{(x_2-x_1)(y_3-y_1)-(x_3-x_1)(y_2-y_1)\}$$

一方

$$\begin{vmatrix}1&1&1\\x_1&x_2&x_3\\y_1&y_2&y_3\end{vmatrix}=\begin{vmatrix}1&0&0\\x_1&x_2-x_1&x_3-x_1\\y_1&y_2-y_1&y_3-y_1\end{vmatrix}$$

$$=\begin{vmatrix}x_2-x_1&x_3-x_1\\y_2-y_1&y_3-y_1\end{vmatrix}$$

$$=(x_2-x_1)(y_3-y_1)-(x_3-x_1)(y_2-y_1)$$

よって

$$S=\frac{1}{2}abs\begin{vmatrix}1&1&1\\x_1&x_2&x_3\\y_1&y_2&y_3\end{vmatrix}$$

(参考)　面積公式：

ベクトル $\vec{a}=(x_1,\ y_1)$, $\vec{b}=(x_2,\ y_2)$ でつくられる三角形の面積 S は次式で与えられる。

$$S=\frac{1}{2}\sqrt{|\vec{a}|^2|\vec{b}|^2-(\vec{a}\cdot\vec{b})^2}$$

$$=\frac{1}{2}|x_1y_2-x_2y_1|$$

(証明)

$S=\frac{1}{2}|\vec{a}||\vec{b}|\sin\theta$　(θ は $\vec{a}$ と $\vec{b}$ のなす角)

$$=\frac{1}{2}|\vec{a}||\vec{b}|\sqrt{1-\cos^2\theta}$$

$$=\frac{1}{2}\sqrt{|\vec{a}|^2|\vec{b}|^2-|\vec{a}|^2|\vec{b}|^2\cos^2\theta}$$

$$=\frac{1}{2}\sqrt{|\vec{a}|^2|\vec{b}|^2-(\vec{a}\cdot\vec{b})^2}$$

$$=\frac{1}{2}\sqrt{(x_1{}^2+y_1{}^2)(x_2{}^2+y_2{}^2)-(x_1x_2+y_1y_2)^2}$$

$$=\frac{1}{2}\sqrt{(x_1y_2-x_2y_1)^2}=\frac{1}{2}|x_1y_2-x_2y_1|$$

[4C－06]　(連立 1 次方程式)

(1)　$\sum_{j=1}^{3}a_{ij}x_j+a_{i4}=0$, $i=1,\ 2,\ 3,\ 4$ より

$$\begin{pmatrix}a_{11}&a_{12}&a_{13}\\a_{21}&a_{22}&a_{23}\\a_{31}&a_{32}&a_{33}\\a_{41}&a_{42}&a_{43}\end{pmatrix}\begin{pmatrix}x_1\\x_2\\x_3\end{pmatrix}=\begin{pmatrix}-a_{14}\\-a_{24}\\-a_{34}\\-a_{44}\end{pmatrix}$$

$a_{ij}=(-1)^{i+j}$ のとき

$$\begin{pmatrix}1&-1&1\\-1&1&-1\\1&-1&1\\-1&1&-1\end{pmatrix}\begin{pmatrix}x_1\\x_2\\x_3\end{pmatrix}=\begin{pmatrix}1\\-1\\1\\-1\end{pmatrix}$$

拡大係数行列は

$$\begin{pmatrix}1&-1&1&1\\-1&1&-1&-1\\1&-1&1&1\\-1&1&-1&-1\end{pmatrix}$$

$$\to\begin{pmatrix}1&-1&1&1\\0&0&0&0\\0&0&0&0\\0&0&0&0\end{pmatrix}$$

$\therefore\ x_1-x_2+x_3=1$

$$\therefore\ \begin{pmatrix}x_1\\x_2\\x_3\end{pmatrix}=\begin{pmatrix}1+a-b\\a\\b\end{pmatrix}\quad(a,\ b\ \text{は任意})$$

……〔答〕

(2)　$a_{i1}=1, a_{i2}=(-1)^i, a_{i3}=u^{i-1}$ $(1\leqq i\leqq 4)$ および $a_{14}=a_{24}=a_{34}=1$, $a_{44}=u$ のとき

$$\begin{pmatrix}1&-1&1\\1&1&u\\1&-1&u^2\\1&1&u^3\end{pmatrix}\begin{pmatrix}x_1\\x_2\\x_3\end{pmatrix}=\begin{pmatrix}-1\\-1\\-1\\-u\end{pmatrix}$$

拡大係数行列は

$$\begin{pmatrix}1&-1&1&-1\\1&1&u&-1\\1&-1&u^2&-1\\1&1&u^3&-u\end{pmatrix}$$

$$\to\begin{pmatrix}1&-1&1&-1\\0&2&u-1&0\\0&0&u^2-1&0\\0&2&u^3-1&-u+1\end{pmatrix}$$

$$\to\begin{pmatrix}1 & -1 & 1 & -1\\ 0 & 2 & u-1 & 0\\ 0 & 0 & u^2-1 & 0\\ 0 & 0 & u^3-u & -u+1\end{pmatrix}$$

$$=\begin{pmatrix}1 & -1 & 1 & -1\\ 0 & 2 & u-1 & 0\\ 0 & 0 & (u+1)(u-1) & 0\\ 0 & 0 & u(u+1)(u-1) & -(u-1)\end{pmatrix}$$

よって，連立方程式が解をもたないのは，第4式に注意すると，$u=0,\ -1$ のとき。したがって，解をもつための条件は

$u\fallingdotseq 0,\ -1$ ……〔答〕

(3) $\begin{vmatrix}a_{11} & a_{12} & a_{13}\\ a_{21} & a_{22} & a_{23}\\ a_{31} & a_{32} & a_{33}\end{vmatrix}\fallingdotseq 0$ のとき

$$\begin{cases}a_{11}x_1+a_{12}x_2+a_{13}x_3=-a_{14} & \cdots\cdots①\\ a_{21}x_1+a_{22}x_2+a_{23}x_3=-a_{24} & \cdots\cdots②\\ a_{31}x_1+a_{32}x_2+a_{33}x_3=-a_{34} & \cdots\cdots③\\ a_{41}x_1+a_{42}x_2+a_{43}x_3=-a_{44} & \cdots\cdots④\end{cases}$$

のうち，①，②，③を満たす $x_1,\ x_2,\ x_3$ がクラーメルの公式から定まり

$$x_1=\frac{\begin{vmatrix}-a_{14} & a_{12} & a_{13}\\ -a_{24} & a_{22} & a_{23}\\ -a_{34} & a_{32} & a_{33}\end{vmatrix}}{\begin{vmatrix}a_{11} & a_{12} & a_{13}\\ a_{21} & a_{22} & a_{23}\\ a_{31} & a_{32} & a_{33}\end{vmatrix}},$$

$$x_2=\frac{\begin{vmatrix}a_{11} & -a_{14} & a_{13}\\ a_{21} & -a_{24} & a_{23}\\ a_{31} & -a_{34} & a_{33}\end{vmatrix}}{\begin{vmatrix}a_{11} & a_{12} & a_{13}\\ a_{21} & a_{22} & a_{23}\\ a_{31} & a_{32} & a_{33}\end{vmatrix}},$$

$$x_3=\frac{\begin{vmatrix}a_{11} & a_{12} & -a_{14}\\ a_{21} & a_{22} & -a_{24}\\ a_{31} & a_{32} & -a_{34}\end{vmatrix}}{\begin{vmatrix}a_{11} & a_{12} & a_{13}\\ a_{21} & a_{22} & a_{23}\\ a_{31} & a_{32} & a_{33}\end{vmatrix}}$$

これら $x_1,\ x_2,\ x_3$ が④も満たせばよいので

$$a_{41}\frac{\begin{vmatrix}-a_{14} & a_{12} & a_{13}\\ -a_{24} & a_{22} & a_{23}\\ -a_{34} & a_{32} & a_{33}\end{vmatrix}}{\begin{vmatrix}a_{11} & a_{12} & a_{13}\\ a_{21} & a_{22} & a_{23}\\ a_{31} & a_{32} & a_{33}\end{vmatrix}}+a_{42}\frac{\begin{vmatrix}a_{11} & -a_{14} & a_{13}\\ a_{21} & -a_{24} & a_{23}\\ a_{31} & -a_{34} & a_{33}\end{vmatrix}}{\begin{vmatrix}a_{11} & a_{12} & a_{13}\\ a_{21} & a_{22} & a_{23}\\ a_{31} & a_{32} & a_{33}\end{vmatrix}}$$

$$+a_{43}\frac{\begin{vmatrix}a_{11} & a_{12} & -a_{14}\\ a_{21} & a_{22} & -a_{24}\\ a_{31} & a_{32} & -a_{34}\end{vmatrix}}{\begin{vmatrix}a_{11} & a_{12} & a_{13}\\ a_{21} & a_{22} & a_{23}\\ a_{31} & a_{32} & a_{33}\end{vmatrix}}=-a_{44}$$

よって

$$a_{41}\frac{\begin{vmatrix}a_{14} & a_{12} & a_{13}\\ a_{24} & a_{22} & a_{23}\\ a_{34} & a_{32} & a_{33}\end{vmatrix}}{\begin{vmatrix}a_{11} & a_{12} & a_{13}\\ a_{21} & a_{22} & a_{23}\\ a_{31} & a_{32} & a_{33}\end{vmatrix}}+a_{42}\frac{\begin{vmatrix}a_{11} & a_{14} & a_{13}\\ a_{21} & a_{24} & a_{23}\\ a_{31} & a_{34} & a_{33}\end{vmatrix}}{\begin{vmatrix}a_{11} & a_{12} & a_{13}\\ a_{21} & a_{22} & a_{23}\\ a_{31} & a_{32} & a_{33}\end{vmatrix}}$$

$$+a_{43}\frac{\begin{vmatrix}a_{11} & a_{12} & a_{14}\\ a_{21} & a_{22} & a_{24}\\ a_{31} & a_{32} & a_{34}\end{vmatrix}}{\begin{vmatrix}a_{11} & a_{12} & a_{13}\\ a_{21} & a_{22} & a_{23}\\ a_{31} & a_{32} & a_{33}\end{vmatrix}}=a_{44}$$

よって

$$a_{41}\begin{vmatrix}a_{14} & a_{12} & a_{13}\\ a_{24} & a_{22} & a_{23}\\ a_{34} & a_{32} & a_{33}\end{vmatrix}+a_{42}\begin{vmatrix}a_{11} & a_{14} & a_{13}\\ a_{21} & a_{24} & a_{23}\\ a_{31} & a_{34} & a_{33}\end{vmatrix}$$

$$+a_{43}\begin{vmatrix}a_{11} & a_{12} & a_{14}\\ a_{21} & a_{22} & a_{24}\\ a_{31} & a_{32} & a_{34}\end{vmatrix}-a_{44}\begin{vmatrix}a_{11} & a_{12} & a_{13}\\ a_{21} & a_{22} & a_{23}\\ a_{31} & a_{32} & a_{33}\end{vmatrix}=0$$

よって

$$a_{41}\begin{vmatrix}a_{12} & a_{13} & a_{14}\\ a_{22} & a_{23} & a_{24}\\ a_{32} & a_{33} & a_{34}\end{vmatrix}-a_{42}\begin{vmatrix}a_{11} & a_{13} & a_{14}\\ a_{21} & a_{23} & a_{24}\\ a_{31} & a_{33} & a_{34}\end{vmatrix}$$

$$+a_{43}\begin{vmatrix}a_{11} & a_{12} & a_{14}\\ a_{21} & a_{22} & a_{24}\\ a_{31} & a_{32} & a_{34}\end{vmatrix}-a_{44}\begin{vmatrix}a_{11} & a_{12} & a_{13}\\ a_{21} & a_{22} & a_{23}\\ a_{31} & a_{32} & a_{33}\end{vmatrix}=0$$

よって

$$-a_{41}\begin{vmatrix}a_{12} & a_{13} & a_{14}\\ a_{22} & a_{23} & a_{24}\\ a_{32} & a_{33} & a_{34}\end{vmatrix}+a_{42}\begin{vmatrix}a_{11} & a_{13} & a_{14}\\ a_{21} & a_{23} & a_{24}\\ a_{31} & a_{33} & a_{34}\end{vmatrix}$$

$$-a_{43}\begin{vmatrix} a_{11} & a_{12} & a_{14} \\ a_{21} & a_{22} & a_{24} \\ a_{31} & a_{32} & a_{34} \end{vmatrix}+a_{44}\begin{vmatrix} a_{11} & a_{12} & a_{13} \\ a_{21} & a_{22} & a_{23} \\ a_{31} & a_{32} & a_{33} \end{vmatrix}=0$$

したがって，余因子展開に注意すると

$$\begin{vmatrix} a_{11} & a_{12} & a_{13} & a_{14} \\ a_{21} & a_{22} & a_{23} & a_{24} \\ a_{31} & a_{32} & a_{33} & a_{34} \\ a_{41} & a_{42} & a_{43} & a_{44} \end{vmatrix}=0 \quad \cdots\cdots〔答〕$$

[4C－07]　**（行列のブロック分割）**

X，Y，Z，W をn次正方行列とする。

$$\begin{pmatrix} O & A \\ -A & B \end{pmatrix}\begin{pmatrix} X & Y \\ Z & W \end{pmatrix}$$

$$=\begin{pmatrix} AZ & AW \\ -AX+BZ & -AY+BW \end{pmatrix}$$

そこで，Eをn次単位行列として

$$\begin{pmatrix} AZ & AW \\ -AX+BZ & -AY+BW \end{pmatrix}=\begin{pmatrix} E & O \\ O & E \end{pmatrix}$$

とすると

$AZ=E$ ……①

$AW=O$ ……②

$-AX+BZ=O$ ……③

$-AY+BW=E$ ……④

A は正則であるから

①より，$Z=A^{-1}$

②より，$W=O$

よって

④より，$-AY=E$　　$\therefore$　$Y=-A^{-1}$

③より，$-AX+BA^{-1}=O$

$\therefore$　$AX=BA^{-1}$

$\therefore$　$X=A^{-1}BA^{-1}$

すなわち

$$\begin{pmatrix} X & Y \\ Z & W \end{pmatrix}=\begin{pmatrix} A^{-1}BA^{-1} & -A^{-1} \\ A^{-1} & O \end{pmatrix}$$

このとき

$$\begin{pmatrix} X & Y \\ Z & W \end{pmatrix}\begin{pmatrix} O & A \\ -A & B \end{pmatrix}$$

$$=\begin{pmatrix} A^{-1}BA^{-1} & -A^{-1} \\ A^{-1} & O \end{pmatrix}\begin{pmatrix} O & A \\ -A & B \end{pmatrix}$$

$$=\begin{pmatrix} A^{-1}\cdot A & A^{-1}BA^{-1}\cdot A-A^{-1}\cdot B \\ O & A^{-1}\cdot A \end{pmatrix}$$

$$=\begin{pmatrix} E & O \\ O & E \end{pmatrix}$$

よって

$$\begin{pmatrix} O & A \\ -A & B \end{pmatrix}^{-1}=\begin{pmatrix} A^{-1}BA^{-1} & -A^{-1} \\ A^{-1} & O \end{pmatrix}$$

……〔答〕

第5章 ベクトル空間と線形写像

（B）標準問題

[5B－01]　**（グラム・シュミットの正規直交化法）**

$$\boldsymbol{u}_1=\frac{\boldsymbol{a}_1}{|\boldsymbol{a}_1|}=\frac{1}{\sqrt{3}}\begin{pmatrix} 1 \\ 1 \\ 1 \end{pmatrix}$$

$\boldsymbol{a}_2-(\boldsymbol{a}_2,\ \boldsymbol{u}_1)\boldsymbol{u}_1$

$$=\begin{pmatrix} 1 \\ 2 \\ 3 \end{pmatrix}-\frac{6}{\sqrt{3}}\cdot\frac{1}{\sqrt{3}}\begin{pmatrix} 1 \\ 1 \\ 1 \end{pmatrix}=\begin{pmatrix} -1 \\ 0 \\ 1 \end{pmatrix}$$

より

$$\boldsymbol{u}_2=\frac{\boldsymbol{a}_2-(\boldsymbol{a}_2,\ \boldsymbol{u}_1)\boldsymbol{u}_1}{|\boldsymbol{a}_2-(\boldsymbol{a}_2,\ \boldsymbol{u}_1)\boldsymbol{u}_1|}=\frac{1}{\sqrt{2}}\begin{pmatrix} -1 \\ 0 \\ 1 \end{pmatrix}$$

$\boldsymbol{a}_3-(\boldsymbol{a}_3,\ \boldsymbol{u}_1)\boldsymbol{u}_1-(\boldsymbol{a}_3,\ \boldsymbol{u}_2)\boldsymbol{u}_2$

$$=\begin{pmatrix} -2 \\ -1 \\ 2 \end{pmatrix}-\frac{-1}{\sqrt{3}}\cdot\frac{1}{\sqrt{3}}\begin{pmatrix} 1 \\ 1 \\ 1 \end{pmatrix}-\frac{4}{\sqrt{2}}\cdot\frac{1}{\sqrt{2}}\begin{pmatrix} -1 \\ 0 \\ 1 \end{pmatrix}$$

$$=\begin{pmatrix} -2+\frac{1}{3}+2 \\ -1+\frac{1}{3}+0 \\ 2+\frac{1}{3}-2 \end{pmatrix}=\begin{pmatrix} \frac{1}{3} \\ -\frac{2}{3} \\ \frac{1}{3} \end{pmatrix}=\frac{1}{3}\begin{pmatrix} 1 \\ -2 \\ 1 \end{pmatrix}$$

大きさは$\dfrac{\sqrt{6}}{3}$

より

$$\boldsymbol{u}_3=\frac{\boldsymbol{a}_3-(\boldsymbol{a}_3,\ \boldsymbol{u}_1)\boldsymbol{u}_1-(\boldsymbol{a}_3,\ \boldsymbol{u}_2)\boldsymbol{u}_2}{|\boldsymbol{a}_3-(\boldsymbol{a}_3,\ \boldsymbol{u}_1)\boldsymbol{u}_1-(\boldsymbol{a}_3,\ \boldsymbol{u}_2)\boldsymbol{u}_2|}$$

$$=\frac{3}{\sqrt{6}}\cdot\frac{1}{3}\begin{pmatrix} 1 \\ -2 \\ 1 \end{pmatrix}=\frac{1}{\sqrt{6}}\begin{pmatrix} 1 \\ -2 \\ 1 \end{pmatrix}$$

以上より

$$\boldsymbol{u}_1=\frac{1}{\sqrt{3}}\begin{pmatrix} 1 \\ 1 \\ 1 \end{pmatrix},\ \boldsymbol{u}_2=\frac{1}{\sqrt{2}}\begin{pmatrix} -1 \\ 0 \\ 1 \end{pmatrix},$$

$$u_3=\frac{1}{\sqrt{6}}\begin{pmatrix}1\\-2\\1\end{pmatrix}$$ ……〔答〕

[5B－02]（部分空間）

(1) $\begin{cases}x_1+x_2-x_4=0\\x_3+2x_4=0\end{cases}$ より

$$\begin{pmatrix}1&1&0&-1\\0&0&1&2\end{pmatrix}\begin{pmatrix}x_1\\x_2\\x_3\\x_4\end{pmatrix}=\begin{pmatrix}0\\0\end{pmatrix}$$

$$\therefore\quad\begin{pmatrix}x_1\\x_2\\x_3\\x_4\end{pmatrix}=\begin{pmatrix}-a+b\\a\\-2b\\b\end{pmatrix}\quad(a,\ b\text{ は任意})$$

よって，U の次元は 2　……〔答〕

(2) $$\begin{pmatrix}x_1\\x_2\\x_3\\x_4\end{pmatrix}=\begin{pmatrix}-a+b\\a\\-2b\\b\end{pmatrix}=a\begin{pmatrix}-1\\1\\0\\0\end{pmatrix}+b\begin{pmatrix}1\\0\\-2\\1\end{pmatrix}$$

より，基底として次がとれる。

$$\left\{\begin{pmatrix}-1\\1\\0\\0\end{pmatrix},\ \begin{pmatrix}1\\0\\-2\\1\end{pmatrix}\right\}$$ ……〔答〕

明らかに，U はこの 2 つのベクトルで生成され，またこの 2 つのベクトルは 1 次独立である。したがって，これらは U の基底となっている。

(注) (1)の答えの表し方，(2)の基底のとり方は他にもいろいろ考えられる。

[5B－03]（線形写像の像と核）

(1) $$f\left(\begin{pmatrix}x_1\\x_2\\x_3\\x_4\end{pmatrix}\right)=\begin{pmatrix}x_1+x_2+x_4\\x_1+2x_2+x_3+x_4\\x_1-x_3+x_4\end{pmatrix}$$

より

$$f\left(\begin{pmatrix}x_1\\x_2\\x_3\\x_4\end{pmatrix}\right)=\begin{pmatrix}1&1&0&1\\1&2&1&1\\1&0&-1&1\end{pmatrix}\begin{pmatrix}x_1\\x_2\\x_3\\x_4\end{pmatrix}$$

そこで　$A=\begin{pmatrix}1&1&0&1\\1&2&1&1\\1&0&-1&1\end{pmatrix}$　とおく。

$\boldsymbol{R}^4$ の標準基底を

$$\boldsymbol{e}_1=\begin{pmatrix}1\\0\\0\\0\end{pmatrix},\ \boldsymbol{e}_2=\begin{pmatrix}0\\1\\0\\0\end{pmatrix},\ \boldsymbol{e}_3=\begin{pmatrix}0\\0\\1\\0\end{pmatrix},\ \boldsymbol{e}_4=\begin{pmatrix}0\\0\\0\\1\end{pmatrix}$$

とおくとき

$\boldsymbol{x}=x\boldsymbol{e}_1+y\boldsymbol{e}_2+z\boldsymbol{e}_3+w\boldsymbol{e}_4\in\boldsymbol{R}^4$ に対して

$$\begin{aligned}f(\boldsymbol{x})&=f(x\boldsymbol{e}_1+y\boldsymbol{e}_2+z\boldsymbol{e}_3+w\boldsymbol{e}_4)\\&=xf(\boldsymbol{e}_1)+yf(\boldsymbol{e}_2)+zf(\boldsymbol{e}_3)+wf(\boldsymbol{e}_4)\end{aligned}$$

であるから，$f(\boldsymbol{e}_1)$，$f(\boldsymbol{e}_2)$，$f(\boldsymbol{e}_3)$，$f(\boldsymbol{e}_4)$ の 1 次関係を調べればよい。

ここで

$$f(\boldsymbol{e}_1)=\begin{pmatrix}1\\1\\1\end{pmatrix},\ f(\boldsymbol{e}_2)=\begin{pmatrix}1\\2\\0\end{pmatrix},$$

$$f(\boldsymbol{e}_3)=\begin{pmatrix}0\\1\\-1\end{pmatrix},\ f(\boldsymbol{e}_4)=\begin{pmatrix}1\\1\\1\end{pmatrix}$$

に注意すると

$$\begin{aligned}&(f(\boldsymbol{e}_1)\ f(\boldsymbol{e}_2)\ f(\boldsymbol{e}_3)\ f(\boldsymbol{e}_4))\\&=A=\begin{pmatrix}1&1&0&1\\1&2&1&1\\1&0&-1&1\end{pmatrix}\\&\to\cdots\to\begin{pmatrix}1&0&-1&1\\0&1&1&0\\0&0&0&0\end{pmatrix}\end{aligned}$$

各列の間の 1 次関係は行基本変形で変わらないから

$f(\boldsymbol{e}_1)$，$f(\boldsymbol{e}_2)$ は 1 次独立

$f(\boldsymbol{e}_3)=-f(\boldsymbol{e}_1)+f(\boldsymbol{e}_2)$，$f(\boldsymbol{e}_4)=f(\boldsymbol{e}_1)$

であることが分かる。

よって，f の像空間 $\mathrm{Im}\,f$ の 1 組の基底は

$$\{f(\boldsymbol{e}_1),\ f(\boldsymbol{e}_2)\}=\left\{\begin{pmatrix}1\\1\\1\end{pmatrix},\ \begin{pmatrix}1\\2\\0\end{pmatrix}\right\}$$

……〔答〕

(2) 同次連立 1 次方程式

$$\begin{pmatrix}1&1&0&1\\1&2&1&1\\1&0&-1&1\end{pmatrix}\begin{pmatrix}x_1\\x_2\\x_3\\x_4\end{pmatrix}=\begin{pmatrix}0\\0\\0\end{pmatrix}$$

を解けばよい。

$$A=\begin{pmatrix}1&1&0&1\\1&2&1&1\\1&0&-1&1\end{pmatrix}\to\begin{pmatrix}1&0&-1&1\\0&1&1&0\\0&0&0&0\end{pmatrix}$$

より，上の同次連立 1 次方程式は

$$\begin{cases}x_1\quad-x_3+x_4=0\\\quad x_2+x_3\qquad=0\end{cases}$$

よって，その解は

$$\begin{pmatrix} x_1 \\ x_2 \\ x_3 \\ x_4 \end{pmatrix}=\begin{pmatrix} a-b \\ -a \\ a \\ b \end{pmatrix}$$

$$=a\begin{pmatrix} 1 \\ -1 \\ 1 \\ 0 \end{pmatrix}+b\begin{pmatrix} -1 \\ 0 \\ 0 \\ 1 \end{pmatrix}$$

（a，b は任意）

であるから，f の核空間 $\mathrm{Ker}\,f$ の1組の基底は

$$\left\{\begin{pmatrix} 1 \\ -1 \\ 1 \\ 0 \end{pmatrix},\ \begin{pmatrix} -1 \\ 0 \\ 0 \\ 1 \end{pmatrix}\right\}$$ ……〔答〕

[5B－04]　**（線形写像の表現行列，像と核）**

(1)　$T(\boldsymbol{e}_1)=\boldsymbol{e}_1+\boldsymbol{e}_2$，$T(\boldsymbol{e}_2)=-2\boldsymbol{e}_2+\boldsymbol{e}_3$，
$T(\boldsymbol{e}_3)=\boldsymbol{e}_1+3\boldsymbol{e}_2-\boldsymbol{e}_3$

より

$$(T(\boldsymbol{e}_1)\ \ T(\boldsymbol{e}_2)\ \ T(\boldsymbol{e}_3))$$

$$=(\boldsymbol{e}_1\ \ \boldsymbol{e}_2\ \ \boldsymbol{e}_3)\begin{pmatrix} 1 & 0 & 1 \\ 1 & -2 & 3 \\ 0 & 1 & -1 \end{pmatrix}$$

よって，T を表す行列は

$$A=\begin{pmatrix} 1 & 0 & 1 \\ 1 & -2 & 3 \\ 0 & 1 & -1 \end{pmatrix}$$ ……〔答〕

(2)　$\mathrm{Ker}(T)=\{\boldsymbol{x}\in\boldsymbol{R}^3\,|\,T(\boldsymbol{x})=\boldsymbol{0}\}$

より，同次連立1次方程式

$$\begin{pmatrix} 1 & 0 & 1 \\ 1 & -2 & 3 \\ 0 & 1 & -1 \end{pmatrix}\begin{pmatrix} x \\ y \\ z \end{pmatrix}=\begin{pmatrix} 0 \\ 0 \\ 0 \end{pmatrix}$$

の解を求めればよい。

$$A=\begin{pmatrix} 1 & 0 & 1 \\ 1 & -2 & 3 \\ 0 & 1 & -1 \end{pmatrix}\to\cdots\to\begin{pmatrix} 1 & 0 & 1 \\ 0 & 1 & -1 \\ 0 & 0 & 0 \end{pmatrix}$$

よって，同次連立1次方程式は

$$\begin{cases} x+z=0 \\ y-z=0 \end{cases}$$

であり，その解は

$$\begin{pmatrix} x \\ y \\ z \end{pmatrix}=\begin{pmatrix} -a \\ a \\ a \end{pmatrix}=a\begin{pmatrix} -1 \\ 1 \\ 1 \end{pmatrix}$$ （a は任意）

したがって，$\mathrm{Ker}(T)$ の基底は

$$\left\{\begin{pmatrix} -1 \\ 1 \\ 1 \end{pmatrix}\right\}$$

であり，次元は1である。　……〔答〕

次に像について調べる。

$\mathrm{Im}(T)=\{T(\boldsymbol{x})\,|\,\boldsymbol{x}\in\boldsymbol{R}^3\}$

$\boldsymbol{x}=x\boldsymbol{e}_1+y\boldsymbol{e}_2+z\boldsymbol{e}_3$ とするとき

$$T(\boldsymbol{x})=T(x\boldsymbol{e}_1+y\boldsymbol{e}_2+z\boldsymbol{e}_3)$$
$$=xT(\boldsymbol{e}_1)+yT(\boldsymbol{e}_2)+zT(\boldsymbol{e}_3)$$

であるから

$T(\boldsymbol{e}_1)$，$T(\boldsymbol{e}_2)$，$T(\boldsymbol{e}_3)$

の1次関係を求めればよい。

$$(T(\boldsymbol{e}_1)\ \ T(\boldsymbol{e}_2)\ \ T(\boldsymbol{e}_3))$$

$$=A=\begin{pmatrix} 1 & 0 & 1 \\ 1 & -2 & 3 \\ 0 & 1 & -1 \end{pmatrix}\to\begin{pmatrix} 1 & 0 & 1 \\ 0 & 1 & -1 \\ 0 & 0 & 0 \end{pmatrix}$$

より

$T(\boldsymbol{e}_1)$，$T(\boldsymbol{e}_2)$ は1次独立

$T(\boldsymbol{e}_3)=T(\boldsymbol{e}_1)-T(\boldsymbol{e}_2)$

であることが分かる。

したがって，$\mathrm{Im}(T)$ の基底は

$$\{T(\boldsymbol{e}_1),\ T(\boldsymbol{e}_2)\}=\left\{\begin{pmatrix} 1 \\ 1 \\ 0 \end{pmatrix},\ \begin{pmatrix} 0 \\ -2 \\ 1 \end{pmatrix}\right\}$$

であり，次元は2である。　……〔答〕

[5B－05]　**（部分空間）**

（i）　$\boldsymbol{0}\in U$ より　$b=0$

（ii）　$\boldsymbol{x}=\begin{pmatrix} x_1 \\ x_2 \\ x_3 \end{pmatrix}$，$\boldsymbol{y}=\begin{pmatrix} y_1 \\ y_2 \\ y_3 \end{pmatrix}\in U$ とすると

$$ax_1+x_2+x_3=0$$
$$ay_1+y_2+y_3=0$$

$\therefore$　$a(x_1+y_1)+(x_2+y_2)+(x_3+y_3)=0$

よって　$\boldsymbol{x}+\boldsymbol{y}=\begin{pmatrix} x_1+y_1 \\ x_2+y_2 \\ x_3+y_3 \end{pmatrix}\in U$

（iii）　$\boldsymbol{x}=\begin{pmatrix} x_1 \\ x_2 \\ x_3 \end{pmatrix}\in U$ とすると

$$ax_1+x_2+x_3=0$$

$\therefore$　$a(kx_1)+(kx_2)+(kx_3)=0$

よって　$k\boldsymbol{x}=\begin{pmatrix} kx_1 \\ kx_2 \\ kx_3 \end{pmatrix}\in U$

以上より，求める条件は

a は任意の実数，$b=0$　……〔答〕

[5B－06] （線形写像の表現行列）

(1)　$\{\boldsymbol{a}+\boldsymbol{b}+\boldsymbol{c},\ \boldsymbol{a}+\boldsymbol{b},\ \boldsymbol{a}\}$ が1次独立であることを示せばよい。

$k(\boldsymbol{a}+\boldsymbol{b}+\boldsymbol{c})+l(\boldsymbol{a}+\boldsymbol{b})+m\boldsymbol{a}=\boldsymbol{0}$ とすると

$$(k+l+m)\boldsymbol{a}+(k+l)\boldsymbol{b}+k\boldsymbol{c}=\boldsymbol{0}$$

$\{\boldsymbol{a},\ \boldsymbol{b},\ \boldsymbol{c}\}$ は1次独立なので

$$k+l+m=0,\ k+l=0,\ k=0$$

$\therefore\ k=l=m=0$

よって，$\{\boldsymbol{a}+\boldsymbol{b}+\boldsymbol{c},\ \boldsymbol{a}+\boldsymbol{b},\ \boldsymbol{a}\}$ は1次独立である。

(2)　$\boldsymbol{p}=\boldsymbol{a}+\boldsymbol{b}+\boldsymbol{c},\ \boldsymbol{q}=\boldsymbol{a}+\boldsymbol{b},\ \boldsymbol{r}=\boldsymbol{a}$ とおく。

$\boldsymbol{v}=x\boldsymbol{p}+y\boldsymbol{q}+z\boldsymbol{r}$ とすると，$\boldsymbol{v}$ の基底 $\{\boldsymbol{p},\ \boldsymbol{q},\ \boldsymbol{r}\}$ に関する成分は，$\begin{pmatrix} x \\ y \\ z \end{pmatrix}$

$$\begin{aligned} f(\boldsymbol{v})&=f(x(\boldsymbol{a}+\boldsymbol{b}+\boldsymbol{c})+y(\boldsymbol{a}+\boldsymbol{b})+z\boldsymbol{a}) \\ &=xf(\boldsymbol{a}+\boldsymbol{b}+\boldsymbol{c})+yf(\boldsymbol{a}+\boldsymbol{b})+zf(\boldsymbol{a}) \\ &=x\{f(\boldsymbol{a})+f(\boldsymbol{b})+f(\boldsymbol{c})\} \\ &\qquad +y\{f(\boldsymbol{a})+f(\boldsymbol{b})\}+zf(\boldsymbol{a}) \\ &=x\{(-\boldsymbol{a}-\boldsymbol{c})+\boldsymbol{a}+(\boldsymbol{a}+\boldsymbol{b}+2\boldsymbol{c})\} \\ &\qquad +y\{(-\boldsymbol{a}-\boldsymbol{c})+\boldsymbol{a}\}+z(-\boldsymbol{a}-\boldsymbol{c}) \\ &=x(\boldsymbol{a}+\boldsymbol{b}+\boldsymbol{c})-y\boldsymbol{c}-z(\boldsymbol{a}+\boldsymbol{c}) \\ &=(x-z)\boldsymbol{a}+x\boldsymbol{b}+(x-y-z)\boldsymbol{c} \end{aligned}$$

ここで　$\boldsymbol{p}=\boldsymbol{a}+\boldsymbol{b}+\boldsymbol{c},\ \boldsymbol{q}=\boldsymbol{a}+\boldsymbol{b},\ \boldsymbol{r}=\boldsymbol{a}$

より

$$\boldsymbol{a}=\boldsymbol{r},\ \boldsymbol{b}=\boldsymbol{q}-\boldsymbol{a}=\boldsymbol{q}-\boldsymbol{r},$$
$$\boldsymbol{c}=\boldsymbol{p}-\boldsymbol{a}-\boldsymbol{b}=\boldsymbol{p}-\boldsymbol{r}-(\boldsymbol{q}-\boldsymbol{r})=\boldsymbol{p}-\boldsymbol{q}$$

よって

$$\begin{aligned} f(\boldsymbol{v})&=(x-z)\boldsymbol{a}+x\boldsymbol{b}+(x-y-z)\boldsymbol{c} \\ &=(x-z)\boldsymbol{r}+x(\boldsymbol{q}-\boldsymbol{r}) \\ &\qquad +(x-y-z)(\boldsymbol{p}-\boldsymbol{q}) \\ &=(x-y-z)\boldsymbol{p}+(y+z)\boldsymbol{q}+(-z)\boldsymbol{r} \end{aligned}$$

よって，$f(\boldsymbol{v})$ の基底 $\{\boldsymbol{p},\ \boldsymbol{q},\ \boldsymbol{r}\}$ に関する成分は

$$\begin{pmatrix} x-y-z \\ y+z \\ -z \end{pmatrix}$$

ここで　$\begin{pmatrix} x-y-z \\ y+z \\ -z \end{pmatrix}=\begin{pmatrix} 1 & -1 & -1 \\ 0 & 1 & 1 \\ 0 & 0 & -1 \end{pmatrix}\begin{pmatrix} x \\ y \\ z \end{pmatrix}$

より，求める表現行列は

$$A=\begin{pmatrix} 1 & -1 & -1 \\ 0 & 1 & 1 \\ 0 & 0 & -1 \end{pmatrix}$$ ……〔答〕

[(2)の別解]

$\boldsymbol{p}=\boldsymbol{a}+\boldsymbol{b}+\boldsymbol{c},\ \boldsymbol{q}=\boldsymbol{a}+\boldsymbol{b},\ \boldsymbol{r}=\boldsymbol{a}$ とおくと

$$\boldsymbol{a}=\boldsymbol{r},\ \boldsymbol{b}=\boldsymbol{q}-\boldsymbol{a}=\boldsymbol{q}-\boldsymbol{r},$$
$$\boldsymbol{c}=\boldsymbol{p}-\boldsymbol{a}-\boldsymbol{b}=\boldsymbol{p}-\boldsymbol{r}-(\boldsymbol{q}-\boldsymbol{r})=\boldsymbol{p}-\boldsymbol{q}$$

$$\begin{aligned} f(\boldsymbol{p})&=f(\boldsymbol{a}+\boldsymbol{b}+\boldsymbol{c}) \\ &=f(\boldsymbol{a})+f(\boldsymbol{b})+f(\boldsymbol{c}) \\ &=(-\boldsymbol{a}-\boldsymbol{c})+\boldsymbol{a}+(\boldsymbol{a}+\boldsymbol{b}+2\boldsymbol{c}) \\ &=\boldsymbol{a}+\boldsymbol{b}+\boldsymbol{c}=\boldsymbol{p} \\ f(\boldsymbol{q})&=f(\boldsymbol{a}+\boldsymbol{b})=f(\boldsymbol{a})+f(\boldsymbol{b}) \\ &=(-\boldsymbol{a}-\boldsymbol{c})+\boldsymbol{a}=-\boldsymbol{c} \\ &=-(\boldsymbol{p}-\boldsymbol{q})=-\boldsymbol{p}+\boldsymbol{q} \\ f(\boldsymbol{r})&=f(\boldsymbol{a})=-\boldsymbol{a}-\boldsymbol{c} \\ &=-\boldsymbol{r}-(\boldsymbol{p}-\boldsymbol{q})=-\boldsymbol{p}+\boldsymbol{q}-\boldsymbol{r} \end{aligned}$$

よって

$$\begin{aligned} &(f(\boldsymbol{p})\quad f(\boldsymbol{q})\quad f(\boldsymbol{r})) \\ &=(\boldsymbol{p}\quad -\boldsymbol{p}+\boldsymbol{q}\quad -\boldsymbol{p}+\boldsymbol{q}-\boldsymbol{r}) \\ &=(\boldsymbol{p}\quad \boldsymbol{q}\quad \boldsymbol{r})\begin{pmatrix} 1 & -1 & -1 \\ 0 & 1 & 1 \\ 0 & 0 & -1 \end{pmatrix} \end{aligned}$$

よって，求める表現行列は

$$A=\begin{pmatrix} 1 & -1 & -1 \\ 0 & 1 & 1 \\ 0 & 0 & -1 \end{pmatrix}$$ ……〔答〕

[5B－07] （線形変換の表現行列）

(1)　求める表現行列を A とすると

$$(\varphi(\boldsymbol{e}_1+\boldsymbol{e}_2)\quad \varphi(\boldsymbol{e}_2)\quad \varphi(\boldsymbol{e}_3))=(\boldsymbol{e}_1+\boldsymbol{e}_2\quad \boldsymbol{e}_2\quad \boldsymbol{e}_3)A$$

ここで

$$(\boldsymbol{e}_1+\boldsymbol{e}_2\quad \boldsymbol{e}_2\quad \boldsymbol{e}_3)=\begin{pmatrix} 1 & 0 & 0 \\ 1 & 1 & 0 \\ 0 & 0 & 1 \end{pmatrix}$$

また

$$(\varphi(\boldsymbol{e}_1+\boldsymbol{e}_2)\quad \varphi(\boldsymbol{e}_2)\quad \varphi(\boldsymbol{e}_3))=\begin{pmatrix} a & 0 & b \\ 2 & 2 & 0 \\ 0 & 0 & c \end{pmatrix}$$

より

$$\begin{pmatrix} a & 0 & b \\ 2 & 2 & 0 \\ 0 & 0 & c \end{pmatrix}=\begin{pmatrix} 1 & 0 & 0 \\ 1 & 1 & 0 \\ 0 & 0 & 1 \end{pmatrix}A$$

ここで

$$\begin{pmatrix} 1 & 0 & 0 \\ 1 & 1 & 0 \\ 0 & 0 & 1 \end{pmatrix}^{-1}=\begin{pmatrix} 1 & 0 & 0 \\ -1 & 1 & 0 \\ 0 & 0 & 1 \end{pmatrix}$$

であるから

$$\begin{aligned} A&=\begin{pmatrix} 1 & 0 & 0 \\ 1 & 1 & 0 \\ 0 & 0 & 1 \end{pmatrix}^{-1}\begin{pmatrix} a & 0 & b \\ 2 & 2 & 0 \\ 0 & 0 & c \end{pmatrix} \\ &=\begin{pmatrix} 1 & 0 & 0 \\ -1 & 1 & 0 \\ 0 & 0 & 1 \end{pmatrix}\begin{pmatrix} a & 0 & b \\ 2 & 2 & 0 \\ 0 & 0 & c \end{pmatrix} \end{aligned}$$

$$=\begin{pmatrix} a & 0 & b \\ -a+2 & 2 & -b \\ 0 & 0 & c \end{pmatrix}$$ ……〔答〕

(2) $\varphi(\boldsymbol{e}_1)=\begin{pmatrix} a \\ 0 \\ 0 \end{pmatrix},\ \varphi(\boldsymbol{e}_2)=\begin{pmatrix} 0 \\ 2 \\ 0 \end{pmatrix},$

$$\varphi(\boldsymbol{e}_3)=\begin{pmatrix} b \\ 0 \\ c \end{pmatrix}$$

より

$$(\varphi(\boldsymbol{e}_2)\quad \varphi(\boldsymbol{e}_3)\quad \varphi(\boldsymbol{e}_1))=\begin{pmatrix} 0 & b & a \\ 2 & 0 & 0 \\ 0 & c & 0 \end{pmatrix}$$

$$=(2\boldsymbol{e}_2\quad b\boldsymbol{e}_1+c\boldsymbol{e}_3\quad a\boldsymbol{e}_1)$$

$$=(\boldsymbol{e}_2\quad \boldsymbol{e}_3\quad \boldsymbol{e}_1)\begin{pmatrix} 2 & 0 & 0 \\ 0 & c & 0 \\ 0 & b & a \end{pmatrix}$$

よって

基底 $\{\boldsymbol{e}_2,\ \boldsymbol{e}_3,\ \boldsymbol{e}_1\}$ に関する表現行列は

$$C=\begin{pmatrix} 2 & 0 & 0 \\ 0 & c & 0 \\ 0 & b & a \end{pmatrix}$$

である。

$B=C$ とすると　$a=2,\ b=0,\ c=2$

逆に，このとき

$$B=\begin{pmatrix} 2 & 0 & 0 \\ 0 & 2 & 0 \\ 0 & 0 & 2 \end{pmatrix}=2E$$

であるから，どの基底に関しても φ が B で表現される。

よって　$a=2,\ b=0,\ c=2$ ……〔答〕

[5B−08]　(行列式，線形独立，部分空間)

(1) $$|A|=\begin{vmatrix} x & 1 & 1 & 1 \\ 1 & x & 1 & 1 \\ 1 & 1 & x & 1 \\ 1 & 1 & 1 & x \end{vmatrix}=-\begin{vmatrix} 1 & 1 & 1 & x \\ 1 & x & 1 & 1 \\ 1 & 1 & x & 1 \\ x & 1 & 1 & 1 \end{vmatrix}$$

$$=-\begin{vmatrix} 1 & 1 & 1 & x \\ 0 & x-1 & 0 & 1-x \\ 0 & 0 & x-1 & 1-x \\ 0 & 1-x & 1-x & 1-x^2 \end{vmatrix}$$

$$=-\begin{vmatrix} x-1 & 0 & 1-x \\ 0 & x-1 & 1-x \\ 1-x & 1-x & 1-x^2 \end{vmatrix}$$

$$=(x-1)^3\begin{vmatrix} 1 & 0 & 1 \\ 0 & 1 & 1 \\ -1 & -1 & 1+x \end{vmatrix}$$

$$=(x-1)^3\begin{vmatrix} 1 & 0 & 1 \\ 0 & 1 & 1 \\ 0 & -1 & x+2 \end{vmatrix}$$

$$=(x-1)^3\begin{vmatrix} 1 & 1 \\ -1 & x+2 \end{vmatrix}$$

$$=(x-1)^3(x+3)$$ ……〔答〕

(2) (1)の結果より

(ア) $x\neq 1,\ -3$ ならば，$|A|\neq 0$ であるから，$\vec{a},\ \vec{b},\ \vec{c},\ \vec{d}$ は線形独立である。

(イ) $x=1,\ -3$ ならば，$|A|=0$ であるから，$\vec{a},\ \vec{b},\ \vec{c},\ \vec{d}$ は線形独立でない。 ……〔答〕

次に，$x=1,\ -3$ のとき，$\vec{a},\ \vec{b},\ \vec{c},\ \vec{d}$ の1次関係を調べる。

(i) $x=1$ のとき；

$$\vec{a}=\vec{b}=\vec{c}=\vec{d}=\begin{pmatrix} 1 \\ 1 \\ 1 \\ 1 \end{pmatrix}$$

であるから，$\vec{a},\ \vec{b},\ \vec{c},\ \vec{d}$ の生成する $\boldsymbol{R}^4$ の部分空間の次元は明らかに1次元である。

……〔答〕

(ii) $x=-3$ のとき；

$$(\vec{a}\quad \vec{b}\quad \vec{c}\quad \vec{d})=\begin{pmatrix} -3 & 1 & 1 & 1 \\ 1 & -3 & 1 & 1 \\ 1 & 1 & -3 & 1 \\ 1 & 1 & 1 & -3 \end{pmatrix}$$

$$\to \cdots\cdots \to \begin{pmatrix} 1 & 0 & 0 & -1 \\ 0 & 1 & 0 & -1 \\ 0 & 0 & 1 & -1 \\ 0 & 0 & 0 & 0 \end{pmatrix}$$

よって

$\vec{a},\ \vec{b},\ \vec{c}$ の3つは線形独立

$\vec{d}=-\vec{a}-\vec{b}-\vec{c}$

である。

したがって，$\vec{a},\ \vec{b},\ \vec{c},\ \vec{d}$ の生成する $\boldsymbol{R}^4$ の部分空間の次元は3次元である。 ……〔答〕

(C) 発展問題

[5C−01]　(線形写像の表現行列)

(1) $$p(x)=\begin{vmatrix} x & -1 & 0 & 0 \\ 0 & x & -1 & 0 \\ 0 & 0 & x & -1 \\ a & b & c & d \end{vmatrix}$$

$$=x\cdot(-1)^{1+1}\begin{vmatrix} x & -1 & 0 \\ 0 & x & -1 \\ b & c & d \end{vmatrix}$$

$$+(-1)\cdot(-1)^{1+2}\begin{vmatrix} 0 & -1 & 0 \\ 0 & x & -1 \\ a & c & d \end{vmatrix}$$

$$=x\begin{vmatrix} x & -1 & 0 \\ 0 & x & -1 \\ b & c & d \end{vmatrix}+\begin{vmatrix} 0 & -1 & 0 \\ 0 & x & -1 \\ a & c & d \end{vmatrix}$$

$=x\{dx^2+b-(-cx)\}+a$

$=dx^3+cx^2+bx+a$ ……〔答〕

(2) $p_1(x),\ p_2(x)\in P$ とする。

$p_1(x)=d_1x^3+c_1x^2+b_1x+a_1$

$p_2(x)=d_2x^3+c_2x^2+b_2x+a_2$

とおくと

$f(p_1(x))$

$=d_1(x-1)^3+c_1(x-1)^2+b_1(x-1)+a_1$

$f(p_2(x))$

$=d_2(x-1)^3+c_2(x-1)^2+b_2(x-1)+a_2$

一方

$p_1(x)+p_2(x)$

$=(d_1+d_2)x^3+(c_1+c_2)x^2+(b_1+b_2)x+(a_1+a_2)$

より

$f(p_1(x)+p_2(x))$

$=(d_1+d_2)(x-1)^3+(c_1+c_2)(x-1)^2+(b_1+b_2)(x-1)+(a_1+a_2)$

よって

$f(p_1(x)+p_2(x))=f(p_1(x))+f(p_2(x))$ ……①

また，$p(x)=dx^3+cx^2+bx+a$ のとき

$f(p(x))$

$=d(x-1)^3+c(x-1)^2+b(x-1)+a$

一方　$kp(x)=kdx^3+kcx^2+kbx+ka$

より

$f(kp(x))$

$=kd(x-1)^3+kc(x-1)^2+kb(x-1)+ka$

よって　$f(kp(x))=kf(p(x))$ ……②

①，②より，f は線形写像である。

(3) $p(x)=dx^3+cx^2+bx+a$ の基底

$\{x^3,\ x^2,\ x,\ 1\}$ における成分は $\begin{pmatrix} d \\ c \\ b \\ a \end{pmatrix}$

$f(p(x))$

$=d(x-1)^3+c(x-1)^2+b(x-1)+a$

$=d(x^3-3x^2+3x-1)+c(x^2-2x+1)+b(x-1)+a$

$=dx^3+(-3d+c)x^2+(3d-2c+b)x+(-d+c-b+a)$

より，$f(p(x))$ の基底 $\{x^3,\ x^2,\ x,\ 1\}$ における成分は $\begin{pmatrix} d \\ -3d+c \\ 3d-2c+b \\ -d+c-b+a \end{pmatrix}$

ここで

$$\begin{pmatrix} d \\ -3d+c \\ 3d-2c+b \\ -d+c-b+a \end{pmatrix}=\begin{pmatrix} 1 & 0 & 0 & 0 \\ -3 & 1 & 0 & 0 \\ 3 & -2 & 1 & 0 \\ -1 & 1 & -1 & 1 \end{pmatrix}\begin{pmatrix} d \\ c \\ b \\ a \end{pmatrix}$$

となるから，求める表現行列は

$$A=\begin{pmatrix} 1 & 0 & 0 & 0 \\ -3 & 1 & 0 & 0 \\ 3 & -2 & 1 & 0 \\ -1 & 1 & -1 & 1 \end{pmatrix}$$ ……〔答〕

［別解］　基底 $\{x^3,\ x^2,\ x,\ 1\}$

$f(x^3)=(x-1)^3=x^3-3x^2+3x-1$

$f(x^2)=(x-1)^2=x^2-2x+1$

$f(x)=x-1$

$f(1)=1$

より

$$(f(x^3)\quad f(x^2)\quad f(x)\quad f(1))=(x^3\quad x^2\quad x\quad 1)\begin{pmatrix} 1 & 0 & 0 & 0 \\ -3 & 1 & 0 & 0 \\ 3 & -2 & 1 & 0 \\ -1 & 1 & -1 & 1 \end{pmatrix}$$

よって，求める表現行列は

$$A=\begin{pmatrix} 1 & 0 & 0 & 0 \\ -3 & 1 & 0 & 0 \\ 3 & -2 & 1 & 0 \\ -1 & 1 & -1 & 1 \end{pmatrix}$$ ……〔答〕

［5C－02］（線形写像の像と核）

(1)
$$\det(A)=\begin{vmatrix} 3 & 5 & 4 \\ 5 & 9 & 7 \\ -8 & -14 & -11 \end{vmatrix}=\begin{vmatrix} 3 & 5 & 4 \\ 8 & 14 & 11 \\ -8 & -14 & -11 \end{vmatrix}=\begin{vmatrix} 3 & 5 & 4 \\ 8 & 14 & 11 \\ 0 & 0 & 0 \end{vmatrix}=0$$ ……〔答〕

$$A=\begin{pmatrix}3&5&4\\5&9&7\\-8&-14&-11\end{pmatrix}\to\cdots$$

$$\to\begin{pmatrix}1&0&\frac{1}{2}\\0&1&\frac{1}{2}\\0&0&0\end{pmatrix}$$

$\therefore$ rank$(A)=2$ ……〔答〕

(2) $\det(A^2)=(\det(A))^2=0$ ……〔答〕

$$A^2=\begin{pmatrix}3&5&4\\5&9&7\\-8&-14&-11\end{pmatrix}\times\begin{pmatrix}3&5&4\\5&9&7\\-8&-14&-11\end{pmatrix}$$

$$=\begin{pmatrix}2&4&3\\4&8&6\\-6&-12&-9\end{pmatrix}\to\cdots$$

$$\to\begin{pmatrix}1&2&\frac{3}{2}\\0&0&0\\0&0&0\end{pmatrix}$$

$\therefore$ rank$(A^2)=1$ ……〔答〕

(3) $\boldsymbol{R}^3$ の標準基底を

$$\boldsymbol{e}_1=\begin{pmatrix}1\\0\\0\end{pmatrix},\ \boldsymbol{e}_2=\begin{pmatrix}0\\1\\0\end{pmatrix},\ \boldsymbol{e}_3=\begin{pmatrix}0\\0\\1\end{pmatrix}$$

とする。

$\boldsymbol{x}=x\boldsymbol{e}_1+y\boldsymbol{e}_2+z\boldsymbol{e}_3$ とするとき

$$T_A(\boldsymbol{x})=T_A(x\boldsymbol{e}_1+y\boldsymbol{e}_2+z\boldsymbol{e}_3)$$
$$=xT_A(\boldsymbol{e}_1)+yT_A(\boldsymbol{e}_2)+zT_A(\boldsymbol{e}_3)$$

より，$T_A(\boldsymbol{e}_1)$，$T_A(\boldsymbol{e}_2)$，$T_A(\boldsymbol{e}_3)$ の1次関係を求めればよい。

$$(T_A(\boldsymbol{e}_1)\quad T_A(\boldsymbol{e}_2)\quad T_A(\boldsymbol{e}_3))$$
$$=A=\begin{pmatrix}3&5&4\\5&9&7\\-8&-14&-11\end{pmatrix}$$
$$\to\begin{pmatrix}1&0&\frac{1}{2}\\0&1&\frac{1}{2}\\0&0&0\end{pmatrix}$$

より

$T_A(\boldsymbol{e}_1)$，$T_A(\boldsymbol{e}_2)$ は1次独立

$$T_A(\boldsymbol{e}_3)=\frac{1}{2}T_A(\boldsymbol{e}_1)+\frac{1}{2}T_A(\boldsymbol{e}_2)$$

よって

$$\{T_A(\boldsymbol{e}_1),\ T_A(\boldsymbol{e}_2)\}=\left\{\begin{pmatrix}3\\5\\-8\end{pmatrix},\ \begin{pmatrix}5\\9\\-14\end{pmatrix}\right\}$$

は $\mathrm{Im}\,T_A$ の基底となるから，$\mathrm{Im}\,T_A$ の次元は2である。 ……〔答〕

(4) $a\begin{pmatrix}3\\5\\-8\end{pmatrix}+b\begin{pmatrix}5\\9\\-14\end{pmatrix}=\begin{pmatrix}3a+5b\\5a+9b\\-8a-14b\end{pmatrix}$

同次連立1次方程式 $A\boldsymbol{x}=\boldsymbol{0}$ は

$$A=\begin{pmatrix}3&5&4\\5&9&7\\-8&-14&-11\end{pmatrix}\to\begin{pmatrix}1&0&\frac{1}{2}\\0&1&\frac{1}{2}\\0&0&0\end{pmatrix}$$

より $\begin{cases}x+\dfrac{1}{2}z=0\\y+\dfrac{1}{2}z=0\end{cases}$

に等しいから

$$\begin{cases}(3a+5b)+\dfrac{1}{2}(-8a-14b)=0\\(5a+9b)+\dfrac{1}{2}(-8a-14b)=0\end{cases}$$

$\therefore\ \begin{cases}-a-2b=0\\a+2b=0\end{cases}\quad\therefore\ a=-2b$

このとき $\begin{pmatrix}3a+5b\\5a+9b\\-8a-14b\end{pmatrix}=\begin{pmatrix}-b\\-b\\2b\end{pmatrix}$

$$=b\begin{pmatrix}-1\\-1\\2\end{pmatrix}$$

よって $\begin{pmatrix}-1\\-1\\2\end{pmatrix}$

は $\mathrm{Im}\,T_A$ のベクトルでかつ T_A の核 $\mathrm{Ker}\,T_A$ に属する。

また $\begin{pmatrix}3\\5\\-8\end{pmatrix},\ \begin{pmatrix}5\\9\\-14\end{pmatrix}$

は明らかにいずれも $\mathrm{Ker}\,T_A$ に属さない。

よって，条件を満たす $\mathrm{Im}\,T_A$ の基底として次のものがとれる。

$$\left\{\begin{pmatrix}-1\\-1\\2\end{pmatrix},\ \begin{pmatrix}3\\5\\-8\end{pmatrix}\right\}$$ ……〔答〕

[5C－03]（線形写像の像）

(1) $f\begin{pmatrix}x\\y\\z\end{pmatrix}=\begin{pmatrix}2x+y+z\\x+y-3z\\3x+ay+bz\end{pmatrix}$

$=\begin{pmatrix}2&1&1\\1&1&-3\\3&a&b\end{pmatrix}\begin{pmatrix}x\\y\\z\end{pmatrix}$

よって　$A=\begin{pmatrix}2&1&1\\1&1&-3\\3&a&b\end{pmatrix}$

とおくと，$f(\boldsymbol{x})=A\boldsymbol{x}$

よって，線形性

$f(\boldsymbol{x}+\boldsymbol{y})=A(\boldsymbol{x}+\boldsymbol{y})$

$=A\boldsymbol{x}+A\boldsymbol{y}=f(\boldsymbol{x})+f(\boldsymbol{y})$

$f(k\boldsymbol{x})=A(k\boldsymbol{x})$

$=k(A\boldsymbol{x})=kf(\boldsymbol{x})$

を満たす。すなわち，f は線形写像である。

(2) $\boldsymbol{R}^3$ の標準基底を

$\boldsymbol{e}_1=\begin{pmatrix}1\\0\\0\end{pmatrix},\ \boldsymbol{e}_2=\begin{pmatrix}0\\1\\0\end{pmatrix},\ \boldsymbol{e}_3=\begin{pmatrix}0\\0\\1\end{pmatrix}$

とする。

$(f(\boldsymbol{e}_1)\quad f(\boldsymbol{e}_2)\quad f(\boldsymbol{e}_3))=\begin{pmatrix}2&1&1\\1&1&-3\\3&a&b\end{pmatrix}$

$=A$

$A=\begin{pmatrix}2&1&1\\1&1&-3\\3&a&b\end{pmatrix}$

$\to\cdots\to\begin{pmatrix}1&0&4\\0&1&-7\\0&0&7a+b-12\end{pmatrix}$

f の像が2次元となるための条件は

$7a+b-12=0$　……〔答〕

[5C－04]（線形写像の表現行列）

(1) $\det(xE-A)$

$=\begin{vmatrix}x+1&-1&-1\\-1&x&1\\2&-1&x-2\end{vmatrix}$

$=x(x+1)(x-2)-2-1+2x-(x-2)$
$\quad+(x+1)$

$=x(x+1)(x-2)+2x$

$=x\{(x+1)(x-2)+2\}$

$=x(x^2-x)=x^2(x-1)$

よって，$\lambda_1=0$，$\lambda_2=1$　……〔答〕

(2) $A-\lambda_1E$

$=A=\begin{pmatrix}-1&1&1\\1&0&-1\\-2&1&2\end{pmatrix}\to\cdots$

$\to\begin{pmatrix}1&0&-1\\0&1&0\\0&0&0\end{pmatrix}$

よって　$\begin{cases}x-z=0\\y=0\end{cases}$

したがって，$(A-\lambda_1E)\boldsymbol{x}=\boldsymbol{0}$ の解は

$\boldsymbol{x}=\begin{pmatrix}x\\y\\z\end{pmatrix}=\begin{pmatrix}a\\0\\a\end{pmatrix}=a\begin{pmatrix}1\\0\\1\end{pmatrix}$

よって　$\boldsymbol{v}_1=\begin{pmatrix}1\\0\\1\end{pmatrix}$　……〔答〕

$A-\lambda_2E=A-E$

$=\begin{pmatrix}-2&1&1\\1&-1&-1\\-2&1&1\end{pmatrix}\to\cdots\to\begin{pmatrix}1&0&0\\0&1&1\\0&0&0\end{pmatrix}$

よって　$\begin{cases}x=0\\y+z=0\end{cases}$

したがって，$(A-\lambda_2E)\boldsymbol{x}=\boldsymbol{0}$ の解は

$\boldsymbol{x}=\begin{pmatrix}x\\y\\z\end{pmatrix}=\begin{pmatrix}0\\-b\\b\end{pmatrix}=b\begin{pmatrix}0\\-1\\1\end{pmatrix}$

よって　$\boldsymbol{v}_2=\begin{pmatrix}0\\-1\\1\end{pmatrix}$　……〔答〕

(3) $(A-\lambda_1E)\boldsymbol{x}=\boldsymbol{v}_1$ の拡大係数行列は

$(A-\lambda_1E\quad \boldsymbol{v}_1)=(A\quad \boldsymbol{v}_1)$

$=\begin{pmatrix}-1&1&1&1\\1&0&-1&0\\-2&1&2&1\end{pmatrix}$

$\to\cdots\to\begin{pmatrix}1&0&-1&0\\0&1&0&1\\0&0&0&0\end{pmatrix}$

よって　$\begin{cases}x-z=0\\y=1\end{cases}$

したがって，$(A-\lambda_1E)\boldsymbol{x}=\boldsymbol{v}_1$ の解は

$\boldsymbol{x}=\begin{pmatrix}x\\y\\z\end{pmatrix}=\begin{pmatrix}c\\1\\c\end{pmatrix}$

よって，$c=0$ ととれば

$\boldsymbol{v}_3=\begin{pmatrix}0\\1\\0\end{pmatrix}$　……〔答〕

(4) $T(\boldsymbol{v}_1)=A\boldsymbol{v}_1$

$$=\begin{pmatrix}-1&1&1\\1&0&-1\\-2&1&2\end{pmatrix}\begin{pmatrix}1\\0\\1\end{pmatrix}=\begin{pmatrix}0\\0\\0\end{pmatrix}=\mathbf{0}$$

$T(\boldsymbol{v}_2)=A\boldsymbol{v}_2$

$$=\begin{pmatrix}-1&1&1\\1&0&-1\\-2&1&2\end{pmatrix}\begin{pmatrix}0\\-1\\1\end{pmatrix}=\begin{pmatrix}0\\-1\\1\end{pmatrix}=\boldsymbol{v}_2$$

$T(\boldsymbol{v}_3)=A\boldsymbol{v}_3$

$$=\begin{pmatrix}-1&1&1\\1&0&-1\\-2&1&2\end{pmatrix}\begin{pmatrix}0\\1\\0\end{pmatrix}=\begin{pmatrix}1\\0\\1\end{pmatrix}=\boldsymbol{v}_1$$

より

$$(T(\boldsymbol{v}_1)\quad T(\boldsymbol{v}_2)\quad T(\boldsymbol{v}_3))$$
$$=(\mathbf{0}\quad \boldsymbol{v}_2\quad \boldsymbol{v}_1)$$
$$=(\boldsymbol{v}_1\quad \boldsymbol{v}_2\quad \boldsymbol{v}_3)\begin{pmatrix}0&0&1\\0&1&0\\0&0&0\end{pmatrix}$$

よって，表現行列をBとすると

$$B=\begin{pmatrix}0&0&1\\0&1&0\\0&0&0\end{pmatrix}\quad \cdots\cdots〔答〕$$

[(4)後半の**別解**]

求める表現行列をBとすると

$$(T(\boldsymbol{v}_1)\quad T(\boldsymbol{v}_2)\quad T(\boldsymbol{v}_3))=(\boldsymbol{v}_1\quad \boldsymbol{v}_2\quad \boldsymbol{v}_3)B$$

よって

$$\begin{pmatrix}0&0&1\\0&-1&0\\0&1&1\end{pmatrix}=\begin{pmatrix}1&0&0\\0&-1&1\\1&1&0\end{pmatrix}B$$

ここで

$$\begin{pmatrix}1&0&0&1&0&0\\0&-1&1&0&1&0\\1&1&0&0&0&1\end{pmatrix}$$
$$\to\cdots\to\begin{pmatrix}1&0&0&1&0&0\\0&1&0&-1&0&1\\0&0&1&-1&1&1\end{pmatrix}$$

より $\begin{pmatrix}1&0&0\\0&-1&1\\1&1&0\end{pmatrix}^{-1}=\begin{pmatrix}1&0&0\\-1&0&1\\-1&1&1\end{pmatrix}$

したがって

$$B=\begin{pmatrix}1&0&0\\0&-1&1\\1&1&0\end{pmatrix}^{-1}\begin{pmatrix}0&0&1\\0&-1&0\\0&1&1\end{pmatrix}$$
$$=\begin{pmatrix}1&0&0\\-1&0&1\\-1&1&1\end{pmatrix}\begin{pmatrix}0&0&1\\0&-1&0\\0&1&1\end{pmatrix}$$
$$=\begin{pmatrix}0&0&1\\0&1&0\\0&0&0\end{pmatrix}\quad \cdots\cdots〔答〕$$

[5C－05]　(ベクトル)

(1)　$|\boldsymbol{a}\quad \boldsymbol{b}\quad \boldsymbol{c}|=\begin{vmatrix}1&t+1&0\\1&1&t+1\\2&0&2\end{vmatrix}$

$=2+2(t+1)^2+0-0-2(t+1)-0$

$=2t^2+2t+2=2\left(t+\dfrac{1}{2}\right)^2+\dfrac{3}{2}>0$

よって，$\boldsymbol{a}$，$\boldsymbol{b}$，$\boldsymbol{c}$はtの値によらず1次独立である。

(2)　$(\boldsymbol{b}-\boldsymbol{a})\times(\boldsymbol{c}-\boldsymbol{a})$

$$=\begin{pmatrix}t\\0\\-2\end{pmatrix}\times\begin{pmatrix}-1\\t\\0\end{pmatrix}$$
$$=\begin{pmatrix}0-(-2t)\\2-0\\t^2-0\end{pmatrix}=\begin{pmatrix}2t\\2\\t^2\end{pmatrix}\quad \cdots\cdots〔答〕$$

(3)　平面πの法線ベクトルは

$$\overrightarrow{\mathrm{AB}}\times\overrightarrow{\mathrm{AC}}=(\boldsymbol{b}-\boldsymbol{a})\times(\boldsymbol{c}-\boldsymbol{a})=\begin{pmatrix}2t\\2\\t^2\end{pmatrix}$$

であるから，平面πの方程式は

$2t(x-1)+2(y-1)+t^2(z-2)=0$

すなわち

$2tx+2y+t^2z=2(t^2+t+1)$　……〔答〕

(4)　$2tx+2y+t^2z=2(t^2+t+1)$ より

$(z-2)t^2+2(x-1)t+2(y-1)=0$

これを満たす実数tが存在しないための条件は

$z=2$ かつ $x=1$ かつ $y\neq1$

または

$z\neq2$ かつ $(x-1)^2-(z-2)\cdot2(y-1)<0$

すなわち

求める点の集合は次の条件を満たす点の集合である。

$z=2$ かつ $x=1$ かつ $y\neq1$

または

$z\neq2$ かつ $(y-1)(z-2)>\dfrac{1}{2}(x-1)^2$

……〔答〕

[5C－06]　(線形写像の表現行列，正射影)

(1)　A(0, 1, −1)，B(1, 0, −1)，C(1, −1, 0)

とおくと，3点A，B，Cは平面H上の点である。

$$\boldsymbol{a}_1=\overrightarrow{\mathrm{AB}}=\begin{pmatrix}1\\-1\\0\end{pmatrix},\ \boldsymbol{a}_2=\overrightarrow{\mathrm{AC}}=\begin{pmatrix}1\\-2\\1\end{pmatrix}$$

とおき，これを正規直交化すればよい。

$$\boldsymbol{b}_1=\frac{\boldsymbol{a}_1}{|\boldsymbol{a}_1|}=\frac{1}{\sqrt{2}}\begin{pmatrix}1\\-1\\0\end{pmatrix}$$

次に

$$\boldsymbol{a}_2-(\boldsymbol{a}_2,\ \boldsymbol{b}_1)\boldsymbol{b}_1$$

$$=\begin{pmatrix}1\\-2\\1\end{pmatrix}-\frac{3}{\sqrt{2}}\cdot\frac{1}{\sqrt{2}}\begin{pmatrix}1\\-1\\0\end{pmatrix}=\frac{1}{2}\begin{pmatrix}-1\\-1\\2\end{pmatrix}$$

$|\boldsymbol{a}_2-(\boldsymbol{a}_2,\ \boldsymbol{b}_1)\boldsymbol{b}_1|=\dfrac{\sqrt{6}}{2}$ より

$$\boldsymbol{b}_2=\frac{\boldsymbol{a}_2-(\boldsymbol{a}_2,\ \boldsymbol{b}_1)\boldsymbol{b}_1}{|\boldsymbol{a}_2-(\boldsymbol{a}_2,\ \boldsymbol{b}_1)\boldsymbol{b}_1|}$$

$$=\frac{2}{\sqrt{6}}\cdot\frac{1}{2}\begin{pmatrix}-1\\-1\\2\end{pmatrix}=\frac{1}{\sqrt{6}}\begin{pmatrix}-1\\-1\\2\end{pmatrix}$$

よって，正規直交基底として次がとれる。

$$\boldsymbol{b}_1=\frac{1}{\sqrt{2}}\begin{pmatrix}1\\-1\\0\end{pmatrix},\ \boldsymbol{b}_2=\frac{1}{\sqrt{6}}\begin{pmatrix}-1\\-1\\2\end{pmatrix}$$

……〔答〕

(2)　平面 H の法線ベクトルとして

$$\boldsymbol{n}=\begin{pmatrix}1\\1\\1\end{pmatrix}$$ がとれる。

$\boldsymbol{v}\in\boldsymbol{R}^3$ を　$\boldsymbol{v}=\begin{pmatrix}X\\Y\\Z\end{pmatrix}$　とする。

$$\boldsymbol{v}+t\boldsymbol{n}=\begin{pmatrix}X\\Y\\Z\end{pmatrix}+t\begin{pmatrix}1\\1\\1\end{pmatrix}=\begin{pmatrix}X+t\\Y+t\\Z+t\end{pmatrix}$$

で表される点が平面 H 上にあるとすると

$$(X+t)+(Y+t)+(Z+t)=0$$

$$\therefore\quad t=-\frac{X+Y+Z}{3}$$

このとき

$$\begin{pmatrix}X+t\\Y+t\\Z+t\end{pmatrix}=\begin{pmatrix}X-\frac{1}{3}(X+Y+Z)\\Y-\frac{1}{3}(X+Y+Z)\\Z-\frac{1}{3}(X+Y+Z)\end{pmatrix}$$

$$=\begin{pmatrix}\frac{2}{3}X-\frac{1}{3}Y-\frac{1}{3}Z\\-\frac{1}{3}X+\frac{2}{3}Y-\frac{1}{3}Z\\-\frac{1}{3}X-\frac{1}{3}Y+\frac{2}{3}Z\end{pmatrix}$$

$$=\begin{pmatrix}\frac{2}{3}&-\frac{1}{3}&-\frac{1}{3}\\-\frac{1}{3}&\frac{2}{3}&-\frac{1}{3}\\-\frac{1}{3}&-\frac{1}{3}&\frac{2}{3}\end{pmatrix}\begin{pmatrix}X\\Y\\Z\end{pmatrix}$$

よって，f を与える行列 A は

$$A=\begin{pmatrix}\frac{2}{3}&-\frac{1}{3}&-\frac{1}{3}\\-\frac{1}{3}&\frac{2}{3}&-\frac{1}{3}\\-\frac{1}{3}&-\frac{1}{3}&\frac{2}{3}\end{pmatrix}$$

$$=\frac{1}{3}\begin{pmatrix}2&-1&-1\\-1&2&-1\\-1&-1&2\end{pmatrix}$$ ……〔答〕

［(2)の**別解**］

平面 H の法線ベクトルとして

$$\boldsymbol{n}=\begin{pmatrix}1\\1\\1\end{pmatrix}$$ がとれる。

そこで，$\boldsymbol{R}^3$ の基底として

$$\boldsymbol{a}_1=\begin{pmatrix}1\\-1\\0\end{pmatrix},\ \boldsymbol{a}_2=\begin{pmatrix}1\\-2\\1\end{pmatrix},\ \boldsymbol{n}=\begin{pmatrix}1\\1\\1\end{pmatrix}$$

をとることができる。

f の定義より

$$f(\boldsymbol{a}_1)=\boldsymbol{a}_1,\ f(\boldsymbol{a}_2)=\boldsymbol{a}_2,\ f(\boldsymbol{n})=\boldsymbol{0}$$

よって，f を与える行列 A を用いると

$$A\boldsymbol{a}_1=\boldsymbol{a}_1,\ A\boldsymbol{a}_2=\boldsymbol{a}_2,\ A\boldsymbol{n}=\boldsymbol{0}$$

すなわち　$A(\boldsymbol{a}_1\ \ \boldsymbol{a}_2\ \ \boldsymbol{n})=(\boldsymbol{a}_1\ \ \boldsymbol{a}_2\ \ \boldsymbol{0})$

よって

$$A\begin{pmatrix}1&1&1\\-1&-2&1\\0&1&1\end{pmatrix}=\begin{pmatrix}1&1&0\\-1&-2&0\\0&1&0\end{pmatrix}$$

ここで

$$\begin{pmatrix}1&1&1&1&0&0\\-1&-2&1&0&1&0\\0&1&1&0&0&1\end{pmatrix}$$

$$\to \cdots \to \begin{pmatrix} 1 & 0 & 0 & 1 & 0 & -1 \\ 0 & 1 & 0 & -\frac{1}{3} & -\frac{1}{3} & \frac{2}{3} \\ 0 & 0 & 1 & \frac{1}{3} & \frac{1}{3} & \frac{1}{3} \end{pmatrix}$$

より

$$\begin{pmatrix} 1 & 1 & 1 \\ -1 & -2 & 1 \\ 0 & 1 & 1 \end{pmatrix}^{-1} = \begin{pmatrix} 1 & 0 & -1 \\ -\frac{1}{3} & -\frac{1}{3} & \frac{2}{3} \\ \frac{1}{3} & \frac{1}{3} & \frac{1}{3} \end{pmatrix} = \frac{1}{3}\begin{pmatrix} 3 & 0 & -3 \\ -1 & -1 & 2 \\ 1 & 1 & 1 \end{pmatrix}$$

よって

$$A = \begin{pmatrix} 1 & 1 & 0 \\ -1 & -2 & 0 \\ 0 & 1 & 0 \end{pmatrix}\begin{pmatrix} 1 & 1 & 1 \\ -1 & -2 & 1 \\ 0 & 1 & 1 \end{pmatrix}^{-1}$$

$$= \begin{pmatrix} 1 & 1 & 0 \\ -1 & -2 & 0 \\ 0 & 1 & 0 \end{pmatrix}\frac{1}{3}\begin{pmatrix} 3 & 0 & -3 \\ -1 & -1 & 2 \\ 1 & 1 & 1 \end{pmatrix}$$

$$= \frac{1}{3}\begin{pmatrix} 2 & -1 & -1 \\ -1 & 2 & -1 \\ -1 & -1 & 2 \end{pmatrix} \quad \cdots\cdots〔答〕$$

(3)　$|A-tE| = \begin{vmatrix} \frac{2}{3}-t & -\frac{1}{3} & -\frac{1}{3} \\ -\frac{1}{3} & \frac{2}{3}-t & -\frac{1}{3} \\ -\frac{1}{3} & -\frac{1}{3} & \frac{2}{3}-t \end{vmatrix}$

$$= \begin{vmatrix} -t & -\frac{1}{3} & -\frac{1}{3} \\ -t & \frac{2}{3}-t & -\frac{1}{3} \\ -t & -\frac{1}{3} & \frac{2}{3}-t \end{vmatrix}$$

$$= -t\begin{vmatrix} 1 & -\frac{1}{3} & -\frac{1}{3} \\ 1 & \frac{2}{3}-t & -\frac{1}{3} \\ 1 & -\frac{1}{3} & \frac{2}{3}-t \end{vmatrix}$$

$$= -t\begin{vmatrix} 1 & -\frac{1}{3} & -\frac{1}{3} \\ 0 & 1-t & 0 \\ 0 & 0 & 1-t \end{vmatrix} = -t(t-1)^2$$

よって，求める固有値は

0，1（重解）　……〔答〕

［(3)の**別解**］

$A\boldsymbol{a}_1=\boldsymbol{a}_1$，$A\boldsymbol{a}_2=\boldsymbol{a}_2$，$A\boldsymbol{n}=\boldsymbol{0}$

より，明らかに

固有値は 1，1，0

固有ベクトルは $\boldsymbol{a}_1$，$\boldsymbol{a}_2$，$\boldsymbol{n}$

すなわち，求める固有値は

0，1（重解）　……〔答〕

［5C－07］（固有値・固有ベクトルの応用）

(1)　$\lambda_i A\boldsymbol{x}_i = B\boldsymbol{x}_i$（$\boldsymbol{x}_i \neq \boldsymbol{0}$），

$\lambda_j A\boldsymbol{x}_j = B\boldsymbol{x}_j$（$\boldsymbol{x}_j \neq \boldsymbol{0}$）とする。

$\lambda_i A\boldsymbol{x}_i = B\boldsymbol{x}_i$ より，${}^t(\lambda_i A\boldsymbol{x}_i) = {}^t(B\boldsymbol{x}_i)$

∴　$\lambda_i {}^t\boldsymbol{x}_i {}^tA = {}^t\boldsymbol{x}_i {}^tB$

${}^tA=A$，${}^tB=B$ より，$\lambda_i {}^t\boldsymbol{x}_i A = {}^t\boldsymbol{x}_i B$

∴　$\lambda_i {}^t\boldsymbol{x}_i A\boldsymbol{x}_j = {}^t\boldsymbol{x}_i B\boldsymbol{x}_j$　……①

一方，$\lambda_j A\boldsymbol{x}_j = B\boldsymbol{x}_j$ より

$\lambda_j {}^t\boldsymbol{x}_i A\boldsymbol{x}_j = {}^t\boldsymbol{x}_i B\boldsymbol{x}_j$　……②

①－② より，$(\lambda_i - \lambda_j)\,{}^t\boldsymbol{x}_i A\boldsymbol{x}_j = 0$

$\lambda_i \neq \lambda_j$ より，$\lambda_i - \lambda_j \neq 0$ であるから

${}^t\boldsymbol{x}_i A\boldsymbol{x}_j = 0$

(2)　$\lambda A\boldsymbol{x} = B\boldsymbol{x}$ より，$(\lambda A - B)\boldsymbol{x} = \boldsymbol{0}$

この同次連立1次方程式が $\boldsymbol{x} \neq \boldsymbol{0}$ である解をもつための条件は，

$|\lambda A - B| = 0$

ここで

$$\lambda A - B = \lambda\begin{pmatrix} 2 & 1 \\ 1 & 1 \end{pmatrix} - \begin{pmatrix} 2 & 0 \\ 0 & 1 \end{pmatrix} = \begin{pmatrix} 2(\lambda-1) & \lambda \\ \lambda & \lambda-1 \end{pmatrix}$$

より

$|\lambda A - B| = 2(\lambda-1)^2 - \lambda^2 = \lambda^2 - 4\lambda + 2$

$\lambda^2 - 4\lambda + 2 = 0$ を解くと，$\lambda = 2 \pm \sqrt{2}$

よって

$\lambda_1 = 2+\sqrt{2}$，$\lambda_2 = 2-\sqrt{2}$（順不同）

……〔答〕

（i）　$\boldsymbol{x}_1$ を求める。

$$\lambda_1 A - B = \begin{pmatrix} 2(1+\sqrt{2}) & 2+\sqrt{2} \\ 2+\sqrt{2} & 1+\sqrt{2} \end{pmatrix}$$

$$\to \begin{pmatrix} \sqrt{2} & 1 \\ 2+\sqrt{2} & 1+\sqrt{2} \end{pmatrix} \to \begin{pmatrix} \sqrt{2} & 1 \\ 0 & 0 \end{pmatrix}$$

よって，$\sqrt{2}x + y = 0$ より

$x=1$ として，$\boldsymbol{x}_1 = \begin{pmatrix} 1 \\ -\sqrt{2} \end{pmatrix}$　……〔答〕

（ii）　$\boldsymbol{x}_2$ を求める。

$$\lambda_2 A - B = \begin{pmatrix} 2(1-\sqrt{2}) & 2-\sqrt{2} \\ 2-\sqrt{2} & 1-\sqrt{2} \end{pmatrix}$$

$$\to\begin{pmatrix}-\sqrt{2} & 1\\ 2-\sqrt{2} & 1-\sqrt{2}\end{pmatrix}\to\begin{pmatrix}-\sqrt{2} & 1\\ 0 & 0\end{pmatrix}$$

よって，$-\sqrt{2}x+y=0$ より

$x=1$ として，$\boldsymbol{x}_2=\begin{pmatrix}1\\ \sqrt{2}\end{pmatrix}$ ……〔答〕

［5C－08］（線形変換の表現行列，正射影）

(1)　3点 A(−1, 0, 0)，B(0, 1, 0)，C(0, 0, −1) は明らかに平面 P 上の点であるから

$$\boldsymbol{a}_1=\overrightarrow{\mathrm{AB}}=\begin{pmatrix}1\\1\\0\end{pmatrix},\ \boldsymbol{a}_2=\overrightarrow{\mathrm{AC}}=\begin{pmatrix}1\\0\\-1\end{pmatrix}$$ ……〔答〕

また，$L:2(x-1)=-y=-z$ より

$$\frac{x-1}{-1}=\frac{y}{2}=\frac{z}{2}$$

$$\therefore\quad \boldsymbol{a}_3=\begin{pmatrix}-1\\2\\2\end{pmatrix}$$ ……〔答〕

(2)　O を原点，S$(X,\ Y,\ Z)$ として，これらの点がこの射影により，O′，S′ に移るとする。

$$\begin{pmatrix}x\\y\\z\end{pmatrix}=\begin{pmatrix}X\\Y\\Z\end{pmatrix}+t\boldsymbol{a}_3$$

$$=\begin{pmatrix}X\\Y\\Z\end{pmatrix}+t\begin{pmatrix}-1\\2\\2\end{pmatrix}=\begin{pmatrix}X-t\\Y+2t\\Z+2t\end{pmatrix}$$

が平面 P 上の点とすると

$$(X-t)-(Y+2t)+(Z+2t)+1=0$$

$$\therefore\quad t=X-Y+Z+1$$

よって

$$\begin{pmatrix}x\\y\\z\end{pmatrix}=\begin{pmatrix}X-t\\Y+2t\\Z+2t\end{pmatrix}$$

$$=\begin{pmatrix}Y-Z-1\\2X-Y+2Z+2\\2X-2Y+3Z+2\end{pmatrix}$$

したがって，O′(−1, 2, 2) に注意すると

$\overrightarrow{\mathrm{OS}}=\begin{pmatrix}X\\Y\\Z\end{pmatrix}$ が $\overrightarrow{\mathrm{O'S'}}=\begin{pmatrix}Y-Z\\2X-Y+2Z\\2X-2Y+3Z\end{pmatrix}$ に移る。

$$\begin{pmatrix}Y-Z\\2X-Y+2Z\\2X-2Y+3Z\end{pmatrix}=\begin{pmatrix}0&1&-1\\2&-1&2\\2&-2&3\end{pmatrix}\begin{pmatrix}X\\Y\\Z\end{pmatrix}$$

より

$$A=\begin{pmatrix}0&1&-1\\2&-1&2\\2&-2&3\end{pmatrix}$$ ……〔答〕

(3)　O を原点，T$(X,\ Y,\ Z)$ として，これらの点がこの射影により，O′，T′ に移るとする。

$$\begin{pmatrix}x\\y\\z\end{pmatrix}=\begin{pmatrix}X\\Y\\Z\end{pmatrix}+s\boldsymbol{a}_1+t\boldsymbol{a}_2$$

$$=\begin{pmatrix}X+s+t\\Y+s\\Z-t\end{pmatrix}$$

が直線 L 上の点とすると

$$\frac{(X+s+t)-1}{-1}=\frac{Y+s}{2}=\frac{Z-t}{2}=k$$

より

$$X+s+t=-k+1,\ Y+s=2k,\ Z-t=2k$$

これから，s，t を消去すると

$$X+(-Y+2k)+(Z-2k)=-k+1$$

$$\therefore\quad k=-X+Y-Z+1$$

よって

$$\begin{pmatrix}x\\y\\z\end{pmatrix}=\begin{pmatrix}X+s+t\\Y+s\\Z-t\end{pmatrix}$$

$$=\begin{pmatrix}X-Y+Z\\-2X+2Y-2Z+2\\-2X+2Y-2Z+2\end{pmatrix}$$

したがって，O′(0, 2, 2) に注意すると

$\overrightarrow{\mathrm{OT}}=\begin{pmatrix}X\\Y\\Z\end{pmatrix}$ が $\overrightarrow{\mathrm{O'T'}}=\begin{pmatrix}X-Y+Z\\-2X+2Y-2Z\\-2X+2Y-2Z\end{pmatrix}$

に移る。

$$\begin{pmatrix}X-Y+Z\\-2X+2Y-2Z\\-2X+2Y-2Z\end{pmatrix}=\begin{pmatrix}1&-1&1\\-2&2&-2\\-2&2&-2\end{pmatrix}\begin{pmatrix}X\\Y\\Z\end{pmatrix}$$

より

$$B=\begin{pmatrix}1&-1&1\\-2&2&-2\\-2&2&-2\end{pmatrix}$$ ……〔答〕

［(2)(3)の**別解**］

(2)　$A\boldsymbol{a}_1=\boldsymbol{a}_1$，$A\boldsymbol{a}_2=\boldsymbol{a}_2$，$A\boldsymbol{a}_3=\boldsymbol{0}$

より

$$A(\boldsymbol{a}_1\quad\boldsymbol{a}_2\quad\boldsymbol{a}_3)=(\boldsymbol{a}_1\quad\boldsymbol{a}_2\quad\boldsymbol{0})$$

$$\therefore\quad A\begin{pmatrix}1&1&-1\\1&0&2\\0&-1&2\end{pmatrix}=\begin{pmatrix}1&1&0\\1&0&0\\0&-1&0\end{pmatrix}$$

ここで

$$\begin{pmatrix}1&1&-1\\1&0&2\\0&-1&2\end{pmatrix}^{-1}=\begin{pmatrix}2&-1&2\\-2&2&-3\\-1&1&-1\end{pmatrix}$$

と求められるから

$$A=\begin{pmatrix}1&1&0\\1&0&0\\0&-1&0\end{pmatrix}\begin{pmatrix}1&1&-1\\1&0&2\\0&-1&2\end{pmatrix}^{-1}$$

$$=\begin{pmatrix}1&1&0\\1&0&0\\0&-1&0\end{pmatrix}\begin{pmatrix}2&-1&2\\-2&2&-3\\-1&1&-1\end{pmatrix}$$

$$=\begin{pmatrix}0&1&-1\\2&-1&2\\2&-2&3\end{pmatrix}\quad\cdots\cdots〔答〕$$

(3)　$B\boldsymbol{a}_1=\boldsymbol{0}$，$B\boldsymbol{a}_2=\boldsymbol{0}$，$B\boldsymbol{a}_3=\boldsymbol{a}_3$

より

$$B(\boldsymbol{a}_1\ \ \boldsymbol{a}_2\ \ \boldsymbol{a}_3)=(\boldsymbol{0}\ \ \boldsymbol{0}\ \ \boldsymbol{a}_3)$$

$$\therefore\quad B\begin{pmatrix}1&1&-1\\1&0&2\\0&-1&2\end{pmatrix}=\begin{pmatrix}0&0&-1\\0&0&2\\0&0&2\end{pmatrix}$$

よって

$$B=\begin{pmatrix}0&0&-1\\0&0&2\\0&0&2\end{pmatrix}\begin{pmatrix}1&1&-1\\1&0&2\\0&-1&2\end{pmatrix}^{-1}$$

$$=\begin{pmatrix}0&0&-1\\0&0&2\\0&0&2\end{pmatrix}\begin{pmatrix}2&-1&2\\-2&2&-3\\-1&1&-1\end{pmatrix}$$

$$=\begin{pmatrix}1&-1&1\\-2&2&-2\\-2&2&-2\end{pmatrix}\quad\cdots\cdots〔答〕$$

［5C－09］（空間図形の方程式，線形変換）

(1)　$\overrightarrow{\mathrm{OA}}=(2,\ 2,\ -4)$，$\overrightarrow{\mathrm{OB}}=(3,\ 5,\ -2)$，$\overrightarrow{\mathrm{OC}}=(5,\ 1,\ -3)$

$\boldsymbol{a}=\begin{pmatrix}2\\2\\-4\end{pmatrix}$，$\boldsymbol{b}=\begin{pmatrix}3\\5\\-2\end{pmatrix}$，$\boldsymbol{c}=\begin{pmatrix}5\\1\\-3\end{pmatrix}$ とおくとき

$$|\boldsymbol{a}\ \ \boldsymbol{b}\ \ \boldsymbol{c}|=\begin{vmatrix}2&3&5\\2&5&1\\-4&-2&-3\end{vmatrix}$$

$$=-30-12-20+100+18+4$$

$$=-62+122=60$$

$\therefore\quad V=60$　……〔答〕

(2)　$\overrightarrow{\mathrm{AB}}=\begin{pmatrix}1\\3\\2\end{pmatrix}$，$\overrightarrow{\mathrm{AC}}=\begin{pmatrix}3\\-1\\1\end{pmatrix}$ より

$$\overrightarrow{\mathrm{AB}}\times\overrightarrow{\mathrm{AC}}=\begin{pmatrix}1\\3\\2\end{pmatrix}\times\begin{pmatrix}3\\-1\\1\end{pmatrix}$$

$$=\begin{pmatrix}3-(-2)\\6-1\\(-1)-9\end{pmatrix}=\begin{pmatrix}5\\5\\-10\end{pmatrix}$$

$$=5\begin{pmatrix}1\\1\\-2\end{pmatrix}$$

よって，平面 P の方程式は

$$1\cdot(x-2)+1\cdot(y-2)+(-2)(z+4)=0$$

$\therefore\quad x+y-2z-12=0$　……〔答〕

(3)　点 $\mathrm{D}(0,\ 0,\ -6)$ は明らかに平面 P 上の点であるから，接点であることがわかる。そこで，求める球面の中心をGとすると

$$\overrightarrow{\mathrm{DG}}=k(1,\ 1,\ -2)=(k,\ k,\ -2k)$$

$$\therefore\quad \overrightarrow{\mathrm{OG}}=\overrightarrow{\mathrm{OD}}+\overrightarrow{\mathrm{DG}}$$

$$=(0,\ 0,\ -6)+(k,\ k,\ -2k)$$

$$=(k,\ k,\ -2k-6)$$

すなわち，球面は

中心が $\mathrm{G}(k,\ k,\ -2k-6)$

半径が $\sqrt{k^2+k^2+(-2k)^2}$

そこで，球面

$$(x-k)^2+(y-k)^2+(z+2k+6)^2=k^2+k^2+(-2k)^2$$

が原点を通ることから

$$k^2+k^2+(2k+6)^2=k^2+k^2+(-2k)^2$$

$\therefore\quad 24k+36=0\qquad\therefore\quad k=-\dfrac{3}{2}$

よって，求める球面の方程式は

$$\left(x+\frac{3}{2}\right)^2+\left(y+\frac{3}{2}\right)^2+(z+3)^2=\left(-\frac{3}{2}\right)^2+\left(-\frac{3}{2}\right)^2+3^2$$

$\therefore\quad x^2+y^2+z^2+3x+3y+6z=0$　……〔答〕

(4)　点Aを x 軸の回りに回転した点を $\mathrm{A}'(2,\ y,\ z)$ とする。

$$\begin{pmatrix}y\\z\end{pmatrix}=\begin{pmatrix}\cos\theta&-\sin\theta\\\sin\theta&\cos\theta\end{pmatrix}\begin{pmatrix}2\\-4\end{pmatrix}$$

$$=\begin{pmatrix}2\cos\theta+4\sin\theta\\2\sin\theta-4\cos\theta\end{pmatrix}$$

より

$$\mathrm{A}'(2,\ 2\cos\theta+4\sin\theta,\ 2\sin\theta-4\cos\theta)$$

平面 $Q:\sqrt{2}x+y+3z=2$ の法線ベクトルは

$$\vec{n}=(\sqrt{2},\ 1,\ 3)$$

であるから

$$\overrightarrow{\mathrm{OA}'}+k\vec{n}=\begin{pmatrix}2+k\sqrt{2}\\2\cos\theta+4\sin\theta+k\\2\sin\theta-4\cos\theta+3k\end{pmatrix}$$

よって

$$\begin{cases} 2+k\sqrt{2}=0, \\ 2\cos\theta+4\sin\theta+k=0, \\ 2\sin\theta-4\cos\theta+3k=0 \end{cases}$$

とすると

$$\begin{cases} k=-\sqrt{2} \\ 2\cos\theta+4\sin\theta-\sqrt{2}=0 & \cdots\cdots① \\ 2\sin\theta-4\cos\theta-3\sqrt{2}=0 & \cdots\cdots② \end{cases}$$

①×2+② より

$$10\sin\theta-5\sqrt{2}=0 \qquad \therefore \quad \sin\theta=\frac{\sqrt{2}}{2}$$

①−②×2 より

$$10\cos\theta+5\sqrt{2}=0 \qquad \therefore \quad \cos\theta=-\frac{\sqrt{2}}{2}$$

よって，$\theta=\dfrac{3}{4}\pi$ ……〔答〕

また　$k\vec{n}=-\sqrt{2}\,\vec{n}=-\sqrt{2}(\sqrt{2},\ 1,\ 3)$

より

$$L=|k\vec{n}|=|-\sqrt{2}\,\vec{n}|$$
$$=\sqrt{2}\cdot\sqrt{12}=2\sqrt{6} \quad \cdots\cdots〔答〕$$

[5C−10]　(ベクトル空間と部分空間)

(1)　基底をなすベクトルの個数　……〔答〕

(2)　$W\subset V$ は明らかだから，$W\supset V$ を証明すればよい。

V と W の次元を n とする。W の基底を $\{\boldsymbol{a}_1,\ \cdots,\ \boldsymbol{a}_n\}$ とする。

このとき

$\boldsymbol{a}_1,\ \cdots,\ \boldsymbol{a}_n$ は1次独立　かつ

$\boldsymbol{a}_1,\ \cdots,\ \boldsymbol{a}_n\in V$

である。

V の次元も n だから，$\{\boldsymbol{a}_1,\ \cdots,\ \boldsymbol{a}_n\}$ は V の基底でもあるから，任意の $\boldsymbol{v}\in V$ に対して，ある実数の組 $k_1,\ \cdots,\ k_n$ が存在して

$$\boldsymbol{v}=k_1\boldsymbol{a}_1+\cdots+k_n\boldsymbol{a}_n$$

ここで，$\boldsymbol{a}_1,\ \cdots,\ \boldsymbol{a}_n\in W$ であったから

$$\boldsymbol{v}=k_1\boldsymbol{a}_1+\cdots+k_n\boldsymbol{a}_n\in W$$

よって，$W\supset V$

[5C−11]　(1次変換と図形)

(1)
$$\begin{pmatrix} x' \\ y' \end{pmatrix}=\begin{pmatrix} 1 & -4 \\ 4 & 1 \end{pmatrix}\begin{pmatrix} \cos t \\ \sin t \end{pmatrix}$$
$$=\begin{pmatrix} \cos t-4\sin t \\ 4\cos t+\sin t \end{pmatrix}$$

より

$$(x')^2+(y')^2$$
$$=(\cos t-4\sin t)^2+(4\cos t+\sin t)^2=17$$

よって，求める図形は

円 $x^2+y^2=17$ ……〔答〕

(2)　17倍　……〔答〕

[5C−12]　(線形写像と正射影)

(1)　$\boldsymbol{x}$ と $\boldsymbol{a}$ のなす角を θ とする。

$$\boldsymbol{x}'=\frac{|\boldsymbol{x}'|}{|\boldsymbol{a}|}\boldsymbol{a}$$
$$=\frac{|\boldsymbol{x}|\cos\theta}{|\boldsymbol{a}|}\boldsymbol{a}$$
$$=\frac{|\boldsymbol{a}||\boldsymbol{x}|\cos\theta}{|\boldsymbol{a}|^2}\boldsymbol{a}$$
$$=\frac{\boldsymbol{a}\cdot\boldsymbol{x}}{|\boldsymbol{a}|^2}\boldsymbol{a} \quad \cdots\cdots〔答〕$$

(2)
$$\boldsymbol{x}''=\boldsymbol{x}+(-2)\boldsymbol{x}'$$
$$=\boldsymbol{x}+(-2)\frac{\boldsymbol{a}\cdot\boldsymbol{x}}{|\boldsymbol{a}|^2}\boldsymbol{a}$$
$$=\boldsymbol{x}-2\frac{\boldsymbol{a}\cdot\boldsymbol{x}}{|\boldsymbol{a}|^2}\boldsymbol{a}$$

……〔答〕

(3)　$\boldsymbol{x}''=\boldsymbol{x}-2\dfrac{\boldsymbol{a}\cdot\boldsymbol{x}}{|\boldsymbol{a}|^2}\boldsymbol{a}$ より

$$\begin{pmatrix} x'' \\ y'' \\ z'' \end{pmatrix}=\begin{pmatrix} x \\ y \\ z \end{pmatrix}-2\frac{x+y+z}{3}\begin{pmatrix} 1 \\ 1 \\ 1 \end{pmatrix}$$
$$=\frac{1}{3}\left\{\begin{pmatrix} 3x \\ 3y \\ 3z \end{pmatrix}-2(x+y+z)\begin{pmatrix} 1 \\ 1 \\ 1 \end{pmatrix}\right\}$$
$$=\frac{1}{3}\begin{pmatrix} x-2y-2z \\ -2x+y-2z \\ -2x-2y+z \end{pmatrix}$$
$$=\frac{1}{3}\begin{pmatrix} 1 & -2 & -2 \\ -2 & 1 & -2 \\ -2 & -2 & 1 \end{pmatrix}\begin{pmatrix} x \\ y \\ z \end{pmatrix}$$

よって，求める行列は

$$\frac{1}{3}\begin{pmatrix} 1 & -2 & -2 \\ -2 & 1 & -2 \\ -2 & -2 & 1 \end{pmatrix} \quad \cdots\cdots〔答〕$$

[5C−13]　(1次変換と図形)

(1)　$t=\dfrac{1}{2}$ のとき f を表す行列は

$$\begin{pmatrix} \frac{1}{2} & \frac{1}{2} \\ -\frac{1}{2} & \frac{3}{2} \end{pmatrix}=\frac{1}{2}\begin{pmatrix} 1 & 1 \\ -1 & 3 \end{pmatrix}$$

であり

$$\frac{1}{2}\begin{pmatrix} 1 & 1 \\ -1 & 3 \end{pmatrix}\begin{pmatrix} 1 \\ 0 \end{pmatrix}=\frac{1}{2}\begin{pmatrix} 1 \\ -1 \end{pmatrix}$$
$$=\begin{pmatrix} \frac{1}{2} \\ -\frac{1}{2} \end{pmatrix}$$

$$\frac{1}{2}\begin{pmatrix}1 & 1\\ -1 & 3\end{pmatrix}\begin{pmatrix}0\\ 1\end{pmatrix}=\frac{1}{2}\begin{pmatrix}1\\ 3\end{pmatrix}=\begin{pmatrix}\frac{1}{2}\\ \frac{3}{2}\end{pmatrix}$$

$$\frac{1}{2}\begin{pmatrix}1 & 1\\ -1 & 3\end{pmatrix}\begin{pmatrix}-1\\ 0\end{pmatrix}=\frac{1}{2}\begin{pmatrix}-1\\ 1\end{pmatrix}=\begin{pmatrix}-\frac{1}{2}\\ \frac{1}{2}\end{pmatrix}$$

$$\frac{1}{2}\begin{pmatrix}1 & 1\\ -1 & 3\end{pmatrix}\begin{pmatrix}0\\ -1\end{pmatrix}=\frac{1}{2}\begin{pmatrix}-1\\ -3\end{pmatrix}=\begin{pmatrix}-\frac{1}{2}\\ -\frac{3}{2}\end{pmatrix}$$

より，点 P′，Q′，R′，S′ をそれぞれ

$\left(\frac{1}{2},\ -\frac{1}{2}\right)$，$\left(\frac{1}{2},\ \frac{3}{2}\right)$，$\left(-\frac{1}{2},\ \frac{1}{2}\right)$，$\left(-\frac{1}{2},\ -\frac{3}{2}\right)$

とするとき，四角形 PQRS は四角形 P′Q′R′S′ に移される。……〔答〕

(2)　円 $C: x^2+y^2=\frac{1}{2}$ 上の点を

$\left(\frac{1}{\sqrt{2}}\cos\theta,\ \frac{1}{\sqrt{2}}\sin\theta\right)$

とおく。

$$\begin{pmatrix}x\\ y\end{pmatrix}=\frac{1}{2}\begin{pmatrix}1 & 1\\ -1 & 3\end{pmatrix}\begin{pmatrix}\frac{1}{\sqrt{2}}\cos\theta\\ \frac{1}{\sqrt{2}}\sin\theta\end{pmatrix}=\frac{1}{2\sqrt{2}}\begin{pmatrix}1 & 1\\ -1 & 3\end{pmatrix}\begin{pmatrix}\cos\theta\\ \sin\theta\end{pmatrix}=\frac{1}{2\sqrt{2}}\begin{pmatrix}\sin\theta+\cos\theta\\ 3\sin\theta-\cos\theta\end{pmatrix}$$

より

$$\begin{cases}x+y=\sqrt{2}\sin\theta\\ 3x-y=\sqrt{2}\cos\theta\end{cases}$$

よって

$$(x+y)^2+(3x-y)^2=2$$

$$\therefore\quad 10x^2-4xy+2y^2=2$$

$$5x^2-2xy+y^2=1$$

これは2次曲線であり

$$y^2-2xy+5x^2-1=0$$

を解くと

$$y=x\pm\sqrt{(-x)^2-(5x^2-1)}=x\pm\sqrt{1-4x^2}$$

したがって，これは楕円であり C' の概形は次のようになる。

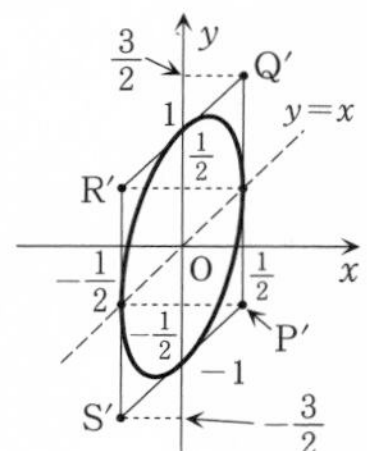

(3)　
$$\begin{pmatrix}x\\ y\end{pmatrix}=\begin{pmatrix}1-t & t\\ -t & 1+t\end{pmatrix}\begin{pmatrix}\frac{1}{\sqrt{2}}\cos\theta\\ \frac{1}{\sqrt{2}}\sin\theta\end{pmatrix}=\frac{1}{\sqrt{2}}\begin{pmatrix}1-t & t\\ -t & 1+t\end{pmatrix}\begin{pmatrix}\cos\theta\\ \sin\theta\end{pmatrix}=\frac{1}{\sqrt{2}}\begin{pmatrix}t\sin\theta+(1-t)\cos\theta\\ (1+t)\sin\theta-t\cos\theta\end{pmatrix}$$

より

$$tx+(1-t)y=\frac{t^2+(1-t^2)}{\sqrt{2}}\sin\theta=\frac{1}{\sqrt{2}}\sin\theta$$

$$(1+t)x-ty=\frac{(1-t^2)+t^2}{\sqrt{2}}\cos\theta=\frac{1}{\sqrt{2}}\cos\theta$$

よって

$$\{tx+(1-t)y\}^2+\{(1+t)x-ty\}^2=\frac{1}{2}$$

これを整理すると

$(4t^2+4t+2)x^2-8t^2xy+(4t^2-4t+2)y^2=1$

さらに t について整理すると

$4(x-y)^2t^2+4(x^2-y^2)t+2x^2+2y^2-1=0$

次に，これを満たす実数 t が存在するための条件を求める。

（i）　$x=y$ のとき；

$4x^2-1=0$ となるから，$x=y=\pm\frac{1}{2}$ ならば実数 t が存在する。

（注）　C' は t の値によらず2つの定点 $\left(\frac{1}{2},\ \frac{1}{2}\right)$，$\left(-\frac{1}{2},\ -\frac{1}{2}\right)$ を通過する。

（ii） $x \neq y$ のとき；

判別式 $\dfrac{D}{4}$ を考えて

$$\{2(x^2-y^2)\}^2-4(x-y)^2(2x^2+2y^2-1) \geqq 0$$
$$(x-y)^2\{(x+y)^2-(2x^2+2y^2-1)\} \geqq 0$$
$$(x-y)^2(-x^2-y^2+2xy+1) \geqq 0$$

$\therefore\quad x^2+y^2-2xy-1 \leqq 0 \qquad (x-y)^2 \leqq 1$

$\quad -1 \leqq x-y \leqq 1$

$\therefore\quad x-1 \leqq y \leqq x+1$

（i），（ii）より，t がすべての実数を動くとき C' が通過し得る点 $(x,\ y)$ の集合は

　領域：$x-1 \leqq y \leqq x+1$,

ただし $y=x\ \left(x \neq \pm\dfrac{1}{2}\right)$ は除く。

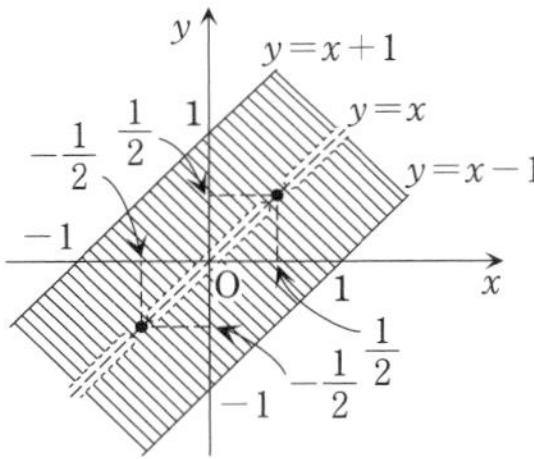

［5C−14］（ベクトル空間）

(1) （＊）より

$$\begin{pmatrix} 3 & 2 & 1 & -1 \\ 1 & 1 & -2 & 1 \end{pmatrix}\begin{pmatrix} x \\ y \\ z \\ w \end{pmatrix}=\begin{pmatrix} 0 \\ 0 \end{pmatrix}$$

ここで

$$\begin{pmatrix} 3 & 2 & 1 & -1 \\ 1 & 1 & -2 & 1 \end{pmatrix}$$

$$\to \cdots \to \begin{pmatrix} 1 & 0 & 5 & -3 \\ 0 & 1 & -7 & 4 \end{pmatrix}$$

より，（＊）は次のようになる。

$$\begin{cases} x+5z-3w=0 \\ y-7z+4w=0 \end{cases}$$

よって，求める解は

$$\begin{pmatrix} x \\ y \\ z \\ w \end{pmatrix}=\begin{pmatrix} -5a+3b \\ 7a-4b \\ a \\ b \end{pmatrix}$$

$$=a\begin{pmatrix} -5 \\ 7 \\ 1 \\ 0 \end{pmatrix}+b\begin{pmatrix} 3 \\ -4 \\ 0 \\ 1 \end{pmatrix} \qquad \cdots\cdots〔答〕$$

（a，b は任意）

したがって，解空間 W の基底は

$$\left\{\begin{pmatrix} -5 \\ 7 \\ 1 \\ 0 \end{pmatrix},\ \begin{pmatrix} 3 \\ -4 \\ 0 \\ 1 \end{pmatrix}\right\}$$

であり，次元は 2 である。 ……〔答〕

(2) $\begin{pmatrix} x \\ y \\ z \\ w \end{pmatrix} \in W^{\perp}$ とすると

$$\begin{pmatrix} -5 \\ 7 \\ 1 \\ 0 \end{pmatrix} \perp \begin{pmatrix} x \\ y \\ z \\ w \end{pmatrix},\ \begin{pmatrix} 3 \\ -4 \\ 0 \\ 1 \end{pmatrix} \perp \begin{pmatrix} x \\ y \\ z \\ w \end{pmatrix}$$

より $\begin{cases} -5x+7y+z=0 \\ 3x-4y+w=0 \end{cases}$

よって，$U \cap W^{\perp}$ は次の解空間である。

$$\begin{cases} -5x+7y+z=0 \\ 3x-4y+w=0 \\ x+y+z+w=0 \end{cases}$$

行列を用いて表すと

$$\begin{pmatrix} -5 & 7 & 1 & 0 \\ 3 & -4 & 0 & 1 \\ 1 & 1 & 1 & 1 \end{pmatrix}\begin{pmatrix} x \\ y \\ z \\ w \end{pmatrix}=\begin{pmatrix} 0 \\ 0 \\ 0 \end{pmatrix}$$

ここで

$$\begin{pmatrix} -5 & 7 & 1 & 0 \\ 3 & -4 & 0 & 1 \\ 1 & 1 & 1 & 1 \end{pmatrix}$$

$$\to \cdots \to \begin{pmatrix} 1 & 0 & 0 & -\dfrac{1}{3} \\ 0 & 1 & 0 & -\dfrac{1}{2} \\ 0 & 0 & 1 & \dfrac{11}{6} \end{pmatrix}$$

よって $\begin{cases} x-\dfrac{1}{3}w=0 \\ y-\dfrac{1}{2}w=0 \\ z+\dfrac{11}{6}w=0 \end{cases}$

したがって

$$\begin{pmatrix} x \\ y \\ z \\ w \end{pmatrix}=\begin{pmatrix} 2c \\ 3c \\ -11c \\ 6c \end{pmatrix}=c\begin{pmatrix} 2 \\ 3 \\ -11 \\ 6 \end{pmatrix}$$

（c は任意）

よって，共通部分空間 $U\cap W^{\perp}$ の基底は

$$\left\{\begin{pmatrix}2\\3\\-11\\6\end{pmatrix}\right\}$$ ……〔答〕

［5C－15］（線形変換の表現行列）

$\boldsymbol{a}_4=k\boldsymbol{a}_1+l\boldsymbol{a}_2+m\boldsymbol{a}_3$ ……（ⅰ）

とおくと，F の線形性より

$F(\boldsymbol{a}_4)=kF(\boldsymbol{a}_1)+lF(\boldsymbol{a}_2)+mF(\boldsymbol{a}_3)$

ここで

$F(\boldsymbol{a}_k)=\boldsymbol{a}_{k+1}$ $(k=1,\ 2,\ 3)$，$F(\boldsymbol{a}_4)=\boldsymbol{a}_1$

より

$\boldsymbol{a}_1=k\boldsymbol{a}_2+l\boldsymbol{a}_3+m\boldsymbol{a}_4$ ……（ⅱ）

（ⅰ），（ⅱ）より $\boldsymbol{a}_4$ を消去すると

$\boldsymbol{a}_1=k\boldsymbol{a}_2+l\boldsymbol{a}_3+m(k\boldsymbol{a}_1+l\boldsymbol{a}_2+m\boldsymbol{a}_3)$

よって

$(mk-1)\boldsymbol{a}_1+(k+ml)\boldsymbol{a}_2+(l+m^2)\boldsymbol{a}_3=\boldsymbol{0}$

$\boldsymbol{a}_1$，$\boldsymbol{a}_2$，$\boldsymbol{a}_3$ は1次独立であるから

$$\begin{cases}mk-1=0 & \cdots\cdots① \\ k+ml=0 & \cdots\cdots② \\ l+m^2=0 & \cdots\cdots③\end{cases}$$

①より，$k=\dfrac{1}{m}$　　③より，$l=-m^2$

これらを②に代入すると

$\dfrac{1}{m}-m^3=0$　　$\therefore\quad m^4=1$

m は実数だから，$m=\pm1$

よって，

$(k,\ l,\ m)=(1,\ -1,\ 1)$，$(-1,\ -1,\ -1)$

ところで，$(k,\ l,\ m)=(-1,\ -1,\ -1)$ とすると，$\boldsymbol{a}_1$，$\boldsymbol{a}_2$，$\boldsymbol{a}_3$，$\boldsymbol{a}_4$ がある同一の半空間にあるという仮定に反するから，

$(k,\ l,\ m)=(1,\ -1,\ 1)$

したがって

$F(\boldsymbol{a}_3)=\boldsymbol{a}_4=\boldsymbol{a}_1-\boldsymbol{a}_2+\boldsymbol{a}_3$

であり

$F(\boldsymbol{a}_1)=\boldsymbol{a}_2$，$F(\boldsymbol{a}_2)=\boldsymbol{a}_3$，

$F(\boldsymbol{a}_3)=\boldsymbol{a}_1-\boldsymbol{a}_2+\boldsymbol{a}_3$

より

$$(F(\boldsymbol{a}_1)\quad F(\boldsymbol{a}_2)\quad F(\boldsymbol{a}_3))$$

$$=(\boldsymbol{a}_1\quad \boldsymbol{a}_2\quad \boldsymbol{a}_3)\begin{pmatrix}0&0&1\\1&0&-1\\0&1&1\end{pmatrix}$$

すなわち，求める行列表示は

$$\begin{pmatrix}0&0&1\\1&0&-1\\0&1&1\end{pmatrix}$$ ……〔答〕

第6章
固有値とその応用

（A）基本問題

［6A－01］（固有値・固有ベクトル）

(1)　$$|A-tE|=\begin{vmatrix}2-t&0&2\\0&1-t&0\\2&0&2-t\end{vmatrix}$$

$=(1-t)(2-t)^2+0+0-0-0-4(1-t)$

$=(1-t)\{(2-t)^2-4\}=(1-t)(t^2-4t)$

$=-t(t-1)(t-4)$

よって，A の固有値は 0，1，4 ……〔答〕

(2)　（ⅰ）　固有値0に対する固有ベクトル

$$A-0\cdot E=\begin{pmatrix}2&0&2\\0&1&0\\2&0&2\end{pmatrix}\to\begin{pmatrix}1&0&1\\0&1&0\\0&0&0\end{pmatrix}$$

$$\therefore\quad\begin{cases}x+z=0\\y=0\end{cases}$$

よって，固有ベクトルは

$$\begin{pmatrix}x\\y\\z\end{pmatrix}=\begin{pmatrix}-a\\0\\a\end{pmatrix}=a\begin{pmatrix}-1\\0\\1\end{pmatrix}\quad(a\neq0)$$

たとえば　$\boldsymbol{v}_1=\begin{pmatrix}-1\\0\\1\end{pmatrix}$ ……〔答〕

（ⅱ）　固有値1に対する固有ベクトル

$$A-1\cdot E=\begin{pmatrix}1&0&2\\0&0&0\\2&0&1\end{pmatrix}\to\cdots$$

$$\to\begin{pmatrix}1&0&0\\0&0&1\\0&0&0\end{pmatrix}$$

$$\therefore\quad\begin{cases}x=0\\z=0\end{cases}$$

よって，固有ベクトルは

$$\begin{pmatrix}x\\y\\z\end{pmatrix}=\begin{pmatrix}0\\b\\0\end{pmatrix}=b\begin{pmatrix}0\\1\\0\end{pmatrix}\quad(b\neq0)$$

たとえば　$\boldsymbol{v}_2=\begin{pmatrix}0\\1\\0\end{pmatrix}$ ……〔答〕

（ⅲ）　固有値4に対する固有ベクトル

$$A-4\cdot E=\begin{pmatrix}-2&0&2\\0&-3&0\\2&0&-2\end{pmatrix}$$

$$\to\begin{pmatrix}1&0&-1\\0&1&0\\0&0&0\end{pmatrix}$$

$$\therefore\ \begin{cases}x-z=0\\y=0\end{cases}$$

よって，固有ベクトルは

$$\begin{pmatrix}x\\y\\z\end{pmatrix}=\begin{pmatrix}c\\0\\c\end{pmatrix}=c\begin{pmatrix}1\\0\\1\end{pmatrix}\quad(c\neq 0)$$

たとえば　$\boldsymbol{v}_3=\begin{pmatrix}1\\0\\1\end{pmatrix}$　……〔答〕

［6A－02］（対称行列の対角化）

(1)　$|A-tE|=\begin{vmatrix}1-t&2\\2&-2-t\end{vmatrix}$

$$=(1-t)(-2-t)-4$$
$$=t^2+t-6=(t+3)(t-2)$$

よって，求める固有値は $-3,\ 2$　……〔答〕

(2)　（ｉ）　固有値 -3 に対する固有ベクトル

$$A-(-3)E=\begin{pmatrix}4&2\\2&1\end{pmatrix}\to\begin{pmatrix}1&\frac{1}{2}\\0&0\end{pmatrix}$$

$x+\frac{1}{2}y=0$ より，固有ベクトルは

$$\begin{pmatrix}x\\y\end{pmatrix}=\begin{pmatrix}-a\\2a\end{pmatrix}=a\begin{pmatrix}-1\\2\end{pmatrix}\quad(a\neq 0)$$

長さ 1 の固有ベクトルとして

$$\begin{pmatrix}x\\y\end{pmatrix}=\frac{1}{\sqrt{5}}\begin{pmatrix}-1\\2\end{pmatrix}$$　……〔答〕

（ii）　固有値 2 に対する固有ベクトル

$$A-2E=\begin{pmatrix}-1&2\\2&-4\end{pmatrix}\to\begin{pmatrix}1&-2\\0&0\end{pmatrix}$$

$x-2y=0$ より，固有ベクトルは

$$\begin{pmatrix}x\\y\end{pmatrix}=\begin{pmatrix}2b\\b\end{pmatrix}=b\begin{pmatrix}2\\1\end{pmatrix}\quad(b\neq 0)$$

長さ 1 の固有ベクトルとして

$$\begin{pmatrix}x\\y\end{pmatrix}=\frac{1}{\sqrt{5}}\begin{pmatrix}2\\1\end{pmatrix}$$　……〔答〕

(3)　(2)より

$$\boldsymbol{p}_1=\frac{1}{\sqrt{5}}\begin{pmatrix}-1\\2\end{pmatrix}=\begin{pmatrix}-\frac{1}{\sqrt{5}}\\\frac{2}{\sqrt{5}}\end{pmatrix}$$

$$\boldsymbol{p}_2=\frac{1}{\sqrt{5}}\begin{pmatrix}2\\1\end{pmatrix}=\begin{pmatrix}\frac{2}{\sqrt{5}}\\\frac{1}{\sqrt{5}}\end{pmatrix}$$

とし　$P=(\boldsymbol{p}_1\ \ \boldsymbol{p}_2)=\begin{pmatrix}-\frac{1}{\sqrt{5}}&\frac{2}{\sqrt{5}}\\\frac{2}{\sqrt{5}}&\frac{1}{\sqrt{5}}\end{pmatrix}$

とおくと，P は直交行列で

$$^tPAP=\begin{pmatrix}-3&0\\0&2\end{pmatrix}$$

［6A－03］（固有値・固有ベクトル）

(1)　$|A-tE|=\begin{vmatrix}1-t&0&-1\\0&-1-t&0\\-1&0&1-t\end{vmatrix}$

$$=(1-t)^2(-1-t)-(-1-t)$$
$$=(-1-t)\{(1-t)^2-1\}$$
$$=-(t+1)(t^2-2t)=-(t+1)t(t-2)$$

よって，固有値は 2，0，-1　……〔答〕

(2)　（ｉ）　固有値 2 に対する固有ベクトル

$$A-2E=\begin{pmatrix}-1&0&-1\\0&-3&0\\-1&0&-1\end{pmatrix}\to\begin{pmatrix}1&0&1\\0&1&0\\0&0&0\end{pmatrix}$$

$$\therefore\ \begin{cases}x+z=0\\y=0\end{cases}$$

長さ 1 のものとして

$$\boldsymbol{a}_1=\frac{1}{\sqrt{2}}\begin{pmatrix}-1\\0\\1\end{pmatrix}$$　……〔答〕

（ii）　固有値 0 に対する固有ベクトル

$$A-0\cdot E=\begin{pmatrix}1&0&-1\\0&-1&0\\-1&0&1\end{pmatrix}$$

$$\to\begin{pmatrix}1&0&-1\\0&1&0\\0&0&0\end{pmatrix}$$

$$\therefore\ \begin{cases}x-z=0\\y=0\end{cases}$$

長さ 1 のものとして

$$\boldsymbol{a}_2=\frac{1}{\sqrt{2}}\begin{pmatrix}1\\0\\1\end{pmatrix}$$　……〔答〕

（iii）　固有値 -1 に対する固有ベクトル

$$A-(-1)\cdot E=\begin{pmatrix}2&0&-1\\0&0&0\\-1&0&2\end{pmatrix}\to\cdots$$

$$\to\begin{pmatrix}1&0&0\\0&0&1\\0&0&0\end{pmatrix}\quad\therefore\quad\begin{cases}x=0\\z=0\end{cases}$$

長さ1のものとして

$$\boldsymbol{a}_3=\begin{pmatrix}0\\1\\0\end{pmatrix}\quad\cdots\cdots〔答〕$$

(3)　$P=(\boldsymbol{a}_1\ \ \boldsymbol{a}_2\ \ \boldsymbol{a}_3)=\begin{pmatrix}-\frac{1}{\sqrt{2}}&\frac{1}{\sqrt{2}}&0\\0&0&1\\\frac{1}{\sqrt{2}}&\frac{1}{\sqrt{2}}&0\end{pmatrix}$

とおくと，P は直交行列で

$$P^{-1}={}^tP=\begin{pmatrix}-\frac{1}{\sqrt{2}}&0&\frac{1}{\sqrt{2}}\\\frac{1}{\sqrt{2}}&0&\frac{1}{\sqrt{2}}\\0&1&0\end{pmatrix}$$

また

$$P^{-1}AP=\begin{pmatrix}2&0&0\\0&0&0\\0&0&-1\end{pmatrix}$$

(4)　$P^{-1}A^nP=\begin{pmatrix}2^n&0&0\\0&0&0\\0&0&(-1)^n\end{pmatrix}$ より

$$A^n=P\begin{pmatrix}2^n&0&0\\0&0&0\\0&0&(-1)^n\end{pmatrix}P^{-1}$$

$$=\begin{pmatrix}-\frac{1}{\sqrt{2}}&\frac{1}{\sqrt{2}}&0\\0&0&1\\\frac{1}{\sqrt{2}}&\frac{1}{\sqrt{2}}&0\end{pmatrix}\begin{pmatrix}2^n&0&0\\0&0&0\\0&0&(-1)^n\end{pmatrix}$$

$$\times\begin{pmatrix}-\frac{1}{\sqrt{2}}&0&\frac{1}{\sqrt{2}}\\\frac{1}{\sqrt{2}}&0&\frac{1}{\sqrt{2}}\\0&1&0\end{pmatrix}$$

$$=\begin{pmatrix}-\frac{1}{\sqrt{2}}2^n&0&0\\0&0&(-1)^n\\\frac{1}{\sqrt{2}}2^n&0&0\end{pmatrix}$$

$$\times\begin{pmatrix}-\frac{1}{\sqrt{2}}&0&\frac{1}{\sqrt{2}}\\\frac{1}{\sqrt{2}}&0&\frac{1}{\sqrt{2}}\\0&1&0\end{pmatrix}$$

$$=\begin{pmatrix}2^{n-1}&0&-2^{n-1}\\0&(-1)^n&0\\-2^{n-1}&0&2^{n-1}\end{pmatrix}\quad\cdots\cdots〔答〕$$

[6A－04]　(固有値・固有ベクトル)

(1)　$|A|=\begin{vmatrix}-1&2&0\\0&-1&1\\a&0&2\end{vmatrix}=2+2a=-2$

より，$a=-2$　……〔答〕

(2)　$A=\begin{pmatrix}-1&2&0\\0&-1&1\\-2&0&2\end{pmatrix}$ より

$$|A-tE|=\begin{vmatrix}-1-t&2&0\\0&-1-t&1\\-2&0&2-t\end{vmatrix}$$

$$=(-1-t)^2(2-t)-4$$

$$=-t^3+3t-2$$

$$=-(t^3-3t+2)$$

$$=-(t-1)(t^2+t-2)$$

$$=-(t-1)^2(t+2)$$

よって，求める固有値は

　1（重解），-2　……〔答〕

(i)　固有値1（重解）に対する固有ベクトル

$$A-E=\begin{pmatrix}-2&2&0\\0&-2&1\\-2&0&1\end{pmatrix}\to\cdots$$

$$\to\begin{pmatrix}1&0&-\frac{1}{2}\\0&1&-\frac{1}{2}\\0&0&0\end{pmatrix}\quad\therefore\quad\begin{cases}x-\frac{1}{2}z=0\\y-\frac{1}{2}z=0\end{cases}$$

よって，求める固有ベクトルは

$$\begin{pmatrix}x\\y\\z\end{pmatrix}=\begin{pmatrix}s\\s\\2s\end{pmatrix}=s\begin{pmatrix}1\\1\\2\end{pmatrix}\quad(s\neq0)\quad\cdots\cdots〔答〕$$

(ii)　固有値 -2 に対する固有ベクトル

$$A-(-2)E=\begin{pmatrix}1&2&0\\0&1&1\\-2&0&4\end{pmatrix}\to\begin{pmatrix}1&2&0\\0&1&1\\0&4&4\end{pmatrix}$$

$$\to\begin{pmatrix}1&0&-2\\0&1&1\\0&0&0\end{pmatrix}\quad\therefore\quad\begin{cases}x-2z=0\\y+z=0\end{cases}$$

よって，求める固有ベクトルは

$$\begin{pmatrix} x \\ y \\ z \end{pmatrix}=\begin{pmatrix} 2t \\ -t \\ t \end{pmatrix}=t\begin{pmatrix} 2 \\ -1 \\ 1 \end{pmatrix} \quad (t \neq 0)$$

……〔答〕

（参考） 本問の A は1次独立な3つの固有ベクトルをもたないことが分かるから，対角化不可能である。

［6A－05］（固有値・固有ベクトル）

(1) $|A-tE|=\begin{vmatrix} 1-t & -2 & 0 \\ -2 & 1-t & 0 \\ 0 & 0 & 4-t \end{vmatrix}$

$=(1-t)^2(4-t)+0+0-0-4(4-t)-0$
$=-(t-4)\{(1-t)^2-4\}$
$=-(t-4)(t^2-2t-3)$
$=-(t-4)(t-3)(t+1)$

よって，固有値は -1，3，4 ……〔答〕

（i） 固有値 -1 に対する固有ベクトル

$$A-(-1)E=\begin{pmatrix} 2 & -2 & 0 \\ -2 & 2 & 0 \\ 0 & 0 & 5 \end{pmatrix}$$

$$\to\begin{pmatrix} 1 & -1 & 0 \\ 0 & 0 & 0 \\ 0 & 0 & 1 \end{pmatrix}\to\begin{pmatrix} 1 & -1 & 0 \\ 0 & 0 & 1 \\ 0 & 0 & 0 \end{pmatrix}$$

$\therefore \begin{cases} x-y=0 \\ z=0 \end{cases}$

よって，固有ベクトルは

$$\begin{pmatrix} x \\ y \\ z \end{pmatrix}=\begin{pmatrix} a \\ a \\ 0 \end{pmatrix}=a\begin{pmatrix} 1 \\ 1 \\ 0 \end{pmatrix} \quad (a \neq 0)$$ ……〔答〕

（ii） 固有値3に対する固有ベクトル

$$A-3E=\begin{pmatrix} -2 & -2 & 0 \\ -2 & -2 & 0 \\ 0 & 0 & 1 \end{pmatrix}\to\begin{pmatrix} 1 & 1 & 0 \\ 0 & 0 & 0 \\ 0 & 0 & 1 \end{pmatrix}$$

$$\to\begin{pmatrix} 1 & 1 & 0 \\ 0 & 0 & 1 \\ 0 & 0 & 0 \end{pmatrix} \quad \therefore \begin{cases} x+y=0 \\ z=0 \end{cases}$$

よって，固有ベクトルは

$$\begin{pmatrix} x \\ y \\ z \end{pmatrix}=\begin{pmatrix} -b \\ b \\ 0 \end{pmatrix}=b\begin{pmatrix} -1 \\ 1 \\ 0 \end{pmatrix} \quad (b \neq 0)$$

……〔答〕

（iii） 固有値4に対する固有ベクトル

$$A-4E=\begin{pmatrix} -3 & -2 & 0 \\ -2 & -3 & 0 \\ 0 & 0 & 0 \end{pmatrix}$$

$$\to\begin{pmatrix} 1 & 4 & 0 \\ -2 & -3 & 0 \\ 0 & 0 & 0 \end{pmatrix}$$

$$\to\begin{pmatrix} 1 & 4 & 0 \\ 0 & 5 & 0 \\ 0 & 0 & 0 \end{pmatrix}\to\begin{pmatrix} 1 & 0 & 0 \\ 0 & 1 & 0 \\ 0 & 0 & 0 \end{pmatrix}$$

$\therefore \begin{cases} x=0 \\ y=0 \end{cases}$

よって，固有ベクトルは

$$\begin{pmatrix} x \\ y \\ z \end{pmatrix}=\begin{pmatrix} 0 \\ 0 \\ c \end{pmatrix}=c\begin{pmatrix} 0 \\ 0 \\ 1 \end{pmatrix} \quad (c \neq 0)$$ ……〔答〕

(2) (1)より

$$P=\begin{pmatrix} 1 & -1 & 0 \\ 1 & 1 & 0 \\ 0 & 0 & 1 \end{pmatrix}$$

とおくと，P は正則行列で

$$P^{-1}AP=\begin{pmatrix} -1 & 0 & 0 \\ 0 & 3 & 0 \\ 0 & 0 & 4 \end{pmatrix}$$

［6A－06］（行列の対角化）

(1) $|A-tE|=\begin{vmatrix} -1-t & -5 & -1 \\ 2 & 4-t & 0 \\ -4 & -8 & -t \end{vmatrix}$

$=(-1-t)(4-t)(-t)+0+16$
$\quad -4(4-t)-10t-0$
$=-t(t+1)(t-4)-6t$
$=-t\{(t+1)(t-4)+6\}$
$=-t(t^2-3t+2)=-t(t-1)(t-2)$

よって，固有値は 0，1，2 ……〔答〕

次に固有ベクトルを求める。

（i） 固有値0に対する固有ベクトル

$$A-0\cdot E=\begin{pmatrix} -1 & -5 & -1 \\ 2 & 4 & 0 \\ -4 & -8 & 0 \end{pmatrix}\to\cdots$$

$$\to\begin{pmatrix} 1 & 0 & -\frac{2}{3} \\ 0 & 1 & \frac{1}{3} \\ 0 & 0 & 0 \end{pmatrix} \quad \therefore \begin{cases} x-\frac{2}{3}z=0 \\ y+\frac{1}{3}z=0 \end{cases}$$

よって，求める固有ベクトルは

$$\begin{pmatrix} x \\ y \\ z \end{pmatrix}=\begin{pmatrix} 2a \\ -a \\ 3a \end{pmatrix}=a\begin{pmatrix} 2 \\ -1 \\ 3 \end{pmatrix} \quad (a \neq 0)$$ ……〔答〕

（ii） 固有値1に対する固有ベクトル

$$A-1\cdot E=\begin{pmatrix}-2&-5&-1\\2&3&0\\-4&-8&-1\end{pmatrix}\to\cdots$$

$$\to\begin{pmatrix}1&0&-\frac{3}{4}\\0&1&\frac{1}{2}\\0&0&0\end{pmatrix}\quad\therefore\quad\begin{cases}x-\frac{3}{4}z=0\\y+\frac{1}{2}z=0\end{cases}$$

よって，求める固有ベクトルは

$$\begin{pmatrix}x\\y\\z\end{pmatrix}=\begin{pmatrix}3b\\-2b\\4b\end{pmatrix}=b\begin{pmatrix}3\\-2\\4\end{pmatrix}\quad(b\neq 0)$$

……〔答〕

（iii）　固有値 2 に対する固有ベクトル

$$A-2\cdot E=\begin{pmatrix}-3&-5&-1\\2&2&0\\-4&-8&-2\end{pmatrix}\to\cdots$$

$$\to\begin{pmatrix}1&0&-\frac{1}{2}\\0&1&\frac{1}{2}\\0&0&0\end{pmatrix}\quad\therefore\quad\begin{cases}x-\frac{1}{2}z=0\\y+\frac{1}{2}z=0\end{cases}$$

よって，求める固有ベクトルは

$$\begin{pmatrix}x\\y\\z\end{pmatrix}=\begin{pmatrix}c\\-c\\2c\end{pmatrix}=c\begin{pmatrix}1\\-1\\2\end{pmatrix}\quad(c\neq 0)$$

……〔答〕

そこで $P=\begin{pmatrix}2&3&1\\-1&-2&-1\\3&4&2\end{pmatrix}$ とおく。

$$(P\quad E)=\begin{pmatrix}2&3&1&1&0&0\\-1&-2&-1&0&1&0\\3&4&2&0&0&1\end{pmatrix}$$

$$\to\cdots\to\begin{pmatrix}1&0&0&0&2&1\\0&1&0&1&-1&-1\\0&0&1&-2&-1&1\end{pmatrix}$$

より　$P^{-1}=\begin{pmatrix}0&2&1\\1&-1&-1\\-2&-1&1\end{pmatrix}$

$P^{-1}AP$

$$=\begin{pmatrix}0&2&1\\1&-1&-1\\-2&-1&1\end{pmatrix}\begin{pmatrix}-1&-5&-1\\2&4&0\\-4&-8&0\end{pmatrix}$$

$$\times\begin{pmatrix}2&3&1\\-1&-2&-1\\3&4&2\end{pmatrix}$$

$$=\begin{pmatrix}0&0&0\\1&-1&-1\\-4&-2&2\end{pmatrix}\begin{pmatrix}2&3&1\\-1&-2&-1\\3&4&2\end{pmatrix}$$

$$=\begin{pmatrix}0&0&0\\0&1&0\\0&0&2\end{pmatrix}$$ ……〔答〕

(2)　$P^{-1}AP=\begin{pmatrix}0&0&0\\0&1&0\\0&0&2\end{pmatrix}$ より

$$(P^{-1}AP)^n=\begin{pmatrix}0&0&0\\0&1&0\\0&0&2\end{pmatrix}^n$$

$$\therefore\quad P^{-1}A^nP=\begin{pmatrix}0&0&0\\0&1&0\\0&0&2^n\end{pmatrix}$$

よって

$$A^n=P\begin{pmatrix}0&0&0\\0&1&0\\0&0&2^n\end{pmatrix}P^{-1}$$

$$=\begin{pmatrix}2&3&1\\-1&-2&-1\\3&4&2\end{pmatrix}\begin{pmatrix}0&0&0\\0&1&0\\0&0&2^n\end{pmatrix}$$

$$\times\begin{pmatrix}0&2&1\\1&-1&-1\\-2&-1&1\end{pmatrix}$$

$$=\begin{pmatrix}0&3&2^n\\0&-2&-2^n\\0&4&2^{n+1}\end{pmatrix}\begin{pmatrix}0&2&1\\1&-1&-1\\-2&-1&1\end{pmatrix}$$

$$=\begin{pmatrix}3-2^{n+1}&-3-2^n&-3+2^n\\-2+2^{n+1}&2+2^n&2-2^n\\4-2^{n+2}&-4-2^{n+1}&-4+2^{n+1}\end{pmatrix}$$

……〔答〕

［6A－07］（固有値・固有ベクトル，対角化）

(1)　$|A-tE|=\begin{vmatrix}1-t&0&1\\0&1-t&2\\2&2&-t\end{vmatrix}$

$=(1-t)^2(-t)-2(1-t)-4(1-t)$
$=(1-t)\{(1-t)(-t)-6\}$
$=-(t-1)(t^2-t-6)$
$=-(t-1)(t-3)(t+2)$

よって，求める固有値は $-2,\ 1,\ 3$ ……〔答〕

(2)　（i）　固有値 -2 に対する固有ベクトル

$$A-(-2)E=\begin{pmatrix}3&0&1\\0&3&2\\2&2&2\end{pmatrix}\to\cdots$$

$$\rightarrow \begin{pmatrix} 1 & 0 & \frac{1}{3} \\ 0 & 1 & \frac{2}{3} \\ 0 & 0 & 0 \end{pmatrix} \quad \therefore \begin{cases} x+\frac{1}{3}z=0 \\ y+\frac{2}{3}z=0 \end{cases}$$

よって，求める固有ベクトルは

$$\begin{pmatrix} x \\ y \\ z \end{pmatrix} = \begin{pmatrix} -a \\ -2a \\ 3a \end{pmatrix} = a\begin{pmatrix} -1 \\ -2 \\ 3 \end{pmatrix} \quad (a \neq 0)$$

……〔答〕

（ii） 固有値 1 に対する固有ベクトル

$$A-E=\begin{pmatrix} 0 & 0 & 1 \\ 0 & 0 & 2 \\ 2 & 2 & -1 \end{pmatrix} \rightarrow \cdots$$

$$\rightarrow \begin{pmatrix} 1 & 1 & 0 \\ 0 & 0 & 1 \\ 0 & 0 & 0 \end{pmatrix} \quad \therefore \begin{cases} x+y=0 \\ z=0 \end{cases}$$

よって，求める固有ベクトルは

$$\begin{pmatrix} x \\ y \\ z \end{pmatrix} = \begin{pmatrix} -b \\ b \\ 0 \end{pmatrix} = b\begin{pmatrix} -1 \\ 1 \\ 0 \end{pmatrix} \quad (b \neq 0)$$

……〔答〕

（iii） 固有値 3 に対する固有ベクトル

$$A-3E=\begin{pmatrix} -2 & 0 & 1 \\ 0 & -2 & 2 \\ 2 & 2 & -3 \end{pmatrix}$$

$$\rightarrow \begin{pmatrix} -2 & 0 & 1 \\ 0 & -2 & 2 \\ 0 & 2 & -2 \end{pmatrix}$$

$$\rightarrow \begin{pmatrix} 1 & 0 & -\frac{1}{2} \\ 0 & 1 & -1 \\ 0 & 0 & 0 \end{pmatrix} \quad \therefore \begin{cases} x-\frac{1}{2}z=0 \\ y-z=0 \end{cases}$$

よって，求める固有ベクトルは

$$\begin{pmatrix} x \\ y \\ z \end{pmatrix} = \begin{pmatrix} c \\ 2c \\ 2c \end{pmatrix} = c\begin{pmatrix} 1 \\ 2 \\ 2 \end{pmatrix} \quad (c \neq 0)$$ ……〔答〕

(3) (2)より $P=\begin{pmatrix} -1 & -1 & 1 \\ -2 & 1 & 2 \\ 3 & 0 & 2 \end{pmatrix}$

とおくと P は正則行列で

$$P^{-1}AP=\begin{pmatrix} -2 & 0 & 0 \\ 0 & 1 & 0 \\ 0 & 0 & 3 \end{pmatrix}$$ ……〔答〕

［6A－08］（対角化）

(1) $|C-tE|=\begin{vmatrix} 3-t & 1 & 1 \\ 1 & 2-t & 0 \\ 1 & 0 & 2-t \end{vmatrix}$

$=(3-t)(2-t)^2-(2-t)-(2-t)$

$=(2-t)\{(3-t)(2-t)-2\}$

$=-(t-2)(t^2-5t+4)$

$=-(t-2)(t-1)(t-4)$

よって，求める固有値は

1，2，4 ……〔答〕

次に固有ベクトルを求める。

（i） 固有値 1 に対する固有ベクトル

$$C-E=\begin{pmatrix} 2 & 1 & 1 \\ 1 & 1 & 0 \\ 1 & 0 & 1 \end{pmatrix} \rightarrow \begin{pmatrix} 1 & 0 & 1 \\ 1 & 1 & 0 \\ 1 & 0 & 1 \end{pmatrix}$$

$$\rightarrow \begin{pmatrix} 1 & 0 & 1 \\ 0 & 1 & -1 \\ 0 & 0 & 0 \end{pmatrix} \quad \therefore \begin{cases} x+z=0 \\ y-z=0 \end{cases}$$

よって，求める固有ベクトルは

$$\begin{pmatrix} x \\ y \\ z \end{pmatrix} = \begin{pmatrix} -a \\ a \\ a \end{pmatrix} = a\begin{pmatrix} -1 \\ 1 \\ 1 \end{pmatrix} \quad (a \neq 0)$$

……〔答〕

（ii） 固有値 2 に対する固有ベクトル

$$C-2E=\begin{pmatrix} 1 & 1 & 1 \\ 1 & 0 & 0 \\ 1 & 0 & 0 \end{pmatrix} \rightarrow \begin{pmatrix} 1 & 0 & 0 \\ 1 & 1 & 1 \\ 0 & 0 & 0 \end{pmatrix}$$

$$\rightarrow \begin{pmatrix} 1 & 0 & 0 \\ 0 & 1 & 1 \\ 0 & 0 & 0 \end{pmatrix} \quad \therefore \begin{cases} x=0 \\ y+z=0 \end{cases}$$

よって，求める固有ベクトルは

$$\begin{pmatrix} x \\ y \\ z \end{pmatrix} = \begin{pmatrix} 0 \\ -b \\ b \end{pmatrix} = b\begin{pmatrix} 0 \\ -1 \\ 1 \end{pmatrix} \quad (b \neq 0)$$

……〔答〕

（iii） 固有値 4 に対する固有ベクトル

$$C-4E=\begin{pmatrix} -1 & 1 & 1 \\ 1 & -2 & 0 \\ 1 & 0 & -2 \end{pmatrix} \rightarrow \cdots$$

$$\rightarrow \begin{pmatrix} 1 & 0 & -2 \\ 0 & 1 & -1 \\ 0 & 0 & 0 \end{pmatrix} \quad \therefore \begin{cases} x-2z=0 \\ y-z=0 \end{cases}$$

よって，求める固有ベクトルは

$$\begin{pmatrix} x \\ y \\ z \end{pmatrix} = \begin{pmatrix} 2c \\ c \\ c \end{pmatrix} = c\begin{pmatrix} 2 \\ 1 \\ 1 \end{pmatrix} \quad (c \neq 0)$$ ……〔答〕

(2)　(1)より　$P=\begin{pmatrix} -1 & 0 & 2 \\ 1 & -1 & 1 \\ 1 & 1 & 1 \end{pmatrix}$

とおくと　$P^{-1}CP=\begin{pmatrix} 1 & 0 & 0 \\ 0 & 2 & 0 \\ 0 & 0 & 4 \end{pmatrix}$

(3)　$P^{-1}CP=\begin{pmatrix} 1 & 0 & 0 \\ 0 & 2 & 0 \\ 0 & 0 & 4 \end{pmatrix}$ より

$$(P^{-1}CP)^n=\begin{pmatrix} 1 & 0 & 0 \\ 0 & 2 & 0 \\ 0 & 0 & 4 \end{pmatrix}^n$$

$$\therefore\quad P^{-1}C^nP=\begin{pmatrix} 1 & 0 & 0 \\ 0 & 2^n & 0 \\ 0 & 0 & 4^n \end{pmatrix}$$

$$\therefore\quad C^n=P\begin{pmatrix} 1 & 0 & 0 \\ 0 & 2^n & 0 \\ 0 & 0 & 4^n \end{pmatrix}P^{-1}$$

ここで，P^{-1} を求める。

$$|P|=\begin{vmatrix} -1 & 0 & 2 \\ 1 & -1 & 1 \\ 1 & 1 & 1 \end{vmatrix}$$
$$=1+2-(-2)-(-1)=6\neq 0$$

各余因子を計算する。

$$P_{11}=\begin{vmatrix} -1 & 1 \\ 1 & 1 \end{vmatrix}=-2,\ P_{12}=-\begin{vmatrix} 1 & 1 \\ 1 & 1 \end{vmatrix}=0,$$
$$P_{13}=\begin{vmatrix} 1 & -1 \\ 1 & 1 \end{vmatrix}=2,\ P_{21}=-\begin{vmatrix} 0 & 2 \\ 1 & 1 \end{vmatrix}=2,$$
$$P_{22}=\begin{vmatrix} -1 & 2 \\ 1 & 1 \end{vmatrix}=-3,\ P_{23}=-\begin{vmatrix} -1 & 0 \\ 1 & 1 \end{vmatrix}=1,$$
$$P_{31}=\begin{vmatrix} 0 & 2 \\ -1 & 1 \end{vmatrix}=2,\ P_{32}=-\begin{vmatrix} -1 & 2 \\ 1 & 1 \end{vmatrix}=3,$$
$$P_{33}=\begin{vmatrix} -1 & 0 \\ 1 & -1 \end{vmatrix}=1$$

よって　$P^{-1}=\dfrac{1}{6}\begin{pmatrix} -2 & 2 & 2 \\ 0 & -3 & 3 \\ 2 & 1 & 1 \end{pmatrix}$

したがって

$$C^n=P\begin{pmatrix} 1 & 0 & 0 \\ 0 & 2^n & 0 \\ 0 & 0 & 4^n \end{pmatrix}P^{-1}$$
$$=\begin{pmatrix} -1 & 0 & 2 \\ 1 & -1 & 1 \\ 1 & 1 & 1 \end{pmatrix}\begin{pmatrix} 1 & 0 & 0 \\ 0 & 2^n & 0 \\ 0 & 0 & 4^n \end{pmatrix}$$
$$\times\frac{1}{6}\begin{pmatrix} -2 & 2 & 2 \\ 0 & -3 & 3 \\ 2 & 1 & 1 \end{pmatrix}$$
$$=\frac{1}{6}\begin{pmatrix} -1 & 0 & 2 \\ 1 & -1 & 1 \\ 1 & 1 & 1 \end{pmatrix}\begin{pmatrix} 1 & 0 & 0 \\ 0 & 2^n & 0 \\ 0 & 0 & 4^n \end{pmatrix}$$
$$\times\begin{pmatrix} -2 & 2 & 2 \\ 0 & -3 & 3 \\ 2 & 1 & 1 \end{pmatrix}$$
$$=\frac{1}{6}\begin{pmatrix} -1 & 0 & 2\cdot 4^n \\ 1 & -2^n & 4^n \\ 1 & 2^n & 4^n \end{pmatrix}\begin{pmatrix} -2 & 2 & 2 \\ 0 & -3 & 3 \\ 2 & 1 & 1 \end{pmatrix}$$
$$=\frac{1}{6}\begin{pmatrix} 2+4^{n+1} & -2+2\cdot 4^n & -2+2\cdot 4^n \\ -2+2\cdot 4^n & 2+3\cdot 2^n+4^n & 2-3\cdot 2^n+4^n \\ -2+2\cdot 4^n & 2-3\cdot 2^n+4^n & 2+3\cdot 2^n+4^n \end{pmatrix}$$

……〔答〕

［6A－09］　（対称行列の対角化）

(1)　$|A-tE|=\begin{vmatrix} 2-t & 1 & 1 \\ 1 & 2-t & 1 \\ 1 & 1 & 2-t \end{vmatrix}$

$$=\begin{vmatrix} 4-t & 1 & 1 \\ 4-t & 2-t & 1 \\ 4-t & 1 & 2-t \end{vmatrix}$$
$$=(4-t)\begin{vmatrix} 1 & 1 & 1 \\ 1 & 2-t & 1 \\ 1 & 1 & 2-t \end{vmatrix}$$
$$=(4-t)\begin{vmatrix} 1 & 1 & 1 \\ 0 & 1-t & 0 \\ 0 & 0 & 1-t \end{vmatrix}$$
$$=(4-t)(1-t)^2$$

よって，求める固有値は

1（重解），4　……〔答〕

次に固有ベクトルを求める。

（i）　固有値1（重解）に対する固有ベクトル

$$A-E=\begin{pmatrix} 1 & 1 & 1 \\ 1 & 1 & 1 \\ 1 & 1 & 1 \end{pmatrix}\to\begin{pmatrix} 1 & 1 & 1 \\ 0 & 0 & 0 \\ 0 & 0 & 0 \end{pmatrix}$$

$\therefore\quad x+y+z=0$

よって，求める固有ベクトルは

$$\begin{pmatrix} x \\ y \\ z \end{pmatrix}=\begin{pmatrix} -a-b \\ a \\ b \end{pmatrix}=a\begin{pmatrix} -1 \\ 1 \\ 0 \end{pmatrix}+b\begin{pmatrix} -1 \\ 0 \\ 1 \end{pmatrix}$$

$((a,\ b)\neq(0,\ 0))$　……〔答〕

（ii） 固有値 4 に対する固有ベクトル

$$A-4E=\begin{pmatrix}-2 & 1 & 1\\ 1 & -2 & 1\\ 1 & 1 & -2\end{pmatrix}\to\cdots$$

$$\to\begin{pmatrix}1 & 0 & -1\\ 0 & 1 & -1\\ 0 & 0 & 0\end{pmatrix}$$

$$\therefore\ \begin{cases}x-z=0\\ y-z=0\end{cases}$$

よって，求める固有ベクトルは

$$\begin{pmatrix}x\\ y\\ z\end{pmatrix}=\begin{pmatrix}c\\ c\\ c\end{pmatrix}=c\begin{pmatrix}1\\ 1\\ 1\end{pmatrix}\quad (c\neq 0)$$ ……〔答〕

(2) (1)より

$$\boldsymbol{a}_1=\begin{pmatrix}-1\\ 1\\ 0\end{pmatrix},\ \boldsymbol{a}_2=\begin{pmatrix}-1\\ 0\\ 1\end{pmatrix},\ \boldsymbol{a}_3=\begin{pmatrix}1\\ 1\\ 1\end{pmatrix}$$

とおく。

$$\boldsymbol{b}_1=\frac{\boldsymbol{a}_1}{|\boldsymbol{a}_1|}=\frac{1}{\sqrt{2}}\begin{pmatrix}-1\\ 1\\ 0\end{pmatrix}=\begin{pmatrix}-\frac{1}{\sqrt{2}}\\ \frac{1}{\sqrt{2}}\\ 0\end{pmatrix}$$

$$\boldsymbol{a}_2-(\boldsymbol{a}_2,\ \boldsymbol{b}_1)\boldsymbol{b}_1$$

$$=\begin{pmatrix}-1\\ 0\\ 1\end{pmatrix}-\frac{1}{\sqrt{2}}\cdot\frac{1}{\sqrt{2}}\begin{pmatrix}-1\\ 1\\ 0\end{pmatrix}$$

$$=\begin{pmatrix}-\frac{1}{2}\\ -\frac{1}{2}\\ 1\end{pmatrix}$$

$$=\frac{1}{2}\begin{pmatrix}-1\\ -1\\ 2\end{pmatrix}$$ 大きさは $\frac{\sqrt{6}}{2}$

よって

$$\boldsymbol{b}_2=\frac{\boldsymbol{a}_2-(\boldsymbol{a}_2,\ \boldsymbol{b}_1)\boldsymbol{b}_1}{|\boldsymbol{a}_2-(\boldsymbol{a}_2,\ \boldsymbol{b}_1)\boldsymbol{b}_1|}$$

$$=\frac{2}{\sqrt{6}}\cdot\frac{1}{2}\begin{pmatrix}-1\\ -1\\ 2\end{pmatrix}=\frac{1}{\sqrt{6}}\begin{pmatrix}-1\\ -1\\ 2\end{pmatrix}$$

$$=\begin{pmatrix}-\frac{1}{\sqrt{6}}\\ -\frac{1}{\sqrt{6}}\\ \frac{2}{\sqrt{6}}\end{pmatrix}$$

最後に

$$\boldsymbol{b}_3=\frac{\boldsymbol{a}_3}{|\boldsymbol{a}_3|}=\frac{1}{\sqrt{3}}\begin{pmatrix}1\\ 1\\ 1\end{pmatrix}=\begin{pmatrix}\frac{1}{\sqrt{3}}\\ \frac{1}{\sqrt{3}}\\ \frac{1}{\sqrt{3}}\end{pmatrix}$$

以上より

$$P=(\boldsymbol{b}_1\quad \boldsymbol{b}_2\quad \boldsymbol{b}_3)$$

$$=\begin{pmatrix}-\frac{1}{\sqrt{2}} & -\frac{1}{\sqrt{6}} & \frac{1}{\sqrt{3}}\\ \frac{1}{\sqrt{2}} & -\frac{1}{\sqrt{6}} & \frac{1}{\sqrt{3}}\\ 0 & \frac{2}{\sqrt{6}} & \frac{1}{\sqrt{3}}\end{pmatrix}$$

とおくと，P は直交行列で

$$P^{-1}AP={}^tPAP=\begin{pmatrix}1 & 0 & 0\\ 0 & 1 & 0\\ 0 & 0 & 4\end{pmatrix}$$

（B） 標準問題

[6B－01] （行列の基礎）

(1) $A^2=\begin{pmatrix}a & 0\\ c & d\end{pmatrix}\begin{pmatrix}a & 0\\ c & d\end{pmatrix}=\begin{pmatrix}a^2 & 0\\ (a+d)c & d^2\end{pmatrix}$

$A^2=\begin{pmatrix}1 & 0\\ 0 & 1\end{pmatrix}$ より

$a^2=1$ ……①

$d^2=1$ ……②

$(a+d)c=0$ ……③

①より $a=\pm 1$，②より $d=\pm 1$

（i） $a+d\neq 0$ のとき；

③より，$c=0$

よって，$A=\begin{pmatrix}1 & 0\\ 0 & 1\end{pmatrix},\ \begin{pmatrix}-1 & 0\\ 0 & -1\end{pmatrix}$

（ii） $a+d=0$ のとき；

③より c は任意。

よって，$A=\begin{pmatrix}1 & 0\\ c & -1\end{pmatrix},\ \begin{pmatrix}-1 & 0\\ c & 1\end{pmatrix}$

以上より

$A=\begin{pmatrix}1 & 0\\ 0 & 1\end{pmatrix},\ \begin{pmatrix}-1 & 0\\ 0 & -1\end{pmatrix},\ \begin{pmatrix}1 & 0\\ c & -1\end{pmatrix},$

$\begin{pmatrix}-1 & 0\\ c & 1\end{pmatrix}$ （c は任意） ……〔答〕

(2) ケーリー・ハミルトンの定理より

$B^2-3B+2E=O\qquad \therefore\ B^2=3B-2E$

よって

$$\begin{aligned}C&=2B^4-5B^3-B^2+9B-2E\\&=2(3B-2E)^2-5B(3B-2E)\\&\qquad-(3B-2E)+9B-2E\\&=2(9B^2-12B+4E)-15B^2+10B\\&\qquad-3B+2E+9B-2E\\&=3B^2-8B+8E\\&=3(3B-2E)-8B+8E=B+2E\\&=\begin{pmatrix}6&2\\-3&1\end{pmatrix}\end{aligned}$$

$$\begin{aligned}|C-tE|&=\begin{vmatrix}6-t&2\\-3&1-t\end{vmatrix}\\&=(6-t)(1-t)+6\\&=t^2-7t+12=(t-3)(t-4)\end{aligned}$$

よって，求める固有値は，3，4　……〔答〕

[6B－02]（固有値・固有ベクトル）

条件より

$$\begin{pmatrix}-1&-1&a\\2&1&-1\\a^2&2&1\end{pmatrix}\begin{pmatrix}1\\0\\2\end{pmatrix}=\lambda\begin{pmatrix}1\\0\\2\end{pmatrix}$$

$$\therefore\quad\begin{pmatrix}-1+2a\\0\\a^2+2\end{pmatrix}=\begin{pmatrix}\lambda\\0\\2\lambda\end{pmatrix}$$

よって

$$\begin{cases}-1+2a=\lambda&\cdots\cdots①\\a^2+2=2\lambda&\cdots\cdots②\end{cases}$$

①，②より，$a^2+2=2(-1+2a)$

$\therefore\quad a^2-4a+4=0\qquad(a-2)^2=0$

$\therefore\quad a=2$（重解）　……〔答〕

このとき　$A=\begin{pmatrix}-1&-1&2\\2&1&-1\\4&2&1\end{pmatrix}$

より

$$\begin{aligned}|A-tE|&=\begin{vmatrix}-1-t&-1&2\\2&1-t&-1\\4&2&1-t\end{vmatrix}\\&=-(1+t)(1-t)^2+4+8\\&\qquad-8(1-t)+2(1-t)-2(1+t)\\&=-(1+t)(1-t)^2+4t+4\\&=-(1+t)\{(1-t)^2-4\}\\&=-(1+t)(t^2-2t-3)\\&=-(1+t)^2(t-3)\end{aligned}$$

よって，求める固有値は

　-1（2重解），3　……〔答〕

したがって

　$|A|=(-1)\cdot(-1)\cdot3=3$　……〔答〕

[6B－03]（固有値・固有ベクトル）

(1)　
$$\begin{aligned}|A-tE|&=\begin{vmatrix}3-t&3&3\\3&3-t&3\\3&3&3-t\end{vmatrix}\\&=\begin{vmatrix}9-t&3&3\\9-t&3-t&3\\9-t&3&3-t\end{vmatrix}\\&=(9-t)\begin{vmatrix}1&3&3\\1&3-t&3\\1&3&3-t\end{vmatrix}\\&=(9-t)\begin{vmatrix}1&3&3\\0&-t&0\\0&0&-t\end{vmatrix}\\&=(9-t)(-t)^2=-t^2(t-9)\end{aligned}$$

よって，求める固有値は

　0（重解），9　……〔答〕

(2)　(i)　固有値0（重解）に対する固有ベクトル

$$A-0\cdot E=\begin{pmatrix}3&3&3\\3&3&3\\3&3&3\end{pmatrix}\to\begin{pmatrix}1&1&1\\0&0&0\\0&0&0\end{pmatrix}$$

$\therefore\quad x+y+z=0$

よって，固有ベクトルは

$$\begin{pmatrix}x\\y\\z\end{pmatrix}=\begin{pmatrix}-a-b\\a\\b\end{pmatrix}=a\begin{pmatrix}-1\\1\\0\end{pmatrix}+b\begin{pmatrix}-1\\0\\1\end{pmatrix}$$

$((a,\ b)\neq(0,\ 0))$

(ii)　固有値9に対する固有ベクトル

$$A-9E=\begin{pmatrix}-6&3&3\\3&-6&3\\3&3&-6\end{pmatrix}\to\cdots$$

$$\to\begin{pmatrix}1&0&-1\\0&1&-1\\0&0&0\end{pmatrix}\qquad\therefore\quad\begin{cases}x-z=0\\y-z=0\end{cases}$$

よって，固有ベクトルは

$$\begin{pmatrix}x\\y\\z\end{pmatrix}=\begin{pmatrix}c\\c\\c\end{pmatrix}=c\begin{pmatrix}1\\1\\1\end{pmatrix}\quad(c\neq0)$$

以上より，1次独立な3つの固有ベクトル

$$\boldsymbol{p}_1=\begin{pmatrix}-1\\1\\0\end{pmatrix},\ \boldsymbol{p}_2=\begin{pmatrix}-1\\0\\1\end{pmatrix},\ \boldsymbol{p}_3=\begin{pmatrix}1\\1\\1\end{pmatrix}$$

をもつから A は対角化可能である。

そこで

$$P=(\boldsymbol{p}_1\quad\boldsymbol{p}_2\quad\boldsymbol{p}_3)=\begin{pmatrix}-1&-1&1\\1&0&1\\0&1&1\end{pmatrix}$$

とおくと　$P^{-1}AP=\begin{pmatrix}0&0&0\\0&0&0\\0&0&9\end{pmatrix}$

［6B－04］（固有値・固有ベクトル）

(1)　$(A\quad E)=\begin{pmatrix}1&2&3&1&0&0\\0&2&3&0&1&0\\0&0&3&0&0&1\end{pmatrix}$

$$\to\cdots\to\begin{pmatrix}1&0&0&1&-1&0\\0&1&0&0&\frac{1}{2}&-\frac{1}{2}\\0&0&1&0&0&\frac{1}{3}\end{pmatrix}$$

より

$$A^{-1}=\begin{pmatrix}1&-1&0\\0&\frac{1}{2}&-\frac{1}{2}\\0&0&\frac{1}{3}\end{pmatrix}$$

$$=\frac{1}{6}\begin{pmatrix}6&-6&0\\0&3&-3\\0&0&2\end{pmatrix}\quad\cdots\cdots〔答〕$$

(2)　$|A-tE|=\begin{vmatrix}1-t&2&3\\0&2-t&3\\0&0&3-t\end{vmatrix}$

$$=(1-t)(2-t)(3-t)$$

よって，求める固有値は

　1，2，3　……〔答〕

次に固有ベクトルを求める。

（ i ）　固有値 1 に対する固有ベクトル

$$A-E=\begin{pmatrix}0&2&3\\0&1&3\\0&0&2\end{pmatrix}\to\cdots$$

$$\to\begin{pmatrix}0&1&0\\0&0&1\\0&0&0\end{pmatrix}\qquad\therefore\quad\begin{cases}y=0\\z=0\end{cases}$$

よって，求める固有ベクトルは

$$\begin{pmatrix}x\\y\\z\end{pmatrix}=\begin{pmatrix}a\\0\\0\end{pmatrix}=a\begin{pmatrix}1\\0\\0\end{pmatrix}\quad(a\neq 0)$$

正規化されたものとして

$$\begin{pmatrix}x\\y\\z\end{pmatrix}=\begin{pmatrix}1\\0\\0\end{pmatrix}\quad\cdots\cdots〔答〕$$

（ii）　固有値 2 に対する固有ベクトル

$$A-2E=\begin{pmatrix}-1&2&3\\0&0&3\\0&0&1\end{pmatrix}\to\begin{pmatrix}1&-2&-3\\0&0&1\\0&0&0\end{pmatrix}$$

$$\to\begin{pmatrix}1&-2&0\\0&0&1\\0&0&0\end{pmatrix}\qquad\therefore\quad\begin{cases}x-2y=0\\z=0\end{cases}$$

よって，求める固有ベクトルは

$$\begin{pmatrix}x\\y\\z\end{pmatrix}=\begin{pmatrix}2b\\b\\0\end{pmatrix}=b\begin{pmatrix}2\\1\\0\end{pmatrix}\quad(b\neq 0)$$

正規化されたものとして

$$\begin{pmatrix}x\\y\\z\end{pmatrix}=\frac{1}{\sqrt{5}}\begin{pmatrix}2\\1\\0\end{pmatrix}\quad\cdots\cdots〔答〕$$

（iii）　固有値 3 に対する固有ベクトル

$$A-3E=\begin{pmatrix}-2&2&3\\0&-1&3\\0&0&0\end{pmatrix}\to\cdots$$

$$\to\begin{pmatrix}1&0&-\frac{9}{2}\\0&1&-3\\0&0&0\end{pmatrix}\qquad\therefore\quad\begin{cases}x-\frac{9}{2}z=0\\y-3z=0\end{cases}$$

よって，求める固有ベクトルは

$$\begin{pmatrix}x\\y\\z\end{pmatrix}=\begin{pmatrix}9c\\6c\\2c\end{pmatrix}=c\begin{pmatrix}9\\6\\2\end{pmatrix}\quad(c\neq 0)$$

正規化されたものとして

$$\begin{pmatrix}x\\y\\z\end{pmatrix}=\frac{1}{11}\begin{pmatrix}9\\6\\2\end{pmatrix}\quad\cdots\cdots〔答〕$$

(3)　$A+A^t=\begin{pmatrix}1&2&3\\0&2&3\\0&0&3\end{pmatrix}+\begin{pmatrix}1&0&0\\2&2&0\\3&3&3\end{pmatrix}$

$$=\begin{pmatrix}2&2&3\\2&4&3\\3&3&6\end{pmatrix}：対称行列$$

$$A-A^t=\begin{pmatrix}1&2&3\\0&2&3\\0&0&3\end{pmatrix}-\begin{pmatrix}1&0&0\\2&2&0\\3&3&3\end{pmatrix}$$

$$=\begin{pmatrix}0&2&3\\-2&0&3\\-3&-3&0\end{pmatrix}：交代行列$$

よって

$$A=\frac{1}{2}(A+A^t)+\frac{1}{2}(A-A^t)$$

$$=\frac{1}{2}\begin{pmatrix}2&2&3\\2&4&3\\3&3&6\end{pmatrix}+\frac{1}{2}\begin{pmatrix}0&2&3\\-2&0&3\\-3&-3&0\end{pmatrix}$$

……〔答〕

[6B－05]　**(2次形式)**

(1)　$f(x,\ y)=2x^2-2xy+2y^2$

$$=(x\quad y)\begin{pmatrix}2 & -1\\ -1 & 2\end{pmatrix}\begin{pmatrix}x\\ y\end{pmatrix}$$

より　$A=\begin{pmatrix}2 & -1\\ -1 & 2\end{pmatrix}$　……〔答〕

(2)　$|A-tE|=\begin{vmatrix}2-t & -1\\ -1 & 2-t\end{vmatrix}$

$$=(2-t)^2-1=t^2-4t+3$$
$$=(t-1)(t-3)$$

よって，固有値は 1，3　……〔答〕

次に固有ベクトルを求める。

(i)　固有値1に対する固有ベクトル

$$A-E=\begin{pmatrix}1 & -1\\ -1 & 1\end{pmatrix}\to\begin{pmatrix}1 & -1\\ 0 & 0\end{pmatrix}$$

∴　$x-y=0$

よって，求める固有ベクトルは

$$\begin{pmatrix}x\\ y\end{pmatrix}=\begin{pmatrix}a\\ a\end{pmatrix}=a\begin{pmatrix}1\\ 1\end{pmatrix}\quad(a\fallingdotseq 0)$$　……〔答〕

(ii)　固有値3に対する固有ベクトル

$$A-3E=\begin{pmatrix}-1 & -1\\ -1 & -1\end{pmatrix}\to\begin{pmatrix}1 & 1\\ 0 & 0\end{pmatrix}$$

∴　$x+y=0$

よって，求める固有ベクトルは

$$\begin{pmatrix}x\\ y\end{pmatrix}=\begin{pmatrix}-b\\ b\end{pmatrix}=b\begin{pmatrix}-1\\ 1\end{pmatrix}\quad(b\fallingdotseq 0)$$

……〔答〕

$f(x,\ y)=1$ より，$2x^2-2xy+2y^2=1$

固有ベクトル $\begin{pmatrix}1\\ 1\end{pmatrix}$，$\begin{pmatrix}-1\\ 1\end{pmatrix}$ の方向を新しい座標軸とする座標系 O-X，Y を考える。

$$\begin{pmatrix}x\\ y\end{pmatrix}=X\cdot\frac{1}{\sqrt{2}}\begin{pmatrix}1\\ 1\end{pmatrix}+Y\cdot\frac{1}{\sqrt{2}}\begin{pmatrix}-1\\ 1\end{pmatrix}$$

$$X\frac{1}{\sqrt{2}}\begin{pmatrix}1\\ 1\end{pmatrix}+Y\frac{1}{\sqrt{2}}\begin{pmatrix}-1\\ 1\end{pmatrix}$$
$$=\frac{1}{\sqrt{2}}\begin{pmatrix}X-Y\\ X+Y\end{pmatrix}$$

より

$$x=\frac{X-Y}{\sqrt{2}},\ y=\frac{X+Y}{\sqrt{2}}$$

を $2x^2-2xy+2y^2=1$ に代入すると

$$2\left(\frac{X-Y}{\sqrt{2}}\right)^2-2\frac{X-Y}{\sqrt{2}}\frac{X+Y}{\sqrt{2}}+2\left(\frac{X+Y}{\sqrt{2}}\right)^2=1$$

$$(X-Y)^2-(X^2-Y^2)+(X+Y)^2=1$$
$$X^2+3Y^2=1$$
$$\frac{X^2}{1^2}+\frac{Y^2}{\left(\frac{1}{\sqrt{3}}\right)^2}=1$$

よって，曲線の概形は次のようになる。

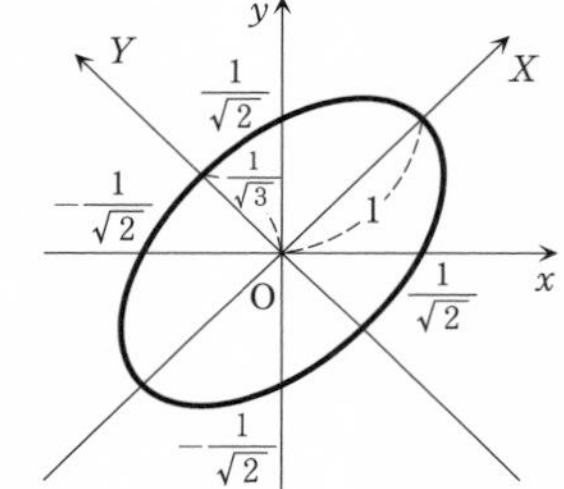

[6B－06]　**(対角化)**

$$|A-tE|=\begin{vmatrix}a-t & 1-a\\ 1-b & b-t\end{vmatrix}$$
$$=(a-t)(b-t)-(1-a)(1-b)$$
$$=t^2-(a+b)t+a+b-1$$
$$=(t-1)\{t-(a+b-1)\}$$

よって，固有値は　1，$a+b-1$

ここで，$a+b\fallingdotseq 2$ より　$1\fallingdotseq a+b-1$

次に固有ベクトルを求める。

(i)　固有値1に対する固有ベクトル

$$A-E=\begin{pmatrix}a-1 & 1-a\\ 1-b & b-1\end{pmatrix}$$
$$\to\begin{pmatrix}a+b-2 & -a-b+2\\ 1-b & b-1\end{pmatrix}$$
$$\xrightarrow[a+b-2\fallingdotseq 0]{}\begin{pmatrix}1 & -1\\ 1-b & b-1\end{pmatrix}$$
$$\to\begin{pmatrix}1 & -1\\ 0 & 0\end{pmatrix}\qquad\therefore\ x-y=0$$

よって，固有ベクトルは

$$\begin{pmatrix}x\\ y\end{pmatrix}=s\begin{pmatrix}1\\ 1\end{pmatrix}\quad(s\fallingdotseq 0)$$

(ii)　固有値 $a+b-1$ に対する固有ベクトル

$$A-(a+b-1)E$$

$$=\begin{pmatrix} a-(a+b-1) & 1-a \\ 1-b & b-(a+b-1) \end{pmatrix}$$

$$\to\begin{pmatrix} 1-b & 1-a \\ 1-b & 1-a \end{pmatrix}\to\begin{pmatrix} 1-b & 1-a \\ 0 & 0 \end{pmatrix}$$

$\therefore\quad (1-b)x+(1-a)y=0$

よって，固有ベクトルは

$$\begin{pmatrix} x \\ y \end{pmatrix}=t\begin{pmatrix} 1-a \\ b-1 \end{pmatrix}\quad (t\neq 0)\quad \cdots\cdots〔答〕$$

よって $P=\begin{pmatrix} 1 & 1-a \\ 1 & b-1 \end{pmatrix}$ とおくと

$$P^{-1}AP=\begin{pmatrix} 1 & 0 \\ 0 & a+b-1 \end{pmatrix}$$

$$P^{-1}=\frac{1}{a+b-2}\begin{pmatrix} b-1 & a-1 \\ -1 & 1 \end{pmatrix}$$

(注)　$|P|=a+b-2\neq 0$

よって，$\alpha=a+b-1$ として

$$(P^{-1}AP)^n=\begin{pmatrix} 1 & 0 \\ 0 & \alpha \end{pmatrix}^n$$

$$\therefore\quad P^{-1}A^nP=\begin{pmatrix} 1 & 0 \\ 0 & \alpha^n \end{pmatrix}$$

よって

$$A^n=P\begin{pmatrix} 1 & 0 \\ 0 & \alpha^n \end{pmatrix}P^{-1}$$

$$=\begin{pmatrix} 1 & 1-a \\ 1 & b-1 \end{pmatrix}\begin{pmatrix} 1 & 0 \\ 0 & \alpha^n \end{pmatrix}\times\frac{1}{a+b-2}\begin{pmatrix} b-1 & a-1 \\ -1 & 1 \end{pmatrix}$$

$$=\frac{1}{a+b-2}\begin{pmatrix} 1 & 1-a \\ 1 & b-1 \end{pmatrix}\begin{pmatrix} 1 & 0 \\ 0 & \alpha^n \end{pmatrix}\times\begin{pmatrix} b-1 & a-1 \\ -1 & 1 \end{pmatrix}$$

$$=\frac{1}{a+b-2}\begin{pmatrix} 1 & (1-a)\alpha^n \\ 1 & (b-1)\alpha^n \end{pmatrix}\begin{pmatrix} b-1 & a-1 \\ -1 & 1 \end{pmatrix}$$

$$=\frac{1}{a+b-2}\times\begin{pmatrix} b-1-(1-a)\alpha^n & a-1+(1-a)\alpha^n \\ b-1-(b-1)\alpha^n & a-1+(b-1)\alpha^n \end{pmatrix}$$

……〔答〕

［6B－07］（階数，固有値・固有ベクトル）

(1)　$\boldsymbol{a}_1$，$\boldsymbol{a}_2$ が1次従属だとすると，$\boldsymbol{a}_2=k\boldsymbol{a}_1$

$$\therefore\quad \begin{pmatrix} a-3 \\ -2a-2 \\ a+1 \end{pmatrix}=k\begin{pmatrix} -2a+3 \\ 2 \\ -1 \end{pmatrix}$$

すなわち

$$\begin{cases} a-3=k(-2a+3) & \cdots\cdots① \\ a+1=-k & \cdots\cdots② \end{cases}$$

①，②より　$a-3=(-a-1)(-2a+3)$

$\therefore\quad 2a^2-2a=0\qquad \therefore\quad a(a-1)=0$

$\therefore\quad a=0,\ 1$　……〔答〕

(2)　$|A|=\begin{vmatrix} -2a+3 & a-3 & 6 \\ 2 & -2a-2 & a+4 \\ -1 & a+1 & 2a-2 \end{vmatrix}$

$$=\begin{vmatrix} -2a+3 & a-3 & 6 \\ 0 & 0 & 5a \\ -1 & a+1 & 2a-2 \end{vmatrix}$$

$$=5a\begin{vmatrix} -2a+3 & a-3 & 6 \\ 0 & 0 & 1 \\ -1 & a+1 & 2a-2 \end{vmatrix}$$

$=5a\{-(a-3)-(-2a+3)(a+1)\}$

$=5a(2a^2-2a)=10a^2(a-1)$

よって

(ⅰ)　$a\neq 0,\ 1$ のとき；

$|A|=10a^2(a-1)\neq 0$ だから，$\mathrm{rank}(A)=3$

(ⅱ)　$a=0$ のとき；

$$A=\begin{pmatrix} 3 & -3 & 6 \\ 2 & -2 & 4 \\ -1 & 1 & -2 \end{pmatrix}\to\begin{pmatrix} 1 & -1 & 2 \\ 1 & -1 & 2 \\ -1 & 1 & -2 \end{pmatrix}$$

$$\to\begin{pmatrix} 1 & -1 & 2 \\ 0 & 0 & 0 \\ 0 & 0 & 0 \end{pmatrix}\qquad\therefore\quad \mathrm{rank}(A)=1$$

(ⅲ)　$a=1$ のとき；

$$A=\begin{pmatrix} 1 & -2 & 6 \\ 2 & -4 & 5 \\ -1 & 2 & 0 \end{pmatrix}\to\begin{pmatrix} 1 & -2 & 6 \\ 0 & 0 & -7 \\ 0 & 0 & 6 \end{pmatrix}$$

$$\to\begin{pmatrix} 1 & -2 & 0 \\ 0 & 0 & 1 \\ 0 & 0 & 0 \end{pmatrix}\qquad\therefore\quad \mathrm{rank}(A)=2$$

以上より

$$\mathrm{rank}(A)=\begin{cases} 3 & (a\neq 0,\ 1) \\ 2 & (a=1) \\ 1 & (a=0) \end{cases}\qquad\cdots\cdots〔答〕$$

(3)　$a=1$ のとき

$$A=\begin{pmatrix} 1 & -2 & 6 \\ 2 & -4 & 5 \\ -1 & 2 & 0 \end{pmatrix}$$

より

$$|A-tE|=\begin{vmatrix} 1-t & -2 & 6 \\ 2 & -4-t & 5 \\ -1 & 2 & -t \end{vmatrix}$$

$=(1-t)(-4-t)(-t)+10+24$

$\quad +6(-4-t)-4t-10(1-t)$

$=(1-t)(-4-t)(-t)=-t(t-1)(t+4)$

よって，固有値は　$-4,\ 0,\ 1$

であり，最小固有値は -4 ……〔答〕

最小固有値 -4 に対する固有ベクトル：

$$A-(-4)E=\begin{pmatrix} 5 & -2 & 6 \\ 2 & 0 & 5 \\ -1 & 2 & 4 \end{pmatrix} \to \cdots$$

$$\to \begin{pmatrix} 1 & 0 & \frac{5}{2} \\ 0 & 1 & \frac{13}{4} \\ 0 & 0 & 0 \end{pmatrix} \quad \therefore \quad \begin{cases} x+\frac{5}{2}z=0 \\ y+\frac{13}{4}z=0 \end{cases}$$

よって，求める固有ベクトルは

$$\begin{pmatrix} x \\ y \\ z \end{pmatrix}=\begin{pmatrix} -10s \\ -13s \\ 4s \end{pmatrix}=s\begin{pmatrix} -10 \\ -13 \\ 4 \end{pmatrix} \quad (s\neq 0)$$

……〔答〕

［6B－08］（対角化）

(1)　$|A-tE|=\begin{vmatrix} 2-t & 1 & -1 \\ 0 & 1-t & 1 \\ 0 & 0 & 1-t \end{vmatrix}$

$=(2-t)(1-t)^2$

固有値は，1（重解）と 2

固有値 1 に対する固有ベクトルを求める。

$$A-1\cdot E=\begin{pmatrix} 1 & 1 & -1 \\ 0 & 0 & 1 \\ 0 & 0 & 0 \end{pmatrix} \to \begin{pmatrix} 1 & 1 & 0 \\ 0 & 0 & 1 \\ 0 & 0 & 0 \end{pmatrix}$$

$$\therefore \quad \begin{cases} x+y=0 \\ z=0 \end{cases}$$

よって，固有ベクトルは

$$\begin{pmatrix} x \\ y \\ z \end{pmatrix}=\begin{pmatrix} -a \\ a \\ 0 \end{pmatrix}=a\begin{pmatrix} -1 \\ 1 \\ 0 \end{pmatrix} \quad (a\neq 0)$$

よって，固有値 1 に対する固有ベクトルで 1 次独立なものは 1 つしか存在しない。したがって，固有値 2 に対する固有ベクトルと合わせても，行列 A は 2 つの 1 次独立な固有ベクトルをもつだけである。3 つの 1 次独立な固有ベクトルをもたないので A は対角化できない。

(2)　$(B \quad E)=\begin{pmatrix} 1 & -1 & 0 & 1 & 0 & 0 \\ 0 & 1 & 0 & 0 & 1 & 0 \\ 0 & 0 & 1 & 0 & 0 & 1 \end{pmatrix}$

$$\to \begin{pmatrix} 1 & 0 & 0 & 1 & 1 & 0 \\ 0 & 1 & 0 & 0 & 1 & 0 \\ 0 & 0 & 1 & 0 & 0 & 1 \end{pmatrix}$$

より，$B^{-1}=\begin{pmatrix} 1 & 1 & 0 \\ 0 & 1 & 0 \\ 0 & 0 & 1 \end{pmatrix}$

$\therefore \quad B^{-1}AB$

$$=\begin{pmatrix} 1 & 1 & 0 \\ 0 & 1 & 0 \\ 0 & 0 & 1 \end{pmatrix}\begin{pmatrix} 2 & 1 & -1 \\ 0 & 1 & 1 \\ 0 & 0 & 1 \end{pmatrix}\begin{pmatrix} 1 & -1 & 0 \\ 0 & 1 & 0 \\ 0 & 0 & 1 \end{pmatrix}$$

$$=\begin{pmatrix} 2 & 2 & 0 \\ 0 & 1 & 1 \\ 0 & 0 & 1 \end{pmatrix}\begin{pmatrix} 1 & -1 & 0 \\ 0 & 1 & 0 \\ 0 & 0 & 1 \end{pmatrix}$$

$$=\begin{pmatrix} 2 & 0 & 0 \\ 0 & 1 & 1 \\ 0 & 0 & 1 \end{pmatrix} \quad \cdots\cdots〔答〕$$

(3)　$B^{-1}AB=\begin{pmatrix} 2 & 0 & 0 \\ 0 & 1 & 1 \\ 0 & 0 & 1 \end{pmatrix}$ より

$$B^{-1}A^nB=\begin{pmatrix} 2 & 0 & 0 \\ 0 & 1 & 1 \\ 0 & 0 & 1 \end{pmatrix}^n$$

ここで右辺を求める。

$$\begin{pmatrix} 2 & 0 & 0 \\ 0 & 1 & 1 \\ 0 & 0 & 1 \end{pmatrix}^2=\begin{pmatrix} 2 & 0 & 0 \\ 0 & 1 & 1 \\ 0 & 0 & 1 \end{pmatrix}\begin{pmatrix} 2 & 0 & 0 \\ 0 & 1 & 1 \\ 0 & 0 & 1 \end{pmatrix}=\begin{pmatrix} 4 & 0 & 0 \\ 0 & 1 & 2 \\ 0 & 0 & 1 \end{pmatrix}$$

$$\begin{pmatrix} 2 & 0 & 0 \\ 0 & 1 & 1 \\ 0 & 0 & 1 \end{pmatrix}^3=\begin{pmatrix} 4 & 0 & 0 \\ 0 & 1 & 2 \\ 0 & 0 & 1 \end{pmatrix}\begin{pmatrix} 2 & 0 & 0 \\ 0 & 1 & 1 \\ 0 & 0 & 1 \end{pmatrix}=\begin{pmatrix} 8 & 0 & 0 \\ 0 & 1 & 3 \\ 0 & 0 & 1 \end{pmatrix}$$

$$\begin{pmatrix} 2 & 0 & 0 \\ 0 & 1 & 1 \\ 0 & 0 & 1 \end{pmatrix}^4=\begin{pmatrix} 8 & 0 & 0 \\ 0 & 1 & 3 \\ 0 & 0 & 1 \end{pmatrix}\begin{pmatrix} 2 & 0 & 0 \\ 0 & 1 & 1 \\ 0 & 0 & 1 \end{pmatrix}=\begin{pmatrix} 16 & 0 & 0 \\ 0 & 1 & 4 \\ 0 & 0 & 1 \end{pmatrix}$$

そこで

$$\begin{pmatrix} 2 & 0 & 0 \\ 0 & 1 & 1 \\ 0 & 0 & 1 \end{pmatrix}^n=\begin{pmatrix} 2^n & 0 & 0 \\ 0 & 1 & n \\ 0 & 0 & 1 \end{pmatrix} \quad \cdots\cdots(*)$$

と予想して，数学的帰納法で(＊)を証明する。

（Ｉ）　$n=1$ のとき

明らかに(＊)は成り立つ。

（Ⅱ）　$n=k$ のとき(＊)が成り立つとする。

$n=k+1$ のとき

$$\begin{pmatrix} 2 & 0 & 0 \\ 0 & 1 & 1 \\ 0 & 0 & 1 \end{pmatrix}^{k+1}=\begin{pmatrix} 2 & 0 & 0 \\ 0 & 1 & 1 \\ 0 & 0 & 1 \end{pmatrix}^k\begin{pmatrix} 2 & 0 & 0 \\ 0 & 1 & 1 \\ 0 & 0 & 1 \end{pmatrix}$$

$$=\begin{pmatrix}2^k & 0 & 0\\ 0 & 1 & k\\ 0 & 0 & 1\end{pmatrix}\begin{pmatrix}2 & 0 & 0\\ 0 & 1 & 1\\ 0 & 0 & 1\end{pmatrix}$$

$$=\begin{pmatrix}2^{k+1} & 0 & 0\\ 0 & 1 & k+1\\ 0 & 0 & 1\end{pmatrix}$$

より，(＊)は成り立つ。

(Ⅰ)，(Ⅱ)より，すべての自然数 n に対して(＊)は成り立つ。

よって

$$\begin{pmatrix}2 & 0 & 0\\ 0 & 1 & 1\\ 0 & 0 & 1\end{pmatrix}^n=\begin{pmatrix}2^n & 0 & 0\\ 0 & 1 & n\\ 0 & 0 & 1\end{pmatrix}$$

したがって

$$B^{-1}A^nB=\begin{pmatrix}2^n & 0 & 0\\ 0 & 1 & n\\ 0 & 0 & 1\end{pmatrix}$$

であり

$$A^n=B\begin{pmatrix}2^n & 0 & 0\\ 0 & 1 & n\\ 0 & 0 & 1\end{pmatrix}B^{-1}$$

$$=\begin{pmatrix}1 & -1 & 0\\ 0 & 1 & 0\\ 0 & 0 & 1\end{pmatrix}\begin{pmatrix}2^n & 0 & 0\\ 0 & 1 & n\\ 0 & 0 & 1\end{pmatrix}\begin{pmatrix}1 & 1 & 0\\ 0 & 1 & 0\\ 0 & 0 & 1\end{pmatrix}$$

$$=\begin{pmatrix}2^n & -1 & -n\\ 0 & 1 & n\\ 0 & 0 & 1\end{pmatrix}\begin{pmatrix}1 & 1 & 0\\ 0 & 1 & 0\\ 0 & 0 & 1\end{pmatrix}$$

$$=\begin{pmatrix}2^n & 2^n-1 & -n\\ 0 & 1 & n\\ 0 & 0 & 1\end{pmatrix}$$ ……〔答〕

[6B－09]　(固有値・固有ベクトル)

(1)　行列 A が固有値 1 をもつとすると

$$|A-E|=0$$

そこで

$$|A-E|=\begin{vmatrix}0 & a & 3 & 2\\ -a & 0 & -2 & -1\\ -3 & 2 & 0 & 1\\ -2 & 1 & -1 & 0\end{vmatrix}$$

$$=-\begin{vmatrix}-2 & 1 & -1 & 0\\ -a & 0 & -2 & -1\\ -3 & 2 & 0 & 1\\ 0 & a & 3 & 2\end{vmatrix}$$

$$=\begin{vmatrix}-2 & 1 & -1 & 0\\ a & 0 & 2 & 1\\ -3 & 2 & 0 & 1\\ 0 & a & 3 & 2\end{vmatrix}$$

$$=\begin{vmatrix}1 & -1 & -1 & -1\\ a & 0 & 2 & 1\\ -3 & 2 & 0 & 1\\ 0 & a & 3 & 2\end{vmatrix}$$

$$=\begin{vmatrix}1 & -1 & -1 & -1\\ 0 & a & 2+a & 1+a\\ 0 & -1 & -3 & -2\\ 0 & a & 3 & 2\end{vmatrix}$$

$$=\begin{vmatrix}a & 2+a & 1+a\\ -1 & -3 & -2\\ a & 3 & 2\end{vmatrix}$$

$$=-\begin{vmatrix}-1 & -3 & -2\\ a & 2+a & 1+a\\ a & 3 & 2\end{vmatrix}=\begin{vmatrix}1 & 3 & 2\\ a & 2+a & 1+a\\ a & 3 & 2\end{vmatrix}$$

$$=\begin{vmatrix}1 & 3 & 2\\ 0 & 2-2a & 1-a\\ 0 & 3-3a & 2-2a\end{vmatrix}=\begin{vmatrix}2-2a & 1-a\\ 3-3a & 2-2a\end{vmatrix}$$

$$=(1-a)^2\begin{vmatrix}2 & 1\\ 3 & 2\end{vmatrix}=(1-a)^2=(a-1)^2=0$$

より，$a=1$　……〔答〕

(2)　$a=1$ より

$$A=\begin{pmatrix}1 & 1 & 3 & 2\\ -1 & 1 & -2 & -1\\ -3 & 2 & 1 & 1\\ -2 & 1 & -1 & 1\end{pmatrix}$$

であり

$$A-E=\begin{pmatrix}0 & 1 & 3 & 2\\ -1 & 0 & -2 & -1\\ -3 & 2 & 0 & 1\\ -2 & 1 & -1 & 0\end{pmatrix}\to\cdots$$

$$\to\begin{pmatrix}1 & 0 & 2 & 1\\ 0 & 1 & 3 & 2\\ 0 & 0 & 0 & 0\\ 0 & 0 & 0 & 0\end{pmatrix}\qquad\therefore\ \begin{cases}x+2z+w=0\\ y+3z+2w=0\end{cases}$$

よって，求める固有ベクトルは

$$\begin{pmatrix}x\\ y\\ z\\ w\end{pmatrix}=\begin{pmatrix}-2s-t\\ -3s-2t\\ s\\ t\end{pmatrix}=s\begin{pmatrix}-2\\ -3\\ 1\\ 0\end{pmatrix}+t\begin{pmatrix}-1\\ -2\\ 0\\ 1\end{pmatrix}$$

$((s,\ t)\neq(0,\ 0))$　……〔答〕

[6B－10]　(固有値・固有ベクトル)

(1)　$$|xE-A|=\begin{vmatrix}x-1 & 0 & 0 & -1\\ 0 & x-1 & 1 & 0\\ 0 & -1 & x+1 & 0\\ -1 & 0 & 0 & x-1\end{vmatrix}$$

$$=(x-1)\cdot(-1)^{1+1}\begin{vmatrix} x-1 & 1 & 0 \\ -1 & x+1 & 0 \\ 0 & 0 & x-1 \end{vmatrix}$$

$$+(-1)\cdot(-1)^{1+4}\begin{vmatrix} 0 & x-1 & 1 \\ 0 & -1 & x+1 \\ -1 & 0 & 0 \end{vmatrix}$$

$$=(x-1)\cdot(x-1)(-1)^{3+3}\begin{vmatrix} x-1 & 1 \\ -1 & x+1 \end{vmatrix}$$

$$+(-1)(-1)^{3+1}\begin{vmatrix} x-1 & 1 \\ -1 & x+1 \end{vmatrix}$$

$$=(x-1)^2\{(x-1)(x+1)-(-1)\}$$
$$-\{(x-1)(x+1)-(-1)\}$$
$$=(x-1)^2x^2-x^2=x^2(x^2-2x)$$
$$=x^3(x-2)$$ ……〔答〕

(2)　(1)より固有値は，0（3重解）と2 ……〔答〕

（i）　固有値0（3重解）に対する固有ベクトル

$$A-0\cdot E=\begin{pmatrix} 1 & 0 & 0 & 1 \\ 0 & 1 & -1 & 0 \\ 0 & 1 & -1 & 0 \\ 1 & 0 & 0 & 1 \end{pmatrix}$$

$$\to\begin{pmatrix} 1 & 0 & 0 & 1 \\ 0 & 1 & -1 & 0 \\ 0 & 0 & 0 & 0 \\ 0 & 0 & 0 & 0 \end{pmatrix} \quad \therefore \quad \begin{cases} x+w=0 \\ y-z=0 \end{cases}$$

よって，求める固有ベクトルは

$$\begin{pmatrix} x \\ y \\ z \\ w \end{pmatrix}=\begin{pmatrix} -b \\ a \\ a \\ b \end{pmatrix}=a\begin{pmatrix} 0 \\ 1 \\ 1 \\ 0 \end{pmatrix}+b\begin{pmatrix} -1 \\ 0 \\ 0 \\ 1 \end{pmatrix}$$

$((a,\ b)\neq(0,\ 0))$ ……〔答〕

（ii）　固有値2に対する固有ベクトル

$$A-2E=\begin{pmatrix} -1 & 0 & 0 & 1 \\ 0 & -1 & -1 & 0 \\ 0 & 1 & -3 & 0 \\ 1 & 0 & 0 & -1 \end{pmatrix}\to\cdots$$

$$\to\begin{pmatrix} 1 & 0 & 0 & -1 \\ 0 & 1 & 0 & 0 \\ 0 & 0 & 1 & 0 \\ 0 & 0 & 0 & 0 \end{pmatrix} \quad \therefore \quad \begin{cases} x-w=0 \\ y=0 \\ z=0 \end{cases}$$

よって，求める固有ベクトルは

$$\begin{pmatrix} x \\ y \\ z \\ w \end{pmatrix}=\begin{pmatrix} c \\ 0 \\ 0 \\ c \end{pmatrix}=c\begin{pmatrix} 1 \\ 0 \\ 0 \\ 1 \end{pmatrix} \quad (c\neq0)$$ ……〔答〕

［6B－11］（固有値・固有ベクトル）

$$|A-tE|=\begin{vmatrix} -1-t & -3 & 0 \\ 1 & 3-t & -1 \\ -2 & -2 & 1-t \end{vmatrix}$$

$$=(-1-t)(3-t)(1-t)-6-2(-1-t)$$
$$+3(1-t)$$
$$=(-1-t)(3-t)(1-t)-t-1$$
$$=(-1-t)\{(3-t)(1-t)+1\}$$
$$=-(t+1)(t^2-4t+4)$$
$$=-(t+1)(t-2)^2$$

よって，求める固有値は

2（重解），-1 ……〔答〕

（i）　固有値2に対する固有ベクトル

$$A-2E=\begin{pmatrix} -3 & -3 & 0 \\ 1 & 1 & -1 \\ -2 & -2 & -1 \end{pmatrix}\to\cdots$$

$$\to\begin{pmatrix} 1 & 1 & 0 \\ 0 & 0 & 1 \\ 0 & 0 & 0 \end{pmatrix} \quad \therefore \quad \begin{cases} x+y=0 \\ z=0 \end{cases}$$

よって，求める固有ベクトルは

$$\begin{pmatrix} x \\ y \\ z \end{pmatrix}=\begin{pmatrix} -a \\ a \\ 0 \end{pmatrix}=a\begin{pmatrix} -1 \\ 1 \\ 0 \end{pmatrix} \quad (a\neq0)$$

……〔答〕

（ii）　固有値 -1 に対する固有ベクトル

$$A-(-1)E=\begin{pmatrix} 0 & -3 & 0 \\ 1 & 4 & -1 \\ -2 & -2 & 2 \end{pmatrix}\to\cdots$$

$$\to\begin{pmatrix} 1 & 0 & -1 \\ 0 & 1 & 0 \\ 0 & 0 & 0 \end{pmatrix} \quad \therefore \quad \begin{cases} x-z=0 \\ y=0 \end{cases}$$

よって，求める固有ベクトルは

$$\begin{pmatrix} x \\ y \\ z \end{pmatrix}=\begin{pmatrix} b \\ 0 \\ b \end{pmatrix}=b\begin{pmatrix} 1 \\ 0 \\ 1 \end{pmatrix} \quad (b\neq0)$$

……〔答〕

A の固有値が -1 と2（2重解）であることから

$$|A|=(-1)\cdot2\cdot2=-4$$

$\therefore\quad |A^n|=|A|^n=(-4)^n$ ……〔答〕

［6B－12］（固有空間）

(1)　$$|A-tE|=\begin{vmatrix} 2-t & 1 & 1 \\ 1 & 2-t & -1 \\ 1 & -1 & 2-t \end{vmatrix}$$

$$=(2-t)^3-1-1-(2-t)-(2-t)-(2-t)$$
$$=-t^3+6t^2-9t=-t(t-3)^2$$

$\therefore\quad \phi_A(t):t(t-3)^2=0$ ……〔答〕

(2) (1)より，$\lambda_0=3$

$$A-3E=\begin{pmatrix}-1 & 1 & 1\\ 1 & -1 & -1\\ 1 & -1 & -1\end{pmatrix}$$

$$\to\begin{pmatrix}1 & -1 & -1\\ 0 & 0 & 0\\ 0 & 0 & 0\end{pmatrix}$$

$\therefore\quad x-y-z=0$

よって，固有空間は次のベクトルからなる。

$$\begin{pmatrix}x\\ y\\ z\end{pmatrix}=\begin{pmatrix}a+b\\ a\\ b\end{pmatrix}=a\begin{pmatrix}1\\ 1\\ 0\end{pmatrix}+b\begin{pmatrix}1\\ 0\\ 1\end{pmatrix}$$

$(a,\ b\in\boldsymbol{R})$

したがって，固有空間の基底は

$$\left\{\begin{pmatrix}1\\ 1\\ 0\end{pmatrix},\ \begin{pmatrix}1\\ 0\\ 1\end{pmatrix}\right\}$$ ……〔答〕

(C) 発展問題

[6C－01]（固有値・固有ベクトル，対角化）

(1) $|A-tE|=\begin{vmatrix}-t & 2 & 2\\ 2 & 3-t & 4\\ 2 & 4 & 3-t\end{vmatrix}$

$=-t(3-t)^2+16+16-4(3-t)-4(3-t)$
$\quad+16t$

$=-t^3+6t^2+15t+8$

$=-(t^3-6t^2-15t-8)$

$=-(t+1)^2(t-8)$

よって，求める固有値は

-1（重解），8 ……〔答〕

次に固有空間を求める。

(i) 固有値 -1（重解）に対する固有空間 $W(-1)$

$$A-(-1)E=\begin{pmatrix}1 & 2 & 2\\ 2 & 4 & 4\\ 2 & 4 & 4\end{pmatrix}\to\begin{pmatrix}1 & 2 & 2\\ 0 & 0 & 0\\ 0 & 0 & 0\end{pmatrix}$$

$\therefore\quad x+2y+2z=0$

$$\therefore\quad\begin{pmatrix}x\\ y\\ z\end{pmatrix}=\begin{pmatrix}-2a-2b\\ a\\ b\end{pmatrix}$$

$$=a\begin{pmatrix}-2\\ 1\\ 0\end{pmatrix}+b\begin{pmatrix}-2\\ 0\\ 1\end{pmatrix}$$

よって

$$W(-1)=\left\{a\begin{pmatrix}-2\\ 1\\ 0\end{pmatrix}+b\begin{pmatrix}-2\\ 0\\ 1\end{pmatrix}\middle|\,a,\ b\in\boldsymbol{R}\right\}$$

……〔答〕

(ii) 固有値 8 に対する固有空間 $W(8)$

$$A-8E=\begin{pmatrix}-8 & 2 & 2\\ 2 & -5 & 4\\ 2 & 4 & -5\end{pmatrix}\to\cdots$$

$$\to\begin{pmatrix}1 & 0 & -\frac{1}{2}\\ 0 & 1 & -1\\ 0 & 0 & 0\end{pmatrix}\qquad\therefore\quad\begin{cases}x-\frac{1}{2}z=0\\ y-z=0\end{cases}$$

$$\therefore\quad\begin{pmatrix}x\\ y\\ z\end{pmatrix}=\begin{pmatrix}c\\ 2c\\ 2c\end{pmatrix}=c\begin{pmatrix}1\\ 2\\ 2\end{pmatrix}$$

よって

$$W(8)=\left\{c\begin{pmatrix}1\\ 2\\ 2\end{pmatrix}\middle|\,c\in\boldsymbol{R}\right\}$$ ……〔答〕

(2) 条件の「$t_{12}=2t_{22}>0$」に注意して

$$a\begin{pmatrix}-2\\ 1\\ 0\end{pmatrix}+b\begin{pmatrix}-2\\ 0\\ 1\end{pmatrix}$$

において，$a=1$，$b=-2$ とすれば

$$a\begin{pmatrix}-2\\ 1\\ 0\end{pmatrix}+b\begin{pmatrix}-2\\ 0\\ 1\end{pmatrix}$$

$$=\begin{pmatrix}-2\\ 1\\ 0\end{pmatrix}-2\begin{pmatrix}-2\\ 0\\ 1\end{pmatrix}=\begin{pmatrix}2\\ 1\\ -2\end{pmatrix}$$

次に $\begin{pmatrix}-2a-2b\\ a\\ b\end{pmatrix}\cdot\begin{pmatrix}2\\ 1\\ -2\end{pmatrix}=0$ とすると

$$2(-2a-2b)+a-2b=0$$

$\therefore\quad -3a-6b=0\qquad\therefore\quad a+2b=0$

そこで，$a=-2$，$b=1$ とすると

$$a\begin{pmatrix}-2\\ 1\\ 0\end{pmatrix}+b\begin{pmatrix}-2\\ 0\\ 1\end{pmatrix}$$

$$=-2\begin{pmatrix}-2\\ 1\\ 0\end{pmatrix}+\begin{pmatrix}-2\\ 0\\ 1\end{pmatrix}=\begin{pmatrix}2\\ -2\\ 1\end{pmatrix}$$

よって，固有値 -1（重解）に対する単位固有ベクトルで互いに直交するものとして

$$\frac{1}{3}\begin{pmatrix} 2 \\ 1 \\ -2 \end{pmatrix}=\begin{pmatrix} \frac{2}{3} \\ \frac{1}{3} \\ -\frac{2}{3} \end{pmatrix},$$

$$\frac{1}{3}\begin{pmatrix} 2 \\ -2 \\ 1 \end{pmatrix}=\begin{pmatrix} \frac{2}{3} \\ -\frac{2}{3} \\ \frac{1}{3} \end{pmatrix}$$

がとれる。

また，固有値 8 に対する単位固有ベクトルとして

$$\frac{1}{3}\begin{pmatrix} 1 \\ 2 \\ 2 \end{pmatrix}=\begin{pmatrix} \frac{1}{3} \\ \frac{2}{3} \\ \frac{2}{3} \end{pmatrix}$$

がとれる。

以上より

「条件：T の $(i,\ j)$ 成分を t_{ij} とすると，$t_{12}=2t_{22}>0$ かつ t_{11}，t_{13} はともに正の数である。」

を満たすように

$$\boldsymbol{t}_1=\begin{pmatrix} \frac{2}{3} \\ -\frac{2}{3} \\ \frac{1}{3} \end{pmatrix},\ \boldsymbol{t}_2=\begin{pmatrix} \frac{2}{3} \\ \frac{1}{3} \\ -\frac{2}{3} \end{pmatrix},\ \boldsymbol{t}_3=\begin{pmatrix} \frac{1}{3} \\ \frac{2}{3} \\ \frac{2}{3} \end{pmatrix}$$

とし

$$T=(\boldsymbol{t}_1\quad \boldsymbol{t}_2\quad \boldsymbol{t}_3)=\begin{pmatrix} \frac{2}{3} & \frac{2}{3} & \frac{1}{3} \\ -\frac{2}{3} & \frac{1}{3} & \frac{2}{3} \\ \frac{1}{3} & -\frac{2}{3} & \frac{2}{3} \end{pmatrix}$$

とおくと，これが条件を満たす直交行列である。

このとき

$$T^{-1}AT={}^tTAT=\begin{pmatrix} -1 & 0 & 0 \\ 0 & -1 & 0 \\ 0 & 0 & 8 \end{pmatrix}$$

［6C－02］（固有値・固有ベクトルと 1 次変換）

(1)　$|A-tE|=\begin{vmatrix} 7-t & 4 & -16 \\ -6 & 1-t & 12 \\ 2 & 2 & -5-t \end{vmatrix}$

$=(7-t)(1-t)(-5-t)+96+192$
$\quad +32(1-t)+24(-5-t)-24(7-t)$
$=(7-t)(1-t)(-5-t)-32t+32$
$=(1-t)\{(7-t)(-5-t)+32\}$
$=-(t-1)(t^2-2t-3)$
$=-(t-1)(t+1)(t-3)$

よって，求める固有値は

　$-1,\ 1,\ 3$　……〔答〕

次に固有ベクトルを求める。

(ⅰ)　固有値 -1 に対する固有ベクトル

$$A-(-1)E=\begin{pmatrix} 8 & 4 & -16 \\ -6 & 2 & 12 \\ 2 & 2 & -4 \end{pmatrix}\to\cdots$$

$$\to\begin{pmatrix} 1 & 0 & -2 \\ 0 & 1 & 0 \\ 0 & 0 & 0 \end{pmatrix}\quad \therefore\ \begin{cases} x-2z=0 \\ y=0 \end{cases}$$

$$\therefore\ \begin{pmatrix} x \\ y \\ z \end{pmatrix}=\begin{pmatrix} 2a \\ 0 \\ a \end{pmatrix}=a\begin{pmatrix} 2 \\ 0 \\ 1 \end{pmatrix}\quad (a\neq 0)$$

よって，単位固有ベクトルとしては

$$\pm\frac{1}{\sqrt{5}}\begin{pmatrix} 2 \\ 0 \\ 1 \end{pmatrix}\quad \cdots\cdots〔答〕$$

(ⅱ)　固有値 1 に対する固有ベクトル

$$A-1\cdot E=\begin{pmatrix} 6 & 4 & -16 \\ -6 & 0 & 12 \\ 2 & 2 & -6 \end{pmatrix}\to\cdots$$

$$\to\begin{pmatrix} 1 & 0 & -2 \\ 0 & 1 & -1 \\ 0 & 0 & 0 \end{pmatrix}\quad \therefore\ \begin{cases} x-2z=0 \\ y-z=0 \end{cases}$$

$$\therefore\ \begin{pmatrix} x \\ y \\ z \end{pmatrix}=\begin{pmatrix} 2b \\ b \\ b \end{pmatrix}=b\begin{pmatrix} 2 \\ 1 \\ 1 \end{pmatrix}\quad (b\neq 0)$$

よって，単位固有ベクトルとしては

$$\pm\frac{1}{\sqrt{6}}\begin{pmatrix} 2 \\ 1 \\ 1 \end{pmatrix}\quad \cdots\cdots〔答〕$$

(ⅲ)　固有値 3 に対する固有ベクトル

$$A-3E=\begin{pmatrix} 4 & 4 & -16 \\ -6 & -2 & 12 \\ 2 & 2 & -8 \end{pmatrix}\to\cdots$$

$$\to\begin{pmatrix}1&0&-1\\0&1&-3\\0&0&0\end{pmatrix}\quad\therefore\quad\begin{cases}x-z=0\\y-3z=0\end{cases}$$

$$\therefore\quad\begin{pmatrix}x\\y\\z\end{pmatrix}=\begin{pmatrix}c\\3c\\c\end{pmatrix}=c\begin{pmatrix}1\\3\\1\end{pmatrix}\quad(c\neq 0)$$

よって，単位固有ベクトルとしては

$$\pm\frac{1}{\sqrt{11}}\begin{pmatrix}1\\3\\1\end{pmatrix}\quad\cdots\cdots〔答〕$$

(2)　直線 $x=3y=3z$ 上の点 $(3t,\ t,\ t)$ が点 $(x',\ y',\ z')$ に移されるとすると

$$\begin{pmatrix}x'\\y'\\z'\end{pmatrix}=\begin{pmatrix}7&4&-16\\-6&1&12\\2&2&-5\end{pmatrix}\begin{pmatrix}3t\\t\\t\end{pmatrix}$$

$$=\begin{pmatrix}(21+4-16)t\\(-18+1+12)t\\(6+2-5)t\end{pmatrix}=\begin{pmatrix}9t\\-5t\\3t\end{pmatrix}$$

$$\therefore\quad\frac{x'}{9}=\frac{y'}{-5}=\frac{z'}{3}\quad(=t)$$

よって，求める直線の方程式は

$$\frac{x}{9}=\frac{y}{-5}=\frac{z}{3}\quad\cdots\cdots〔答〕$$

(3)　(1)で求めた固有値・固有ベクトルより

$$A\begin{pmatrix}2\\0\\1\end{pmatrix}=(-1)\begin{pmatrix}2\\0\\1\end{pmatrix},\ A\begin{pmatrix}2\\1\\1\end{pmatrix}=1\cdot\begin{pmatrix}2\\1\\1\end{pmatrix},$$

$$A\begin{pmatrix}1\\3\\1\end{pmatrix}=3\begin{pmatrix}1\\3\\1\end{pmatrix}$$

したがって，行列 A の表す1次変換によって自分自身に写される直線の中で，どの2組も平行でないものを3つあげれば

$$l_1:\begin{cases}x=2t\\y=0\\z=t\end{cases},\ l_2:\begin{cases}x=2t\\y=t\\z=t\end{cases},\ l_3:\begin{cases}x=t\\y=3t\\z=t\end{cases}$$

すなわち

$$\left.\begin{array}{l}l_1:\dfrac{x}{2}=z,\ y=0\\[2ex] l_2:\dfrac{x}{2}=y=z\\[2ex] l_3:x=\dfrac{y}{3}=z\end{array}\right\}\quad\cdots\cdots〔答〕$$

[6C－03]　(固有値・固有ベクトル)

(1)　$|A-tE|=\begin{vmatrix}4-t&2\\3&-1-t\end{vmatrix}$

$$=(4-t)(-1-t)-6$$

$$=t^2-3t-10=(t-5)(t+2)$$

よって，固有値は 5，-2 であり

$\lambda=5,\ \varepsilon=-2$　……〔答〕

(i)　$\lambda=5$ に対する固有ベクトル

$$A-5E=\begin{pmatrix}-1&2\\3&-6\end{pmatrix}\to\begin{pmatrix}1&-2\\0&0\end{pmatrix}$$

よって，固有ベクトルは

$$\begin{pmatrix}2a\\a\end{pmatrix}=a\begin{pmatrix}2\\1\end{pmatrix}\quad(a\neq 0)$$

であり，$A\begin{pmatrix}x\\1\end{pmatrix}=\lambda\begin{pmatrix}x\\1\end{pmatrix}$ を満たす x は

$a=1$ として　　$x=2$　……〔答〕

(ii)　$\varepsilon=-2$ に対する固有ベクトル

$$A-(-2)E=\begin{pmatrix}6&2\\3&1\end{pmatrix}\to\begin{pmatrix}1&\frac{1}{3}\\0&0\end{pmatrix}$$

よって，固有ベクトルは

$$\begin{pmatrix}-b\\3b\end{pmatrix}=b\begin{pmatrix}-1\\3\end{pmatrix}\quad(b\neq 0)$$

であり，$A\begin{pmatrix}1\\y\end{pmatrix}=\varepsilon\begin{pmatrix}1\\y\end{pmatrix}$ を満たす y は

$b=-1$ として　　$y=-3$　……〔答〕

(2)　$A\begin{pmatrix}2\\1\end{pmatrix}=5\begin{pmatrix}2\\1\end{pmatrix}$ より

$$A^n\begin{pmatrix}2\\1\end{pmatrix}=5^n\begin{pmatrix}2\\1\end{pmatrix}=\begin{pmatrix}2\cdot5^n\\5^n\end{pmatrix}\quad\cdots\cdots〔答〕$$

(3)　$\begin{pmatrix}1\\0\end{pmatrix}=c\begin{pmatrix}2\\1\end{pmatrix}+d\begin{pmatrix}1\\-3\end{pmatrix}=\begin{pmatrix}2c+d\\c-3d\end{pmatrix}$ より

$\begin{cases}2c+d=1\\c-3d=0\end{cases}$　　これを解くと

$$c=\frac{3}{7},\ d=\frac{1}{7}\quad\cdots\cdots〔答〕$$

$\begin{pmatrix}0\\1\end{pmatrix}=e\begin{pmatrix}2\\1\end{pmatrix}+f\begin{pmatrix}1\\-3\end{pmatrix}=\begin{pmatrix}2e+f\\e-3f\end{pmatrix}$ より

$\begin{cases}2e+f=0\\e-3f=1\end{cases}$　　これを解くと

$$e=\frac{1}{7},\ f=-\frac{2}{7}\quad\cdots\cdots〔答〕$$

(4)　(2)に注意すると

$$A^n\begin{pmatrix}2\\1\end{pmatrix}=5^n\begin{pmatrix}2\\1\end{pmatrix}=\begin{pmatrix}2\cdot5^n\\5^n\end{pmatrix}$$

$$A^n\begin{pmatrix}1\\-3\end{pmatrix}=(-2)^n\begin{pmatrix}1\\-3\end{pmatrix}=\begin{pmatrix}(-2)^n\\-3\cdot(-2)^n\end{pmatrix}$$

そこで　$\begin{pmatrix}1\\0\end{pmatrix}=\frac{3}{7}\begin{pmatrix}2\\1\end{pmatrix}+\frac{1}{7}\begin{pmatrix}1\\-3\end{pmatrix}$ より

$$A^n\begin{pmatrix}1\\0\end{pmatrix}=\frac{3}{7}A^n\begin{pmatrix}2\\1\end{pmatrix}+\frac{1}{7}A^n\begin{pmatrix}1\\-3\end{pmatrix}$$
$$=\frac{3}{7}\begin{pmatrix}2\cdot5^n\\5^n\end{pmatrix}+\frac{1}{7}\begin{pmatrix}(-2)^n\\-3\cdot(-2)^n\end{pmatrix}$$
$$=\frac{1}{7}\begin{pmatrix}6\cdot5^n+(-2)^n\\3\cdot5^n-3\cdot(-2)^n\end{pmatrix}\quad\cdots\cdots①$$

$\begin{pmatrix}0\\1\end{pmatrix}=\frac{1}{7}\begin{pmatrix}2\\1\end{pmatrix}-\frac{2}{7}\begin{pmatrix}1\\-3\end{pmatrix}$ より

$$A^n\begin{pmatrix}0\\1\end{pmatrix}=\frac{1}{7}A^n\begin{pmatrix}2\\1\end{pmatrix}-\frac{2}{7}A^n\begin{pmatrix}1\\-3\end{pmatrix}$$
$$=\frac{1}{7}\begin{pmatrix}2\cdot5^n\\5^n\end{pmatrix}-\frac{2}{7}\begin{pmatrix}(-2)^n\\-3\cdot(-2)^n\end{pmatrix}$$
$$=\frac{1}{7}\begin{pmatrix}2\cdot5^n-2(-2)^n\\5^n+6\cdot(-2)^n\end{pmatrix}\quad\cdots\cdots②$$

①，②より

$$A^n=\frac{1}{7}\begin{pmatrix}6\cdot5^n+(-2)^n & 2\cdot5^n-2(-2)^n\\3\cdot5^n-3\cdot(-2)^n & 5^n+6\cdot(-2)^n\end{pmatrix}$$

……〔答〕

[6C－04]　（行列と 1 次変換）

⑴　条件より

$$F\begin{pmatrix}1\\0\end{pmatrix}=\begin{pmatrix}a\\0\end{pmatrix},\ F\begin{pmatrix}1\\1\end{pmatrix}=\begin{pmatrix}a+b\\1-a\end{pmatrix}$$

$$\therefore\quad F\begin{pmatrix}1&1\\0&1\end{pmatrix}=\begin{pmatrix}a&a+b\\0&1-a\end{pmatrix}$$

よって

$$F=\begin{pmatrix}a&a+b\\0&1-a\end{pmatrix}\begin{pmatrix}1&1\\0&1\end{pmatrix}^{-1}$$
$$=\begin{pmatrix}a&a+b\\0&1-a\end{pmatrix}\begin{pmatrix}1&-1\\0&1\end{pmatrix}=\begin{pmatrix}a&b\\0&1-a\end{pmatrix}$$

……〔答〕

⑵　$|F-tE|=\begin{vmatrix}a-t&b\\0&1-a-t\end{vmatrix}$
$=(a-t)(1-a-t)$

よって，固有値は a，$1-a$

（i）　$a\neq 1-a$ のとき；

$\left(\text{すなわち，}a\neq\frac{1}{2}\text{ のとき}\right)$

1 次独立な固有ベクトルが 2 つとれるから対角化可能。

（ii）　$a=1-a$ のとき；

$\left(\text{すなわち，}a=\frac{1}{2}\text{ のとき}\right)$

$$F=\begin{pmatrix}\frac{1}{2}&b\\0&\frac{1}{2}\end{pmatrix}\qquad\therefore\quad F-\frac{1}{2}E=\begin{pmatrix}0&b\\0&0\end{pmatrix}$$

よって，$F\begin{pmatrix}x\\y\end{pmatrix}=\frac{1}{2}\begin{pmatrix}x\\y\end{pmatrix}$ とすると，$by=0$

したがって，

$b\neq0$ のときは 1 次独立な固有ベクトルが 2 つとれないから対角化不可能，$b=0$ のときは対角化可能。

以上より，行列 F が対角化できるための必要十分条件は

$a\neq\frac{1}{2}$ または $(a,\ b)=\left(\frac{1}{2},\ 0\right)$　……〔答〕

行列 F の対角化について：

（i）　$a\neq\frac{1}{2}$ のとき；

(ア)　$F-aE=\begin{pmatrix}0&b\\0&1-2a\end{pmatrix}$

$\therefore\quad\begin{cases}by=0\\(1-2a)y=0\end{cases}\qquad\therefore\quad y=0$

よって，固有値 a に対する固有ベクトルとして $\begin{pmatrix}1\\0\end{pmatrix}$ がとれる。

(イ)　$F-(1-a)E=\begin{pmatrix}2a-1&b\\0&0\end{pmatrix}$

$\therefore\quad(2a-1)x+by=0$

よって，固有値 a に対する固有ベクトルとして $\begin{pmatrix}b\\1-2a\end{pmatrix}$ がとれる。

そこで $P=\begin{pmatrix}1&b\\0&1-2a\end{pmatrix}$ とおくと

$$P^{-1}=\frac{1}{1-2a}\begin{pmatrix}1-2a&-b\\0&1\end{pmatrix}$$

$$P^{-1}FP=\begin{pmatrix}a&0\\0&1-a\end{pmatrix}$$

（ii）　$(a,\ b)=\left(\frac{1}{2},\ 0\right)$ のとき；

$F=\begin{pmatrix}\frac{1}{2}&0\\0&\frac{1}{2}\end{pmatrix}$ であり，すでに対角化されている。

⑶　（i）　$a\neq\frac{1}{2}$ のとき；

$$P^{-1}FP=\begin{pmatrix}a&0\\0&1-a\end{pmatrix}$$

より　$(P^{-1}FP)^n=\begin{pmatrix}a&0\\0&1-a\end{pmatrix}^n$

$$\therefore\quad P^{-1}F^nP=\begin{pmatrix} a^n & 0 \\ 0 & (1-a)^n \end{pmatrix}$$

よって

$$F^n=P\begin{pmatrix} a^n & 0 \\ 0 & (1-a)^n \end{pmatrix}P^{-1}$$

$$=\begin{pmatrix} 1 & b \\ 0 & 1-2a \end{pmatrix}\begin{pmatrix} a^n & 0 \\ 0 & (1-a)^n \end{pmatrix}\times\frac{1}{1-2a}\begin{pmatrix} 1-2a & -b \\ 0 & 1 \end{pmatrix}$$

$$=\frac{1}{1-2a}\begin{pmatrix} a^n & (1-a)^n b \\ 0 & (1-2a)(1-a)^n \end{pmatrix}\times\begin{pmatrix} 1-2a & -b \\ 0 & 1 \end{pmatrix}$$

$$=\frac{1}{1-2a}\begin{pmatrix} (1-2a)a^n & \{(1-a)^n-a^n\}b \\ 0 & (1-2a)(1-a)^n \end{pmatrix}$$

ここで

$$(1-a)^n-a^n$$
$$=(1-2a)\{(1-a)^{n-1}+(1-a)^{n-2}a+\cdots+a^{n-1}\}$$

に注意すると

$$F^n=\begin{pmatrix} a^n & \{(1-a)^{n-1}+(1-a)^{n-2}a+\cdots+a^{n-1}\}b \\ 0 & (1-a)^n \end{pmatrix}$$

よって

$$x_n=a^nx_0+\{(1-a)^{n-1}+(1-a)^{n-2}a+\cdots+a^{n-1}\}by_0$$

$$y_n=(1-a)^ny_0$$

（ii）　$a=\dfrac{1}{2}$ のとき；

$F=\begin{pmatrix} \frac{1}{2} & b \\ 0 & \frac{1}{2} \end{pmatrix}$ であり，（i）で求めた F^n と $(x_n,\ y_n)$ は $a=\dfrac{1}{2}$ のときも成り立つ。

（i），（ii）より

$$\left.\begin{aligned} x_n&=a^nx_0+\{(1-a)^{n-1}+(1-a)^{n-2}a+\cdots+a^{n-1}\}by_0 \\ y_n&=(1-a)^ny_0 \end{aligned}\right\}$$

……〔答〕

［6C－05］（固有値・固有ベクトル）

(1)　$|A-tE|=\begin{vmatrix} a-t & b \\ b & c-t \end{vmatrix}$

$=(a-t)(c-t)-b^2=t^2-(a+c)t+ac-b^2$

判別式：

$D=(a+c)^2-4(ac-b^2)=a^2-2ac+c^2+4b^2$

$\quad=(a-c)^2+4b^2>0\quad(\because\ b\neq0)$

よって，異なる 2 つの実数の固有値が存在する。

(2)　$t^2-(a+c)t+ac-b^2=0$ の異なる 2 つの実数解を λ_1，λ_2 とする。

（i）　固有値 λ_1 に対する固有ベクトル

$$A-\lambda_1E=\begin{pmatrix} a-\lambda_1 & b \\ b & c-\lambda_1 \end{pmatrix}\to\begin{pmatrix} a-\lambda_1 & b \\ 0 & 0 \end{pmatrix}$$

$\therefore\quad(a-\lambda_1)x+by=0$

よって，固有ベクトルは

$$\begin{pmatrix} x \\ y \end{pmatrix}=s\begin{pmatrix} -b \\ a-\lambda_1 \end{pmatrix}\quad(s\neq0)$$

（ii）　固有値 λ_2 に対する固有ベクトル

$$A-\lambda_2E=\begin{pmatrix} a-\lambda_2 & b \\ b & c-\lambda_2 \end{pmatrix}\to\begin{pmatrix} a-\lambda_2 & b \\ 0 & 0 \end{pmatrix}$$

$\therefore\quad(a-\lambda_2)x+by=0$

よって，固有ベクトルは

$$\begin{pmatrix} x \\ y \end{pmatrix}=t\begin{pmatrix} -b \\ a-\lambda_2 \end{pmatrix}\quad(t\neq0)$$

よって

$$\begin{pmatrix} -b \\ a-\lambda_1 \end{pmatrix}\cdot\begin{pmatrix} -b \\ a-\lambda_2 \end{pmatrix}$$

$=b^2+(a-\lambda_1)(a-\lambda_2)$

$=b^2+a^2-a(\lambda_1+\lambda_2)+\lambda_1\lambda_2$

ここで，λ_1，λ_2 は

$$t^2-(a+c)t+ac-b^2=0$$

の解だから，解と係数の関係より

$$\lambda_1+\lambda_2=a+c,\ \lambda_1\lambda_2=ac-b^2$$

したがって

$$\begin{pmatrix} -b \\ a-\lambda_1 \end{pmatrix}\cdot\begin{pmatrix} -b \\ a-\lambda_2 \end{pmatrix}$$

$=b^2+a^2-a(\lambda_1+\lambda_2)+\lambda_1\lambda_2$

$=b^2+a^2-a(a+c)+ac-b^2=0$

よって　$\begin{pmatrix} -b \\ a-\lambda_1 \end{pmatrix}\perp\begin{pmatrix} -b \\ a-\lambda_2 \end{pmatrix}$

すなわち，相異なる固有値に属する固有ベクトルは互いに直交する。

(注)「集中ゼミ」も参照すること。

(3)　${}^tUAU=\begin{pmatrix} \lambda_1 & 0 \\ 0 & \lambda_2 \end{pmatrix}$ より

$$A=U\begin{pmatrix} \lambda_1 & 0 \\ 0 & \lambda_2 \end{pmatrix}{}^tU$$

このとき

$$(x\quad y)\begin{pmatrix} a & b \\ b & c \end{pmatrix}\begin{pmatrix} x \\ y \end{pmatrix}=(x\quad y)A\begin{pmatrix} x \\ y \end{pmatrix}$$

$=(x\quad y)U\begin{pmatrix}\lambda_1 & 0\\ 0 & \lambda_2\end{pmatrix}{}^tU\begin{pmatrix}x\\ y\end{pmatrix}$

よって，$\begin{pmatrix}x\\ y\end{pmatrix}=U\begin{pmatrix}v\\ w\end{pmatrix}$ とおくと

$${}^tU\begin{pmatrix}x\\ y\end{pmatrix}={}^tUU\begin{pmatrix}v\\ w\end{pmatrix}=\begin{pmatrix}v\\ w\end{pmatrix}$$

また　$(v\quad w)=(x\quad y)U$

以上より

$$(x\quad y)\begin{pmatrix}a & b\\ b & c\end{pmatrix}\begin{pmatrix}x\\ y\end{pmatrix}$$

$=(x\quad y)U\begin{pmatrix}\lambda_1 & 0\\ 0 & \lambda_2\end{pmatrix}{}^tU\begin{pmatrix}x\\ y\end{pmatrix}$

$=(v\quad w)\begin{pmatrix}\lambda_1 & 0\\ 0 & \lambda_2\end{pmatrix}\begin{pmatrix}v\\ w\end{pmatrix}=\lambda_1v^2+\lambda_2w^2$

(4)　$2x^2-2xy+2y^2$

$=(x\quad y)\begin{pmatrix}2 & -1\\ -1 & 2\end{pmatrix}\begin{pmatrix}x\\ y\end{pmatrix}$

$A=\begin{pmatrix}2 & -1\\ -1 & 2\end{pmatrix}$　$(a=c=2,\ b=-1)$　の固有値は $t^2-4t+3=0$ を解いて

$\lambda_1=1,\ \lambda_2=3$　（順不同）　……〔答〕

［6C－06］（固有値・固有ベクトル）

(1)　$|A-tE|=\begin{vmatrix}a-t & b & 0\\ b & a-t & 0\\ 0 & 0 & c-t\end{vmatrix}$

$=(a-t)^2(c-t)-b^2(c-t)$

$=(c-t)\{(a-t)^2-b^2\}$

$=(c-t)\{(t-a)^2-b^2\}$

$=(c-t)\{(t-a)+b\}\{(t-a)-b\}$

$=-(t-c)\{t-(a-b)\}\{t-(a+b)\}$

よって，求める固有値は

$a+b,\ a-b,\ c$　……〔答〕

(2)　固有ベクトルを求める。

（i）　固有値 $a+b$ に対する固有ベクトル

$$A-(a+b)E=\begin{pmatrix}-b & b & 0\\ b & -b & 0\\ 0 & 0 & c-a-b\end{pmatrix}$$

$\therefore\ \begin{cases}bx-by=0\\ (c-a-b)z=0\end{cases}$

$\boldsymbol{a}_1=\begin{pmatrix}1\\ 1\\ 0\end{pmatrix}$ は固有ベクトル。

（ii）　固有値 $a-b$ に対する固有ベクトル

$$A-(a-b)E=\begin{pmatrix}b & b & 0\\ b & b & 0\\ 0 & 0 & c-a+b\end{pmatrix}$$

$\therefore\ \begin{cases}bx+by=0\\ (c-a+b)z=0\end{cases}$

$\boldsymbol{a}_2=\begin{pmatrix}1\\ -1\\ 0\end{pmatrix}$ は固有ベクトル。

（iii）　固有値 c に対する固有ベクトル

$$A-cE=\begin{pmatrix}a-c & b & 0\\ b & a-c & 0\\ 0 & 0 & 0\end{pmatrix}$$

$\therefore\ \begin{cases}(a-c)x+by=0\\ bx+(a-c)y=0\end{cases}$

$\boldsymbol{a}_3=\begin{pmatrix}0\\ 0\\ 1\end{pmatrix}$ は固有ベクトル。

そこで，$\boldsymbol{a}_1$，$\boldsymbol{a}_2$，$\boldsymbol{a}_3$ が互いに直交することに注意して

$$\boldsymbol{b}_1=\frac{\boldsymbol{a}_1}{|\boldsymbol{a}_1|}=\frac{1}{\sqrt{2}}\begin{pmatrix}1\\ 1\\ 0\end{pmatrix}=\begin{pmatrix}\frac{1}{\sqrt{2}}\\ \frac{1}{\sqrt{2}}\\ 0\end{pmatrix}$$

$$\boldsymbol{b}_2=\frac{\boldsymbol{a}_2}{|\boldsymbol{a}_2|}=\frac{1}{\sqrt{2}}\begin{pmatrix}1\\ -1\\ 0\end{pmatrix}=\begin{pmatrix}\frac{1}{\sqrt{2}}\\ -\frac{1}{\sqrt{2}}\\ 0\end{pmatrix}$$

$$\boldsymbol{b}_3=\frac{\boldsymbol{a}_3}{|\boldsymbol{a}_3|}=\begin{pmatrix}0\\ 0\\ 1\end{pmatrix}$$

とし

$P=(\boldsymbol{b}_1\quad \boldsymbol{b}_2\quad \boldsymbol{b}_3)$

$=\begin{pmatrix}\frac{1}{\sqrt{2}} & \frac{1}{\sqrt{2}} & 0\\ \frac{1}{\sqrt{2}} & -\frac{1}{\sqrt{2}} & 0\\ 0 & 0 & 1\end{pmatrix}$　……〔答〕

とおくと，P は行列 A を対角化する直交行列の中で対称行列となるものである。

(3)　まず A^n を求める。

(2)より，$P^{-1}AP=\begin{pmatrix}a+b & 0 & 0\\ 0 & a-b & 0\\ 0 & 0 & c\end{pmatrix}$

$\therefore\ P^{-1}A^nP=\begin{pmatrix}(a+b)^n & 0 & 0\\ 0 & (a-b)^n & 0\\ 0 & 0 & c^n\end{pmatrix}$

よって，以下 $\alpha=a+b,\ \beta=a-b$ として

$$A^n=P\begin{pmatrix}\alpha^n & 0 & 0\\ 0 & \beta^n & 0\\ 0 & 0 & c^n\end{pmatrix}P^{-1}$$

$$=P\begin{pmatrix}\alpha^n & 0 & 0\\ 0 & \beta^n & 0\\ 0 & 0 & c^n\end{pmatrix}P \quad (\because \quad P^{-1}={}^tP=P)$$

$$=\begin{pmatrix}\frac{1}{\sqrt{2}} & \frac{1}{\sqrt{2}} & 0\\ \frac{1}{\sqrt{2}} & -\frac{1}{\sqrt{2}} & 0\\ 0 & 0 & 1\end{pmatrix}\begin{pmatrix}\alpha^n & 0 & 0\\ 0 & \beta^n & 0\\ 0 & 0 & c^n\end{pmatrix}$$

$$\times\begin{pmatrix}\frac{1}{\sqrt{2}} & \frac{1}{\sqrt{2}} & 0\\ \frac{1}{\sqrt{2}} & -\frac{1}{\sqrt{2}} & 0\\ 0 & 0 & 1\end{pmatrix}$$

$$=\frac{1}{2}\begin{pmatrix}1 & 1 & 0\\ 1 & -1 & 0\\ 0 & 0 & \sqrt{2}\end{pmatrix}\begin{pmatrix}\alpha^n & 0 & 0\\ 0 & \beta^n & 0\\ 0 & 0 & c^n\end{pmatrix}$$

$$\times\begin{pmatrix}1 & 1 & 0\\ 1 & -1 & 0\\ 0 & 0 & \sqrt{2}\end{pmatrix}$$

$$=\frac{1}{2}\begin{pmatrix}\alpha^n & \beta^n & 0\\ \alpha^n & -\beta^n & 0\\ 0 & 0 & \sqrt{2}\,c^n\end{pmatrix}\begin{pmatrix}1 & 1 & 0\\ 1 & -1 & 0\\ 0 & 0 & \sqrt{2}\end{pmatrix}$$

$$=\frac{1}{2}\begin{pmatrix}\alpha^n+\beta^n & \alpha^n-\beta^n & 0\\ \alpha^n-\beta^n & \alpha^n+\beta^n & 0\\ 0 & 0 & 2c^n\end{pmatrix}$$

よって

$$\exp(A)=E+\sum_{n=1}^{\infty}\frac{1}{n!}A^n$$

$$=E+\frac{1}{2}\sum_{n=1}^{\infty}\frac{1}{n!}\begin{pmatrix}\alpha^n+\beta^n & \alpha^n-\beta^n & 0\\ \alpha^n-\beta^n & \alpha^n+\beta^n & 0\\ 0 & 0 & 2c^n\end{pmatrix}$$

$$=\frac{1}{2}\left\{2E+\sum_{n=1}^{\infty}\frac{1}{n!}\begin{pmatrix}\alpha^n+\beta^n & \alpha^n-\beta^n & 0\\ \alpha^n-\beta^n & \alpha^n+\beta^n & 0\\ 0 & 0 & 2c^n\end{pmatrix}\right\}$$

$$=\frac{1}{2}\begin{pmatrix}\sum_{n=0}^{\infty}\frac{\alpha^n+\beta^n}{n!} & \sum_{n=0}^{\infty}\frac{\alpha^n-\beta^n}{n!} & 0\\ \sum_{n=0}^{\infty}\frac{\alpha^n-\beta^n}{n!} & \sum_{n=0}^{\infty}\frac{\alpha^n+\beta^n}{n!} & 0\\ 0 & 0 & 2\sum_{n=0}^{\infty}\frac{c^n}{n!}\end{pmatrix}$$

$$=\frac{1}{2}\begin{pmatrix}e^{\alpha}+e^{\beta} & e^{\alpha}-e^{\beta} & 0\\ e^{\alpha}-e^{\beta} & e^{\alpha}+e^{\beta} & 0\\ 0 & 0 & 2e^c\end{pmatrix}$$

$$=\frac{1}{2}\begin{pmatrix}e^{a+b}+e^{a-b} & e^{a+b}-e^{a-b} & 0\\ e^{a+b}-e^{a-b} & e^{a+b}+e^{a-b} & 0\\ 0 & 0 & 2e^c\end{pmatrix}$$

……〔答〕

(4) $|\exp(A)|$

$$=\begin{vmatrix}\frac{1}{2}(e^{a+b}+e^{a-b}) & \frac{1}{2}(e^{a+b}-e^{a-b}) & 0\\ \frac{1}{2}(e^{a+b}-e^{a-b}) & \frac{1}{2}(e^{a+b}+e^{a-b}) & 0\\ 0 & 0 & e^c\end{vmatrix}$$

$$=\frac{1}{4}(e^{a+b}+e^{a-b})^2e^c-\frac{1}{4}(e^{a+b}-e^{a-b})^2e^c$$

$$=\frac{1}{4}\{(e^{a+b}+e^{a-b})^2-(e^{a+b}-e^{a-b})^2\}e^c$$

$$=\frac{1}{4}\cdot 4e^{a+b}e^{a-b}\cdot e^c=e^{2a+c}$$ ……〔答〕

［6C－07］（固有値）

まず初めに，固有値の積は行列式の値に等しいから，A が正則行列ならば，$|A|\neq 0$ であり $\lambda\neq 0$ であることに注意する。

A は n 次正方行列とする。

A の固有値の 1 つが λ であることから

$$|\lambda E-A|=0$$

$$\therefore \quad \left|\lambda A\left(A^{-1}-\frac{1}{\lambda}E\right)\right|=0$$

各行から λ をくくりだすと

$$\lambda^n\left|A\left(A^{-1}-\frac{1}{\lambda}E\right)\right|=0$$

$$\therefore \quad \lambda^n|A|\left|A^{-1}-\frac{1}{\lambda}E\right|=0$$

ここで $\lambda\neq 0$，$|A|\neq 0$ より

$$\left|A^{-1}-\frac{1}{\lambda}E\right|=0$$

したがって，$\frac{1}{\lambda}$ は A の逆行列 A^{-1} の固有値の 1 つである。

[6C－08]　**（1次変換，行列の n 乗）**

(1)　逆行列の公式より

$$A^{-1}=\frac{1}{9}\begin{pmatrix} 4 & 1 \\ -1 & 2 \end{pmatrix}$$ ……〔答〕

(2)　直線 $y=ax$ 上の任意の点を $(t,\ at)$ とする。

$$\begin{pmatrix} 2 & -1 \\ 1 & 4 \end{pmatrix}\begin{pmatrix} t \\ at \end{pmatrix}=\begin{pmatrix} 2t-at \\ t+4at \end{pmatrix}$$

点 $(2t-at,\ t+4at)$ がまた同じ直線 $y=ax$ 上にあるとすると　$t+4at=a(2t-at)$

t は任意だから　$1+4a=a(2-a)$

$\therefore\ \ a^2+2a+1=0$

$(a+1)^2=0\qquad \therefore\ \ a=-1$ ……〔答〕

(3)　数学的帰納法により証明する。

$$U^n=\begin{pmatrix} \alpha^n & n\alpha^{n-1} \\ 0 & \alpha^n \end{pmatrix}$$ ……（＊）　とおく。

（Ⅰ）　$n=1$ のとき

明らかに（＊）は成り立つ。

（Ⅱ）　$n=k$ のとき（＊）が成り立つとする。

すなわち　$U^k=\begin{pmatrix} \alpha^k & k\alpha^{k-1} \\ 0 & \alpha^k \end{pmatrix}$

$n=k+1$ のとき

$$U^{k+1}=UU^k$$

$$=\begin{pmatrix} \alpha & 1 \\ 0 & \alpha \end{pmatrix}\begin{pmatrix} \alpha^k & k\alpha^{k-1} \\ 0 & \alpha^k \end{pmatrix}=\begin{pmatrix} \alpha^{k+1} & k\alpha^k+\alpha^k \\ 0 & \alpha^{k+1} \end{pmatrix}$$

$$=\begin{pmatrix} \alpha^{k+1} & (k+1)\alpha^k \\ 0 & \alpha^{k+1} \end{pmatrix}$$

よって，$n=k+1$ のときも（＊）は成り立つ。

（Ⅰ），（Ⅱ）より，すべての自然数 n に対して（＊）は成り立つ。

(4)　$P^{-1}AP$

$$=\frac{1}{-1}\begin{pmatrix} -1 & -2 \\ -1 & -1 \end{pmatrix}\begin{pmatrix} 2 & -1 \\ 1 & 4 \end{pmatrix}\begin{pmatrix} -1 & 2 \\ 1 & -1 \end{pmatrix}$$

$$=\begin{pmatrix} 1 & 2 \\ 1 & 1 \end{pmatrix}\begin{pmatrix} 2 & -1 \\ 1 & 4 \end{pmatrix}\begin{pmatrix} -1 & 2 \\ 1 & -1 \end{pmatrix}$$

$$=\begin{pmatrix} 4 & 7 \\ 3 & 3 \end{pmatrix}\begin{pmatrix} -1 & 2 \\ 1 & -1 \end{pmatrix}=\begin{pmatrix} 3 & 1 \\ 0 & 3 \end{pmatrix}$$ ……〔答〕

$P^{-1}AP=\begin{pmatrix} 3 & 1 \\ 0 & 3 \end{pmatrix}$ より

$$(P^{-1}AP)^n=\begin{pmatrix} 3 & 1 \\ 0 & 3 \end{pmatrix}^n$$

$$\therefore\ \ P^{-1}A^nP=\begin{pmatrix} 3 & 1 \\ 0 & 3 \end{pmatrix}^n$$

$$\therefore\ \ A^n=P\begin{pmatrix} 3 & 1 \\ 0 & 3 \end{pmatrix}^nP^{-1}$$

ここで，問(3)より

$$\begin{pmatrix} 3 & 1 \\ 0 & 3 \end{pmatrix}^n=\begin{pmatrix} 3^n & n\cdot 3^{n-1} \\ 0 & 3^n \end{pmatrix}$$

であり，また

$$P=\begin{pmatrix} -1 & 2 \\ 1 & -1 \end{pmatrix},\ P^{-1}=\begin{pmatrix} 1 & 2 \\ 1 & 1 \end{pmatrix}$$

であるから

$$A^n=P\begin{pmatrix} 3 & 1 \\ 0 & 3 \end{pmatrix}^nP^{-1}$$

$$=\begin{pmatrix} -1 & 2 \\ 1 & -1 \end{pmatrix}\begin{pmatrix} 3^n & n\cdot 3^{n-1} \\ 0 & 3^n \end{pmatrix}\begin{pmatrix} 1 & 2 \\ 1 & 1 \end{pmatrix}$$

$$=\begin{pmatrix} -3^n & -n\cdot 3^{n-1}+2\cdot 3^n \\ 3^n & n\cdot 3^{n-1}-3^n \end{pmatrix}\begin{pmatrix} 1 & 2 \\ 1 & 1 \end{pmatrix}$$

$$=\begin{pmatrix} -3^n & (-n+6)\cdot 3^{n-1} \\ 3^n & (n-3)\cdot 3^{n-1} \end{pmatrix}\begin{pmatrix} 1 & 2 \\ 1 & 1 \end{pmatrix}$$

$$=\begin{pmatrix} -3^n+(-n+6)\cdot 3^{n-1} & -2\cdot 3^n+(-n+6)\cdot 3^{n-1} \\ 3^n+(n-3)\cdot 3^{n-1} & 2\cdot 3^n+(n-3)\cdot 3^{n-1} \end{pmatrix}$$

$$=\begin{pmatrix} (-n+3)\cdot 3^{n-1} & -n\cdot 3^{n-1} \\ n\cdot 3^{n-1} & (n+3)\cdot 3^{n-1} \end{pmatrix}$$

……〔答〕

[6C－09]　**（固有値・固有ベクトル）**

(1)　$|A-tE|=\begin{vmatrix} 1-t & 1 & -1 \\ -4 & 6-t & -7 \\ -3 & 3 & -4-t \end{vmatrix}$

$=(1-t)(6-t)(-4-t)+21+12$

$\quad -3(6-t)-4(4+t)+21(1-t)$

$=-t^3+3t^2-4=-(t+1)(t-2)^2$

よって，求める固有値は

2（重解），-1 ……〔答〕

(2)　$X\begin{pmatrix} 2 & 0 & 0 \\ 1 & 2 & 0 \\ 0 & 0 & -1 \end{pmatrix}$

$$=\begin{pmatrix} x_1 & y_1 & z_1 \\ x_2 & y_2 & z_2 \\ x_3 & y_3 & z_3 \end{pmatrix}\begin{pmatrix} 2 & 0 & 0 \\ 1 & 2 & 0 \\ 0 & 0 & -1 \end{pmatrix}$$

$$=\begin{pmatrix} 2x_1+y_1 & 2y_1 & -z_1 \\ 2x_2+y_2 & 2y_2 & -z_2 \\ 2x_3+y_3 & 2y_3 & -z_3 \end{pmatrix}$$

$AX=X\begin{pmatrix} 2 & 0 & 0 \\ 1 & 2 & 0 \\ 0 & 0 & -1 \end{pmatrix}$ より

$$A\begin{pmatrix} x_1 & y_1 & z_1 \\ x_2 & y_2 & z_2 \\ x_3 & y_3 & z_3 \end{pmatrix}=\begin{pmatrix} 2x_1+y_1 & 2y_1 & -z_1 \\ 2x_2+y_2 & 2y_2 & -z_2 \\ 2x_3+y_3 & 2y_3 & -z_3 \end{pmatrix}$$

よって

$$A\begin{pmatrix}x_1\\x_2\\x_3\end{pmatrix}=\begin{pmatrix}2x_1+y_1\\2x_2+y_2\\2x_3+y_3\end{pmatrix}$$

$$A\begin{pmatrix}y_1\\y_2\\y_3\end{pmatrix}=\begin{pmatrix}2y_1\\2y_2\\2y_3\end{pmatrix}=2\begin{pmatrix}y_1\\y_2\\y_3\end{pmatrix}$$

$$A\begin{pmatrix}z_1\\z_2\\z_3\end{pmatrix}=\begin{pmatrix}-z_1\\-z_2\\-z_3\end{pmatrix}=(-1)\begin{pmatrix}z_1\\z_2\\z_3\end{pmatrix}$$

$$\therefore\quad A\begin{pmatrix}y_1\\y_2\\y_3\end{pmatrix}=2\begin{pmatrix}y_1\\y_2\\y_3\end{pmatrix},\ A\begin{pmatrix}z_1\\z_2\\z_3\end{pmatrix}=(-1)\begin{pmatrix}z_1\\z_2\\z_3\end{pmatrix}$$

したがって

$$\begin{pmatrix}y_1\\y_2\\y_3\end{pmatrix},\ \begin{pmatrix}z_1\\z_2\\z_3\end{pmatrix}$$

はそれぞれ固有値 2, −1 に対する固有ベクトルである。

(注) 問題文に記されていないが,

$\begin{pmatrix}y_1\\y_2\\y_3\end{pmatrix}$, $\begin{pmatrix}z_1\\z_2\\z_3\end{pmatrix}$ はともに 0 ベクトルでないと仮定されている。

[6C−10] **(固有値の応用)**

$A=\begin{pmatrix}0&1\\-2&3\end{pmatrix}$ とおく。

$$|A-tE|=\begin{vmatrix}-t&1\\-2&3-t\end{vmatrix}$$
$$=(-t)(3-t)+2=t^2-3t+2$$
$$=(t-1)(t-2)$$

よって,固有値は 1, 2

次に固有ベクトルを求める。

(i) 固有値 1 に対する固有ベクトル

$$A-E=\begin{pmatrix}-1&1\\-2&2\end{pmatrix}\to\begin{pmatrix}1&-1\\0&0\end{pmatrix}$$

$\therefore\quad x-y=0$

よって,固有ベクトルは

$$\begin{pmatrix}x\\y\end{pmatrix}=\begin{pmatrix}a\\a\end{pmatrix}=a\begin{pmatrix}1\\1\end{pmatrix}\quad(a\neq 0)$$

(ii) 固有値 2 に対する固有ベクトル

$$A-2E=\begin{pmatrix}-2&1\\-2&1\end{pmatrix}\to\begin{pmatrix}1&-\frac{1}{2}\\0&0\end{pmatrix}$$

$\therefore\quad x-\frac{1}{2}y=0$

よって,固有ベクトルは

$$\begin{pmatrix}x\\y\end{pmatrix}=\begin{pmatrix}b\\2b\end{pmatrix}=b\begin{pmatrix}1\\2\end{pmatrix}\quad(b\neq 0)$$

(i), (ii)より

$P=\begin{pmatrix}1&1\\1&2\end{pmatrix}$ とおくと, $P^{-1}AP=\begin{pmatrix}1&0\\0&2\end{pmatrix}$

そこで, $\begin{pmatrix}y_1\\y_2\end{pmatrix}=P\begin{pmatrix}Y_1\\Y_2\end{pmatrix}$

すなわち, $\begin{pmatrix}Y_1\\Y_2\end{pmatrix}=P^{-1}\begin{pmatrix}y_1\\y_2\end{pmatrix}$ とおくと

$$\frac{d}{dx}\begin{pmatrix}y_1\\y_2\end{pmatrix}=A\begin{pmatrix}y_1\\y_2\end{pmatrix}$$

は次のようになる。

$$\frac{d}{dx}P\begin{pmatrix}Y_1\\Y_2\end{pmatrix}=AP\begin{pmatrix}Y_1\\Y_2\end{pmatrix}$$

$$\therefore\quad P\frac{d}{dx}\begin{pmatrix}Y_1\\Y_2\end{pmatrix}=AP\begin{pmatrix}Y_1\\Y_2\end{pmatrix}$$

$$\frac{d}{dx}\begin{pmatrix}Y_1\\Y_2\end{pmatrix}=P^{-1}AP\begin{pmatrix}Y_1\\Y_2\end{pmatrix}$$

$$\therefore\quad \frac{d}{dx}\begin{pmatrix}Y_1\\Y_2\end{pmatrix}=\begin{pmatrix}1&0\\0&2\end{pmatrix}\begin{pmatrix}Y_1\\Y_2\end{pmatrix}$$

よって $\dfrac{dY_1}{dx}=Y_1,\ \dfrac{dY_2}{dx}=2Y_2$

この微分方程式はただちに解けて

$Y_1=C_1e^x,\ Y_2=C_2e^{2x}$ (C_1, C_2 は任意定数)

したがって

$$\begin{pmatrix}y_1\\y_2\end{pmatrix}=P\begin{pmatrix}Y_1\\Y_2\end{pmatrix}=\begin{pmatrix}1&1\\1&2\end{pmatrix}\begin{pmatrix}C_1e^x\\C_2e^{2x}\end{pmatrix}$$
$$=\begin{pmatrix}C_1e^x+C_2e^{2x}\\C_1e^x+2C_2e^{2x}\end{pmatrix}$$

すなわち,求める一般解は

$$\begin{cases}y_1=C_1e^x+C_2e^{2x}\\y_2=C_1e^x+2C_2e^{2x}\end{cases}$$ ……**〔答〕**

(C_1, C_2 は任意定数)

(注1) 以上より,与えられた 2 階微分方程式の一般解は

$$y=y_1=C_1e^x+C_2e^{2x}$$

(注2) 問題文の最初の部分の解説:

$$y_1=y,\ y_2=\frac{dy}{dx}$$

$$\frac{d^2y}{dx^2}-3\frac{dy}{dx}+2y=0$$

より

$$\frac{dy_1}{dx}=\frac{dy}{dx}=y_2$$

$$\frac{dy_2}{dx}=\frac{d^2y}{dx^2}=3\frac{dy}{dx}-2y=3y_2-2y_1$$

であるから

$$\frac{dy_1}{dx}=y_2$$

$$\frac{dy_2}{dx}=-2y_1+3y_2$$

したがって

$$\frac{d}{dx}\begin{pmatrix} y_1 \\ y_2 \end{pmatrix}=\begin{pmatrix} 0 & 1 \\ -2 & 3 \end{pmatrix}\begin{pmatrix} y_1 \\ y_2 \end{pmatrix}$$

[6C－11]　(固有値の応用)

(1)　$n=2$ のとき，$A=\begin{pmatrix} 2 & 1 \\ 1 & 2 \end{pmatrix}$

$$|A-tE|=\begin{vmatrix} 2-t & 1 \\ 1 & 2-t \end{vmatrix}$$
$$=(2-t)^2-1=t^2-4t+3$$
$$=(t-1)(t-3)$$

よって，A の固有値は 1，3

（i）　$\alpha=1$ とすると

$$A-1\cdot E=\begin{pmatrix} 1 & 1 \\ 1 & 1 \end{pmatrix}\to\begin{pmatrix} 1 & 1 \\ 0 & 0 \end{pmatrix}$$

∴　$A\begin{pmatrix} x \\ y \end{pmatrix}=1\cdot\begin{pmatrix} x \\ y \end{pmatrix}$ とすると，$x+y=0$

∴　$\begin{pmatrix} x \\ y \end{pmatrix}=\begin{pmatrix} -a \\ a \end{pmatrix}=a\begin{pmatrix} -1 \\ 1 \end{pmatrix}$　$(a\neq0)$

（ii）　$\alpha=3$ とすると

$$A-3\cdot E=\begin{pmatrix} -1 & 1 \\ 1 & -1 \end{pmatrix}\to\begin{pmatrix} 1 & -1 \\ 0 & 0 \end{pmatrix}$$

∴　$A\begin{pmatrix} x \\ y \end{pmatrix}=3\cdot\begin{pmatrix} x \\ y \end{pmatrix}$ とすると，$x-y=0$

∴　$\begin{pmatrix} x \\ y \end{pmatrix}=\begin{pmatrix} b \\ b \end{pmatrix}=b\begin{pmatrix} 1 \\ 1 \end{pmatrix}$　$(b\neq0)$

（i），（ii）より，条件(C)をみたす $\boldsymbol{x}$ が存在するのは　$\alpha=3$　……〔答〕

(2)　$|A-tE|=\begin{vmatrix} 2-t & 1 & \cdots & 1 \\ 1 & 2-t & \cdots & 1 \\ \vdots & \vdots & \ddots & \vdots \\ 1 & 1 & \cdots & 2-t \end{vmatrix}$

$$=\begin{vmatrix} n+1-t & 1 & \cdots & 1 \\ n+1-t & 2-t & \cdots & 1 \\ \vdots & \vdots & \ddots & \vdots \\ n+1-t & 1 & \cdots & 2-t \end{vmatrix}$$

$$=(n+1-t)\begin{vmatrix} 1 & 1 & \cdots & 1 \\ 1 & 2-t & \cdots & 1 \\ \vdots & \vdots & \ddots & \vdots \\ 1 & 1 & \cdots & 2-t \end{vmatrix}$$

$$=(n+1-t)\begin{vmatrix} 1 & 1 & \cdots & 1 \\ 0 & 1-t & \cdots & 0 \\ \vdots & \vdots & \ddots & \vdots \\ 0 & 0 & \cdots & 1-t \end{vmatrix}$$

$$=(n+1-t)\begin{vmatrix} 1-t & \cdots & 0 \\ \vdots & \ddots & \vdots \\ 0 & \cdots & 1-t \end{vmatrix}$$

$$=(n+1-t)(1-t)^{n-1}$$

ゆえに，A の固有値は，1（$n-1$ 重解）と $n+1$

（i）　$\alpha=1$ とすると

$$A-1\cdot E=\begin{pmatrix} 1 & 1 & \cdots & 1 \\ 1 & 1 & \cdots & 1 \\ \vdots & \vdots & \ddots & \vdots \\ 1 & 1 & \cdots & 1 \end{pmatrix}$$

$$\to\begin{pmatrix} 1 & 1 & \cdots & 1 \\ 0 & 0 & \cdots & 0 \\ \vdots & \vdots & \ddots & \vdots \\ 0 & 0 & \cdots & 0 \end{pmatrix}$$

$A\begin{pmatrix} x_1 \\ x_2 \\ \vdots \\ x_n \end{pmatrix}=1\cdot\begin{pmatrix} x_1 \\ x_2 \\ \vdots \\ x_n \end{pmatrix}$ とすると

$x_1+x_2+\cdots+x_n=0$　　∴　不適

（ii）　$\alpha=n+1$ とすると

$$A-(n+1)E=\begin{pmatrix} 1-n & 1 & \cdots & 1 \\ 1 & 1-n & \cdots & 1 \\ \vdots & \vdots & \ddots & \vdots \\ 1 & 1 & \cdots & 1-n \end{pmatrix}$$

$x_1=x_2=\cdots=x_n=1$ とおくと

$$\begin{pmatrix} 1-n & 1 & \cdots & 1 \\ 1 & 1-n & \cdots & 1 \\ \vdots & \vdots & \ddots & \vdots \\ 1 & 1 & \cdots & 1-n \end{pmatrix}\begin{pmatrix} x_1 \\ x_2 \\ \vdots \\ x_n \end{pmatrix}=\begin{pmatrix} 0 \\ 0 \\ \vdots \\ 0 \end{pmatrix}$$

∴　$A\begin{pmatrix} x_1 \\ x_2 \\ \vdots \\ x_n \end{pmatrix}=(n+1)\begin{pmatrix} x_1 \\ x_2 \\ \vdots \\ x_n \end{pmatrix}$

（i），（ii）より，$\alpha=n+1$　……〔答〕

[6C－12]　(固有値の応用)

(1)　y 軸のまわりの φ 回転を表す行列を A とすると

$$A\begin{pmatrix} 1 \\ 0 \\ 0 \end{pmatrix}=\begin{pmatrix} \cos\varphi \\ 0 \\ -\sin\varphi \end{pmatrix},\ A\begin{pmatrix} 0 \\ 1 \\ 0 \end{pmatrix}=\begin{pmatrix} 0 \\ 1 \\ 0 \end{pmatrix},$$

$$A\begin{pmatrix}0\\0\\1\end{pmatrix}=\begin{pmatrix}\sin\varphi\\0\\\cos\varphi\end{pmatrix}$$

よって

$$A=\begin{pmatrix}\cos\varphi & 0 & \sin\varphi\\ 0 & 1 & 0\\ -\sin\varphi & 0 & \cos\varphi\end{pmatrix}$$

ところで，ベクトル（0, 0, 1）をベクトル（u, 0, w）に変換することから

$$\sin\varphi=u,\ \cos\varphi=w$$

よって　$A=\begin{pmatrix}w & 0 & u\\ 0 & 1 & 0\\ -u & 0 & w\end{pmatrix}$　……〔答〕

(2)　まずベクトル（u, 0, w）をベクトル（0, 0, 1）に移すような y 軸のまわりの回転を考える。この変換は A^{-1} で表される。次に z 軸のまわりに角度 θ の回転を行い，最後にベクトル（0, 0, 1）をベクトル（u, 0, w）に移すような A で表された y 軸のまわりの回転を考えれば，ベクトル（u, 0, w）を軸とする角度 θ の回転を行うことになる。

そこで，z 軸のまわりに角度 θ の回転を行う行列を B とおくと

$$B\begin{pmatrix}1\\0\\0\end{pmatrix}=\begin{pmatrix}\cos\theta\\\sin\theta\\0\end{pmatrix},\ B\begin{pmatrix}0\\1\\0\end{pmatrix}=\begin{pmatrix}-\sin\theta\\\cos\theta\\0\end{pmatrix},$$

$$B\begin{pmatrix}0\\0\\1\end{pmatrix}=\begin{pmatrix}0\\0\\1\end{pmatrix}$$

より　$B=\begin{pmatrix}\cos\theta & -\sin\theta & 0\\ \sin\theta & \cos\theta & 0\\ 0 & 0 & 1\end{pmatrix}$

したがって，ベクトル（u, 0, w）を軸とする角度 θ の回転を表す行列を C とおくと

$$C=ABA^{-1}$$

ここで

$$A^{-1}=\begin{pmatrix}\cos(-\varphi) & 0 & \sin(-\varphi)\\ 0 & 1 & 0\\ -\sin(-\varphi) & 0 & \cos(-\varphi)\end{pmatrix}$$

$$=\begin{pmatrix}\cos\varphi & 0 & -\sin\varphi\\ 0 & 1 & 0\\ \sin\varphi & 0 & \cos\varphi\end{pmatrix}=\begin{pmatrix}w & 0 & -u\\ 0 & 1 & 0\\ u & 0 & w\end{pmatrix}$$

であるから

$$C=ABA^{-1}$$

$$=\begin{pmatrix}w & 0 & u\\ 0 & 1 & 0\\ -u & 0 & w\end{pmatrix}\begin{pmatrix}\cos\theta & -\sin\theta & 0\\ \sin\theta & \cos\theta & 0\\ 0 & 0 & 1\end{pmatrix}\times\begin{pmatrix}w & 0 & -u\\ 0 & 1 & 0\\ u & 0 & w\end{pmatrix}$$

$$=\begin{pmatrix}w\cos\theta & -w\sin\theta & u\\ \sin\theta & \cos\theta & 0\\ -u\cos\theta & u\sin\theta & w\end{pmatrix}\times\begin{pmatrix}w & 0 & -u\\ 0 & 1 & 0\\ u & 0 & w\end{pmatrix}$$

$$=\begin{pmatrix}w^2\cos\theta+u^2 & -w\sin\theta & -uw\cos\theta+uw\\ w\sin\theta & \cos\theta & -u\sin\theta\\ -uw\cos\theta+uw & u\sin\theta & u^2\cos\theta+w^2\end{pmatrix}$$　……〔答〕

(3)　ベクトル（u, 0, w）を軸とする角度 θ の回転によって方向を変えないベクトルは明らかに（u, 0, w）の実数倍のみであり，しかもこのベクトルはこの変換によって不変である。よって，(2)で求めた行列の実数の固有値は1のみであり，その固有ベクトルは $k(u,\ 0,\ w)$ である。ただし，k は0でない実数。　……〔答〕

（参考）　確認：

$$\begin{pmatrix}w^2\cos\theta+u^2 & -w\sin\theta & -uw\cos\theta+uw\\ w\sin\theta & \cos\theta & -u\sin\theta\\ -uw\cos\theta+uw & u\sin\theta & u^2\cos\theta+w^2\end{pmatrix}\begin{pmatrix}u\\0\\w\end{pmatrix}$$

$$=\begin{pmatrix}w^2u\cos\theta+u^3-w^2u\cos\theta+w^2u\\ wu\sin\theta-wu\sin\theta\\ -wu^2\cos\theta+wu^2+wu^2\cos\theta+w^3\end{pmatrix}$$

$$=\begin{pmatrix}u^3+w^2u\\0\\wu^2+w^3\end{pmatrix}=\begin{pmatrix}(u^2+w^2)u\\0\\w(u^2+w^2)\end{pmatrix}=\begin{pmatrix}u\\0\\w\end{pmatrix}$$

第7章
確　　率

《場合の数と確率》

(B) 標準問題

[7B－01] (確率の定義)

同じ色の玉は区別しないで考える。

(1) 起こりうるすべての場合の数は

$\dfrac{7!}{2!\cdot 5!}=21$ (通り)

5個の白玉が連続する場合の数は

3 (通り)

よって，5個の白玉が連続する確率は

$\dfrac{3}{21}=\dfrac{1}{7}$ ……〔答〕

(2) 2個の赤玉が隣り合わない場合の数は，まず5個の白玉を並べておいて，あとから白玉の間および両端の6ヵ所から2ヵ所選んで赤玉を並べればよいから

${}_6C_2=\dfrac{6\cdot 5}{2\cdot 1}=15$ (通り)

よって，2個の赤玉が隣り合わない確率は

$\dfrac{15}{21}=\dfrac{5}{7}$ ……〔答〕

[別解] 同じ色の玉も区別して考える。

(1) 起こりうるすべての場合の数は

7! (通り)

5個の白玉が連続する場合の数は

3!×5! (通り)

よって，5個の白玉が連続する確率は

$\dfrac{3!\times 5!}{7!}=\dfrac{3!}{7\cdot 6}=\dfrac{1}{7}$ ……〔答〕

(2) 2個の赤玉が隣り合わない場合の数は

$5!\times{}_6P_2=5!\times 6\cdot 5$ (通り)

よって，2個の赤玉が隣り合わない確率は

$\dfrac{5!\times 6\cdot 5}{7!}=\dfrac{6\cdot 5}{7\cdot 6}=\dfrac{5}{7}$ ……〔答〕

[7B－02] (確率と無限級数)

(i) フィンランド人が $3n+1$ 回目で勝つ確率は

$$\left(\frac{b}{a+b}\right)^{3n}\frac{a}{a+b}$$

よって，フィンランド人が勝つ確率は

$$\sum_{n=0}^{\infty}\left(\frac{b}{a+b}\right)^{3n}\frac{a}{a+b}$$

$$=\frac{\dfrac{a}{a+b}}{1-\left(\dfrac{b}{a+b}\right)^3}=\frac{a(a+b)^2}{(a+b)^3-b^3}$$

$$=\frac{(a+b)^2}{a^2+3ab+3b^2}\quad\text{……〔答〕}$$

(ii) スウェーデン人が $3n+2$ 回目で勝つ確率は

$$\left(\frac{b}{a+b}\right)^{3n+1}\frac{a}{a+b}$$

よって，スウェーデン人が勝つ確率は

$$\sum_{n=0}^{\infty}\left(\frac{b}{a+b}\right)^{3n+1}\frac{a}{a+b}$$

$$=\frac{\dfrac{b}{a+b}\cdot\dfrac{a}{a+b}}{1-\left(\dfrac{b}{a+b}\right)^3}=\frac{ab(a+b)}{(a+b)^3-b^3}$$

$$=\frac{b(a+b)}{a^2+3ab+3b^2}\quad\text{……〔答〕}$$

(iii) ノルウェー人が $3n+3$ 回目で勝つ確率は

$$\left(\frac{b}{a+b}\right)^{3n+2}\frac{a}{a+b}$$

よって，ノルウェー人が勝つ確率は

$$\sum_{n=0}^{\infty}\left(\frac{b}{a+b}\right)^{3n+2}\frac{a}{a+b}$$

$$=\frac{\left(\dfrac{b}{a+b}\right)^2\cdot\dfrac{a}{a+b}}{1-\left(\dfrac{b}{a+b}\right)^3}=\frac{ab^2}{(a+b)^3-b^3}$$

$$=\frac{b^2}{a^2+3ab+3b^2}\quad\text{……〔答〕}$$

[7B－03] (事象の独立)

(1) 眼鏡をかけた男子が10人，眼鏡をかけた女子が8人であるとき：

$$P(A)=\frac{21}{36}=\frac{7}{12}$$

$$P(B)=\frac{10+8}{36}=\frac{18}{36}=\frac{1}{2}$$

$$P(A\cap B)=\frac{10}{36}=\frac{5}{18}$$

より

$$P(A)\cdot P(B)=\frac{7}{12}\cdot\frac{1}{2}\fallingdotseq P(A\cap B)$$

よって，A と B は独立ではない。 ……〔答〕

(2) 眼鏡をかけた男子が14人，眼鏡をかけた女子が10人であるとき：

$$P(A)=\frac{21}{36}=\frac{7}{12}$$

$$P(B)=\frac{14+10}{36}=\frac{24}{36}=\frac{2}{3}$$

$$P(A\cap B)=\frac{14}{36}=\frac{7}{18}$$

より

$$P(A)\cdot P(B)=\frac{7}{12}\cdot\frac{2}{3}=\frac{7}{18}=P(A\cap B)$$

よって，A と B は独立である。……〔答〕

(3) 眼鏡をかけた男子が m 人，眼鏡をかけた女子が n 人であるとき：

$$P(A)=\frac{21}{36}=\frac{7}{12}$$

$$P(B)=\frac{m+n}{36}$$

$$P(A\cap B)=\frac{m}{36}$$

A と B が独立となるための条件は

$$P(A)\cdot P(B)=P(A\cap B)$$

$$\therefore\ \frac{7}{12}\cdot\frac{m+n}{36}=\frac{m}{36}$$

$\therefore$ $7(m+n)=12m$ $\quad 7n=5m$

よって $m=7k,\ n=5k$ とおけて

$0\leqq m\leqq 21,\ 0\leqq n\leqq 15$

より

$(m,\ n)=(0,\ 0),\ (7,\ 5),\ (14,\ 10),\ (21,\ 15)$ ……〔答〕

［7B－04］（確率の定義）

(1) 3問は○が正解で，残りの3問は×が正解。ところで，第1・2・3問は○が正解，第4・5・6問は×が正解と仮定してもよいことに注意する。

(i) 第1・2・3問に○を3つ付けた場合：
このとき，第4・5・6問に×が3つ付いており，6問全部正解

(ii) 第1・2・3問に○を2つ付けた場合：
このとき，第4・5・6問に×が2つ付いており，4問正解

(iii) 第1・2・3問に○を1つ付けた場合：
このとき，第4・5・6問に×が1つ付いており，2問正解

(iv) 第1・2・3問に○を付けなかった場合：
このとき，第4・5・6問に×が付いておらず，正解数は0

以上より

$$\left.\begin{aligned}
p_6&=\frac{1}{{}_6C_3}=\frac{1}{20}\\
p_4&=\frac{{}_3C_2\cdot{}_3C_2}{{}_6C_3}=\frac{3\cdot3}{20}=\frac{9}{20}\\
p_2&=\frac{{}_3C_1\cdot{}_3C_1}{{}_6C_3}=\frac{3\cdot3}{20}=\frac{9}{20}\\
p_0&=\frac{1}{{}_6C_3}=\frac{1}{20}\\
p_1&=p_3=p_5=0
\end{aligned}\right\}\quad\text{……〔答〕}$$

(2) (1)と同様，第1問から第 N 問は○が正解，第 $N+1$ 問から第 $2N$ 問は×が正解と仮定してよい。

第1問から第 N 問のうち x 問に○を付けたとすれば，第 $N+1$ 問から第 $2N$ 問のうち x 問に×を付けたことになるから

$x=y$ ……〔答〕

(3) $k=x+y=2x$

したがって，次のようになる。

(i) k が偶数のとき；

$$p_k=\frac{{}_NC_{\frac{k}{2}}\cdot{}_NC_{\frac{k}{2}}}{{}_{2N}C_N}$$

$$=\frac{\dfrac{N!}{\left(\dfrac{k}{2}\right)!\cdot\left(N-\dfrac{k}{2}\right)!}\cdot\dfrac{N!}{\left(\dfrac{k}{2}\right)!\cdot\left(N-\dfrac{k}{2}\right)!}}{\dfrac{(2N)!}{N!\cdot N!}}$$

$$=\frac{(N!)^4}{(2N)!\cdot\left\{\left(\dfrac{k}{2}\right)!\right\}^2\left\{\left(N-\dfrac{k}{2}\right)!\right\}^2}\quad\text{……〔答〕}$$

(ii) k が奇数のとき；

$p_k=0$ ……〔答〕

［7B－05］（確率の最大値）

(1) $p_n(5)={}_{n-1}C_4\left(\dfrac{1}{2}\right)^{n-5}\left(\dfrac{1}{2}\right)^5$

$$=\frac{(n-1)(n-2)(n-3)(n-4)}{24}\left(\frac{1}{2}\right)^n$$

……〔答〕

(2) $p_n(k)={}_{n-1}C_{k-1}\left(\dfrac{1}{2}\right)^{n-k}\left(\dfrac{1}{2}\right)^k$

$$=\frac{(n-1)!}{(k-1)!\cdot(n-k)!}\left(\frac{1}{2}\right)^n\quad\text{……〔答〕}$$

(3) $\dfrac{p_{n+1}(k)}{p_n(k)}$

$$=\frac{n!}{(k-1)!\cdot(n-k+1)!}$$
$$\cdot\frac{(k-1)!\cdot(n-k)!}{(n-1)!}\cdot\frac{1}{2}$$
$$=\frac{n}{2(n-k+1)}$$

よって

$p_n(k)<p_{n+1}(k)$

$\Longleftrightarrow \dfrac{p_{n+1}(k)}{p_n(k)}>1$

$\Longleftrightarrow \dfrac{n}{2(n-k+1)}>1$

$\Longleftrightarrow n>2(n-k+1)$

$\Longleftrightarrow n>2n-2k+2$

$\Longleftrightarrow n<2k-2$

したがって

$p_1(k)<p_2(k)<\cdots<p_{2k-3}(k)$
$<p_{2k-2}(k)=p_{2k-1}(k)>p_{2k}(k)>\cdots$

以上より，確率 $p_n(k)$ を最大にする n は

$n=2k-2,\ 2k-1$ ……〔答〕

［7B－06］（確率，期待値，分散）

(1)　n 枚のコインを区別して考える。
他の $(n-1)$ 枚と異なる1枚が表の場合と裏の場合があることに注意して

$$p={}_n\mathrm{C}_1\left(\frac{1}{2}\right)\left(\frac{1}{2}\right)^{n-1}\times 2=\frac{n}{2^{n-1}}$$
……〔答〕

(2)　(1)の結果より，求める確率は

$$\left(1-\frac{n}{2^{n-1}}\right)^{k-1}\frac{n}{2^{n-1}}\quad\text{……〔答〕}$$

(3)　(2)の結果より，求める確率は

$$\sum_{l=1}^{k}\left(1-\frac{n}{2^{n-1}}\right)^{l-1}\frac{n}{2^{n-1}}$$
$$=\frac{\frac{n}{2^{n-1}}\left\{1-\left(1-\frac{n}{2^{n-1}}\right)^k\right\}}{1-\left(1-\frac{n}{2^{n-1}}\right)}$$
$$\left(初項：\frac{n}{2^{n-1}},\ 公比：1-\frac{n}{2^{n-1}}\right)$$
$$=1-\left(1-\frac{n}{2^{n-1}}\right)^k\quad\text{……〔答〕}$$

［別解］　k 回で終了しない確率は

$$\left(1-\frac{n}{2^{n-1}}\right)^k$$

したがって，k 回以内に終了する確率は

$$1-\left(1-\frac{n}{2^{n-1}}\right)^k\quad\text{……〔答〕}$$

(4)　求める期待値を E とすると

$$E=\sum_{k=1}^{\infty}k\left(1-\frac{n}{2^{n-1}}\right)^{k-1}\frac{n}{2^{n-1}}$$
$$=\frac{n}{2^{n-1}}\sum_{k=1}^{\infty}k\left(1-\frac{n}{2^{n-1}}\right)^{k-1}$$

ここで，$S_N=\displaystyle\sum_{k=1}^{N}k\left(1-\frac{n}{2^{n-1}}\right)^{k-1}$ とおく。

$r=1-\dfrac{n}{2^{n-1}}$ として

$S_N=1+2r+3r^2+\cdots+Nr^{N-1}$ ……①

$rS_N=r+2r^2+\cdots+(N-1)r^{N-1}+Nr^N$ ……②

①－② より

$$(1-r)S_N=1+r+r^2+\cdots+r^{N-1}-Nr^N$$
$$=\frac{1-r^N}{1-r}-Nr^N=\frac{1-r^N-Nr^N(1-r)}{1-r}$$
$$=\frac{1-(1+N)r^N+Nr^{N+1}}{1-r}$$

よって　$S_N=\dfrac{1-(1+N)r^N+Nr^{N+1}}{(1-r)^2}$

ここで，$0<r<1$ より

$\displaystyle\lim_{N\to\infty}r^N=0,\ \lim_{N\to\infty}Nr^N=0$

であるから

$$\lim_{N\to\infty}S_N=\frac{1}{(1-r)^2}$$
$$=\frac{1}{\left\{1-\left(1-\frac{n}{2^{n-1}}\right)\right\}^2}=\left(\frac{2^{n-1}}{n}\right)^2$$

したがって

$$E=\frac{n}{2^{n-1}}\sum_{k=1}^{\infty}k\left(1-\frac{n}{2^{n-1}}\right)^{k-1}$$
$$=\frac{n}{2^{n-1}}\left(\frac{2^{n-1}}{n}\right)^2=\frac{2^{n-1}}{n}\quad\text{……〔答〕}$$

次に，求める分散を V とすると

$$V=\sum_{k=1}^{\infty}k^2\left(1-\frac{n}{2^{n-1}}\right)^{k-1}\frac{n}{2^{n-1}}-\left(\frac{2^{n-1}}{n}\right)^2$$
$$=\frac{n}{2^{n-1}}\sum_{k=1}^{\infty}k^2\left(1-\frac{n}{2^{n-1}}\right)^{k-1}-\left(\frac{2^{n-1}}{n}\right)^2$$

$T_N=\displaystyle\sum_{k=1}^{N}k^2\left(1-\frac{n}{2^{n-1}}\right)^{k-1}$ とおくと

$T_N=1^2+2^2r+3^2r^2+\cdots+N^2r^{N-1}$ ……③

$rT_N=1^2r+2^2r^2+\cdots+(N-1)^2r^{N-1}+N^2r^N$ ……④

③－④ より

$$(1-r)T_N=\sum_{k=1}^{N}\{k^2-(k-1)^2\}r^{k-1}-N^2r^N$$

$$=\sum_{k=1}^{N}(2k-1)r^{k-1}-N^2r^N$$

$$=2\sum_{k=1}^{N}kr^{k-1}-\sum_{k=1}^{N}r^{k-1}-N^2r^N$$

$$=2\frac{1-(1+N)r^N+Nr^{N+1}}{(1-r)^2}-\frac{1-r^N}{1-r}-N^2r^N$$

よって

$$T_N=2\frac{1-(1+N)r^N+Nr^{N+1}}{(1-r)^3}-\frac{1-r^N}{(1-r)^2}-\frac{N^2r^N}{1-r}$$

よって

$$\lim_{N\to\infty}T_N=\frac{2}{(1-r)^3}-\frac{1}{(1-r)^2}$$

$$=\frac{2-(1-r)}{(1-r)^3}=\frac{1+r}{(1-r)^3}$$

$$=\frac{1+\left(1-\frac{n}{2^{n-1}}\right)}{\left\{1-\left(1-\frac{n}{2^{n-1}}\right)\right\}^3}=\left(2-\frac{n}{2^{n-1}}\right)\left(\frac{2^{n-1}}{n}\right)^3$$

したがって

$$V=\frac{n}{2^{n-1}}\sum_{k=1}^{\infty}k^2\left(1-\frac{n}{2^{n-1}}\right)^{k-1}-\left(\frac{2^{n-1}}{n}\right)^2$$

$$=\left(2-\frac{n}{2^{n-1}}\right)\left(\frac{2^{n-1}}{n}\right)^2-\left(\frac{2^{n-1}}{n}\right)^2$$

$$=\left(1-\frac{n}{2^{n-1}}\right)\left(\frac{2^{n-1}}{n}\right)^2$$ ……〔答〕

(C) 発展問題

[7C－01] (独立試行の確率)

(1) 2個の玉のそれぞれの動きに着目する。2個の玉のいずれについても，時刻1に箱Bの中にある確率は $\frac{1}{2}$

であるから $P_1=\frac{1}{2}\cdot\frac{1}{2}=\frac{1}{4}$ ……〔答〕

(2) 2個の玉のいずれについても，時刻2に箱Cの中にある確率は $\frac{1}{2}\cdot\frac{2}{3}=\frac{1}{3}$

であるから $P_2=\frac{1}{3}\cdot\frac{1}{3}=\frac{1}{9}$ ……〔答〕

(3) 求める確率は，2個の玉のうち1個だけが箱Cの中にある確率であるから

$$P_3=\frac{1}{3}\cdot\left(1-\frac{1}{3}\right)+\left(1-\frac{1}{3}\right)\cdot\frac{1}{3}$$

$$=\frac{1}{3}\cdot\frac{2}{3}+\frac{2}{3}\cdot\frac{1}{3}=\frac{4}{9}$$ ……〔答〕

(4) 2個の玉のいずれについても，時刻2に箱Bの中にある確率は

A → A → B　または　A → B → B

の場合を考えて

$$\frac{1}{2}\cdot\frac{1}{2}+\frac{1}{2}\cdot\frac{1}{3}=\frac{1}{4}+\frac{1}{6}=\frac{5}{12}$$

よって

$$P_4=\frac{5}{12}\cdot\left(1-\frac{5}{12}\right)+\left(1-\frac{5}{12}\right)\cdot\frac{5}{12}$$

$$=\frac{5}{12}\cdot\frac{7}{12}+\frac{7}{12}\cdot\frac{5}{12}=\frac{35}{72}$$ ……〔答〕

[7C－02] (確率，期待値)

(1) 黒いピンが頂点Cに止まるためには，1回目と2回目の出た目の合計が

2, 6, 10

であればよい。

そのようになる目の出方は

(1, 1),

(1, 5), (2, 4), (3, 3), (4, 2), (5, 1),

(4, 6), (5, 5), (6, 4)

の9通りである。

よって，求める確率は

$$\frac{9}{6^2}=\frac{1}{4}$$ ……〔答〕

(2) (1)と同様にして，黒いピンが頂点A, B, C, Dに止まる確率はそれぞれ

$$\frac{9}{6^2}=\frac{1}{4},\ \frac{8}{6^2}=\frac{2}{9},\ \frac{9}{6^2}=\frac{1}{4},\ \frac{10}{6^2}=\frac{5}{18}$$

全く同様に，白いピンがE, F, G, Hに止まる確率もそれぞれ

$$\frac{1}{4},\ \frac{2}{9},\ \frac{1}{4},\ \frac{5}{18}$$

さて，黒いピンと白いピンの距離が $\sqrt{2}a$ となるのは次の場合である。

(i) 黒いピンがAまたはCにあり，白いピンがFまたはHにあるとき：

この場合の確率は

$$\left(\frac{1}{4}+\frac{1}{4}\right)\times\left(\frac{2}{9}+\frac{5}{18}\right)=\frac{1}{2}\times\frac{1}{2}=\frac{1}{4}$$

(ii) 黒いピンがBまたはDにあり，白いピンがEまたはGにあるとき：

この場合の確率は

$$\left(\frac{2}{9}+\frac{5}{18}\right)\times\left(\frac{1}{4}+\frac{1}{4}\right)=\frac{1}{2}\times\frac{1}{2}=\frac{1}{4}$$

したがって，求める確率は

$$\frac{1}{4}+\frac{1}{4}=\frac{1}{2}\quad\cdots\cdots〔答〕$$

(3)　黒いピンと白いピンの距離を X とおく。X のとりうる値は，a，$\sqrt{2}a$，$\sqrt{3}a$ である。$X=a$ となるのは次の場合である。

黒　A　B　C　D
白　E　F　G　H

よって，$X=a$ となる確率は

$$\left(\frac{1}{4}\right)^2+\left(\frac{2}{9}\right)^2+\left(\frac{1}{4}\right)^2+\left(\frac{5}{18}\right)^2$$

$$=\frac{9^2+8^2+9^2+10^2}{36^2}=\frac{326}{36^2}=\frac{163}{648}$$

$X=\sqrt{3}a$ となるのは次の場合である。

黒　A　B　C　D
白　G　H　E　F

よって，$X=\sqrt{3}a$ となる確率は

$$\frac{1}{4}\cdot\frac{1}{4}+\frac{2}{9}\cdot\frac{5}{18}+\frac{1}{4}\cdot\frac{1}{4}+\frac{5}{18}\cdot\frac{2}{9}$$

$$=\frac{9\cdot9+8\cdot10+9\cdot9+10\cdot8}{36^2}=\frac{322}{36^2}=\frac{161}{648}$$

よって，求める期待値は

$$a\times\frac{163}{648}+\sqrt{2}a\times\frac{1}{2}+\sqrt{3}a\times\frac{161}{648}$$

$$=\frac{163+324\sqrt{2}+161\sqrt{3}}{648}a\quad\cdots\cdots〔答〕$$

[7C－03]（確率と数列）

(1)　$P(n)=x^{n-1}(1-x)\quad\cdots\cdots〔答〕$

(2)　$L=\sum_{n=1}^{\infty}nP(n)=(1-x)\sum_{n=1}^{\infty}nx^{n-1}$

$S_n=\sum_{k=1}^{n}kx^{k-1}$ とおく。

$$S_n=1+2x+3x^2+\cdots+nx^{n-1}\quad\cdots\cdots①$$

$$xS_n=x+2x^2+\cdots+(n-1)x^{n-1}+nx^n\quad\cdots\cdots②$$

①－② より

$$(1-x)S_n=1+x+x^2+\cdots+x^{n-1}-nx^n$$

$$=\frac{1-x^n}{1-x}-nx^n=\frac{1-x^n-nx^n(1-x)}{1-x}$$

$$=\frac{1-(1+n)x^n+nx^{n+1}}{1-x}$$

よって　$S_n=\dfrac{1-(1+n)x^n+nx^{n+1}}{(1-x)^2}$

したがって

$$L=(1-x)\lim_{n\to\infty}S_n=(1-x)\frac{1}{(1-x)^2}$$

$$=\frac{1}{1-x}\quad\cdots\cdots〔答〕$$

(3)　0と1からなる数字列であることに注意する。したがって，0でなければ1である。

$$Q_{j+1}=Q_j\times x+(1-Q_j)\times(1-x)$$

$$=xQ_j+(1-x)-(1-x)Q_j$$

$$=(2x-1)Q_j+1-x$$

よって，求める関係式は

$$Q_{j+1}=(2x-1)Q_j+1-x\quad\cdots\cdots〔答〕$$

(4)　数字列の先頭が0であるから，$Q_1=1$

$$Q_{j+1}=(2x-1)Q_j+1-x\quad\cdots\cdots①$$

$$\alpha=(2x-1)\alpha+1-x\quad\cdots\cdots②$$

とおく。

②より，$(2-2x)\alpha=1-x$　　$\therefore\ \alpha=\dfrac{1}{2}$

①－② より，$Q_{j+1}-\alpha=(2x-1)(Q_j-\alpha)$

よって

$$Q_j-\alpha=(Q_1-\alpha)(2x-1)^{j-1}$$

$$\therefore\ Q_j=\alpha+(Q_1-\alpha)(2x-1)^{j-1}$$

$Q_1=1$，$\alpha=\dfrac{1}{2}$ より

$$Q_j=\frac{1}{2}+\left(1-\frac{1}{2}\right)(2x-1)^{j-1}$$

$$=\frac{1}{2}+\frac{1}{2}(2x-1)^{j-1}\quad\cdots\cdots〔答〕$$

[7C－04]（期待値，分散）

(1)　(a)　$E(X)=\sum_{k=1}^{a}kP(X=k)$

$$=\sum_{k=1}^{a}k\{P(X\geqq k)-P(X\geqq k+1)\}$$

（注）　$P(X\geqq a+1)=0$

$$=\sum_{k=1}^{a}kP(X\geqq k)-\sum_{k=1}^{a}kP(X\geqq k+1)$$

$$=\sum_{k=1}^{a}kP(X\geqq k)-\sum_{k=1}^{a}(k-1)P(X\geqq k)$$

$$=\sum_{k=1}^{a}\{k-(k-1)\}P(X\geqq k)=\sum_{k=1}^{a}P(X\geqq k)$$

よって，$E(X)=\sum_{k=1}^{a}P(X\geqq k)$

(b)　$E(X^2)=\sum_{k=1}^{a}k^2P(X=k)$

$$=\sum_{k=1}^{a}k^2\{P(X\geqq k)-P(X\geqq k+1)\}$$

$$=\sum_{k=1}^{a}k^2P(X\geqq k)-\sum_{k=1}^{a}k^2P(X\geqq k+1)$$

$$=\sum_{k=1}^{a}k^2P(X\geqq k)-\sum_{k=1}^{a}(k-1)^2P(X\geqq k)$$

$=\sum_{k=1}^{a}\{k^2-(k-1)^2\}P(X\geqq k)$

$=\sum_{k=1}^{a}(2k-1)P(X\geqq k)$

よって，$E(X^2)=\sum_{k=1}^{a}(2k-1)P(X\geqq k)$

(2) (a) 求める確率は

$\frac{a-1}{a}\cdot\frac{a-2}{a-1}\cdots\frac{a-(k-2)-1}{a-(k-2)}$

$=\frac{a-1}{a}\cdot\frac{a-2}{a-1}\cdots\frac{a-k+1}{a-k+2}$

$=\frac{a-k+1}{a}$ ……〔答〕

(b) 白い玉が出るのに要する回数を X とすると

$E(X)=\sum_{k=1}^{a}P(X\geqq k)$

$=\sum_{k=1}^{a}\frac{a-k+1}{a}=\frac{1}{a}\sum_{k=1}^{a}(a+1-k)$

$=\frac{1}{a}\left\{(a+1)a-\frac{1}{2}a(a+1)\right\}=\frac{a+1}{2}$

……〔答〕

(c) $E(X^2)=\sum_{k=1}^{a}(2k-1)P(X\geqq k)$

$=\sum_{k=1}^{a}(2k-1)\frac{a-k+1}{a}$

$=\frac{1}{a}\sum_{k=1}^{a}(2k-1)(a+1-k)$

$=\frac{1}{a}\sum_{k=1}^{a}\{-2k^2+(2a+3)k-(a+1)\}$

$=\frac{1}{a}\left\{-2\cdot\frac{1}{6}a(a+1)(2a+1)\right.$

$\left.+(2a+3)\cdot\frac{1}{2}a(a+1)-a(a+1)\right\}$

$=\frac{1}{6}(a+1)\{-2(2a+1)+3(2a+3)-6\}$

$=\frac{1}{6}(a+1)(2a+1)$

よって

$V(X)=E(X^2)-(E(X))^2$

$=\frac{1}{6}(a+1)(2a+1)-\left(\frac{a+1}{2}\right)^2$

$=\frac{1}{12}(a+1)\{2(2a+1)-3(a+1)\}$

$=\frac{1}{12}(a+1)(a-1)$ ……〔答〕

［7C－05］（場合の数と確率）

(1) $N=(a+b)^2$ とすると，$0\leqq N\leqq 99$ に注意して

$N=(a+b)^2$

$=0,\ 1,\ 4,\ 9,\ 16,\ 25,\ 36,\ 49,\ 64,\ 81$

そこで次のような表に整理する。

N	a	b	$(a+b)^2$	
0	0	0	0	○
1	0	1	1	○
4	0	4	16	×
9	0	9	81	×
16	1	6	49	×
25	2	5	49	×
36	3	6	81	×
49	4	9	169	×
64	6	4	100	×
81	8	1	81	○

よって，表より

$(a,\ b)=(0,\ 0),\ (0,\ 1),\ (8,\ 1)$ ……〔答〕

(2) (2-1) 1回目の操作で

（ｉ） コインが1枚増えたとき

（ii） 1枚減ったとき

（iii） 増減がなかったとき

に分けて考えると

$P_k=\frac{45}{10^2}\times P_{k+1}+\frac{45}{10^2}\times P_{k-1}+\frac{10}{10^2}\times P_k$

$=\frac{9}{20}P_{k+1}+\frac{9}{20}P_{k-1}+\frac{1}{10}P_k$

$\therefore\ \ \frac{9}{10}P_k=\frac{9}{20}P_{k+1}+\frac{9}{20}P_{k-1}$

$2P_k=P_{k+1}+P_{k-1}$

$\therefore\ \ P_{k+1}-2P_k+P_{k-1}=0$ ……〔答〕

(2-2) $P_{k+1}-2P_k+P_{k-1}=0$ より

$P_{k+1}-P_k=P_k-P_{k-1}$

$\therefore\ \ P_{k+1}-P_k=P_1-P_0$

ここで，$P_0=0$ より $P_{k+1}-P_k=P_1$

であり

$P_1-P_0=P_1$

$P_2-P_1=P_1$

………

$P_k-P_{k-1}=P_1$

の辺々を加えると

$P_k-P_0=kP_1\qquad\therefore\ \ P_k=kP_1$

ところで，$P_{10}=1$ であるから

$10P_1=1\qquad\therefore\ \ P_1=\frac{1}{10}$

したがって $P_k=\frac{k}{10}$ ……〔答〕

(2-3) 最初にコインを k 枚所持している状態からゲームを始めたときの得点の期待値を

E_k とすると

$$E_k=(10-k)^2\times P_k=(10-k)^2\times\frac{k}{10}$$

$$E_1=\frac{81}{10},\ E_2=\frac{128}{10},\ E_3=\frac{147}{10},\ E_4=\frac{144}{10},$$

$$E_5=\frac{125}{10},\ E_6=\frac{96}{10},\ E_7=\frac{63}{10},\ E_8=\frac{32}{10},$$

$$E_9=\frac{9}{10}$$

よって，求める k の値は $k=3$　……〔答〕

［7C－06］（確率と漸化式）

(1)　N 番目の客がメニュー j を選んだとき，$N+1$ 番目の客がメニュー 1，2，3 を選ぶ確率はそれぞれ $a_{1j},\ a_{2j},\ a_{3j}$ である。

よって，N 番目の客がメニュー j を選んだとき，$N+2$ 番目の客がメニュー i を選ぶ確率は

$$a_{1j}a_{i1}+a_{2j}a_{i2}+a_{3j}a_{i3}$$　……〔答〕

(2)　全確率は 1 だから

$2q+p=1$　……〔答〕

(3)　$F=\frac{1}{3}\begin{pmatrix}1&1&1\\1&1&1\\1&1&1\end{pmatrix}$ より

$$F^2=\frac{1}{9}\begin{pmatrix}1&1&1\\1&1&1\\1&1&1\end{pmatrix}\begin{pmatrix}1&1&1\\1&1&1\\1&1&1\end{pmatrix}$$

$$=\frac{1}{9}\begin{pmatrix}3&3&3\\3&3&3\\3&3&3\end{pmatrix}=\frac{1}{3}\begin{pmatrix}1&1&1\\1&1&1\\1&1&1\end{pmatrix}=F$$

また

$$A=\begin{pmatrix}p&q&q\\q&p&q\\q&q&p\end{pmatrix}$$

$$=3qF+(p-q)E=3qF+(1-3q)E$$

より

$$A^2=\{3qF+(1-3q)E\}^2$$
$$=9q^2F^2+6q(1-3q)F+(1-3q)^2E$$
$$=9q^2F+6q(1-3q)F+(1-3q)^2E$$
$$=(6q-9q^2)F+(1-3q)^2E$$
$$=\{1-(1-3q)^2\}F+(1-3q)^2E$$　……〔答〕

(4)　$A=(1-r)F+rE$　$(r=1-3q)$ より

$$A^N=\{(1-r)F+rE\}^N$$
$$=\sum_{k=0}^{N}{}_N\mathrm{C}_k(1-r)^kr^{N-k}F^k$$
$$=r^NE+\sum_{k=1}^{N}{}_N\mathrm{C}_k(1-r)^kr^{N-k}F^k$$
$$=r^NE+\left\{\sum_{k=1}^{N}{}_N\mathrm{C}_k(1-r)^kr^{N-k}\right\}F$$
$$=r^NE+\left\{\sum_{k=0}^{N}{}_N\mathrm{C}_k(1-r)^kr^{N-k}-r^N\right\}F$$
$$=r^NE+\{(1-r+r)^N-r^N\}F$$
$$=r^NE+(1-r^N)F$$
$$=\frac{1}{3}\begin{pmatrix}1+2r^N&1-r^N&1-r^N\\1-r^N&1+2r^N&1-r^N\\1-r^N&1-r^N&1+2r^N\end{pmatrix}$$　……〔答〕

$(r=1-3q)$

次に

$$p_1(N+1)=p_1(N)a_{11}+p_2(N)a_{12}+p_3(N)a_{13}$$
$$p_2(N+1)=p_1(N)a_{21}+p_2(N)a_{22}+p_3(N)a_{23}$$
$$p_3(N+1)=p_1(N)a_{31}+p_2(N)a_{32}+p_3(N)a_{33}$$

より

$$\begin{pmatrix}p_1(N+1)\\p_2(N+1)\\p_3(N+1)\end{pmatrix}=\begin{pmatrix}a_{11}&a_{12}&a_{13}\\a_{21}&a_{22}&a_{23}\\a_{31}&a_{32}&a_{33}\end{pmatrix}\begin{pmatrix}p_1(N)\\p_2(N)\\p_3(N)\end{pmatrix}$$
$$=A\begin{pmatrix}p_1(N)\\p_2(N)\\p_3(N)\end{pmatrix}$$

よって

$$\begin{pmatrix}p_1(N)\\p_2(N)\\p_3(N)\end{pmatrix}=A^{N-1}\begin{pmatrix}p_1(1)\\p_2(1)\\p_3(1)\end{pmatrix}$$

したがって

$$p_1(N)=\frac{1}{3}\{(1+2r^{N-1})p_1(1)+(1-r^{N-1})p_2(1)+(1-r^{N-1})p_3(1)\}$$
$$p_2(N)=\frac{1}{3}\{(1-r^{N-1})p_1(1)+(1+2r^{N-1})p_2(1)+(1-r^{N-1})p_3(1)\}$$
$$p_3(N)=\frac{1}{3}\{(1-r^{N-1})p_1(1)+(1-r^{N-1})p_2(1)+(1+2r^{N-1})p_3(1)\}$$

$(r=1-3q)$　……〔答〕

(5)　$\lim_{N\to\infty}r^{N-1}=0$ であるから

$$\lim_{N\to\infty}p_j(N)=\frac{1}{3}p_1(1)+\frac{1}{3}p_2(1)+\frac{1}{3}p_3(1)$$

$(j=1,\ 2,\ 3)$

$$=\frac{1}{3}\{p_1(1)+p_2(1)+p_3(1)\}=\frac{1}{3}$$　……〔答〕

《確率分布》

［7D－01］（確率分布）

(1)　（ i ）　$X_0<X_1\leqq -T$ のとき；

$P(X_0 \leqq X \leqq X_1) = P_X(X_1) - P_X(X_0) = 0$

（ii） $X_0 \leqq -T \leqq X_1 \leqq T$ のとき；

$P(X_0 \leqq X \leqq X_1) = P_X(X_1) - P_X(X_0)$

$= \dfrac{1}{2} + \dfrac{1}{2}\sin\left(\dfrac{\pi X_1}{2T}\right) - 0 = \dfrac{1}{2} + \dfrac{1}{2}\sin\left(\dfrac{\pi X_1}{2T}\right)$

（iii） $X_0 \leqq -T$, $T \leqq X_1$ のとき；

$P(X_0 \leqq X \leqq X_1) = P_X(X_1) - P_X(X_0) = 1$

（iv） $-T \leqq X_0 < X_1 \leqq T$ のとき；

$P(X_0 \leqq X \leqq X_1) = P_X(X_1) - P_X(X_0)$

$= \dfrac{1}{2} + \dfrac{1}{2}\sin\left(\dfrac{\pi X_1}{2T}\right) - \left\{\dfrac{1}{2} + \dfrac{1}{2}\sin\left(\dfrac{\pi X_0}{2T}\right)\right\}$

$= \dfrac{1}{2}\sin\left(\dfrac{\pi X_1}{2T}\right) - \dfrac{1}{2}\sin\left(\dfrac{\pi X_0}{2T}\right)$

（v） $-T \leqq X_0 \leqq T \leqq X_1$ のとき；

$P(X_0 \leqq X \leqq X_1) = P_X(X_1) - P_X(X_0)$

$= 1 - \left\{\dfrac{1}{2} + \dfrac{1}{2}\sin\left(\dfrac{\pi X_0}{2T}\right)\right\}$

$= \dfrac{1}{2} - \dfrac{1}{2}\sin\left(\dfrac{\pi X_0}{2T}\right)$

（vi） $T \leqq X_0 < X_1$ のとき；

$P(X_0 \leqq X \leqq X_1) = P_X(X_1) - P_X(X_0) = 0$

(2) $P(X=B) = P(B \leqq X \leqq B)$

$= P_X(B) - P_X(B) = 0$

(3) （i） $a \leqq -T$ のとき；

$p(a) = \dfrac{d}{da}P_X(a) = \dfrac{d}{da}(0) = 0$

（ii） $-T \leqq a \leqq T$ のとき；

$p(a) = \dfrac{d}{da}P_X(a)$

$= \dfrac{d}{da}\left\{\dfrac{1}{2} + \dfrac{1}{2}\sin\left(\dfrac{\pi a}{2T}\right)\right\} = \dfrac{\pi}{4T}\cos\left(\dfrac{\pi a}{2T}\right)$

（iii） $T \leqq a$ のとき；

$p(a) = \dfrac{d}{da}P_X(a) = \dfrac{d}{da}(1) = 0$

よって

$$p(x) = \begin{cases} 0 & (x \leqq -T) \\ \dfrac{\pi}{4T}\cos\left(\dfrac{\pi x}{2T}\right) & (-T \leqq x \leqq T) \\ 0 & (T \leqq x) \end{cases}$$

……〔答〕

（確認） $\displaystyle\int_{-\infty}^{\infty} p(x)\,dx = \int_{-T}^{T} \frac{\pi}{4T}\cos\left(\frac{\pi x}{2T}\right)dx$

$= \left[\dfrac{1}{2}\sin\left(\dfrac{\pi x}{2T}\right)\right]_{-T}^{T} = \dfrac{1}{2} - \left(-\dfrac{1}{2}\right) = 1$

(4) $E(X) = \displaystyle\int_{-\infty}^{\infty} x \cdot p(x)\,dx$

$= \displaystyle\int_{-T}^{T} x \cdot \frac{\pi}{4T}\cos\left(\frac{\pi x}{2T}\right)dx = 0$ ……〔答〕

(5) $V(X) = E(X^2) - (E(X))^2 = E(X^2)$

$= \displaystyle\int_{-\infty}^{\infty} x^2 \cdot p(x)\,dx = \int_{-T}^{T} x^2 \cdot \frac{\pi}{4T}\cos\left(\frac{\pi x}{2T}\right)dx$

$= \left[x^2 \cdot \dfrac{1}{2}\sin\left(\dfrac{\pi x}{2T}\right)\right]_{-T}^{T}$

$\displaystyle - \int_{-T}^{T} 2x \cdot \frac{1}{2}\sin\left(\frac{\pi x}{2T}\right)dx$

$= \dfrac{T^2}{2} - \left(-\dfrac{T^2}{2}\right) - \displaystyle\int_{-T}^{T} x \cdot \sin\left(\frac{\pi x}{2T}\right)dx$

$= T^2 + \displaystyle\int_{-T}^{T} x \cdot \left\{-\sin\left(\frac{\pi x}{2T}\right)\right\}dx$

$= T^2 + \left[x \cdot \dfrac{2T}{\pi}\cos\left(\dfrac{\pi x}{2T}\right)\right]_{-T}^{T}$

$\displaystyle - \int_{-T}^{T} 1 \cdot \frac{2T}{\pi}\cos\left(\frac{\pi x}{2T}\right)dx$

$= T^2 + 0 - \left[\dfrac{4T^2}{\pi^2}\sin\left(\dfrac{\pi x}{2T}\right)\right]_{-T}^{T}$

$= T^2 - \dfrac{8T^2}{\pi^2} = \left(1 - \dfrac{8}{\pi^2}\right)T^2$

よって，X の標準偏差は

$\sigma = \sqrt{V(X)} = T\sqrt{1 - \dfrac{8}{\pi^2}}$ ……〔答〕

［7D－02］（期待値，分散）

(1) $\displaystyle\sum_{i=1}^{n} p_i = 1$ ……〔答〕

(2) $E(X) = \displaystyle\sum_{i=1}^{n} x_i p_i$ ……〔答〕

$V(X) = E(X^2) - \{E(X)\}^2$

$= \displaystyle\sum_{i=1}^{n} x_i{}^2 p_i - \left(\sum_{i=1}^{n} x_i p_i\right)^2$ ……〔答〕

(3) 分散の定義より

$V(X) = \displaystyle\sum_{i=1}^{n} (x_i - \mu)^2 P(X = x_i)$

ここで x_1, x_2, …, x_n の番号を適当に付け替えて

（i） $i \leqq j$ ならば，$|x_i - \mu| \geqq k$

（ii） $i > j$ ならば，$|x_i - \mu| < k$

であるようにする。

このとき

$\sigma^2 = V(X)$

$= \displaystyle\sum_{i=1}^{n} (x_i - \mu)^2 P(X = x_i)$

$\geqq \displaystyle\sum_{i=1}^{j} (x_i - \mu)^2 P(X = x_i) \geqq \sum_{i=1}^{j} k^2 P(X = x_i)$

$=k^2\sum_{i=1}^{j}P(X=x_i)=k^2P(|X-\mu|\geqq k)$

よって　$\sigma^2\geqq k^2P(|X-\mu|\geqq k)$

(4)　(3)において，$\mu=50$，$\sigma^2=9$ として

$9\geqq k^2P(|X-50|\geqq k)$

ここで $k=10$ とすると

$9\geqq 100P(|X-50|\geqq 10)$

$\therefore\quad P(|X-50|\geqq 10)\leqq\dfrac{9}{100}$

$1-P(|X-50|<10)\leqq\dfrac{9}{100}$

$\therefore\quad P(|X-50|<10)\geqq 1-\dfrac{9}{100}=\dfrac{91}{100}$

$P(-10<X-50<10)\geqq\dfrac{91}{100}$

よって　$P(40<X<60)\geqq\dfrac{91}{100}$　……〔答〕

［7D－03］（ポアソン分布）

1分間あたりの来客数を X 人とすると

$P(X=k)=e^{-\lambda}\dfrac{\lambda^k}{k!}$　$(k=0,\ 1,\ 2,\ \cdots)$

ただし，$\lambda=0.2$

(1)　$P(X=4)=e^{-\lambda}\dfrac{\lambda^4}{4!}$

$=e^{-0.2}\dfrac{(0.2)^4}{4!}=\dfrac{(0.2)^4}{4!}e^{-0.2}$　……〔答〕

(2)　$P(X=0)=e^{-\lambda}\dfrac{\lambda^0}{0!}$

$=e^{-0.2}\dfrac{1}{1}=e^{-0.2}$　……〔答〕

(3)　$\{P(X=0)\}^5=(e^{-0.2})^5=e^{-1}$　……〔答〕

(4)　1分間に来客が1人だけの確率は

$P(X=1)=e^{-\lambda}\dfrac{\lambda^1}{1!}=0.2\cdot e^{-0.2}$

よって，3分間に来客が1人だけの確率は

${}_3C_1P(X=1)\{P(X=0)\}^2$

$=3\times 0.2\cdot e^{-0.2}\times(e^{-0.2})^2$

$=0.6\cdot e^{-0.6}$　……〔答〕

［7D－04］（ポアソン分布）

(1)　$\langle N\rangle=\sum_{n=0}^{\infty}nP(N=n)=\sum_{n=1}^{\infty}nP(N=n)$

$=\sum_{n=1}^{\infty}n\dfrac{e^{-a}}{n!}a^n=\sum_{n=1}^{\infty}\dfrac{e^{-a}}{(n-1)!}a^n=\sum_{n=0}^{\infty}\dfrac{e^{-a}}{n!}a^{n+1}$

$=ae^{-a}\sum_{n=0}^{\infty}\dfrac{1}{n!}a^n=ae^{-a}e^a=a$

(2)　二項分布の平均：$Mp=M\dfrac{A}{S}=a$ を一定に保ちながら，$M\to\infty$ の極限を考える。したがって，$M\to\infty$ のとき $M\dfrac{A}{S}=a$ が一定に保たれるように，$A=\dfrac{Sa}{M}\to 0$ と調節する。

このとき $a=\dfrac{M}{S}A$ より，$p=\dfrac{A}{S}=\dfrac{a}{M}$

よって

$P(L=l)=\dfrac{M!}{l!\cdot(M-l)!}\left(\dfrac{a}{M}\right)^l\left(1-\dfrac{a}{M}\right)^{M-l}$

$=\dfrac{M(M-1)\cdots(M-l+1)}{l!}\dfrac{a^l}{M^l}\left(1-\dfrac{a}{M}\right)^{-l}$

$\times\left(1-\dfrac{a}{M}\right)^M$

$=\dfrac{a^l}{l!}\left(1-\dfrac{1}{M}\right)\left(1-\dfrac{2}{M}\right)\cdots\left(1-\dfrac{l-1}{M}\right)$

$\times\left(1-\dfrac{a}{M}\right)^{-l}\left\{\left(1-\dfrac{a}{M}\right)^{-\frac{M}{a}}\right\}^{-a}$

$\to\dfrac{a^l}{l!}e^{-a}$　$(M\to\infty$ のとき$)$

$\left(\because\quad\lim_{M\to\infty}\left(1-\dfrac{a}{M}\right)^{-\frac{M}{a}}=e\right)$

すなわち　$\lim_{M\to\infty}P(L=l)=\dfrac{a^l}{l!}e^{-a}$

（参考）　M が十分大きいとき，a を定数として，運動場の微小面積 $A=\dfrac{Sa}{M}$ に落ちた雨滴の数を L とすると，その確率分布 $P(L=l)$ は近似的に次のポアソン分布で与えられるとみなしてよい。

$P(L=l)=\dfrac{a^l}{l!}e^{-a}$

［7D－05］（正規分布）

〔定理1〕（標本平均の分布①）

母平均 μ，母標準偏差 σ の母集団から大きさ n の無作為標本を抽出するとき，標本平均 $\overline{X}$ は，n が十分大きければ，近似的に正規分布 $N\left(\mu,\ \dfrac{\sigma^2}{n}\right)$ に従う。

〔定理2〕（標本平均の分布②）

母集団が正規分布 $N(\mu,\ \sigma^2)$ に従うならば，無作為標本の大きさ n に関係なく，標本平均 $\overline{X}$ は正規分布 $N\left(\mu,\ \dfrac{\sigma^2}{n}\right)$ に従う。

確率変数 X_1, X_2, …, X_n は互いに独立で，それぞれ，平均 μ（実数），分散28の正規分布 $N(\mu,\ 28)$ に従うから，標本平均 $\overline{X}$ は正規分布 $N\left(\mu,\ \dfrac{28}{n}\right)$ に従う。

したがって

$$Z=\frac{\overline{X}-\mu}{\sqrt{\dfrac{28}{n}}}=\frac{\sqrt{n}}{2\sqrt{7}}(\overline{X}-\mu)$$

とおくと，Z は標準正規分布 $N(0,\ 1)$ に従う。

$P(Z>1.96)=0.025$ より

$P(|Z|\leqq 1.96)=1-0.025\times 2=0.95$

$$\therefore\quad P\left(\left|\frac{\sqrt{n}}{2\sqrt{7}}(\overline{X}-\mu)\right|\leqq 1.96\right)=0.95$$

$$P\left(|\overline{X}-\mu|\leqq\frac{1.96\times 2\sqrt{7}}{\sqrt{n}}\right)=0.95$$

よって　$P(|\overline{X}-\mu|\leqq 2)\geqq 0.95$

となるための条件は

$$\frac{1.96\times 2\sqrt{7}}{\sqrt{n}}\leqq 2$$

$$\therefore\quad \frac{1.96^2\times 7}{n}\leqq 1$$

$\therefore\quad n\geqq 1.96^2\times 7=3.8416\times 7=26.8912$

これを満たす最小の正整数 n は

$n=27$　……〔答〕

［7D－06］（正規分布）

方程式 $ax^2+4bx+c=0$ が相異なる２つの実根をもつための条件は

$$a\neq 0\ \text{かつ 判別式：}\frac{D}{4}=(2b)^2-ac>0$$

$\therefore\quad a\neq 0$ かつ $4b^2>ac$　……(＊)

(1)　a, b, c がそれぞれ無作為に 0，1，2 のいずれかの値をとるとき：

条件(＊)を満たす a, b, c の組は

（ｉ）　$b=0$ のとき；

(＊)を満たす a, c は存在しない。

（ii）　$b=1$ のとき；

(＊)を満たす $(a,\ c)$ は

$(1,\ 0)$, $(1,\ 1)$, $(1,\ 2)$, $(2,\ 0)$, $(2,\ 1)$ の５通り

（iii）　$b=2$ のとき；

(＊)を満たす $(a,\ c)$ は

$(1,\ 0)$, $(1,\ 1)$, $(1,\ 2)$, $(2,\ 0)$, $(2,\ 1)$, $(2,\ 2)$ の６通り

以上より，(＊)を満たす場合の数は

$5+6=11$ 通り

よって，求める確率は

$$\frac{11}{3^3}=\frac{11}{27}\quad\text{……〔答〕}$$

(2)　a, c がそれぞれ無作為に 1，2 のいずれかの値をとり，a, c と関係なく b は平均 0，標準偏差 1 の正規分布に従うとき：

（ｉ）　$(a,\ c)=(1,\ 1)$ のとき；

(＊)を満たす b の条件は

$4b^2>1$　すなわち，$|b|>\dfrac{1}{2}$

（ii）　$(a,\ c)=(1,\ 2)$, $(2,\ 1)$ のとき；

(＊)を満たす b の条件は

$4b^2>2$　すなわち，$|b|>\dfrac{1}{\sqrt{2}}=\dfrac{\sqrt{2}}{2}$

（iii）　$(a,\ c)=(2,\ 2)$ のとき；

(＊)を満たす b の条件は

$4b^2>4$　すなわち，$|b|>1$

さて，与えられた標準正規分布の表より

$$P\left(|b|>\frac{1}{2}\right)=P(|b|>0.5)$$
$$=1-0.191\times 2=0.618$$

$$P\left(|b|>\frac{\sqrt{2}}{2}\right)=P(|b|>0.7)$$
$$=1-0.258\times 2=0.484$$

$$P(|b|>1)=P(|b|>1.0)$$
$$=1-0.341\times 2=0.318$$

以上より，求める確率は

$$\frac{1}{4}\times 0.618+\frac{1}{2}\times 0.484+\frac{1}{4}\times 0.318$$

$=0.1545+0.242+0.0795$

$=0.476$　……〔答〕

［7D－07］（２変量の確率分布）

(1)　$F_Z(z)=\displaystyle\iint_{A_z}f(x,\ y)\,dx\,dy$ において

$x=u$, $x+y=v$ と変数変換すると

$x=u$, $y=v-u$

$$\therefore\quad \frac{\partial(x,\ y)}{\partial(u,\ v)}=\begin{vmatrix}1 & 0\\ -1 & 1\end{vmatrix}=1$$

また，$A_z=\{(x,\ y)\in\boldsymbol{R}^2\,|\,x+y\leqq z\}$ は

$B_z=\{(u,\ v)\in\boldsymbol{R}^2\,|\,v\leqq z\}$ に移る。

よって

$$F_Z(z)=\iint_{A_z}f(x,\ y)\,dx\,dy$$

$$=\iint_{B_z}f(u,\ v-u)\,du\,dv$$

$$=\int_{-\infty}^{\infty}\left(\int_{-\infty}^{z} f(u,\ v-u)dv\right)du$$
$$=\int_{-\infty}^{z}\left(\int_{-\infty}^{\infty} f(u,\ v-u)du\right)dv$$

よって

$$F_Z(z)=\int_{-\infty}^{z} f_Z(\zeta)d\zeta=\int_{-\infty}^{z} f_Z(v)dv$$

より

$$f_Z(v)=\int_{-\infty}^{\infty} f(u,\ v-u)du$$

すなわち

$$f_Z(z)=\int_{-\infty}^{\infty} f(u,\ z-u)du$$ ……〔答〕

［別解］

$$F_Z(z)=\int_{-\infty}^{z} f_Z(\zeta)d\zeta$$

より

$$F_Z{}'(z)=f_Z(z)$$

一方

$$F_Z(z)=\iint_{A_z} f(x,\ y)dx\,dy,$$
$$A_z=\{(x,\ y)\in \boldsymbol{R}^2 \mid x+y\leqq z\}$$

より

$$F_Z(z)=\int_{-\infty}^{\infty}\left(\int_{-\infty}^{z} f(x,\ y)dy\right)dx$$

よって

$$F_Z{}'(z)=\frac{d}{dz}\int_{-\infty}^{\infty}\left(\int_{-\infty}^{z-x} f(x,\ y)dy\right)dx$$
$$=\int_{-\infty}^{\infty}\left(\frac{\partial}{\partial z}\int_{-\infty}^{z-x} f(x,\ y)dy\right)dx$$
$$=\int_{-\infty}^{\infty} f(x,\ z-x)dx$$

すなわち

$$f_Z(z)=\int_{-\infty}^{\infty} f(x,\ z-x)dx$$ ……〔答〕

（注） なお，次のように答えても正解。

$$F_Z(z)=\int_{-\infty}^{\infty}\left(\int_{-\infty}^{z-y} f(x,\ y)dx\right)dy$$

でもあるから

$$F_Z{}'(z)=\frac{d}{dz}\int_{-\infty}^{\infty}\left(\int_{-\infty}^{z-y} f(x,\ y)dx\right)dy$$
$$=\int_{-\infty}^{\infty}\left(\frac{\partial}{\partial z}\int_{-\infty}^{z-y} f(x,\ y)dx\right)dy$$
$$=\int_{-\infty}^{\infty} f(z-y,\ y)dy$$

すなわち

$$f_Z(z)=\int_{-\infty}^{\infty} f(z-y,\ y)dy$$ ……〔答〕

(2)　X，Y が独立であるから

$$f(x,\ y)=f_X(x)f_Y(y)$$

ここで，f_X，f_Y はそれぞれ X，Y の確率密度関数である。

さらに，X，Y ともに $(0,\ 1)$ 上の一様分布であることから

$$f_X(x)=1\quad(0<x<1)$$
$$f_Y(y)=1\quad(0<y<1)$$

よって

$$f_Z(z)=\int_{-\infty}^{\infty} f(u,\ z-u)du$$
$$=\int_{-\infty}^{\infty} f_X(u)f_Y(z-u)du$$
$$=\int_0^1 f_Y(z-u)du$$

よって

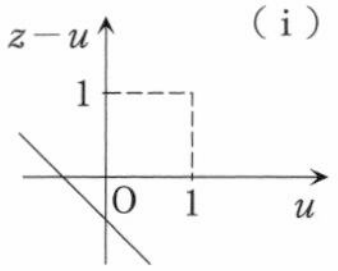

（i）　$z\leqq 0$ のとき；

$$\int_0^1 f_Y(z-u)du$$
$$=\int_0^1 0\,du=0$$

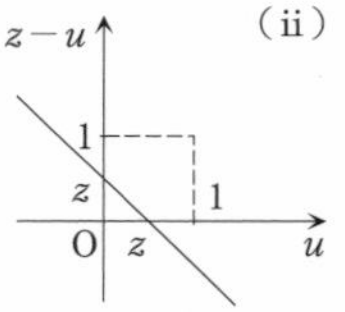

（ii）　$0\leqq z\leqq 1$ のとき；

$$\int_0^1 f_Y(z-u)du$$
$$=\int_0^z 1\,du+\int_z^1 0\,du$$
$$=\int_0^z 1\,du=z$$

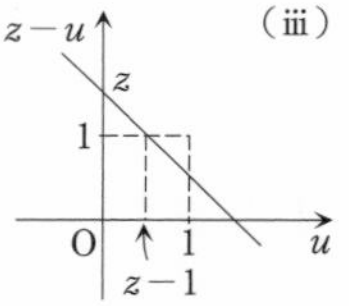

（iii）　$1\leqq z\leqq 2$ のとき；

$$\int_0^1 f_Y(z-u)du$$
$$=\int_0^{z-1} 0\,du+\int_{z-1}^1 1\,du$$
$$=\int_{z-1}^1 1\,du=1-(z-1)$$
$$=2-z$$

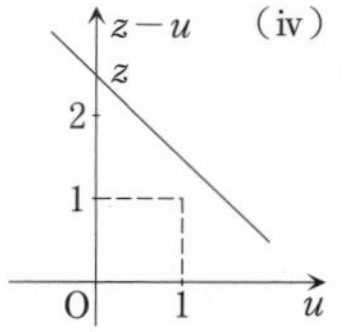

（iv）　$z\geqq 2$ のとき；

$$\int_0^1 f_Y(z-u)du$$
$$=\int_0^1 0\,du=0$$

以上より

$$f_Z(z)=\begin{cases}0 & (z\leqq 0)\\ z & (0\leqq z\leqq 1)\\ 2-z & (1\leqq z\leqq 2)\\ 0 & (z\geqq 2)\end{cases}$$ ……〔答〕

第8章
応用数学

《(A)　複素数と複素平面》

[8A－01]　**(ド・モアブルの定理)**

求める解を　$x=r(\cos\theta+i\sin\theta)$

とおく。ただし，$r>0$, $0\leqq\theta<2\pi$

このとき

$$x^4=r^4(\cos\theta+i\sin\theta)^4$$
$$=r^4(\cos4\theta+i\sin4\theta)$$

(∵　ド・モアブルの定理)

一方　$-4=4(\cos\pi+i\sin\pi)$

よって，$x^4=-4$ より

$r^4=4$　……①

$4\theta=\pi+2n\pi$ (n は整数)　……②

①より　$r=\sqrt{2}$　(∵　$r>0$)

②より

$$\theta=\frac{\pi}{4}+\frac{n}{2}\pi$$
$$=\frac{\pi}{4},\ \frac{3\pi}{4},\ \frac{5\pi}{4},\ \frac{7\pi}{4}\quad(\because\ 0\leqq\theta<2\pi)$$

よって

$$x=\sqrt{2}\left(\cos\frac{\pi}{4}+i\sin\frac{\pi}{4}\right),$$
$$\sqrt{2}\left(\cos\frac{3\pi}{4}+i\sin\frac{3\pi}{4}\right),$$
$$\sqrt{2}\left(\cos\frac{5\pi}{4}+i\sin\frac{5\pi}{4}\right),$$
$$\sqrt{2}\left(\cos\frac{7\pi}{4}+i\sin\frac{7\pi}{4}\right)$$
$$=\sqrt{2}\left(\frac{1}{\sqrt{2}}+\frac{1}{\sqrt{2}}i\right),\ \sqrt{2}\left(-\frac{1}{\sqrt{2}}+\frac{1}{\sqrt{2}}i\right),$$
$$\sqrt{2}\left(-\frac{1}{\sqrt{2}}-\frac{1}{\sqrt{2}}i\right),\ \sqrt{2}\left(\frac{1}{\sqrt{2}}-\frac{1}{\sqrt{2}}i\right)$$

$=1+i,\ -1+i,\ -1-i,\ 1-i$　……〔答〕

[8A－02]　**(複素平面)**

$z^2=(x+iy)^2=x^2-y^2+2xyi$

∴　$\mathrm{Re}(z^2)=x^2-y^2$

$\mathrm{Re}(z^2)<1$ より，$x^2-y^2<1$

したがって，求める領域は図の網の部分である。

ただし，境界は含まない。

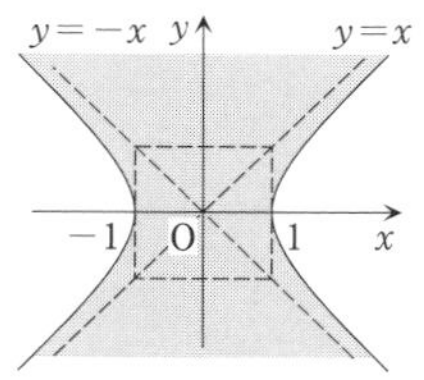

[8A－03]　**(複素平面における円と直線)**

いろいろな解法を示す。

(解1)　$|z|^2=z\bar{z}$ **に着目。**

(1)　$|5z-i|=|3z-7i|$ より

$|5z-i|^2=|3z-7i|^2$

∴　$(5z-i)(5\bar{z}+i)=(3z-7i)(3\bar{z}+7i)$

$25z\bar{z}+5zi-5\bar{z}i+1=9z\bar{z}+21zi-21\bar{z}i+49$

∴　$16z\bar{z}-16zi+16\bar{z}i-48=0$

$z\bar{z}-zi+\bar{z}i-3=0$

$(z+i)(\bar{z}-i)+i^2-3=0$

∴　$|z+i|^2=4$　　∴　$|z+i|=2$

よって，点 $-i$ を中心とする半径2の円。

……〔答〕

(2)　$w=\dfrac{\dfrac{\sqrt{3}}{3}z-1}{2z+2\sqrt{3}}=\dfrac{\sqrt{3}z-3}{6z+6\sqrt{3}}$ より

$w(6z+6\sqrt{3})=\sqrt{3}z-3$

∴　$(6w-\sqrt{3})z=-6\sqrt{3}w-3$

∴　$z=\dfrac{-6\sqrt{3}w-3}{6w-\sqrt{3}}=\dfrac{-6w-\sqrt{3}}{2\sqrt{3}w-1}$

これを $z\bar{z}-zi+\bar{z}i-3=0$ に代入すると

$$\frac{6w+\sqrt{3}}{2\sqrt{3}w-1}\cdot\frac{6\bar{w}+\sqrt{3}}{2\sqrt{3}\bar{w}-1}$$
$$+\frac{6w+\sqrt{3}}{2\sqrt{3}w-1}i-\frac{6\bar{w}+\sqrt{3}}{2\sqrt{3}\bar{w}-1}i-3=0$$

分母を払って整理すると

$\sqrt{3}(w+\bar{w})-(w-\bar{w})i=0$

ここで，$w=x+yi$ とおくと

$\sqrt{3}\cdot2x-2yi\cdot i=0$

∴　$2\sqrt{3}x+2y=0$

よって，求める図形は

直線 $y=-\sqrt{3}x$　……〔答〕

（解2）　$|x+yi|^2=x^2+y^2$ に着目。

(1)　$z=x+yi$ とおくと

$$|5z-i|^2=(5x)^2+(5y-1)^2$$

$$|3z-7i|^2=(3x)^2+(3y-7)^2$$

であるから　$|5z-i|=|3z-7i|$

すなわち　$|5z-i|^2=|3z-7i|^2$

より

$$(5x)^2+(5y-1)^2=(3x)^2+(3y-7)^2$$

$$\therefore\quad 16x^2+16y^2+32y-48=0$$

$$x^2+y^2+2y-3=0$$

$$x^2+(y+1)^2=4$$

これは座標平面で

中心 $(0,\ -1)$，半径2の円

を表すから，複素平面では

点 $-i$ を中心とする半径2の円。

……〔答〕

(2)　$w=\dfrac{\dfrac{\sqrt{3}}{3}z-1}{2z+2\sqrt{3}}=\dfrac{\sqrt{3}z-3}{6z+6\sqrt{3}}$ より

$$z=\frac{-6\sqrt{3}w-3}{6w-\sqrt{3}}=\frac{-6w-\sqrt{3}}{2\sqrt{3}w-1}$$

これを $|z+i|=2$ に代入すると

$$\left|\frac{-6w-\sqrt{3}}{2\sqrt{3}w-1}+i\right|=2$$

$$\therefore\quad |-6w-\sqrt{3}+(2\sqrt{3}w-1)i|=2|2\sqrt{3}w-1|$$

$$\therefore\quad |-6w-\sqrt{3}+(2\sqrt{3}w-1)i|^2=4|2\sqrt{3}w-1|^2$$

ここで，$w=x+yi$ とおくと

$$-6w-\sqrt{3}+(2\sqrt{3}w-1)i$$
$$=-6(x+yi)-\sqrt{3}+(2\sqrt{3}(x+yi)-1)i$$
$$=(-6x-\sqrt{3}-2\sqrt{3}y)+(-6y+2\sqrt{3}x-1)i$$

より

$$|-6w-\sqrt{3}+(2\sqrt{3}w-1)i|^2$$
$$=(-6x-\sqrt{3}-2\sqrt{3}y)^2+(-6y+2\sqrt{3}x-1)^2$$
$$=48x^2+48y^2+8\sqrt{3}x+24y+4$$
$$=4(12x^2+12y^2+2\sqrt{3}x+6y+1)$$

また

$$4|2\sqrt{3}w-1|^2$$
$$=4\{(2\sqrt{3}x-1)^2+(2\sqrt{3}y)^2\}$$
$$=4(12x^2+12y^2-4\sqrt{3}x+1)$$

したがって

$$|-6w-\sqrt{3}+(2\sqrt{3}w-1)i|^2=4|2\sqrt{3}w-1|^2$$

より

$$12x^2+12y^2+2\sqrt{3}x+6y+1=12x^2+12y^2-4\sqrt{3}x+1$$

$$\therefore\quad 6y=-6\sqrt{3}x$$

よって，求める図形は

$y=-\sqrt{3}x$　……〔答〕

（解3）　2定点からの距離の比に着目。

(1)　$|5z-i|=|3z-7i|$ より

$$5\left|z-\frac{1}{5}i\right|=3\left|z-\frac{7}{3}i\right|$$

$$\therefore\quad \left|z-\frac{1}{5}i\right|:\left|z-\frac{7}{3}i\right|=3:5$$

よって，2点 $\dfrac{1}{5}i,\ \dfrac{7}{3}i$ からの距離の比が $3:5$ である点の軌跡（アポロニウスの円）である。

よって

$$\frac{5\cdot\frac{1}{5}i+3\cdot\frac{7}{3}i}{3+5}=i,\quad \frac{5\cdot\frac{1}{5}i-3\cdot\frac{7}{3}i}{-3+5}=-3i$$

を直径の両端とする円，すなわち

点 $-i$ を中心とする半径2の円。……〔答〕

(2)　$|(-6+2\sqrt{3}i)w+(-\sqrt{3}-i)|=2|2\sqrt{3}w-1|$

より

$$|(-6+2\sqrt{3}i)|\left|w-\frac{\sqrt{3}+i}{-6+2\sqrt{3}i}\right|=4\sqrt{3}\left|w-\frac{1}{2\sqrt{3}}\right|$$

$$4\sqrt{3}\left|w-\frac{-4\sqrt{3}-12i}{48}\right|=4\sqrt{3}\left|w-\frac{\sqrt{3}}{6}\right|$$

$$\therefore\quad \left|w-\frac{-\sqrt{3}-3i}{12}\right|=\left|w-\frac{\sqrt{3}}{6}\right|$$

これは2点 $\dfrac{\sqrt{3}}{6},\ \dfrac{-\sqrt{3}-3i}{12}$ から等距離であることを表すから，求める図形は

2点 $\dfrac{\sqrt{3}}{6},\ \dfrac{-\sqrt{3}-3i}{12}$ を結ぶ線分の垂直二等分線。　……〔答〕

[8A−04]　（複素数）

(1)　（＊）より

$$\overline{\left(\frac{a^2}{z-e}+\frac{b^2}{z-f}+\frac{c^2}{z-g}\right)}=\overline{d^2z+h}$$

$a,\ b,\ c,\ d,\ e,\ f,\ g,\ h$ はすべて実数であるから

$$\frac{a^2}{\bar{z}-e}+\frac{b^2}{\bar{z}-f}+\frac{c^2}{\bar{z}-g}=d^2\bar{z}+h$$

よって，その共役複素数 $\bar{z}$ も（＊）を満たす。

(2)　z を1つの複素数とするとき，(1)より

$$\frac{a^2}{z-e}+\frac{b^2}{z-f}+\frac{c^2}{z-g}=d^2z+h \quad \cdots\cdots ①$$

$$\frac{a^2}{\bar{z}-e}+\frac{b^2}{\bar{z}-f}+\frac{c^2}{\bar{z}-g}=d^2\bar{z}+h \quad \cdots\cdots ②$$

①－② より

$$a^2\left(\frac{1}{z-e}-\frac{1}{\bar{z}-e}\right)+b^2\left(\frac{1}{z-f}-\frac{1}{\bar{z}-f}\right)+c^2\left(\frac{1}{z-g}-\frac{1}{\bar{z}-g}\right)=d^2(z-\bar{z})$$

$$\therefore \quad a^2\frac{\bar{z}-z}{(z-e)(\bar{z}-e)}+b^2\frac{\bar{z}-z}{(z-f)(\bar{z}-f)}+c^2\frac{\bar{z}-z}{(z-g)(\bar{z}-g)}=d^2(z-\bar{z})$$

$$\therefore \quad a^2\frac{\bar{z}-z}{|z-e|^2}+b^2\frac{\bar{z}-z}{|z-f|^2}+c^2\frac{\bar{z}-z}{|z-g|^2}=d^2(z-\bar{z})$$

$$\therefore \quad \left(\frac{a^2}{|z-e|^2}+\frac{b^2}{|z-f|^2}+\frac{c^2}{|z-g|^2}+d^2\right)\times(z-\bar{z})=0$$

ここで

$$\frac{a^2}{|z-e|^2}+\frac{b^2}{|z-f|^2}+\frac{c^2}{|z-g|^2}+d^2\neq 0$$

$(\because \quad d\neq 0)$

であるから　$z-\bar{z}=0 \qquad \therefore \quad z=\bar{z}$

よって，z は実数である。

《(B)　複素解析》

［8B－01］（複素解析）

$f(i)=i^i=\exp(i\log i)$

ここで

$$\log i=\log|i|+i\arg i$$
$$=\log 1+i\left(\frac{\pi}{2}+2n\pi\right)$$
$$=i\left(\frac{\pi}{2}+2n\pi\right) \quad (n \text{ は整数})$$

よって

$$i\log i=i^2\left(\frac{\pi}{2}+2n\pi\right)=-\frac{\pi}{2}-2n\pi$$

そこで

$$\exp(z)=e^z=e^x(\cos y+i\sin y)$$

（ただし，$z=x+yi$）

に注意すると

$$f(i)=i^i=\exp(i\log i)$$
$$=\exp\left(-\frac{\pi}{2}-2n\pi\right) \quad (n \text{ は整数}) \quad \cdots\cdots〔答〕$$

［8B－02］（留数の応用）

$1+x^6=0$ とすると

$$(x^2+1)(x^4-x^2+1)=0$$

$x^2+1=0$ より，$x=\pm i$

また，$x^4-x^2+1=0$ より

$$(x^2+1)^2-3x^2=0$$
$$(x^2+\sqrt{3}x+1)(x^2-\sqrt{3}x+1)=0$$
$$\therefore \quad x=\frac{-\sqrt{3}\pm i}{2},\ \frac{\sqrt{3}\pm i}{2}$$

よって，$\dfrac{x^4}{1+x^6}$ の特異点は

$$x=\pm i,\ \frac{\sqrt{3}\pm i}{2},\ \frac{\sqrt{3}\pm i}{2}$$

の6つである。

次のような積分路 C_R を考える。

$C_R=\Gamma_R+I_R$

$\Gamma_R: z=Re^{i\theta} \quad (0\leqq\theta\leqq\pi)$

$I_R: z=x \quad (-R\leqq x\leqq R)$

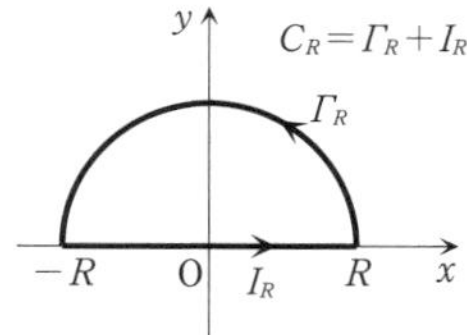

R が十分大のとき，$\dfrac{x^4}{1+x^6}$ の特異点のうち積分路 C_R で囲まれた領域の内部にあるものは

$$a_1=\frac{\sqrt{3}+i}{2},\ a_2=i,\ a_3=\frac{-\sqrt{3}+i}{2}$$

の3つであり，いずれも1位の極である。

各点における留数を計算する。

$$\mathrm{Res}(a_1)=\lim_{z\to a_1}(z-a_1)\frac{z^4}{z^6+1}$$
$$=\lim_{z\to a_1}(z-a_1)\frac{z^4}{z^6-a_1{}^6}$$
$$=\lim_{z\to a_1}\frac{z^4}{\dfrac{z^6-a_1{}^6}{z-a_1}}=\frac{a_1{}^4}{6a_1{}^5}=\frac{1}{6a_1}$$
$$=\frac{1}{3(\sqrt{3}+i)}=\frac{\sqrt{3}-i}{12}$$

同様にして

$$\mathrm{Res}(a_2)=\lim_{z\to a_2}(z-a_2)\frac{z^4}{z^6+1}$$

$$=\frac{1}{6a_2}=\frac{1}{6i}=-\frac{i}{6}$$

$$\mathrm{Res}(a_3)=\lim_{z\to a_3}(z-a_3)\frac{z^4}{z^6+1}$$

$$=\frac{1}{6a_3}=\frac{1}{3(-\sqrt{3}+i)}=\frac{-\sqrt{3}-i}{12}$$

よって，留数定理より

$$\int_{C_R}\frac{z^4}{z^6+1}dz$$

$$=2\pi i\{\mathrm{Res}(a_1)+\mathrm{Res}(a_2)+\mathrm{Res}(a_3)\}$$

$$=2\pi i\left\{\frac{\sqrt{3}-i}{12}-\frac{i}{6}+\frac{-\sqrt{3}-i}{12}\right\}$$

$$=2\pi i\cdot\frac{-i}{3}=\frac{2\pi}{3}$$

一方

$$\int_{C_R}\frac{z^4}{z^6+1}dz=\int_{I_R}\frac{z^4}{z^6+1}dz+\int_{\Gamma_R}\frac{z^4}{z^6+1}dz$$

であり，$R\to\infty$ のとき

$$\int_{I_R}\frac{z^4}{z^6+1}dz=\int_{-R}^{R}\frac{x^4}{x^6+1}dx$$

$$\to\int_{-\infty}^{\infty}\frac{x^4}{x^6+1}dx$$

また，Γ_R 上で $\left|\frac{z^4}{z^6-1}\right|\leqq\frac{R^4}{R^6-1}$

であることに注意すると

$$\left|\int_{\Gamma_R}\frac{z^4}{z^6+1}dz\right|\leqq\frac{R^4}{R^6-1}\cdot\pi R\to 0$$

すなわち $\displaystyle\lim_{R\to\infty}\int_{\Gamma_R}\frac{z^4}{z^6+1}dz=0$

以上より $\displaystyle\int_{-\infty}^{\infty}\frac{x^4}{x^6+1}dx=\frac{2\pi}{3}$ ……〔答〕

[8B－03]（複素積分の実積分への応用）

$z=e^{i\theta}=\cos\theta+i\sin\theta$ とおくと

$$z^{-1}=\cos\theta-i\sin\theta$$

$$\therefore\quad \sin\theta=\frac{z-z^{-1}}{2i}$$

また，$z=e^{i\theta}$ より，$dz=ie^{i\theta}d\theta=iz\,d\theta$

$$\therefore\quad d\theta=\frac{1}{iz}dz$$

さらに，点 $z=e^{i\theta}$ は円周 $C:|z|=1$ 上を1周する。

よって

$$\int_0^{2\pi}\frac{1}{a+\sin\theta}d\theta=\int_C\frac{1}{a+\frac{z-z^{-1}}{2i}}\frac{1}{iz}dz$$

$$=\int_C\frac{2}{z^2+2iaz-1}dz$$

$z^2+2iaz-1=0$ とすると

$$z=-ia\pm\sqrt{-a^2+1}$$

$$=-ai\pm\sqrt{a^2-1}\,i\quad(\because\quad a>1)$$

$$=(-a\pm\sqrt{a^2-1})i$$

ここで，$(-a-\sqrt{a^2-1})i$ は明らかに円 $C:|z|=1$ の外部にある。

また，$-a+\sqrt{a^2-1}<0$ は明らか。

次に

$$(-a+\sqrt{a^2-1})+1=\sqrt{a^2-1}-(a-1)$$

において

$$(\sqrt{a^2-1})^2-(a-1)^2=a^2-1-(a^2-2a+1)$$

$$=2(a-1)>0\qquad\therefore\quad\sqrt{a^2-1}>a-1$$

より，$(-a+\sqrt{a^2-1})+1>0$

$$\therefore\quad -a+\sqrt{a^2-1}>-1$$

以上より，$-1<-a+\sqrt{a^2-1}<0$

したがって，$(-a+\sqrt{a^2-1})i$ は円 $C:|z|=1$ の内部にある。

よって，留数定理により

$$\int_C\frac{2}{z^2+2iaz-1}dz$$

$$=2\pi i\,\mathrm{Res}[(-a+\sqrt{a^2-1})i]$$

ここで，$p=(-a+\sqrt{a^2-1})i$ とおいて

$$\mathrm{Res}(p)=\lim_{z\to p}(z-p)\frac{2}{z^2+2iaz-1}$$

$$=\lim_{z\to p}\frac{2}{z-(-a-\sqrt{a^2-1})i}$$

$$=\frac{2}{2\sqrt{a^2-1}\,i}=-\frac{1}{\sqrt{a^2-1}}i$$

よって

$$\int_C\frac{2}{z^2+2iaz-1}dz$$

$$=2\pi i\cdot\left(-\frac{1}{\sqrt{a^2-1}}i\right)=\frac{2\pi}{\sqrt{a^2-1}}\quad\text{……〔答〕}$$

[8B－04]（複素積分の実積分への応用）

(1) $\displaystyle I(p)=\int_0^{2\pi}\frac{1}{1-2p\cos\theta+p^2}d\theta$

$$=\int_0^{2\pi}\frac{1}{1-2p\frac{1}{2}(e^{i\theta}+e^{-i\theta})+p^2}\frac{ie^{i\theta}}{ie^{i\theta}}d\theta$$

$$=\int_0^{2\pi}\frac{1}{(1+p^2)ie^{i\theta}-pi\{(e^{i\theta})^2+1\}}ie^{i\theta}d\theta$$

$$=\int_0^{2\pi}\frac{1}{i}\frac{1}{(1+p^2)e^{i\theta}-p\{(e^{i\theta})^2+1\}}ie^{i\theta}d\theta$$

$$=\int_C\frac{1}{i\{(1+p^2)z-p(z^2+1)\}}dz$$

よって，$F(z)$ を次のように定めればよい。

$$F(z)=\frac{1}{i\{(1+p^2)z-p(z^2+1)\}}$$
$$=-\frac{1}{i\{pz^2-(p^2+1)z+p\}}$$
$$=\frac{1}{pz^2-(p^2+1)z+p}i$$
$$=\frac{1}{(pz-1)(z-p)}i \quad \cdots\cdots〔答〕$$

(2) $I(p)=\int_C \frac{1}{(pz-1)(z-p)}i\,dz$

$$=\int_C \frac{1}{1-p^2}\left(\frac{p}{pz-1}-\frac{1}{z-p}\right)i\,dz$$
$$=\frac{i}{1-p^2}\left(\int_C \frac{1}{z-\frac{1}{p}}dz-\int_C \frac{1}{z-p}dz\right)$$
$$=\frac{i}{1-p^2}(0-2\pi i)=\frac{2\pi}{1-p^2} \quad \cdots\cdots〔答〕$$

[8B－05]　(留数の応用)

(1) $\frac{\partial v}{\partial y}=\frac{\partial u}{\partial x}=3x^2-3y^2+1$ より

$$v(x,\ y)=\int(3x^2-3y^2+1)dy$$
$$=3x^2y-y^3+y+c(x)$$

($c(x)$ は x のみの関数)

このとき

$$\frac{\partial v}{\partial x}=6xy+c'(x)$$

一方　$\frac{\partial v}{\partial x}=-\frac{\partial u}{\partial y}=6xy$

より　$c'(x)=0$　　∴　$c(x)=C$

よって

$$v(x,\ y)=3x^2y-y^3+y+C$$

ここで，$v(0,\ 0)=0$ より，$C=0$

したがって

$$v(x,\ y)=3x^2y-y^3+y \quad \cdots\cdots〔答〕$$

(2) $f(z)=u(x,\ y)+v(x,\ y)i$

$=(x^3-3xy^2+x)+(3x^2y-y^3+y)i$ ……〔答〕

(3) 積分路 C で囲まれた領域内にある $\frac{f(z)}{z^2}$ の特異点は $z=0$ のみで，$z=0$ は 2 位の極である。

留数を計算する。

$$\mathrm{Res}(0)=\lim_{z\to 0}\left\{z^2\frac{f(z)}{z^2}\right\}'=\lim_{z\to 0}f'(z)$$

ここで

$$f'(z)=u_x+v_xi$$
$$=(3x^2-3y^2+1)+6xy\,i$$

であるから

$$\mathrm{Res}(0)=\lim_{z\to 0}f'(z)=f'(0)=1$$

よって

$$\int_C \frac{f(z)}{z^2}dz=2\pi i\,\mathrm{Res}(0)=2\pi i \quad \cdots\cdots〔答〕$$

[8B－06]　(複素解析)

(1) 次の 2 重積分を考える。

$$I=\iint_D e^{-x^2-y^2}dx\,dy, \qquad D: xy \text{ 平面全体}$$

$D_n: x^2+y^2\leqq n^2$ とおく。

極座標変換：$x=r\cos\theta,\ y=r\sin\theta$ により

$D_n: x^2+y^2\leqq n^2$ は

$E_n: 0\leqq r\leqq n,\ 0\leqq\theta\leqq 2\pi$ に移る。

よって

$$\iint_{D_n}e^{-x^2-y^2}dx\,dy=\iint_{E_n}e^{-r^2}r\,dr\,d\theta$$
$$=\int_0^{2\pi}\left(\int_0^n e^{-r^2}r\,dr\right)d\theta=\int_0^{2\pi}\left[-\frac{1}{2}e^{-r^2}\right]_0^n d\theta$$
$$=\int_0^{2\pi}\frac{1}{2}(1-e^{-n^2})d\theta=\pi(1-e^{-n^2})$$

したがって

$$I=\iint_D e^{-x^2-y^2}dx\,dy=\lim_{n\to\infty}\iint_{D_n}e^{-x^2-y^2}dx\,dy$$
$$=\lim_{n\to\infty}\pi(1-e^{-n^2})=\pi$$

一方，D_n': $-n\leqq x\leqq n,\ -n\leqq y\leqq n$ とおくと

$$\iint_{D_n'}e^{-x^2-y^2}dx\,dy=\int_{-n}^n\left(\int_{-n}^n e^{-x^2-y^2}dy\right)dx$$
$$=\int_{-n}^n\left(\int_{-n}^n e^{-x^2}\cdot e^{-y^2}dy\right)dx$$
$$=\int_{-n}^n e^{-x^2}dx\cdot\int_{-n}^n e^{-y^2}dy=\left(\int_{-n}^n e^{-x^2}dx\right)^2$$

よって

$$I=\iint_D e^{-x^2-y^2}dx\,dy=\lim_{n\to\infty}\iint_{D_n'}e^{-x^2-y^2}dx\,dy$$
$$=\lim_{n\to\infty}\left(\int_{-n}^n e^{-x^2}dx\right)^2=\left(\int_{-\infty}^{\infty}e^{-x^2}dx\right)^2$$

したがって

$$\left(\int_{-\infty}^{\infty}e^{-x^2}dx\right)^2=\pi$$

$$\therefore\quad \int_{-\infty}^{\infty}e^{-x^2}dx=\sqrt{\pi}$$

(2) 積分路を C とし，さらにこの積分路を図のように 4 つの積分路に分けて考える。

このとき

$C_1 : z=x,\ x : -a \to a$
$C_2 : z=a+yi,\ y : 0 \to b$
$C_3 : z=x+bi,\ x : a \to -a$
$C_4 : z=-a+yi,\ y : b \to 0$

であり

$$\int_{C_1} e^{-z^2}dz=\int_{-a}^{a} e^{-x^2}dx,$$

$$\int_{C_2} e^{-z^2}dz=\int_0^b e^{-(a+yi)^2}i\,dy$$

$$=ie^{-a^2}\int_0^b e^{-2ayi+y^2}dy$$

$$\int_{C_3} e^{-z^2}dz=\int_a^{-a} e^{-(x+bi)^2}dx$$

$$=-e^{b^2}\int_{-a}^{a} e^{-2bxi-x^2}dx$$

$$\int_{C_4} e^{-z^2}dz=\int_b^0 e^{-(-a+yi)^2}i\,dy$$

$$=-ie^{-a^2}\int_0^b e^{2ayi+y^2}dy$$

コーシーの積分定理により

$$\int_{C_1} e^{-z^2}dz+\int_{C_2} e^{-z^2}dz+\int_{C_3} e^{-z^2}dz+\int_{C_4} e^{-z^2}dz=0$$

よって

$$\int_{-a}^{a} e^{-x^2}dx+ie^{-a^2}\int_0^b e^{-2ayi+y^2}dy-e^{b^2}\int_{-a}^{a} e^{-2bxi-x^2}dx-ie^{-a^2}\int_0^b e^{2ayi+y^2}dy=0$$

$a \to \infty$ とすると

$$\int_{-\infty}^{\infty} e^{-x^2}dx+0-e^{b^2}\int_{-\infty}^{\infty} e^{-2bxi-x^2}dx-0=0$$

$$\therefore\quad \sqrt{\pi}-e^{b^2}\int_{-\infty}^{\infty} e^{-2bxi-x^2}dx=0$$

よって

$$\int_{-\infty}^{\infty} e^{-2bxi-x^2}dx=\sqrt{\pi}\,e^{-b^2}$$ ……〔答〕

[8B－07] **（複素関数の微分・積分）**

(1) $f(-1+2i)=(-1)\cdot 2+i((-1)^2-2^2)$
$=-2-3i$ ……〔答〕

(2) $f(2+i)$
$=(2+i)+(2+i)^2+(2+i)(2-i)$
$=2+i+3+4i+5=10+5i$

(3) $f(z)=x^2-y^2+2ixy$ より
$u(x,\ y)=x^2-y^2,\ v(x,\ y)=2xy$ とおく。

$$\frac{\partial u}{\partial x}=2x,\ \frac{\partial u}{\partial y}=-2y,\ \frac{\partial v}{\partial x}=2y,\ \frac{\partial v}{\partial y}=2x$$

よって，コーシー・リーマンの関係式

$$\frac{\partial u}{\partial x}=\frac{\partial v}{\partial y},\ \frac{\partial u}{\partial y}=-\frac{\partial v}{\partial x}$$

が成り立つから $f(z)$ は微分可能である。
また

$$f'(z)=\frac{\partial u}{\partial x}+\frac{\partial v}{\partial x}i$$

$=2x+2yi=2z$ ……〔答〕

（注） $f(z)=x^2-y^2+2ixy=(x+iy)^2=z^2$

(4) $$\int_C z^3dz=\int_0^{\frac{\pi}{2}}(re^{i\theta})^3rie^{i\theta}d\theta$$

$$=\int_0^{\frac{\pi}{2}}ir^4e^{4i\theta}d\theta=\left[\frac{1}{4}r^4e^{4i\theta}\right]_0^{\frac{\pi}{2}}$$

$$=\frac{1}{4}r^4(e^{2\pi i}-1)$$

$$=\frac{1}{4}r^4(1-1)=0$$ ……〔答〕

[8B－08] **（ローラン展開，複素積分）**

(1) $0<|z-2|<2$ より，$0<\left|\dfrac{z-2}{2}\right|<1$

$$f(z)=\frac{1}{z}=\frac{1}{2+(z-2)}$$

$$=\frac{\frac{1}{2}}{1+\frac{z-2}{2}}=\frac{\frac{1}{2}}{1-\left(-\frac{z-2}{2}\right)}$$

$$=\frac{1}{2}+\frac{1}{2}\left(-\frac{z-2}{2}\right)+\frac{1}{2}\left(-\frac{z-2}{2}\right)^2+\cdots$$

$$=\sum_{k=0}^{\infty}\frac{1}{2}\left(-\frac{z-2}{2}\right)^k$$

$$=\sum_{k=0}^{\infty}(-1)^k\frac{1}{2^{k+1}}(z-2)^k$$ ……〔答〕

(2) $\dfrac{e^{z^2-z+1}}{(z-1)^2}$ の特異点は $z=1$ だけであり，
これは2位の極である。
よって

$$\mathrm{Res}(1)=\lim_{z\to 1}\left\{(z-1)^2\frac{e^{z^2-z+1}}{(z-1)^2}\right\}'$$

$$=\lim_{z\to 1}(e^{z^2-z+1})'=\lim_{z\to 1}e^{z^2-z+1}(2z-1)=e$$

したがって，留数定理より

$$\int_C \frac{e^{z^2-z+1}}{(z-1)^2}dz=2\pi i\,\mathrm{Res}(1)$$

$$=2\pi ei$$ ……〔答〕

[8B－09] **（複素積分）**

(1) $$\int_{C_\varepsilon(a)}\frac{f(z)}{z-a}dz=\int_0^{\pi}\frac{f(a+\varepsilon e^{i\theta})}{\varepsilon e^{i\theta}}\varepsilon ie^{i\theta}d\theta$$

$$=i\int_0^{\pi} f(a+\varepsilon e^{i\theta})\,d\theta$$

$$\therefore\quad \lim_{\varepsilon\to 0}\int_{C_\varepsilon(a)}\frac{f(z)}{z-a}dz$$

$$=i\lim_{\varepsilon\to 0}\int_0^{\pi} f(a+\varepsilon e^{i\theta})\,d\theta=i\int_0^{\pi} f(a)\,d\theta$$

$$\left(\because\quad F(\varepsilon)=\int_0^{\pi} f(a+\varepsilon e^{i\theta})\,d\theta \text{ は連続}\right)$$

$$=i\pi f(a)$$

(2) $g(\theta)=\sin\theta-\dfrac{2}{\pi}\theta$ とおくと

$$g'(\theta)=\cos\theta-\frac{2}{\pi}$$

そこで $\cos\alpha=\dfrac{2}{\pi}\quad\left(0<\alpha<\dfrac{\pi}{2}\right)$

を満たす α をとれば

$0<\theta<\alpha$ において $g'(\theta)>0$,

$\alpha<\theta<\dfrac{\pi}{2}$ において $g'(\theta)<0$

また

$g(0)=0$,

$$g\left(\frac{\pi}{2}\right)=\sin\frac{\pi}{2}-\frac{2}{\pi}\frac{\pi}{2}=1-1=0$$

よって，$g(\theta)\geqq 0$

すなわち，$\sin\theta\geqq\dfrac{2}{\pi}\theta$

(3) $z=Re^{i\theta}=R(\cos\theta+i\sin\theta)$ のとき

$$e^{iz}=e^{iR(\cos\theta+i\sin\theta)}=e^{iR\cos\theta}e^{-R\sin\theta}$$

よって

$$\int_{C_R(0)}\frac{e^{iz}}{z}dz=\int_0^{\pi}\frac{e^{iR\cos\theta}e^{-R\sin\theta}}{Re^{i\theta}}Rie^{i\theta}d\theta$$

$$=i\int_0^{\pi} e^{iR\cos\theta}e^{-R\sin\theta}d\theta$$

したがって

$$\left|\int_{C_R(0)}\frac{e^{iz}}{z}dz\right|=\left|\int_0^{\pi} e^{iR\cos\theta}e^{-R\sin\theta}d\theta\right|$$

$$\leqq\int_0^{\pi}|e^{iR\cos\theta}e^{-R\sin\theta}|\,d\theta$$

$$=\int_0^{\pi}e^{-R\sin\theta}d\theta\qquad(\because\quad |e^{iR\cos\theta}|=1)$$

$$=2\int_0^{\frac{\pi}{2}}e^{-R\sin\theta}d\theta$$

(注) $\sin\theta$ は $\theta=\dfrac{\pi}{2}$ で対称。

$$\leqq 2\int_0^{\frac{\pi}{2}}e^{-R\frac{2}{\pi}\theta}d\theta\quad\left(\because\quad\sin\theta\geqq\frac{2}{\pi}\theta\right)$$

$$=2\left[-\frac{\pi}{2R}e^{-R\frac{2}{\pi}\theta}\right]_0^{\frac{\pi}{2}}$$

$$=\frac{\pi}{R}(1-e^{-R})\ \to\ 0\quad(R\to\infty)$$

よって，$\displaystyle\lim_{R\to\infty}\int_{C_R(0)}\frac{e^{iz}}{z}dz=0$

(4) 関数 $\dfrac{e^{iz}}{z}$ は図の積分路の周および内部において正則なので

$$\int_C\frac{e^{iz}}{z}dz=0\quad(\text{ここで，}C\text{ は図の積分路})$$

よって

$$-\int_{C_\varepsilon(0)}\frac{e^{iz}}{z}dz+\int_{[\varepsilon,\ R]}\frac{e^{iz}}{z}dz+\int_{C_R(0)}\frac{e^{iz}}{z}dz+\int_{[-R,\ -\varepsilon]}\frac{e^{iz}}{z}dz=0$$

$$-\int_{C_\varepsilon(0)}\frac{e^{iz}}{z}dz+\int_\varepsilon^R\frac{e^{ix}}{x}dx+\int_{C_R(0)}\frac{e^{iz}}{z}dz+\int_{-R}^{-\varepsilon}\frac{e^{ix}}{x}dx=0$$

$$-\int_{C_\varepsilon(0)}\frac{e^{iz}}{z}dz+\int_\varepsilon^R\frac{e^{ix}}{x}dx+\int_{C_R(0)}\frac{e^{iz}}{z}dz-\int_\varepsilon^R\frac{e^{-ix}}{x}dx=0$$

$$-\int_{C_\varepsilon(0)}\frac{e^{iz}}{z}dz+\int_\varepsilon^R\frac{\cos x+i\sin x}{x}dx+\int_{C_R(0)}\frac{e^{iz}}{z}dz-\int_\varepsilon^R\frac{\cos x-i\sin x}{x}dx=0$$

よって

$$-\int_{C_\varepsilon(0)}\frac{e^{iz}}{z}dz+2i\int_\varepsilon^R\frac{\sin x}{x}dx+\int_{C_R(0)}\frac{e^{iz}}{z}dz=0$$

ここで，$\varepsilon\to 0$, $R\to\infty$ とすると

$$\int_{C_\varepsilon(0)}\frac{e^{iz}}{z}dz\ \to\ i\pi\quad(\because\quad (1)\text{より})$$

$$\int_\varepsilon^R\frac{\sin x}{x}dx\ \to\ \int_0^\infty\frac{\sin x}{x}dx$$

$$\int_{C_R(0)}\frac{e^{iz}}{z}dz\ \to\ 0\quad(\because\quad (3)\text{より})$$

であるから

$$-i\pi+2i\int_0^\infty\frac{\sin x}{x}dx+0=0$$

すなわち，$\displaystyle\int_0^\infty\frac{\sin x}{x}dx=\frac{\pi}{2}$ ……**〔答〕**

[8B－10] （複素関数と留数の応用）

(1) $\left(\dfrac{3+4i}{1-2i}\right)^2+\dfrac{1}{(1+i)^2}$

$$=\left(\frac{(3+4i)(1+2i)}{5}\right)^2+\frac{1}{2i}$$

$=\left(\dfrac{-5+10i}{5}\right)^2+\dfrac{1}{2i}=(-1+2i)^2-\dfrac{i}{2}$

$=-3-4i-\dfrac{i}{2}=-3-\dfrac{9}{2}i$　……〔答〕

(2)　(a)　$z=r(\cos\theta+i\sin\theta)=re^{i\theta}$ とおくとき，ここでは主値を考えて

$\log z=\log r+\theta i$　$(-\pi<\theta\leqq\pi)$

であり，$\log z=-i\dfrac{\pi}{2}$ とすると

$\log r+\theta i=-i\dfrac{\pi}{2}$

$\therefore$　$r=1,\ \theta=-\dfrac{\pi}{2}$

よって，$z=-i$　……〔答〕

(b)　$z=x+yi$ とおくとき

$e^z=e^x(\cos y+i\sin y)$

一方

$1-i=\sqrt{2}\left(\cos\left(-\dfrac{\pi}{4}\right)+i\sin\left(-\dfrac{\pi}{4}\right)\right)$

であるから

$e^x=\sqrt{2}$ すなわち，$x=\log\sqrt{2}=\dfrac{1}{2}\log 2$

$y=-\dfrac{\pi}{4}+2n\pi$（n は整数）

よって

$z=\dfrac{1}{2}\log 2+\left(-\dfrac{\pi}{4}+2n\pi\right)i$　（n は整数）

……〔答〕

(3)　関数 $f(z)$ の特異点は $z=\pm i$　……〔答〕

明らかにともに1位の極であるから

$\mathrm{Res}(i)=\lim_{z\to i}(z-i)\dfrac{z^2-1}{z^2+1}=\lim_{z\to i}\dfrac{z^2-1}{z+i}$

$=\dfrac{-2}{2i}=i$　……〔答〕

$\mathrm{Res}(-i)=\lim_{z\to -i}(z+i)\dfrac{z^2-1}{z^2+1}=\lim_{z\to -i}\dfrac{z^2-1}{z-i}$

$=\dfrac{-2}{-2i}=-i$　……〔答〕

(4)　$z^4-5z^2=0$ とすると

$z^2(z^2-5)=0$　　$\therefore$　$z=0,\ \pm\sqrt{5}$

積分路で囲まれた領域内にあるのは $z=0$ のみである。

よって，留数定理により

$\displaystyle\int_{|z|=2}\frac{z^3+3z+1}{z^4-5z^2}dz=2\pi i\,\mathrm{Res}(0)$

ここで，$z=0$ は2位の極であるから

$\mathrm{Res}(0)=\lim_{z\to 0}\left(z^2\dfrac{z^3+3z+1}{z^4-5z^2}\right)'$

$=\lim_{z\to 0}\left(\dfrac{z^3+3z+1}{z^2-5}\right)'$

$=\lim_{z\to 0}\dfrac{(3z^2+3)(z^2-5)-(z^3+3z+1)\cdot 2z}{(z^2-5)^2}$

$=\dfrac{3\cdot(-5)}{(-5)^2}=-\dfrac{3}{5}$

よって

$\displaystyle\int_{|z|=2}\frac{z^3+3z+1}{z^4-5z^2}dz=2\pi i\left(-\frac{3}{5}\right)$

$=-\dfrac{6}{5}\pi i$　……〔答〕

《(C)　ベクトル解析》

[8C－01]（勾配，発散，回転，ラプラシアン）

(1)　$\dfrac{\partial f}{\partial x}=x,\ \dfrac{\partial f}{\partial y}=y,\ \dfrac{\partial f}{\partial z}=z$ より

$\nabla f=\left(\dfrac{\partial f}{\partial x},\ \dfrac{\partial f}{\partial y},\ \dfrac{\partial f}{\partial z}\right)$

$=(x,\ y,\ z)$　……〔答〕

$\dfrac{\partial^2 f}{\partial x^2}=1,\ \dfrac{\partial^2 f}{\partial y^2}=1,\ \dfrac{\partial^2 f}{\partial z^2}=1$ より

$\Delta f=\nabla^2 f$

$=\dfrac{\partial^2 f}{\partial x^2}+\dfrac{\partial^2 f}{\partial y^2}+\dfrac{\partial^2 f}{\partial z^2}=3$　……〔答〕

(2)　$\nabla\cdot\boldsymbol{A}=\partial_x A_x+\partial_y A_y+\partial_z A_z$

$=\dfrac{\partial A_x}{\partial x}+\dfrac{\partial A_y}{\partial y}+\dfrac{\partial A_z}{\partial z}$

$=\dfrac{\partial(e^{xy})}{\partial x}+\dfrac{\partial(e^{yz})}{\partial y}+\dfrac{\partial(e^{zx})}{\partial z}$

$=ye^{xy}+ze^{yz}+xe^{zx}$　……〔答〕

また

$$\nabla\times\boldsymbol{A}=\begin{pmatrix}\partial_y A_z-\partial_z A_y\\ \partial_z A_x-\partial_x A_z\\ \partial_x A_y-\partial_y A_x\end{pmatrix}=\begin{pmatrix}-ye^{yz}\\ -ze^{zx}\\ -xe^{xy}\end{pmatrix}$$

よって

$\nabla\times\boldsymbol{A}=(-ye^{yz},-ze^{zx},-xe^{xy})$　……〔答〕

[8C－02]（線積分）

積分路を媒介変数表示すると

$\begin{cases}x=\cos t\\ y=2\sin t\end{cases}$　$\left(0\leqq t\leqq\dfrac{\pi}{2}\right)$

よって

$$\int_{(1,\ 0)}^{(0,\ 2)}(x\,dy-y\,dx)$$

$$=\int_0^{\frac{\pi}{2}}(\cos t\cdot 2\cos t\,dt-2\sin t\cdot(-\sin t)\,dt)$$

$$=\int_0^{\frac{\pi}{2}}(2\cos^2 t+2\sin^2 t)\,dt$$

$$=\int_0^{\frac{\pi}{2}}2\,dt=2\cdot\frac{\pi}{2}=\pi \quad \cdots\cdots〔答〕$$

［8C－03］ （線積分）

積分路 C を次の 4 つの部分に分けて考える。

$C_1:(x,\ y)=(t,\ 0)\quad (1\leqq t\leqq 3)$

$C_2:(x,\ y)=(3,\ t)\quad (0\leqq t\leqq 5)$

$C_3:(x,\ y)=(3-t,\ 5)\quad (0\leqq t\leqq 2)$

$C_4:(x,\ y)=(1,\ 5-t)\quad (0\leqq t\leqq 5)$

このとき

$$\oint_C(xy\,dx-2xy\,dy)$$

$$=\int_{C_1}(xy\,dx-2xy\,dy)+\int_{C_2}(xy\,dx-2xy\,dy)$$

$$+\int_{C_3}(xy\,dx-2xy\,dy)$$

$$+\int_{C_4}(xy\,dx-2xy\,dy)$$

$$=0+\int_0^5(-6t)\,dt+\int_0^2 5(3-t)(-dt)$$

$$+\int_0^5(-2(5-t))(-dt)$$

$$=-6\int_0^5 t\,dt+5\int_0^2(t-3)\,dt-2\int_0^5(t-5)\,dt$$

$$=-6\left[\frac{t^2}{2}\right]_0^5+5\left[\frac{(t-3)^2}{2}\right]_0^2-2\left[\frac{(t-5)^2}{2}\right]_0^5$$

$$=-6\cdot\frac{25}{2}+5\cdot\frac{1-9}{2}-2\cdot\frac{0-25}{2}$$

$$=-75-20+25=-70 \quad \cdots\cdots〔答〕$$

［別解］ グリーンの定理を使う。

> **<グリーンの定理>**
>
> $$\oint_C(f\,dx+g\,dy)=\iint_D\left(\frac{\partial g}{\partial x}-\frac{\partial f}{\partial y}\right)dx\,dy$$
>
> ただし，D は閉曲線 C で囲まれた領域。

$D:1\leqq x\leqq 3,\ 0\leqq y\leqq 5$ とおく。

$$\oint(xy\,dx-2xy\,dy)$$

$$=\iint_D\left(\frac{\partial(-2xy)}{\partial x}-\frac{\partial(xy)}{\partial y}\right)dx\,dy$$

$$=\iint_D(-2y-x)\,dx\,dy$$

$$=\int_1^3\left(\int_0^5(-2y-x)\,dy\right)dx$$

$$=\int_1^3\left[-y^2-xy\right]_{y=0}^{y=5}dx=\int_1^3(-25-5x)\,dx$$

$$=\left[-25x-\frac{5}{2}x^2\right]_1^3$$

$$=-25(3-1)-\frac{5}{2}(9-1)$$

$$=-50-20=-70 \quad \cdots\cdots〔答〕$$

［8C－04］ （重積分，線積分）

(1) 領域 R は図の通り。

（境界は含む）

$\sqrt{x}+\sqrt{y}=1$ より

$$y=(1-\sqrt{x})^2$$

$$=1-2\sqrt{x}+x$$

よって，求める面積は

$$S=\int_0^1(1-2\sqrt{x}+x)\,dx$$

$$=\left[x-\frac{4}{3}x^{\frac{3}{2}}+\frac{x^2}{2}\right]_0^1$$

$$=1-\frac{4}{3}+\frac{1}{2}=\frac{1}{6} \quad \cdots\cdots〔答〕$$

(2) $$\int_C(x\,dy-y\,dx)=\int_0^{\frac{\pi}{2}}\left(x\frac{dy}{d\theta}-y\frac{dx}{d\theta}\right)d\theta$$

$$=\int_0^{\frac{\pi}{2}}\{\cos^4\theta\cdot 4\sin^3\theta\cos\theta-\sin^4\theta\cdot(-4\cos^3\theta\sin\theta)\}\,d\theta$$

$$=4\int_0^{\frac{\pi}{2}}(\sin^3\theta\cos^5\theta+\sin^5\theta\cos^3\theta)\,d\theta$$

$$=4\int_0^{\frac{\pi}{2}}\sin^3\theta\cos^3\theta(\cos^2\theta+\sin^2\theta)\,d\theta$$

$$=4\int_0^{\frac{\pi}{2}}\sin^3\theta\cos^3\theta\,d\theta$$

$$=4\int_0^{\frac{\pi}{2}}\sin^3\theta(1-\sin^2\theta)\cos\theta\,d\theta$$

$$=4\int_0^{\frac{\pi}{2}}(\sin^3\theta-\sin^5\theta)\cos\theta\,d\theta$$

$$=4\left[\frac{1}{4}\sin^4\theta-\frac{1}{6}\sin^6\theta\right]_0^{\frac{\pi}{2}}$$

$$=4\left(\frac{1}{4}-\frac{1}{6}\right)=\frac{1}{3} \quad \cdots\cdots〔答〕$$

［別解］ グリーンの定理を使う。

次の閉じた積分路を考える。

$$\Gamma=C_x+C+C_y$$

ただし

$C_x:(x,\ y)=(t,\ 0),\ 0\leqq t\leqq 1$

$C_y:(x,\ y)=(0,\ 1-t),\ 0\leqq t\leqq 1$

このとき，グリーンの定理より

$$\oint_\Gamma(x\,dy-y\,dx)=\oint_\Gamma(-y\,dx+x\,dy)$$

$$=\iint_R\left(\frac{\partial(x)}{\partial x}-\frac{\partial(-y)}{\partial y}\right)dx\,dy$$

$$=\iint_R 2dx\,dy=2\iint_R dx\,dy=2S=2\cdot\frac{1}{6}=\frac{1}{3}$$

また，明らかに

$$\int_{C_x}(x\,dy-y\,dx)=0$$

$$\int_{C_y}(x\,dy-y\,dx)=0$$

であるから

$$\int_C(x\,dy-y\,dx)=\oint_\Gamma(x\,dy-y\,dx)$$

よって

$$\int_C(x\,dy-y\,dx)=\frac{1}{3}\quad\cdots\cdots〔答〕$$

［8C－05］（ベクトルの勾配）

(1)　$u(x,\ y,\ z)=\sqrt{x^2+y^2+z^2}$ より

$$\frac{\partial u}{\partial x}=\frac{x}{\sqrt{x^2+y^2+z^2}}$$

$$\frac{\partial u}{\partial y}=\frac{y}{\sqrt{x^2+y^2+z^2}}$$

$$\frac{\partial u}{\partial z}=\frac{z}{\sqrt{x^2+y^2+z^2}}$$

よって

$$\mathrm{grad}\,u=\frac{1}{\sqrt{x^2+y^2+z^2}}(x\boldsymbol{i}+y\boldsymbol{j}+z\boldsymbol{k})$$

……〔答〕

曲面 $u(x,\ y,\ z)=c$ 上の点 $(p,\ q,\ r)$ における接平面の方程式は

$$\frac{p(x-p)+q(y-q)+r(z-r)}{\sqrt{p^2+q^2+r^2}}=0$$

$$\therefore\quad px+qy+rz-(p^2+q^2+r^2)=0$$

$$px+qy+rz-c^2=0$$

よって，点 $(p,\ q,\ r)$ における法線ベクトルは $(p,\ q,\ r)$ である。

一方，点 $(p,\ q,\ r)$ において

$$\mathrm{grad}\,u=\frac{1}{\sqrt{p^2+q^2+r^2}}(p\boldsymbol{i}+q\boldsymbol{j}+r\boldsymbol{k})$$

$$=\frac{1}{\sqrt{p^2+q^2+r^2}}(p,\ q,\ r)$$

であるから，$\mathrm{grad}\,u$ は曲面 $u(x,\ y,\ z)=c$ に対し，常に直交する（接平面と垂直である）。

……〔答〕

(2)　$\mathrm{grad}\,\boldsymbol{u}\cdot\boldsymbol{v}=0$ を満たすベクトル $\boldsymbol{v}$ は $\mathrm{grad}\,u$ と直交している。……〔答〕

(3)　ベクトル $\boldsymbol{l}$ は曲面 $u(x,\ y,\ z)=c$ の接平面上の点の位置ベクトルを表す。

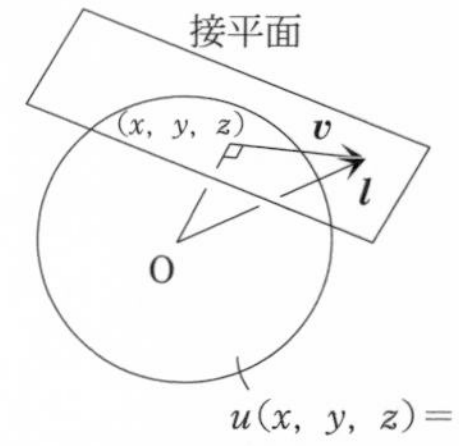

［8C－06］（ベクトルの勾配）

(1)　商の微分より

$$\frac{\partial}{\partial x}\left(\frac{f}{h}\right)=\frac{1}{h^2}\left(\frac{\partial f}{\partial x}h-f\frac{\partial h}{\partial x}\right)$$

$$\frac{\partial}{\partial y}\left(\frac{f}{h}\right)=\frac{1}{h^2}\left(\frac{\partial f}{\partial y}h-f\frac{\partial h}{\partial y}\right)$$

$$\frac{\partial}{\partial z}\left(\frac{f}{h}\right)=\frac{1}{h^2}\left(\frac{\partial f}{\partial z}h-f\frac{\partial h}{\partial z}\right)$$

よって

$$\mathrm{grad}\left(\frac{f}{h}\right)=\frac{h\cdot\mathrm{grad}(f)-f\cdot\mathrm{grad}(h)}{h^2}$$

(2)　(1)より

$$f(x,\ y,\ z)=-x^2+y^2+z-2$$

$$h(x,\ y,\ z)=x+y^2-z+1$$

とおく。

$$\mathrm{grad}(f)=-2x\boldsymbol{i}+2y\boldsymbol{j}+\boldsymbol{k}$$

$$\mathrm{grad}(h)=\boldsymbol{i}+2y\boldsymbol{j}-\boldsymbol{k}$$

よって，点 (1, 1, 1) において

$$\mathrm{grad}(f)=-2\boldsymbol{i}+2\boldsymbol{j}+\boldsymbol{k}$$

$$\mathrm{grad}(h)=\boldsymbol{i}+2\boldsymbol{j}-\boldsymbol{k}$$

であり，また　$f=-1,\ h=2$ であるから

$$\mathrm{grad}\left(\frac{-x^2+y^2+z-2}{x+y^2-z+1}\right)$$

$$=\mathrm{grad}\left(\frac{f}{h}\right)=\frac{h\cdot\mathrm{grad}(f)-f\cdot\mathrm{grad}(h)}{h^2}$$

$$=\frac{2\cdot(-2\boldsymbol{i}+2\boldsymbol{j}+\boldsymbol{k})-(-1)\cdot(\boldsymbol{i}+2\boldsymbol{j}-\boldsymbol{k})}{2^2}$$

$$=\frac{-4\boldsymbol{i}+4\boldsymbol{j}+2\boldsymbol{k}+\boldsymbol{i}+2\boldsymbol{j}-\boldsymbol{k}}{4}$$

$$=\frac{-3\boldsymbol{i}+6\boldsymbol{j}+\boldsymbol{k}}{4}$$

$$=-\frac{3}{4}\boldsymbol{i}+\frac{3}{2}\boldsymbol{j}+\frac{1}{4}\boldsymbol{k}\quad\cdots\cdots〔答〕$$

［8C－07］（直交曲線座標）

(1)　座標曲線が互いに直交することを示す。

$\boldsymbol{x}=\begin{pmatrix}x\\y\\z\end{pmatrix}=\begin{pmatrix}r\cos\theta\\r\sin\theta\\z\end{pmatrix}$ とする。

$$\frac{\partial \boldsymbol{x}}{\partial r}=\begin{pmatrix}\cos\theta\\ \sin\theta\\ 0\end{pmatrix},\quad \frac{\partial \boldsymbol{x}}{\partial \theta}=\begin{pmatrix}-r\sin\theta\\ r\cos\theta\\ 0\end{pmatrix},$$

$$\frac{\partial \boldsymbol{x}}{\partial z}=\begin{pmatrix}0\\ 0\\ 1\end{pmatrix}$$

よって，内積を考えると

$$\frac{\partial \boldsymbol{x}}{\partial r}\cdot\frac{\partial \boldsymbol{x}}{\partial \theta}=0,\quad \frac{\partial \boldsymbol{x}}{\partial \theta}\cdot\frac{\partial \boldsymbol{x}}{\partial z}=0,\quad \frac{\partial \boldsymbol{x}}{\partial z}\cdot\frac{\partial \boldsymbol{x}}{\partial r}=0$$

であるから，円柱座標（r, θ, z）は直交曲線座標である。

(2) $\left|\dfrac{\partial \boldsymbol{x}}{\partial r}\right|^2=\cos^2\theta+\sin^2\theta=1$ より

$$\boldsymbol{u}=\frac{\partial \boldsymbol{x}}{\partial r}=\begin{pmatrix}\cos\theta\\ \sin\theta\\ 0\end{pmatrix}$$ ……〔答〕

$\left|\dfrac{\partial \boldsymbol{x}}{\partial \theta}\right|^2=r^2\sin^2\theta+r^2\cos^2\theta=r^2$ より

$$\boldsymbol{v}=\frac{1}{r}\frac{\partial \boldsymbol{x}}{\partial \theta}=\begin{pmatrix}-\sin\theta\\ \cos\theta\\ 0\end{pmatrix}$$ ……〔答〕

$\left|\dfrac{\partial \boldsymbol{x}}{\partial z}\right|^2=1$ より　$\boldsymbol{w}=\dfrac{\partial \boldsymbol{x}}{\partial z}=\begin{pmatrix}0\\ 0\\ 1\end{pmatrix}$ ……〔答〕

(3) $x^2+y^2=18-(x^2+y^2)$ とすると
$x^2+y^2=9$
よって，座標変換
$x=r\cos\theta,\ y=r\sin\theta,\ z=z$
により，V は
$W: 0\leqq r\leqq 3,\ 0\leqq\theta\leqq 2\pi,\ r^2\leqq z\leqq 18-r^2$
に移る。
また

$$\frac{\partial(x,\ y,\ z)}{\partial(r,\ \theta,\ z)}=\begin{vmatrix}\cos\theta & -r\sin\theta & 0\\ \sin\theta & r\cos\theta & 0\\ 0 & 0 & 1\end{vmatrix}=r$$

より　$\left|\dfrac{\partial(x,\ y,\ z)}{\partial(r,\ \theta,\ z)}\right|=r$

よって

$$\int_V\sqrt{x^2+y^2}\,dV$$
$$=\iiint_W r\cdot r\,dr\,d\theta\,dz$$
$$=\int_0^3\left(\int_0^{2\pi}\left(\int_{r^2}^{18-r^2}r^2dz\right)d\theta\right)dr$$
$$=\int_0^3\left(\int_0^{2\pi}\Big[r^2z\Big]_{z=r^2}^{z=18-r^2}d\theta\right)dr$$
$$=\int_0^3\left(\int_0^{2\pi}r^2(18-2r^2)\,d\theta\right)dr$$
$$=\int_0^3 2\pi r^2(18-2r^2)\,dr$$
$$=4\pi\int_0^3(9r^2-r^4)\,dr$$
$$=4\pi\left[3r^3-\frac{1}{5}r^5\right]_0^3$$
$$=4\pi\left(81-\frac{243}{5}\right)=\frac{648}{5}\pi$$ ……〔答〕

[8C－08]（重積分，曲面積）

(1) $z=x^2-y^2=0$
とすると，$y=\pm x$

(2) $0\leqq x^2-y^2$ より，
$y^2-x^2\leqq 0$
$\therefore\ (y+x)(y-x)\leqq 0$
よって
$x\geqq 0$ のときは，
$-x\leqq y\leqq x$
$x\leqq 0$ のときは，$x\leqq y\leqq -x$
そこで
$D: x\geqq 0,\ -x\leqq y\leqq x,\ x^2+y^2\leqq 1$
とおくと，求める体積は

$$V=2\iint_D(x^2-y^2)\,dx\,dy$$

$x=r\cos\theta,\ y=r\sin\theta$ とおくと，D は
$E: 0\leqq r\leqq 1,\ -\dfrac{\pi}{4}\leqq\theta\leqq\dfrac{\pi}{4}$ に移る。

よって

$$V=2\iint_D(x^2-y^2)\,dx\,dy$$
$$=2\iint_E(r^2\cos^2\theta-r^2\sin^2\theta)\cdot r\,dr\,d\theta$$
$$=2\int_{-\frac{\pi}{4}}^{\frac{\pi}{4}}\left(\int_0^1 r^3(\cos^2\theta-\sin^2\theta)\,dr\right)d\theta$$
$$=2\int_{-\frac{\pi}{4}}^{\frac{\pi}{4}}\left(\int_0^1 r^3\cos 2\theta\,dr\right)d\theta$$
$$=2\cdot\int_0^1 r^3dr\cdot\int_{-\frac{\pi}{4}}^{\frac{\pi}{4}}\cos 2\theta\,d\theta$$
$$=2\left[\frac{r^4}{4}\right]_0^1\left[\frac{1}{2}\sin 2\theta\right]_{-\frac{\pi}{4}}^{\frac{\pi}{4}}$$
$$=2\cdot\frac{1}{4}\cdot 1=\frac{1}{2}$$ ……〔答〕

(3) 求める曲面の面積は

$$S=4\iint_D\sqrt{z_x{}^2+z_y{}^2+1}\,dx\,dy$$
$$=4\iint_D\sqrt{(2x)^2+(-2y)^2+1}\,dx\,dy$$
$$=4\iint_D\sqrt{4(x^2+y^2)+1}\,dx\,dy$$

$$=4\iint_E \sqrt{4r^2+1}\,r\,dr\,d\theta$$
$$=4\int_{-\frac{\pi}{4}}^{\frac{\pi}{4}}\left(\int_0^1 r\sqrt{4r^2+1}\,dr\right)d\theta$$
$$=4\cdot\frac{\pi}{2}\cdot\int_0^1 r\sqrt{4r^2+1}\,dr$$
$$=2\pi\left[\frac{1}{12}(4r^2+1)^{\frac{3}{2}}\right]_0^1$$
$$=\frac{\pi}{6}(5\sqrt{5}-1)$$
……〔答〕

《(D)　フーリエ級数》

[8D－01]　（フーリエ級数）

$y(x)$ は偶関数である。

$$a_0=\frac{1}{\pi}\int_{-\pi}^{\pi}y(x)\,dx=\frac{2}{\pi}\int_0^{\pi}y(x)\,dx$$
$$=\frac{2}{\pi}\int_0^{\pi}x\,dx=\frac{2}{\pi}\left[\frac{x^2}{2}\right]_0^{\pi}=\frac{2}{\pi}\cdot\frac{\pi^2}{2}=\pi$$
$$a_n=\frac{1}{\pi}\int_{-\pi}^{\pi}y(x)\cos nx\,dx$$
$$=\frac{2}{\pi}\int_0^{\pi}y(x)\cos nx\,dx=\frac{2}{\pi}\int_0^{\pi}x\cos nx\,dx$$
$$=\frac{2}{\pi}\left(\left[x\cdot\frac{1}{n}\sin nx\right]_0^{\pi}-\int_0^{\pi}1\cdot\frac{1}{n}\sin nx\,dx\right)$$
$$=\frac{2}{\pi}\left(0-\left[-\frac{1}{n^2}\cos nx\right]_0^{\pi}\right)$$
$$=\frac{2}{\pi}\cdot\frac{1}{n^2}(\cos n\pi-1)=\frac{2}{\pi}\cdot\frac{1}{n^2}\{(-1)^n-1\}$$
$$=-\frac{2}{\pi}\cdot\frac{1-(-1)^n}{n^2}$$
$$b_n=\frac{1}{\pi}\int_{-\pi}^{\pi}y(x)\sin nx\,dx=0$$

よって，求めるフーリエ級数は

$$y(x)\sim\frac{a_0}{2}+\sum_{n=1}^{\infty}(a_n\cos nx+b_n\sin nx)$$
$$=\frac{\pi}{2}-\frac{2}{\pi}\sum_{n=1}^{\infty}\frac{1-(-1)^n}{n^2}\cos nx$$
$$=\frac{\pi}{2}-\frac{2}{\pi}\sum_{m=1}^{\infty}\frac{2}{(2m-1)^2}\cos(2m-1)x$$
$$=\frac{\pi}{2}-\frac{4}{\pi}\sum_{m=1}^{\infty}\frac{1}{(2m-1)^2}\cos(2m-1)x$$
……〔答〕

[8D－02]　（フーリエ級数）

$f(x)=|\sin x|$ は周期 $\pi=2\cdot\frac{\pi}{2}$ の周期関数でかつ偶関数である。

$$a_0=\frac{2}{\pi}\int_{-\frac{\pi}{2}}^{\frac{\pi}{2}}f(x)\,dx=\frac{4}{\pi}\int_0^{\frac{\pi}{2}}f(x)\,dx$$
$$=\frac{4}{\pi}\int_0^{\frac{\pi}{2}}\sin x\,dx=\frac{4}{\pi}\Big[-\cos x\Big]_0^{\frac{\pi}{2}}=\frac{4}{\pi}$$
$$a_n=\frac{2}{\pi}\int_{-\frac{\pi}{2}}^{\frac{\pi}{2}}f(x)\cos 2nx\,dx$$
$$=\frac{4}{\pi}\int_0^{\frac{\pi}{2}}f(x)\cos 2nx\,dx$$
$$=\frac{4}{\pi}\int_0^{\frac{\pi}{2}}\sin x\cos 2nx\,dx$$
$$=\frac{4}{\pi}\int_0^{\frac{\pi}{2}}\cos 2nx\sin x\,dx$$
$$=\frac{4}{\pi}\int_0^{\frac{\pi}{2}}\frac{1}{2}\{\sin(2n+1)x-\sin(2n-1)x\}\,dx$$
$$=\frac{2}{\pi}\int_0^{\frac{\pi}{2}}\{\sin(2n+1)x-\sin(2n-1)x\}\,dx$$
$$=\frac{2}{\pi}\left[-\frac{1}{2n+1}\cos(2n+1)x+\frac{1}{2n-1}\cos(2n-1)x\right]_0^{\frac{\pi}{2}}$$
$$=\frac{2}{\pi}\left(\frac{1}{2n+1}-\frac{1}{2n-1}\right)$$
$$=-\frac{2}{\pi}\left(\frac{1}{2n-1}-\frac{1}{2n+1}\right)$$
$$=-\frac{2}{\pi}\cdot\frac{2}{4n^2-1}=-\frac{4}{\pi}\cdot\frac{1}{4n^2-1}$$
$$b_n=\frac{2}{\pi}\int_{-\frac{\pi}{2}}^{\frac{\pi}{2}}f(x)\sin 2nx\,dx=0$$

よって，求めるフーリエ級数は

$$f(x)\sim\frac{a_0}{2}+\sum_{n=1}^{\infty}(a_n\cos 2nx+b_n\sin 2nx)$$
$$=\frac{2}{\pi}-\frac{4}{\pi}\sum_{n=1}^{\infty}\frac{1}{4n^2-1}\cos 2nx$$
……〔答〕

本書は，聖文新社より2012年に発行された『編入数学過去問特訓　入試問題による徹底演習』の復刊であり，同書第4刷（2019年4月発行）を底本とし，若干の修正を加えました。

〈著　者　紹　介〉

桜井　基晴（さくらい・もとはる）

大阪大学大学院理学研究科修士課程（数学）修了

大阪市立大学大学院理学研究科博士課程（数学）単位修了

専門は確率論，微分幾何学

現在　ECC 編入学院　数学科チーフ・講師

著書に『編入数学徹底研究』『編入数学入門』『編入の線形代数 徹底研究』『編入の微分積分 徹底研究』（金子書房），『大学院・大学編入のための応用数学』『統計学の数理』（プレアデス出版），『数学Ⅲ徹底研究』（科学新興新社）がある。月刊誌『大学への数学』（東京出版）において，超難問『宿題』（学力コンテストよりはるかにハイレベル）を高校生のときにたびたび解答した実績を持つ。余暇のすべては現代数学の勉強。

■大学編入試験対策

編入数学過去問特訓

入試問題による徹底演習

2020 年 11 月 30 日　初版第 1 刷発行　［検印省略］
2024 年 8 月 25 日　初版第 6 刷発行

著　　者　　　　桜 井 基 晴
発 行 者　　　　金 子 紀 子
発 行 所　株式会社　金 子 書 房

〒112-0012　東京都文京区大塚 3-3-7
電話 03-3941-0111（代）FAX 03-3941-0163
振替 00180-9-103376
URL https://www.kanekoshobo.co.jp
印刷・製本　藤原印刷株式会社

ISBN 978-4-7608-9222-8　C3041